China Agriculture
Research System
现代农业产业技术体系

中国现代农业产业
可持续发展战略研究

肉鸡分册

国家肉鸡产业技术体系　编著

中国农业出版社

内容简介

　　本书从全产业链角度，在全面总结我国现代肉鸡生产和科技进步的历程，充分借鉴国际肉鸡发展 60 年经验的基础上，对我国肉鸡生产中涉及的种业、饲料工业、疫病诊断与防控、生产与环境控制、产品加工等关键领域开展了系统的专题研究，通过科学地论证和分析，对我国未来 5～10 年肉鸡产业发展趋势进行了预测和展望。作为保证措施，提出了"国家肉鸡遗传改良计划""国家肉鸡饲料安全与高效利用技术研究与产业化计划""肉种鸡蛋传疫病净化计划""肉鸡健康养殖重大工程"和"国家肉鸡加工与质量安全控制计划"等促进未来肉鸡发展的五个重大工程。在政府宏观决策管理层面，提出了加快转变肉鸡业发展方式、鼓励和支持我国肉鸡种业发展、强化肉鸡产品质量和疫情信息监控、规范活禽运输与活禽市场、加大肉鸡消费宣传引导力度、对优势肉鸡产品实行积极的出口政策、建立健全肉鸡产业预测预警系统、加强禽流感等重大疫病疫苗和诊断试剂研发、开展流行病跨界跨境研究、形成重大流行病联合应急机制等一系列重大政策建议。本书的研究成果对保证和促进我国肉鸡业健康可持续发展具有重要的参考价值。

编 写 委 员 会

主　编　文　杰

副主编　王济民

审　校　赵桂苹　辛翔飞

编著者　（按姓名笔画排序）

王　鹏	王征南	王金玉	王济民
王笑梅	文　杰	占秀安	田国彬
刘　爵	刘冉冉	汤晓艳	孙京新
李　辉	李绍钰	李桂明	呙于明
辛翔飞	张秀美	张宏福	张细权
陈宽维	陈继兰	邵华斌	苟钟勇
罗绪刚	周　艳	郑麦青	赵桂苹
姚　斌	秦　宁	徐　斌	徐幸莲
萨仁娜	曹顶国	逯　岩	蒋小松
蒋守群	舒鼎铭	蔡辉益	廖　明

出 版 说 明

　　为贯彻落实党中央、国务院对农业农村工作的总体要求和实施创新驱动发展战略的总体部署，系统总结"十二五"时期现代农业产业发展的现状、存在的问题和政策措施，进一步推进现代农业建设步伐，促进农业增产、农民增收和农业发展方式的转变，在农业部科技教育司的大力支持下，中国农业出版社组织现代农业产业技术体系对"十二五"时期农业科技发展带来的变化及科技支撑产业发展概况进行系统总结，研究存在问题，谋划发展方向，寻求发展对策，编写出版《中国现代农业产业可持续发展战略研究》。本书每个分册由各体系专家共同研究编撰，充分发挥了现代农业产业技术体系多学科联合、与生产实践衔接紧密、熟悉和了解世界农业产业科技发展现状与前沿等优势，是一部理论与实践、科技与生产紧密结合、特色突出、很有价值的参考书。

　　本书出版将致力于社会效益的最大化，将服务农业科技支撑产业发展和传承农业技术文化作为其基本目标。通过编撰出版本书，希望使之成为政府管理部门的政策决策参考书、农业科技人员的技术工具书及农业大专院校师生了解与跟踪国内外科技前沿的教科书，成为农业技术与农业文化得以延续和传承的重要馆藏图书，实现其应有的出版价值。

肉鸡生产以其饲养期短、饲料报酬高、经济效益好而在全球范围内成为最具发展潜力的畜牧行业之一。从膳食营养学的角度来说，肉鸡产品具有高蛋白、低脂肪、低热量等优点，符合现代饮食消费发展趋势。改革开放以来，我国现代肉鸡产业蓬勃发展，出栏量世界第一，鸡肉产量占我国肉类总产量的比重由8％提高到15％，为解决我国肉类产品供给发挥了不可或缺的作用，肉鸡业以3 000亿元的年产值为提升我国畜牧生产在农业中的比重做出了重要贡献。但目前我国畜牧产业经济领域中专门针对肉鸡品种的宏观发展战略研究较少。

国家肉鸡产业技术体系成立于2008年，凝聚了一批国内肉鸡产业不同领域的知名专家、学者及一些有影响的企业。体系设有专门的产业经济岗位，产业经济发展战略是体系的重要研究内容。在农业部科技教育司产业技术处的统一组织下，国家肉鸡产业技术体系组织编写了《中国现代农业产业可持续发展战略研究·肉鸡分册》。本书比较系统地对现代肉鸡产业发展进行了总结，深入分析了存在的问题，研究和探讨了我国肉鸡业的发展方向，提出了产业发展的对策和建议。本书的出版对进一步推动现代肉鸡业建设步伐，促进农民增收和畜牧业发展方式转变，实现我国肉鸡业可持续发展具有重要意义。

本书是国家肉鸡产业技术体系成员集体智慧的结晶，肉鸡体系全体岗位专家、部分综合试验站站长，以及团队成员参加了书稿的编写工作，各功能研究室主任对相关领域的稿件进行了汇总。体系秘书李新、邓丹丹和郭立平，研究生王红杨在书稿编撰过程中做了大量工作。在此，一并表示衷心的感谢。

由于编者水平和时间所限，本书难免存在不足之处，衷心希望广大读者和专家提出宝贵意见和建议。

编　者

导　言

研　究　意　义

当前，我国肉鸡产业进入转型升级的新阶段，肉鸡生产面临很多新的问题。在肉鸡生产方面，白羽肉鸡品种全部依赖进口，蛋白质等饲料资源短缺，禽流感等重大疫病时有发生，养殖生产环境控制及废弃物处理压力不断上升，鸡肉产品深加工与国际先进水平存在较大差距。在肉鸡产品消费方面，受传统饮食习惯和食品安全等因素的影响，近年来肉鸡消费增速出现了趋缓的态势，未来我国肉类消费中鸡肉消费的走势需要深入研究。黄羽肉鸡出栏量接近我国肉鸡总出栏量的一半，但活鸡上市的特点导致其产品流通问题越来越突出。我国鸡肉生产以满足国内需求为主，鸡肉进出口贸易数量不足总产量的 5%，但对肉鸡生产和消费的补充和调节作用十分明显，因而受到行业及相关部门的高度关注。过去 60 年中，以品种遗传改良为核心、以产品加工技术创新为带动的肉鸡产业科技，有效地支撑了肉鸡产业的高速发展。以分子生物学技术和常规技术相结合为特征的现代肉鸡科技，将继续为未来肉鸡产业转型升级和可持续发展发挥重要的引领和助推作用。

针对当前肉鸡产业发展面临的瓶颈问题，在回顾国内外肉鸡产业发展历程、借鉴国际肉鸡产业发展经验的基础上，运用经济学理论全面系统地研究肉鸡业生产、流通、消费、贸易的现状与发展规律，从产业经济和科技推动两个方面提出肉鸡产业发展战略对策，对于促进我国肉鸡业健康可持续发展、保障肉类产品的有效供给具有重要的指导意义。

研　究　框　架

按照《中国现代农业产业可持续发展战略研究》丛书编写的框架要求，本书内容包括发展概况（第一、二章）、战略研究专题（第三至七章）、战略政策选择（第八、九章）等三部分，共九章。将产业经济和科技两部分融合在一起编写，在内容构成上产业经济部分占 60%，科学技术部分占 40%。

本书从生产、科技、流通、消费、贸易、供求平衡状况等六个方面系统地总结了我国肉鸡发展的历程和现状，从生产、科技、流通、加工、消费、贸易、供求平衡状况等七个方面全面分析了世界肉鸡产业的现状、特点，为开展我国肉鸡发展战略研究提供了基础依据和国际经验借鉴。以肉鸡生产中涉及的种业、饲料工业、疫病诊断与防控、生产与环境控制、产品加工等五部分为战略研究的核心内容，分析产业链每一个重要领域的现状、存在问题和发展趋势，提出了各相关领域发展的战略思考及政策建议。通过对肉鸡产业政策的演变、政策存在问题、政策发展趋势等的分析，提出了肉鸡发展需要重点加强的产业政策；最后，归纳总结了中国肉鸡可持续发展的战略意义、战略定位、指导思想、发展目标和战略重点，并提出了促进产业发展的五个重大工程和相关重大政策建议。

本书具有工具书的性质，又有别于工具书。在写作过程中注意避免过于侧重宏观发展和战略研究，内容上尽量做到翔实、全面，以期尽可能多地满足政府管理部门、科研院所、农业生产一线等不同层面读者的需求。

第一章　中国肉鸡产业发展

第一节　肉鸡产业生产发展历程及现状

一、肉鸡产业发展历程

（一）我国养鸡业的起源

我国是世界上养鸡历史最古老的国家之一，起源于新石器时代早期，时间可以追溯到7 000多年以前。在奴隶社会向封建社会过渡时期，我国的养鸡业就已经十分发达了（王生雨等，2003）。据1963年我国考古研究所出版的《京山屈家岭》一书中报道，在湖北省京山县屈家岭出土了陶鸡，经鉴定为公元前（2695±195）年至公元前（2635±195）年的遗物，这表明4 500多年前，鸡已在长江流域普遍饲养；据1981年我国《考古学报》报道，在河北省武安县磁山文化遗址出土的文物中，有鸡的上膊骨、尺骨、锁骨、胫骨和跗跖骨等，推断为公元前（5405±100）年至公元前（5285±105）年的遗物，其中14个跗跖骨的长度为78.7mm，范围为70～82mm，与红色原鸡的跗跖骨范围62～68mm比较，已大为增长，这表明出土鸡骨的鸡已不同于野生世代的鸡，而是被驯化增大了体型的家鸡了；又据1984年《考古发掘研究》中报道，在河南新郑县裴李岗出土了鸡的距骨，经放射性碳元素分析，证明为公元前（5953±480）年至公元前（5495±200）年的遗物。这远比西方一些学者所谓鸡是公元前2100—2500年在印度驯化后与公元前1400年由传到中国的说法提早了四五千年（邱祥聘，2001）。向海等（2013）利用黄河流域中游地区河北南庄头遗址（距今约1万年）、河北磁山遗址（距今约7 500年）和黄河流域下游地区山东王因遗址（距今约4 500年）三个新石器时代遗址出土的共35块鸡遗骸，通过线粒体DNA分析方法发现，黄河流域古代鸡遗存与现代家鸡、原鸡在遗传背景上具有高度的一致性和继承性，这说明黄河流域中游地区早在距今约1万年的时候就有现代家鸡的原始个体，且遗传信息在人类文明的传递过程中得到传播和延续。研究结果提示，早在全新世早期，黄河流域中下游地区就已经出现家鸡的驯养，且这些家鸡的遗传基因已传递到现代家鸡的品种之中。

（二）我国肉鸡业发展阶段

新中国成立前，我国养鸡业一直处于农家副业、粗放饲养、自生自灭状态，加上不断出现的天灾人祸，养鸡业发展十分缓慢。据1935年民国政府实业部统计资料，全国有鸡2.96亿只，鸭0.56亿只，共约3.6亿只。抗日战争胜利后降为3.0亿只，新中国成立前一年仅有2.5亿只。新中国成立后，养禽业受到政府的重视，得到恢复和发展。1952年年底，全国家禽数量恢复到3.0亿只，到1957年年底增至7.1亿只。1959年，中央为发展家禽业召开了全国家禽会议，同年《人民日报》发表了高速发展家禽业的评论。1960年，农业部和商业部联合发出通知，要求我国家禽业在1959年的基础上，年底全国家禽数量要达到15亿只，但由于种种原因未能实现（王生雨等，2003）。

纵观新中国成立后肉鸡业的发展历程，大体经历了四个明显的发展阶段。

第一阶段：缓慢增长阶段（1961—1978年）

改革开放前，由于受各种因素的干扰，肉鸡生产发展缓慢。肉鸡养殖属于自给自足的家庭副业，在农业中处于补充地位。1961—1978年肉鸡存栏由5.4亿只增加到8.2亿只，增加2.8亿只，年均增长率为2.5%；肉鸡出栏由4.8亿只增加到10.0亿只，增加5.2亿只，年均增长率为4.4%；鸡肉产量由48.7万t增加到107.8万t，比1961年增加59.0万t，年均增长率为4.8%，增长速度非常缓慢，生产率低，平均每只产肉量1 031.9g，出栏率88.8%～205.1%，市场供应十分紧张。

第二阶段：快速增长阶段（1979—1996年）

1978年以后，随着家庭联产承包责任制的出现和独立自主市场主体的形成，我国所有制经济和生产体制出现了新的格局，肉鸡业在改革发展中进入快速增长阶段。1978—1996年肉鸡存栏由8.2亿只增加到34.8亿只，增加26.6亿只，年均增长率为8.4%；肉鸡出栏由10.0亿只增加到45.4亿只，增加35.4亿只，年均增长率为8.8%；肉鸡产量由107.8万t增加到613.9万t，增加506.1万t，年均增长率为10.2%，平均每只鸡产肉量1 204.9g，提高16.8%。特别是从1984年开始，中国现代肉鸡业迈开了成长的第一步，涌现出一批中外合资企业，直接引进国外先进的品种、生产技术和管理经验进行"高位嫁接"。例如泰国正大集团（CP GROUP）在20世纪80年代初率先进入中国，在深圳建立了第一家合资饲料厂。围绕饲料的生产和销售，正大集团还在中国建立了配套种鸡场及多级技术服务体系，并采取由中方联营公司与农户签约，向农户提供鸡苗、饲料、防疫药品和饲养技术，按预定价格回收成鸡等方式，推动各地养鸡业的发展和带动饲料销售。这种经营方式很快为国内众多企业所采用，出现了广东温氏食品集团股份有限公司等为代表的一批大型饲料养殖企业。中国肉鸡业在改革发展中进入专业化的高速发展时期。鸡肉产量由1984年的138.8万t猛增到1996年的613.9万t，增长3.4倍，年均增长率达到13.2%。鸡肉人均消费量也由1.03kg提高到5.02kg，增长3.9倍。

第三阶段：产业结构调整优化阶段（1997—2006年）

经过多年的高速发展，畜产品阶段性、结构性过剩问题开始在我国显现。我国畜禽养殖业从以数量增长为主逐步向提高质量、优化结构和增加效益为主转变，进入产业结构调整发展阶段。在此期间，我国肉类总产量年均增长率保持在 3.35%，其中猪肉、禽肉增速保持在 3%～5%，牛羊肉增速保持在 5%～7%，猪、牛、羊、禽肉占肉类比例由 1997 年的 68.26%、8.37%、4.04% 和 18.57% 分别调整为 2006 年的 65.60%、8.14%、5.13% 和 19.23%。肉、蛋、奶产量比例由 1997 年的 67.14%、24.18% 和 8.68% 调整为 2006 年的 55.32%、18.91% 和 25.77%。畜禽养殖业逐步向优势区域集中，我国黄羽肉鸡生产呈现出由南到北快速发展的趋势，占据了肉鸡生产的半壁江山。

第四阶段：向现代畜牧业转型升级阶段（2007 年至今）

20 世纪末期以来，面对饲料资源和劳动力短缺、能源价格上升、畜禽疫病、畜产品质量安全和环境污染等问题，以发展现代农业、促进畜禽养殖业增长方式转变为目标，国家积极探索建立保障畜禽养殖业持续稳定健康发展的长效机制，农业部启动了畜禽标准化规模养殖示范创建工作，我国畜禽养殖业逐步由小规模传统养殖方式向现代畜牧业转型，产业整合速度加快。2011 年肉鸡存栏、出栏和产量年均增长率分别为 2.9%、4.5% 和 4.7%，平均每只鸡产肉量 1 387.4g，提高 2.5%。虽然增速有所放缓，但肉鸡饲养由分散经营向适度规模发展的速度加快，集约化程度不断提高。与 1998 年相比，2011 年中小规模肉鸡场向中等规模发展的势头明显，小规模场数量减少 23.1%，中等规模场数量增加 19.2%。大型肉鸡场数量增长不快，仅增加 3.9%，但其产量却增长迅速，增加 24.3%。

综上所述，我国的肉鸡业 1978 年以前发展缓慢，属于自给自足的家庭副业，在农业中处于补充地位。1979—1996 年，是全面快速发展时期，实现了畜产品供求基本平衡的历史性跨越，从而奠定了其农业支柱产业的地位。20 世纪 90 年代末期以来，肉鸡生产则进入了以提高质量、优化结构和增加效益为主的规模化、标准化、产业化的现代化发展阶段（刘春芳、王济民，2011）。

二、肉鸡发展总体水平

我国是肉鸡生产和消费大国，肉鸡出栏量世界第一，鸡肉产量仅次于美国，居世界第二位。我国肉鸡养殖业发展较早地融入世界肉鸡养殖业发展的潮流，引进国外优良肉鸡品种和先进生产设备，吸收国外饲养管理经验，目前已成为农业产业化经营水平最高的行业之一，建立了"公司＋农户"等行之有效的经营模式，形成了产加销相对完整的产业链，产业发展已处于世界先进水平。目前，从业人员过千万，年创产值 3 000 亿元左右，还带动了饲料工业、兽药和疫苗生产、设备制造业等相关产业的发展。

我国是世界肉鸡生产大国，但还不是肉鸡生产强国。目前我国人均肉鸡产品消费量与世界发达水平相比，还有很大差距，肉鸡产品的国内市场具有很大发展空间。我国肉鸡产品的国际竞争力较弱，主要原因：①禽流感等疫情对肉鸡产业的冲击；②药物、重金属残留困扰着鸡肉出口贸易；③饲料原料资源紧缺；④劳动力成本上升较快；⑤畜牧养殖生产造成的生态环境压力大。因此，中国肉鸡产业的可持续发展面临诸多挑战。

（一）肉鸡生产

目前，我国政府部门的畜牧统计中，只有家禽类作为整体的相关数据，没有肉鸡分项数据。据联合国粮农组织（FAO）统计，除个别年份外，我国肉鸡存栏量、出栏量和肉鸡产量基本上都呈增长趋势。1978 年我国肉鸡存栏量、出栏量和鸡肉产量分别是 7.79 亿只、8.94 亿只和 89.38 万 t，2011 年分别达到了 52.30 亿只、84.04 亿只和 1 155.61 万 t，年均递增速度分别达到 5.94%、7.03% 和 8.06%（图 1-1）。

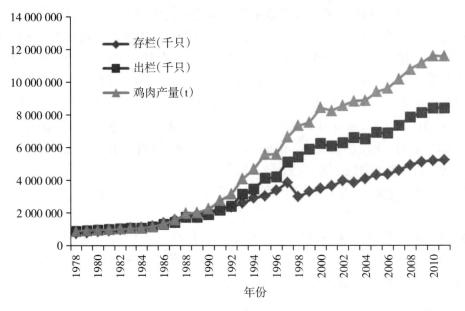

图 1-1 我国肉鸡产业总体生产水平（1978—2011 年）
数据来源：据 FAOSTAT 数据库资料计算绘制。

据中国畜牧业协会 2012 年统计，全国当年从美国等国引进祖代白羽肉种鸡135.24 万套，平均存栏量 117.93 万套，父母代雏鸡销售量 5 698.89 万套，父母代鸡年平均存栏量 4 697.47 万套，销售商品代雏鸡 49.32 亿只，商品肉鸡出栏 46.86 亿只，鸡肉产量超过 800 万 t。黄羽肉鸡祖代年平均存栏量 130.74 万套，父母代雏鸡销售量5 322.21 万套，父母代年平均存栏 3 864.84 万套，商品雏鸡销售 45.64 亿只，出栏 43亿只，鸡肉产量超过 400 万 t。此外，我国每年淘汰蛋鸡约 13 亿只，折合产肉量 155万 t 左右。我国还有一定量的肉杂鸡（又称"817"肉鸡）上市。

（二）生产组织形式

目前我国肉鸡生产的组织形式主要有三种类型。

1. 公司纵向一体化生产

集种鸡饲养、商品鸡生产、饲料加工、屠宰加工和销售等生产环节为一体，每个生产环节受联合体的统一控制和平衡。由于生产规模庞大，饲养管理和经营水平高，经济实力雄厚，这种生产形式对市场波动的承受能力很强。这种类型的代表是福建圣农发展股份有限公司、北京华都肉鸡公司等。

2. 合同生产

表现形式是以一个屠宰加工或饲料企业为龙头，带动周围的具有一定饲养规模的农户进行生产。各生产环节各自独立，在生产过程中结合在一起，紧密程度较低，受市场的影响较大。这种生产组织形式在国内最为普遍，并且"公司＋农户"是我国肉鸡合同生产的最主要经营模式。

3. 千家万户的分散饲养

贫困地区以这种形式为主，生产条件低下，技术落后，效益不高，由于其产品以自给为主，商品率较低，对市场的波动不敏感。

（三）生产规模和集约化水平

经过几十年的发展，我国肉鸡产业已经从简单的养殖户合同饲养发展到现在集种鸡繁育、饲料生产、商品鸡饲养、屠宰加工、冷冻冷藏、物流配送和批发零售等环节为一体的一条龙生产经营，涌现出一批经营规模较大的肉鸡加工企业，如广东温氏食品集团股份有限公司、福建圣农发展股份有限公司、正大集团、北京华都集团和青岛九联集团等。2004年中国肉类50强企业中，鸡肉企业占33％。2005—2006年中国肉类制品名牌产品有24个，其中禽肉产品12个，占肉类产品的50％。2006年公布的17家出口食品免检企业中，肉鸡类企业10家，占58.8％。我国肉鸡产业已经发展成为农业生产中集约化和产业化程度最高的产业之一。2008年以来，全国共有250家养殖场创建为标准化肉鸡示范场。

随着肉鸡产业持续快速发展，特别是在农业部畜禽养殖标准化示范创建活动的推动下，我国肉鸡养殖规模化程度显著提高。2000—2011年，我国肉鸡规模化养殖出栏数量占肉鸡总出栏数量的比重呈现比较稳定的上升趋势，从50.07％上升到86.09％（图1-2）。同时，规模肉鸡场数量和平均饲养规模也都在不断增加，规模养殖场数量从2000年的35.63万个增加到2012年的52.05万个，平均饲养规模从2000年的0.88万只增加到2011年的1.39万只。

从2000—2011年规模养殖场户的发展变化情况来看（表1-1），2000年出栏2 000～9 999只的小规模场肉鸡场户数占肉鸡规模养殖场总户数的86.26％，出栏10 000～49 999只的中规模场户数占12.63％，出栏5万只以上的大规模场户数占1.12％，其出栏肉鸡占全国规模养殖场总出栏数的比例分别为54.24％、28.80％和18.96％。到2011年，出栏肉鸡2 000～9 999只的小规模肉鸡场占肉鸡规模养殖场总户数的64.44％，出栏肉鸡1万～5万只的中规模占30.59％，出栏肉鸡5万只以上的大规模

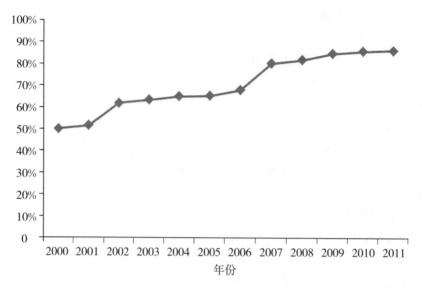

图 1-2　规模化养殖出栏数量占肉鸡总出栏数量比重（2000—2011 年）

数据来源：《中国畜牧业年鉴》（历年）。

场户数占 4.97％，其出栏肉鸡占全国规模养殖场总出栏数的比例分别为 16.80％、32.74％和 36.55％。占肉鸡规模养殖场总数和总出栏数的比例提高幅度最大的是 5 万只的大规模饲养场户数，场户数和出栏量分别增长了 5.51 倍和 4.19 倍；其次是 10 000～49 999 只的中规模饲养场，场户数和出栏量分别增长了 2.53 倍和 2.05 倍；2 000～9 999 只的小规模饲养，虽然场户数增长了 9.13％，但出栏量下降了 13.44％。中大型规模的肉鸡饲养已经成为我国肉鸡规模饲养的主要模式。

表 1-1　不同规模养殖场的平均养殖规模（千只）

年份	2 000～9 999 只	10 000～49 999 只	50 000～99 999 只	100 000～499 999 只	500 000～999 999 只	100 万只以上	平均
2000	5.31	20.00	75.94	194.49	787.44	1 705.30	8.76
2001	5.02	18.83	68.40	207.07	755.60	2 050.84	8.49
2002	5.44	20.07	68.63	218.24	759.67	2 028.83	9.76
2003	4.97	21.12	72.97	228.70	777.77	2 277.62	9.75
2004	4.97	18.17	64.93	201.57	760.88	2 709.86	9.81
2005	4.84	17.52	62.32	209.64	773.42	2 737.80	9.66
2006	4.65	16.75	59.90	202.59	723.48	2 671.93	9.84
2007	4.74	18.53	66.09	203.73	709.47	2 835.12	11.06
2008	4.86	19.26	65.53	190.88	629.78	3 287.69	12.51
2009	4.78	18.54	59.80	178.74	591.60	3 026.80	13.18
2010	4.53	18.57	56.48	170.36	573.48	2 852.65	14.12
2011	4.21	17.28	52.37	157.29	533.52	2 611.09	13.90

数据来源：根据 FAOSTAT 和《中国畜牧业年鉴》（历年）相关数据计算。

（四）产品质量安全

影响鸡肉产品安全性的因素有疫病控制、饲料加工、生产环境、产品加工过程等。饲料中存在的各种有毒有害成分均可能在鸡肉产品中沉积或残留，包括饲料中天然存在的毒物和污染毒物，主要有重金属、霉菌毒素、抗生素促生长剂及兽药、农药、多环芳烃类、二噁英及多氯联苯等。历史上，由抗生素、重金属、化学污染物等残留超标，以及某些家禽疫病的暴发造成的鸡肉产品安全事件，曾给我国肉鸡生产造成巨大损失，并严重影响了鸡肉产品的消费，如2012年的速生鸡事件和2013年的H7N9流感事件。

近年来，各级政府和有关部门采取综合措施，不断加大管理和执法监督力度，使得鸡肉产品质量安全总体水平不断提高。建立饲养全过程监督管理制度，严格兽药和饲料添加剂管理，进一步完善肉鸡产品质量安全监控体系建设，依法加强肉鸡产品质量安全监管等有效措施，促进了肉鸡养殖企业生产条件和环境的改善，从而保障了肉鸡养殖业健康发展，提高了肉鸡产品质量安全水平。

三、肉鸡业在畜牧业中的比重与地位

（一）鸡肉产值

畜牧业发展水平是衡量一个国家农业发展水平的重要指标，世界畜牧业发达国家畜牧业产值占农业产值的比重一般大于50%。2011年，我国畜牧业产值25 770.7亿元，占农林牧渔总产值的31.7%。近五年我国肉禽业产值在畜牧业产值中所占的比重见表1-2。从表1-2可见，我国肉禽产值仅次于生猪，约为牛羊饲养产值之和，大于禽蛋和奶产品产值，在畜牧业中居第二位。2007—2011年我国肉禽产值持续增长，2011年肉禽产值占畜牧业产值的15%，达到3 779亿元。按照我国鸡肉和鸭肉生产的大致比例估算，肉鸡养殖业产值约为3 000亿元。

表1-2 我国肉禽产值在畜牧业产值中所占的比重（亿元）

年度	畜牧业产值	牛饲养	羊饲养	奶产品	猪饲养	家禽饲养	肉禽饲养	禽蛋
2007	16 125	1 364	897	706	8 133	4 203	2 284	1 906
2008	20 584	1 740	1 084	1 010	10 960	4 881	2 716	2 150
2009	19 468	1 875	1 182	982	9 178	5 177	2 854	2 309
2010	20 826	1 997	1 399	1 188	9 202	5 639	3 174	2 454
2011	25 771	2 299	1 713	250	12 225	6 586	3 779	2 803

数据来源：中国畜牧业年鉴等。

（二）鸡肉比重

我国在20世纪60年代时由于猪肉产量较低，鸡肉比例相对较高。1971—1981年鸡肉在肉类中的比重较低。1981—2001年，随着猪肉比重的不断下降，鸡肉在肉类产量中的比重快速增长，特别是1991—2001年的十年间，鸡肉比重增长的速度达到近50%。2001年后,我国肉类比重趋于平稳,2011年鸡肉占肉类的比重达到15%（表1-3）。

表1-3　中国肉类比重变化趋势（%）

肉类	1961年	1971年	1981年	1991年	2001年	2011年
鸡肉	19.1	7.9	7.9	9.5	14.1	15.0
禽肉	27.2	11.8	11.2	13.4	19.9	21.5
猪肉	63.0	81.4	82.1	77.4	66.1	63.6
牛肉	3.1	2.5	2.3	4.7	8.1	8.0
羊肉	3.9	2.7	3.1	3.5	4.3	4.9

数据来源：根据FAOSTAT数据库相关数据计算。

国内外肉类产品生产的经验告诉我们，我国应该尽快调整畜牧业结构，提升肉鸡产业的战略地位。肉鸡产业是食物产业的一个重要组成部分，发展肉鸡产业在保障国家粮食安全、增进国民健康、减少温室气体排放等方面都具有长远的战略意义。许多发达国家已经把肉类产业重心由猪、牛、羊肉等红肉产业转向鸡肉等白肉产业。我国应与时俱进，加快肉鸡产业发展步伐，以顺应世界现代农业发展的历史潮流。

中国社会科学院农村发展研究所畜牧业经济研究中心刘玉满研究员用一系列数字说明了肉鸡产业在有效缓解"畜地"矛盾和"人粮"矛盾、有效减少温室气体排放，以及有效降低肥胖等方面的作用。据测算，在我国目前科技水平下，肉鸡的料重比为1.9∶1，而生猪的料重比为3.0∶1。换言之，同样生产1kg肉，肉鸡比生猪可节省37%的粮食。2011年我国猪肉产量为5 053万t，如果其中的30%转变为生产鸡肉，就可节省粮食560万t。与此同时，生产1kg牛肉产生二氧化碳当量*的温室气体为14.8kg，生产1kg猪肉为3.8kg，生产1kg鸡肉只有1.1kg。同样，如果将目前我国猪肉产量的30%转变为鸡肉生产，那么，每年可降低近4 000万t的二氧化碳当量。

四、肉鸡业的内部结构

（一）品种结构

我国鸡肉产品主要来源于白羽肉鸡、黄羽肉鸡（肉用地方鸡品种及含有地方鸡血缘的肉用培育品种和配套系）、淘汰蛋鸡和肉杂鸡（快大型白羽肉鸡与高产商品代鸡杂交后代）。我国肉鸡产品结构特色明显：白羽肉鸡饲养数量多，在肉鸡业中占主导地位，产品主要满足快餐业和普通鸡肉消费需求；黄羽肉鸡的比重不断扩大,是中国肉鸡业的特色,产品通过活鸡上市形式主要满足传统高端鸡肉消费需求;淘汰蛋鸡和肉

---

　*　当量为已废弃的单位，指与特定或俗成的数值相当的量。——编者注

杂鸡以其低廉的价格和适中的肉品质受到众多北方中小型肉鸡加工企业的欢迎，产品主要满足传统中低端肉鸡加工市场需求。

根据国家肉鸡产业技术体系调研结果，2010 年优质肉鸡、白羽肉鸡和肉杂鸡的存栏数量分别为 167 312 万、160 893 万、15 091 万只，各品种占肉鸡总存栏数量的比例分别为 48.74%、46.87%、4.40%；出栏数量分别为 347 797 万、669 731 万和 57 700 万只，各品种占肉鸡总出栏数量的比例分别为 32.35%、62.29% 和 5.37%（表 1-4）。

表 1-4　我国肉鸡存出栏结构

项目	年份	数量（万只）				结构（%）		
		总量	黄羽肉鸡	白羽肉鸡	肉杂鸡	黄羽肉鸡	白羽肉鸡	肉杂鸡
存栏	2009	272 606	118 730	139 941	13 935	43.55	51.33	5.11
	2010	343 296	167 312	160 893	15 091	48.74	46.87	4.40
出栏	2009	971 635	326 178	592 105	53 352	33.57	60.94	5.49
	2010	1 075 229	347 797	669 731	57 700	32.35	62.29	5.37

数据来源："肉鸡出栏结构及周转规律研究"国家肉鸡产业技术体系调研报告。

（二）市场结构

禽流感等疫情及消费者持续关注的食品安全问题对我国肉鸡产品的市场结构产生了较大影响。2004 年起，我国以白羽肉鸡为主的肉鸡产品出口由冷冻产品向熟制品方向转变。随着国内越来越多的大中城市取消和限制活鸡销售市场，黄羽肉鸡产品屠宰加工后上市成为未来的发展方向。饲料原料、劳动力成本等的不断上升，客观上推动了肉杂鸡市场的不断蔓延和扩大，肉杂鸡产品开始向白条鸡、西装鸡甚至分割产品市场渗透，肉杂鸡品种的规范问题引起政府和行业的重视，一些企业已经开始通过规范的技术和手段培育肉鸡类型的肉鸡配套系。

（三）产业结构

肉鸡的生产结构向更加严密的组织系统转变。公司自养商品肉鸡的比重在快速增加；同时，非合同生产厂家逐渐减少。肉鸡饲养是饲料—养殖—屠宰加工产业链中最薄弱的一环，改善养殖环境、强化粪污等废弃物处理是肉鸡业健康可持续发展的重要内容。促进加工业发展，是形成肉鸡业内部结构合理化和拉长产业链条的重要途径，并可提高产品的附加值，加大鸡肉产品转化增值的力度。

（四）消费结构

我国居民消费鸡肉中，生鲜产品占 81%，熟制加工品占 19%，说明初加工比重较大，深加工比重较小。我国鸡肉产品结构不合理，主要表现为整鸡产品多，分割产品少；初加工产品多，精加工产品少；高温制品多，低温制品少；餐桌食品多，旅游休闲制品少；低科技含量产品多，高科技含量产品少，绝大部分鸡肉产品仅以初级加工品或原料肉的形式进入市场。在食品业发达的欧美国家，80％鸡肉为加工制品，其中30％以上是深加工产品；世界鸡肉平均深加工程度高达20％；而我国仅有15％鸡肉为加工制品，深加工制品只占5.8％（汤晓艳，2013）。

五、肉鸡业的区域发展和布局

按照不同的区域划分方法，我国肉鸡的区域发展和分布各有特点。

东部地区包括北京、天津、河北、辽宁、上海、江苏、浙江、福建、山东、广东和海南等11个省（直辖市），出栏量57.9亿只，占全国的55.5％。中部地区有8个省级行政区，分别是山西、吉林、黑龙江、安徽、江西、河南、湖北、湖南，出栏量31.1亿只，占全国的29.8％。西部地区有12个省级行政区，分别是四川、重庆、贵州、云南、西藏、陕西、甘肃、青海、宁夏、新疆、广西、内蒙古，出栏14.5亿只，占全国的14.0％。因此，我国肉鸡生产呈现出由西向东依次增强的趋势，与我国经济的区域发展趋势相同。

北方地区包括北京、天津、内蒙古、新疆、河北、甘肃、宁夏、山西、陕西、青海、山东、河南、安徽、辽宁、吉林、黑龙江共16省（自治区、直辖市），出栏63.8亿只，占61.1％。南方地区包括江苏、浙江、上海、湖北、湖南、四川、重庆、贵州、云南、广西、江西、福建、广东、海南、西藏共15省（自治区、直辖市），出栏40.6亿只，占38.9％。秦岭—淮河以北地区是我国主要的饲料粮产区，可以说是我国的玉米带。大量的玉米和大豆为该区域的家禽生产提供了保证。而且，上述区域内地势平坦，交通便利、气候适宜，非常有利于肉鸡业生产。我国北方地区以白羽肉鸡为主；南方地区以黄羽肉鸡为主；在安徽、江苏北部等地区是过渡地区，白羽肉鸡和黄羽肉鸡都有一定比例。

表1-5 2011年全国31个省（自治区、直辖市）肉鸡出栏量（万只）

省份	出栏量	省份	出栏量	省份	出栏量
山东	231 085.34	四川	31 964.42	山西	7 667.55
广东	92 324.56	湖南	24 252.38	北京	7 543.22
辽宁	92 088.10	黑龙江	23 766.12	内蒙古	7 246.45
吉林	84 636.99	福建	20 898.22	海南	6 011.82
江苏	66 753.78	浙江	19 947.51	陕西	5 905.56
河南	65 085.37	江西	19 461.83	贵州	5 166.11
广西	57 222.80	新疆	14 472.41	上海	3 000.20
安徽	47 858.30	云南	11 024.80	甘肃	2 057.74
河北	38 406.73	重庆	9 376.22	宁夏	1 313.75
湖北	38 316.55	天津	8 337.75	青海	95.01

注：西藏统计出栏量为0。

除台湾省和香港、澳门特区外，我国有 22 个省、4 个直辖市和 5 个自治区。2011 年山东、广东、辽宁、吉林、河南、江苏、广西、安徽、河北、湖北等肉鸡出栏前十位的省份出栏量占全国的 78.0%。山东省是我国白羽肉鸡生产量最大的省，2011 年出栏肉鸡 23.1 亿只，占全国总产量的 22.2%。广东省是我国生产黄羽肉鸡数量最多的省份，除了供应本省消费以外，还占领了 75% 以上的港澳市场。

第二节　肉鸡产业科技发展历程及现状

一、肉鸡产业科技发展历程

改革开放以来，国家已实施了"六五"至"十二五"七个五年科技发展计划，取得了一大批原创性、突破性国家级科研成果，其中包括肉鸡相关研究领域取得的获奖成果。回顾这些获奖成果及其主要研究内容，可以在很大程度上追寻我国肉鸡科技发展的重要历程。

（一）遗传育种与资源

1987 年，中国农业科学院畜牧研究所等完成的"家畜家禽品种资源调查及《中国畜禽品种志》的编写"获国家科技进步二等奖。该成果通过大量的畜禽品种资源调查，基本上摸清了我国家畜、家禽品种资源的底，发掘了一批新品种，对一些新品种的特征特性重新进行了评价。2001 年，由中国农业大学完成的"畜禽遗传资源保存的理论与技术"获国家科技进步二等奖；该项研究系统地阐明了畜禽遗传资源保存的理论，分析了影响保种的遗传因素，提出了保种的优化设计，解决了保种群体的规模、世代间隔、公母畜最佳的性别比例和可允许的近交程度等一系列保种的实际问题。2008 年，由河南农业大学等完成的"中国地方鸡种质资源优异性状发掘创新与应用"获国家技术发明二等奖；该成果培育出 8 个包装（表观）性状突出、生产性能优良，具有自主知识产权、应用广泛的核心品系，并创建了一系列制种模式，为中国地方鸡种质资源保护和开发利用提供了新思路、新方法和新材料，提升了优质鸡行业在国际上的竞争力。

1978 年，由江苏省家禽科学研究所等单位完成的"肉用鸡品系培育和品系杂交"获全国科学大会奖。该研究采用边测定配合力、边选育品系的分离法，只用了 4 年时间，实现了三系杂交配套。分离法分别建立主系、副系和分离系，并以主系配合力作为主要选择指标。培育出第一级父系江-13、第一级母系江-73，以及第二级父系邵-5、邵-15。通过 15 批次配合力等测定为主的试验结果：三系杂交肉鸡苏禽 1 号和苏禽 2 号 56 龄平均体重均为 1.81kg；在单交种中，以江-13×江-73 的杂交效果最好，56 日龄平均体重 1.75kg，比其父本江-13 提高 17%；江-1373 单交种的父本江-13 及母本江-73 具有较高的生产水平。1985 年，由上海市农业科学院畜牧兽医研究所等单位完成的"新浦东鸡培育"成果获国家科技进步二等奖；该成果普及了饲养技术和繁殖方法，提高了肉鸡的生长速度，降低了饲料消耗，增加了经济效益。在种鸡培育方面，采取控制体重、限制饲养、适度光照等方法，提高了产蛋率。1988年"新浦东鸡推广"获国家科技进步三等奖。新浦东鸡于1984—1996年推广面已遍布全国21个省（自治区、直辖市），推广量据1986年12月协作单位统计拥有种鸡43万羽，估测全国有种鸡100万羽以上，年可生产商品鸡8 000万羽以上，推广面及推广量均为国内鸡种之首。在推广中的生产水平，饲养60d左右，肉鸡可达1.5kg以上，料重比2.5∶1以下，为国内同类品种的领先地位。估计全国上市量超过5 000万只。1992年，由西藏自治区畜牧兽医研究所完成的"拉萨白鸡的培育"获国家科技进步三等奖。培育拉萨白鸡的目的在于改良藏鸡，育成既能适应高原生态环境，又具有较高生产性能的蛋鸡品种。藏鸡为杂交母本，来航鸡为杂交父本，藏鸡血液占25%。经过3个世代的家系选育，500日龄产蛋量由98个提高到157个。1997年，由中国农业科学院北京畜牧兽医研究所等完成的"黄羽肉鸡新配套系选育与配套技术"成果获得国家科技进步三等奖。该成果在国内较早培育出了独具特色的优质矮脚黄羽肉鸡新品系（含dw基因），并在黄羽肉鸡育种和生产中得到广泛推广和应用。由广东省农业科学院畜牧研究所主持的"优质肉鸡产业化研究"获2003年度国家科技进步二等奖；该项目突破了优质肉鸡产业化进程中的良种繁育关键技术，建立了优质肉鸡良种繁育体系。广泛收集国内外优质肉鸡品种资源，建成了规模较大的优质肉鸡种质资源库，培育了20多个专门化品系，育成了15个适合市场需求的优质肉鸡新品种。

2009年，由中国农业大学等完成的"鸡分子标记技术的发展及其育种应用"获国家技术发明二等奖；项目发展了国际前沿的遗传资源评估与分子标记检测平台，发现了一批影响重要生产性状和品种特征性状的基因或标记，研发了一批高通量SNP分子标记诊断技术，特别是性连锁矮小基因和快慢羽基因诊断技术的产业化，在国内多家大型育种和生产龙头企业成功推广，引领企业育种达到国际先进水平，加速了我国鸡育种产业的科技进步和国际竞争能力的提升（中国家禽编辑部，2011）。

（二）饲料营养

1991年，由东北农业大学等单位完成的"猪、鸡生产中营养物质转化规律及其影响因素"获国家自然科学三等奖。初步提示了地方猪种"耐粗饲"的生理机制，肯定了民猪对逆境适应性强的特性，找到了轻型和重型鸡对营养分配的一些规律和控制机制，研究了锌、硒等微量元素及其有关酶与日粮营养水平和相关缺乏症的关系。本项研究丰富了动物营养学基础理论，对指导动物饲养标准的制定、饲料的配合、添加剂的生产和畜禽的科学饲养有重要意义。

20世纪90年代前后，中国农业科学院畜牧研究所等单位完成了3项鸡饲料营养相关成果。"鸡的饲养标准和饲粮配方研究"获1987年度国家科技进步二等奖。该项成果共进行饲养试验、代谢试验、比较屠宰试验和生理生化试验等近700次，制定了我国第一个正式的《鸡的饲养标准》。"猪、鸡营养参数及配方新技术研究"获1997年度国家科技进步二等奖。该成果系统测定了我国猪、鸡常用40种饲料可消化氨基酸等有效成分含量，完成了以可消化氨基酸为基础的中国饲料成分表；提出了肉用仔鸡营养素需求参数66项，完成了肉用仔鸡主要营养素供给量表；研究了产蛋鸡和肉用种鸡可消化氨基酸等营养需要量，提出了蛋鸡营养需求参数28项、肉用种鸡营养需求参数36项；建立了以猪、鸡饲料知识库、营养知识库和猪鸡饲料配方设计专家系统为基础的饲料配方知识库。1998年，"0～2周龄肉仔鸡营养参数与饲料配制技术研究"获国家科技进步二等奖。该成果首次全面、系统地研究了肉仔鸡生命早期阶段（卵黄囊阶段）对各种营养素的需要量，在国内外首次完成了0～2周龄肉仔鸡营养参数15个。2011年，中国农业大学等单位完成的"肉鸡健康养殖的营养调控与饲料高效利用技术"获国家科技进步二等奖。该研究充分结合我国肉鸡养殖业的技术需求，应用多学科交叉的先进方法，研究了肉仔鸡肠道系统发育、营养代谢病、免疫抗病机能和鸡肉品质等的营养调控理论与技术，研发了饲料高效利用和氮磷锌锰铜减排等技术。

（三）疫病控制

"无特定病原（SPF）鸡群建立及维持的研究"1987年获国家科技进步三等奖。山东省农业科学院家禽研究所自1984年着手建立无特定病原鸡群，同年9月底建成饲养设施，拥有净化级别小于1 000级超净正压的SPF鸡饲养室，并研制成功了舍内专用饲养笼器具、孵化器等设备，研究确立了高压蒸汽灭菌法生产灭菌饲料的方法。

2004年河南省农业科学院生物技术研究所等单位完成的"鸡传染性法氏囊病病毒快速检测试纸条的研制"获国家技术发明二等奖。该项目以杂交瘤技术生产并鉴定了针对鸡传染性法氏囊病（IBD）病毒蛋白的特异、高亲和力、配对的单克隆抗体，又将胶体金标记技术与免疫膜层析技术有机结合，最终研制成功鸡传染性法氏囊病病毒快速检测试纸条，为IBD的诊断和免疫监测提供了一种特异、敏感、简便、快速的新技术产品。

1992年，由北京市农林科学院畜牧兽医研究所完成的"鸡传染性囊病疫苗研究及示范推广"获国家科技进步二等奖。该项目培育了无IBD抗体的鸡群，各项试验研究均使用IBD母源抗体阴性的雏鸡、鸡胚；培育成功国内第一株IBD-CJ801细胞毒BKF株；用IBD-CJ801株研制成功琼脂扩散诊断抗原、阴性血清和荧光抗体；用分离、培育的IBD-CJ801细胞毒BKF株研制成功囊病油佐剂灭活疫苗，母鸡接种本疫苗后3周所产的种蛋中有IBD母源抗体，保护新生雏鸡在3周内不被野外IBDV感染；引进联邦德国IBD-CulM鸡胚繁殖的弱毒，经2次免疫后产生的中和抗体在1：640以上，攻毒保护达80%～90%，免疫期4个月以上；IBD-BJ836弱毒苗制造工艺中，创造了病毒、细胞"一次接种收获"的制苗新工艺，不但减少污染，还提高产量1倍，降低成本一半。1996年，由广西兽医研究所完成的"禽巴氏杆菌B26-T1200

弱毒苗的研制"成果获得国家科技进步三等奖。禽巴氏杆菌 B26-T1200 弱毒苗是从分离筛选地方强毒菌株到探索理想的诱变方法，以及选择合理的培养方法等方面经过反复比较试验，从 56 个地方强毒菌株中筛选出一株毒力强、免疫原性好的鸭源强毒株。由中国兽药监察所等完成的"鸡传染性鼻炎病原菌分离、鉴定和油佐剂灭活疫苗的研究及推广应用"成果获得 1998 年度国家科技进步二等奖。该项目对病鸡进行了血清学诊断和病原菌的分离、鉴定，先后共分离出 37 株野外菌株，于 1986 年首次确诊了我国鸡传染性鼻炎的发生和流行，其病原菌为 PageA 型副鸡嗜血杆菌，为在我国研制血清型疫苗提供了依据。2003 年，由扬州大学等完成的"鸡传染性法氏囊病中等毒力活疫苗（NF8 株）的研制"获得国家科技进步二等奖。该项目研制出鸡传染性法氏囊病中等毒力活疫苗（NF8 株）。试验证实，该疫苗具有突破母源抗体能力强而在鸡产生坚强免疫，对超强毒攻击也能提供良好保护作用，安全性好等优点。2004 年，由中国兽医药品监察所等完成的"鸡毒支原体病疫苗、诊断试剂和综合防治技术的研究与应用"成果获国家科技进步二等奖，该项目研究出用于鸡毒支原体和滑液支原体感染的血清平板凝集抗原、安全有效的鸡毒支原体弱毒活疫苗，以及鸡毒支原体病灭活疫苗等。2005 年，中国农业科学院哈尔滨兽医研究所等完成的"H5 亚型禽流感灭活疫苗的研制与应用"获得国家科技进步一等奖。该疫苗具有高效安全、成本低廉的特点，诱导保护性抗体水平及有效免疫保护持续期等关键指标均优于目前国内外所有用传统方法研制的 H5 亚型禽流感疫苗，是目前唯一证实可诱导水禽产生有效免疫保护，也是我国第一个获农业部颁发新兽药证书并得到大规模应用的禽流感疫苗。由北京市农林科学院畜牧兽医研究所等完成的"鸡传染性囊病疫苗研究及示范推广"获得 2005 年度国家科技进步二等奖。该项目在国内首先研制成功雏鸡用传染性法氏囊病弱毒冻干疫苗和种母鸡用的传染性法氏囊病灭活疫苗。2007 年，中国农业科学院哈尔滨兽医研究所完成的"禽流感、新城疫重组二联活疫苗"成果获国家技术发明二等奖，该疫苗是继 H5N2 亚型禽流感灭活疫苗和 H5N1 基因重组禽流感灭活疫苗研制成功的又一禽流感疫苗——负链 RNA 病毒活载体疫苗，实现了一种活毒疫苗有效预防禽流感和新城疫两种重大疫病。2006 年，中国农业科学院哈尔滨兽医研究所完成的"鸡传染性喉气管炎重组鸡痘病毒基因工程疫苗"获得国家科技进步二等奖，该疫苗彻底改变了鸡传染性喉气管炎防治的现状，使传染性喉气管炎的根除成为可能。对 SPF 鸡及不同品种商品鸡的免疫试验证明，该疫苗具有与现有的鸡痘疫苗相同的免疫效果，实现了鸡痘与传染性喉气管炎的同时免疫，通过一次接种同时预防传染性喉气管炎和鸡痘，降低了防疫费用，可以作为现有疫苗的更新换代产品。

（四）产品加工等

1997 年，由江西省景德镇市种禽场完成的"板鸡制作方法"获国家技术发明四等奖。该发明研制成功优质肉鸡发酵特种卤料，优选出了最佳发酵菌种及整套相关技术；解决了鸡肉蛋白酵酶处理过程中温度、时间、次数等各种参数的选择和有效控制，实现了产品的独特风味和质量的长期稳定；产品低脂肪、高蛋白、低盐度、亚硝酸盐含量极低，各项性能指标均优于国家有关标准，无任何化学添加剂。

由农业部规划设计研究院完成的"鸡粪快速烘干成套设备与技术"成果获得2005年度国家科技进步三等奖。该成套设备与技术采用一次加工即可快速烘干、杀虫、灭菌、除臭，并能避免污染、减少营养损失、全天候连续生产的工艺流程，解决了干燥过程中湿物料结团粘壁问题，热效率高，产品质量好。

综上所述，改革开放以来，我国肉鸡科技由跟踪国际前沿到自主创新走过了不平凡的历程。遗传资源收集、保存和优异性状的挖掘，以及新品种的培育和产业化方面的研究成果为我国多元化的肉鸡产品市场发挥了关键性作用。针对我国不同时期疫病流行特点研发的各种疫苗，科技含量和保护效果不断提高，有效保障了肉鸡生产的健康发展；适合我国饲养环境的饲养标准的确定为保障肉鸡生产潜力的充分发挥、节约饲料资源提供了理论依据和配套技术。上述成果为我国肉鸡产业的快速发展提供了有力的科技支撑。

二、肉鸡产业科技发展现状

（一）遗传资源与育种

2009年我国对鸡遗传资源进行了第二次大范围的普查，2012年《中国畜禽遗传资源志·家禽志》正式出版，并被翻译为英文提供给联合国粮食与农业组织（FAO）共享。其中列入鸡品种116个，包括地方品种107个、培育品种4个、引进品种5个。目前我国已建成了世界最大的地方鸡种活体基因库，建立的中国家禽资源数据库收录家禽资源380余个、文献8 000余篇。《鸡遗传资源保种场保种技术规范》（NY/T 1901—2010）在部分保种场实施。我国已逐级建立起了家禽遗传资源保护体系，陆续增补了一批国家级和省级家禽遗传资源保种场、保护区和活体基因库。

目前，我国在应用常规育种方法对优质肉鸡传统性状进行选择的同时，通过对肉质形成机制和抗病机制的深入研究，加强了对肉质、抗病和屠宰等性状的选育。禽流感等疫病的不断暴发，使政府相关部门对活鸡市场的管理日趋严格，加速了以胴体性状和包装性状为重点的加工型黄羽肉鸡品种培育的步伐。截至2012年，通过国家审定的新品种、配套系共40个。随着行业内对白羽肉鸡育种意义和重要性认识的不断加深，中国特色的白羽肉鸡育种工作已在部分企业悄然展开，市场份额不断扩大的肉杂鸡生产及品种的规范问题也引起了政府和行业的重视。

分子育种方面，在利用遗传标记进行辅助育种及探讨肉鸡重要经济性状的遗传机制研究方面开展了大量工作，转基因鸡研究取得一定进展。开展了分子标记的集成组装检测、不同品种全基因组范围的差异检测、我国主要肉鸡品种DNA-Barcode研究、鸡全基因组关联分析等相关工作。神经内分泌生长轴相关基因的多态性与生长性状的相关性研究、肉质性状遗传基础研究（肉质性状相关的脂肪酸结合蛋白、脂蛋白脂酶、解偶联蛋白、黑色素皮质素受体基因，以及肌苷酸合成的多个酶基因）进展迅速（杨红杰、陈宽维，2010）。有关生长、肉质、免疫等性状全基因组关联研究取得进展。定位了一批与肉品质和免疫等重要经济性状相关的候选基因。针对国内特色地方鸡种的特异性状，通过全基因组重测序，发现了玫瑰冠的基因变异，确定了缨头的基因组决定区域，定位了丝羽性状，新开发的分子标记已应用于丝羽乌骨鸡等鸡种的选育；通过全基因组关联分析分别检测到了控制肉鸡生长和脂肪沉积的重要基因组区域，为阐明调控鸡重要品质性状形成的机制奠定基础。同时，陆续开展了全基因甲基化、转录组深度测序、全基因组 microRNA 等前沿研究，并取得显著进展。快慢羽、矮小型、隐形白羽等质量性状分子鉴定技术在鸡的育种中得到较好应用。同时，肉鸡全基因组选择技术的研究也紧跟国际热点，同步开展。利用转基因技术进行鸡的抗病育种，提高其生产性能，生产药用蛋白等是当代生物技术领域研究的焦点之一。

（二）营养与饲料

对白羽肉鸡、优质肉鸡及肉杂鸡营养需要量进行了大量研究，已开始从分子水平研究评定营养需要的适宜评价指标，正在总结和完善以可利用氨基酸代替总氨基酸表示肉鸡氨基酸需要量。研究获得了酵母硒、钙、磷、维生素 A 和吡啶甲酸铬的需求参数。在肉鸡营养需要动态模型的建立取得进展。在白羽肉仔鸡净能评价、氨基酸和矿物元素营养等方面开展了研究，旨在解决不同环境下营养素的精准定量。王照群等（2012）建立了肉鸡 AME 及 TME 预测模型来评价玉米及加工副产品的有效能和可利用氨基酸含量。王斯佳等（2012）利用正交旋转组合设计模型评价了 21～42 日龄肉仔鸡达到最佳生长性能，以及最佳屠宰性能的胆碱和蛋氨酸需要量。饲粮中添加适量的酵母铬、吡啶甲酸铬和蛋氨酸铬能增加肉仔鸡空肠黏膜厚度，显著降低其回肠绒毛长度和黏膜厚度。有机铜、铁、锰、硒可以增加种蛋中营养元素的存留量，提高子代的生长性能。有机微量元素的抗氧化、抗应激、改善肉品质等功能研究已逐渐成为重要研究方向。

在饲料添加剂研发方面，大量研究集中在酶制剂、植物提取物、益生菌、中草药、氨基酸螯合物等绿色安全饲料添加剂的开发与利用上。一些维生素生产技术和产量已在世界上处于领先地位。酶制剂、油脂乳化剂、β-1，3/1，6-葡聚糖、益生菌、合生元、沙棘叶黄酮等绿色安全饲料添加剂的效果和使用技术的研究为其推广应用奠定了基础。植物提取物、微生态制剂等安全饲料添加剂的研究开发越来越受到重视，并根据肉鸡的日龄、日粮类型建立了较完整的应用技术体系。新型饲料蛋白资源开发仍然受到关注，我国在生物发酵饲料蛋白产品的研发和应用取得突破性进展，相关技术处于世界先进水平。中国农业科学院饲料研究所设计了重组果胶酶酵母 10t 发酵罐的技术参数和生产方案，平均发酵效价达57 000 U/mL，建立了产品的后加工工艺，以及从环境转录组中直接克隆目标酶基因的技术方法，突破了环境中真核来源的目标基因难以克隆的技术瓶颈，建立了表达水平达 10g/L 级的毕赤酵母高效表达技术。

在免疫营养调控方面，研究重点集中在肉鸡肠道健康、抗氧化能力的营养调控上。日粮中添加酵母细胞壁吸附剂或者添加大枣低聚糖（Li 等，2012）均能改善肉鸡免疫功能；在小麦型日粮添加木聚糖酶可缓解小肠黏膜屏障损伤（Liu 等，2012）；饲粮中添加丁酸梭菌可改善岭南黄鸡的免疫功能和肠道微生物菌群的平衡；对肉鸡热应激及其营养调控开展大量研究，从细胞、分子水平探讨了热应激对肉鸡的影响及其机制。开展了营养调控肌肉品质性状的基础研究。开展了瘦肉精、三聚氰胺等违禁药物和有毒有害物质在肉鸡体内的残留规律及其检测技术研究，以及转基因饲用作物的安全性研究。

黄羽肉鸡营养与饲料领域的研究主要集中在研究不同品种黄羽肉鸡饲粮营养物质的适宜供给量，获得了能量、胆碱、锌及硒等大量重要参数。常用饲料原料营养价值评定也越来越受到关注，采用净能体系预测常用饲料的净能值（张正帆等，2011）；但非常规饲料资源在黄鸡高效利用方面的研究匮乏，对发酵豆粕、发酵菜粕、羽毛粉、膨化菜籽等进行了应用研究。

（三）疫病控制

研究主要集中在病原流行病学、遗传进化、新型疫苗和诊断试剂研发方面。新城疫、低致病性禽流感、传染性支气管炎、传染性法氏囊病、禽白血病、大肠杆菌病是影响我国肉鸡养殖业的几大重要传染病。目前，我国禽类传染病呈现多种病原混合感染、在养禽场中普遍发生和免疫抑制性疾病多发的特点。血清学和病原流行病学调查表明，我国鸡群中普遍存在不同免疫抑制病病毒的混合感染现象，因多种免疫抑制病毒共同感染，引起更严重的免疫抑制，从而加重其他病原感染的致病性（秦立廷等，2010）。目前分离的 H5N1 亚型仍以抗原群 Clade2.3.2 为主，H9 亚型分离株都属于欧亚群系，H9N2 亚型分离株之间的抗原性差异并不明显（廖明，2011；康宁等，2011）。基因Ⅶ型仍是当前新城疫分离株的优势基因型，有一定变异倾向，对雏鸡致死率可达 50%～90%（尤永君等，2011）。传染性法氏囊病呈广泛散发，个别地区发病严重，绝大部分为超强毒株，致死率 75%～100%，同时存在变异毒株，疫苗能有效保护。传染性支气管炎病毒毒株大部分分布在 Mass 型、LX4 型、J 型和 LSHH03I 型等分支上，有些分离株存在明显的基因重组（任海松等，2011）。肉鸡养殖场中仍然广泛存在大肠杆菌、沙门氏菌和巴氏杆菌。禽白血病在黄羽肉鸡种鸡场尤其是原种场的感染情况依然严重，净化工作在部分大型种鸡场逐步得到重视并初见成效。2012 年，我国肉鸡养殖中疾病流行呈现以下特征：高致病性禽流感和新城疫等烈性疾病偶有发生；免疫抑制病危害增多；细菌耐药问题越来越严重。宁夏和甘肃相继发生高致病性禽流感疫情，这些疫情均由 clade7.2 分支病毒引起。新城疫病毒流行株多为强毒，绝大部分属于Ⅶd 型。禽传染性贫血病毒和禽呼肠孤病毒等免疫抑制病病原在鸡群中感染严重。由于大量抗生素的使用，大肠杆菌、沙门氏菌、禽巴氏杆菌等细菌耐药性不断增强。

疫苗免疫是控制传染病的重要措施之一，国内已经研制出多种类型的疫苗，全病毒

（细菌）灭活疫苗、低致病性活疫苗、活病毒载体疫苗、DNA 疫苗、亚单位疫苗。对于没有商品化疫苗可用的禽白血病，已制订了净化方案，并在部分地区进行了初步的病原净化，取得良好效果。目前，我国应用的禽流感活疫苗有新城疫、禽流感重组二联活疫苗和禽流感重组鸡痘病毒载体活疫苗两种。其中，新城疫、禽流感重组二联活疫苗是国际上第一个产业化应用的重组 RNA 病毒活载体疫苗，标志着我国在负链 RNA 病毒反向遗传操作这一重要技术领域取得突破性进展并进入成熟应用阶段。正在研制的禽流感 DNA 疫苗和禽网状内增生症亚单位疫苗已经完成了临床试验，对肉鸡安全有效，正在注册新兽药证书。表达禽流感 HA 基因的重组新城疫活病毒载体疫苗已商品化。

在禽流感快速检测技术方面，国内先后出现了普通反转录 PCR（RT-PCR）、实时荧光 RT-PCR、依赖核酸序列的扩增（NASBA）、环介导恒温扩增（LAMP）等多种快速检测技术。目前禽流感血凝抑制诊断试剂和 RT-PCR 诊断试剂盒已经在我国广泛应用，NASBA 的方法已经成为我国禽流感快速检测的国家标准，LAMP 由于其对仪器的依赖性较低，有望成为适合基层应用的快速检测技术。国内一直紧紧跟踪国际前沿技术，先后开展了传染性法氏囊病、禽白血病、大肠杆菌病等病毒性和细菌性传染病的快速检测技术研究，如 LAMP、荧光定量 PCR、酶联免疫吸附试验（ELISA）、胶体金试纸条等，部分试剂盒已进入临床试验阶段。

（四）生产与环境控制

应激会对肉鸡生产性能产生极大影响，这已受到国内研究者普遍重视，并围绕热应激、冷应激及免疫应激开展了大量的研究工作。通过日粮补充抗应激添加剂，缓解各种应激；在日粮中添加寡糖，通过清除肉鸡体内自由基、提高动物免疫力，显示出其抗应激的功能。

目前，国内建成可进行温湿度、光照、风速、氨气、硫化氢、二氧化碳、甲烷等有效控制的环控仓，实现环境控制自动化。舍内环境监测系统的研究，包括数据采集、无线监控、传感器等系统研制，舍内环境参数与生产性状研究。"粪污处理大型沼气发电工程"技术实现了以沼气为纽带的热、电、肥、清洁发展机制（clean development mechanism，CDM）减排联产的生态循环系统，在制取能源开发有机肥料的同时净化了环境。地热能源控制鸡舍温度、鸡粪燃烧发电工厂等技术取得良好效果。低温季节的鸡舍内氨气浓度和空气中细菌数量相对较高，鸡舍内氨气浓度与空气中菌落数量和鸡群死亡率极显著相关（黄炎坤等，2012）；利用微生物制剂等改善舍内空气质量。而酒糟垫料养鸡因具有改善环境、促进生长等优点也逐渐成为一种新型肉鸡养殖模式。

饲养模式在以往传统散养的基础上结合了现代的养殖理念和技术，将散养和舍养有机结合，得到了广泛推广。先进的连栋鸡舍、肉鸡笼养，以及全进全出的饲养模式等提升了环境质量的可控性；不同气候等条件下鸡舍内环境，正压、负压、横向、纵向和混合式等多种通风模式及光照技术逐步得到科学应用（施海东等，2011）。散养工艺的内涵发生明显转变，现代化散养开始被一些有影响的企业接受，标准化散养鸡舍即将在国内得到应用。研究人员测定和对比了不同地域，不同饲养密度，不同品种，不同饲养工艺，以及不同生长、生产阶段肉鸡生理生化指标和免疫指标，对比和规范了动物康乐行为和应激行为特征，并对环境控制技术、污染物减排技术、生态养殖环境监测技术、福利环保型全价日粮、抗生素替代品等进行了系统研究，为我国动物福利立法提供科学依据。

开发酶制剂技术、微生态制剂技术、营养平衡技术、饲用除臭技术，推广有机微量元素，以综合提高饲料物质和能量代谢利用率。通过臭氧带鸡消毒、发酵床养殖、风机出口处安装遮阳网连带微滴喷雾设备、鸡舍内喷洒生物活菌制剂等方法，提高鸡舍内外空气质量。研发高效生物发酵菌剂及保氮除臭填充剂提高废弃物处理的质量及安全性；以蒙脱石、陶土为基质开发高效污水重金属吸除剂等。以 LED 灯作为光源，孵化期 15 lx 间歇性单色光刺激可促进肉仔鸡肌肉生长，提高胸肌产量并改善饲料转化率，节约用电量（Zhang 等，2012）。在废弃物减排方面，采用酸碱联合或白腐真菌预处理，可有效提高鸡粪处理效果。

我国针对肉鸡养殖的全过程控制，开展了肉鸡养殖场调研工作，包括档案管理记录、肉鸡来源档案记录、饲料来源及使用情况、疫苗来源及使用情况、饲养流程管理记录、养殖场环境质量记录、肉鸡舍建设资料等多方面养殖信息，为肉鸡产品质量追溯提供基础性数据。肉鸡标准化养殖得到有效推进，调查确立了 20 个全国典型肉鸡示范场，编撰了《肉鸡标准化养殖技术图册》（逯岩、刘长春，2014）。

（五）肉鸡加工

加工技术创新在企业受到重视，生鲜品质有效改善，调理制品快速发展，产品结构趋于合理。白羽肉鸡加工模式带动了黄羽肉鸡、淘汰蛋鸡的加工，促进了鸡肉加工产业的整体升级。生鲜鸡肉加工技术得到普遍提升，调理品加工技术迅速发展，西式加工技术与中式传统技术有效结合。

除对鸡肉成熟嫩化机制、鸡肉加工中的乳化保水机制进行深入研究外，动物福利与鸡宰后食用品质及加工特性的关系（Zhang 等，2010）、鸡肉异质肉发生机制、肉鸡屠宰加工等环节微生物菌相变化和消长规律等方面的基础研究大量开展。主要针对肉鸡宰前管理、冷冻和（或）解冻工艺、鸡肉加工特性、传统鸡肉制品的包装/保鲜技术等进行了研究，发现高频致昏、低浓度二氧化碳致昏、降低冻结温度可提高肉品质；氧化处理影响凝胶的保水性和硬度（胥蕾，2011），细菌群体感应信号分子能显著促进优势腐败菌和致病菌的生长速率（孙彦宇等，2011）。研究发现适当的静养可降低运输应激对鸡肉品质的影响。

应用研究主要涉及屠宰相关工艺、原辅料复配与加工技术、包装/保鲜、产品开发和副产物利用等。屠宰方法对鸡肉品质影响、屠宰加工过程中细菌的检测和控制技术（王虎虎等，2010）、原辅料复配与加工技术、包装/保鲜、产品开发和副产物利用、风味形成控制和有害物检测控制等应用技术（吴振等，2012；朱恒文等，2012）

研究进展迅速。优化宰前电击晕和宰后电刺激的工艺参数，可有效降低鸡肉异质肉发生率；研究复合保水剂、滚揉技术参数、蒸煮技术参数对鸡肉调理制品出品率的影响，完善了工艺技术；针对鸡肉产品污染严重、产品货架期短的现状，研究了影响鸡肉产品安全和品质的栅栏因子，开发减菌技术和贮藏保鲜技术；在鸡肉产品杀菌温度认定方面，研究开发了鸡肉制品终点温度蛋白质电泳判断技术；在鸡副产品利用方面，研究了鸡骨胶原蛋白提取技术及特性，开发鸡骨髓浸膏制造技术、发酵鸡血饲料粉的生产技术等。此外，针对我国发生的三聚氰胺事件，开发了鸡肉及制品、配料中的三聚氰胺检测技术，并针对出口鸡肉及制品研究了单增李斯特菌检测技术。开展鸡肉凝胶乳化机制、蛋白质氧化和类 PSE 鸡肉的加工特性改良等方面研究（董建国等，2012），发现超高压处理有利于蛋白质凝胶的形成，适度氧化可改善肌肉凝胶特性，调整 pH 可部分改善类 PSE 鸡肉的加工特性。植物蛋白和可食用胶体可有效提高产品的加工特性，香辛料对传统鸡肉制品的风味形成有突出的贡献作用，同时鸡肉减菌保鲜技术和营养复配技术也受到了广泛重视。

在设备开发方面，国产化鸡肉制品加工机械以其廉价和日益改进的性能逐渐受到国内中小型加工企业的青睐。设备的研发和改良也受到加工企业的广泛重视，开展大量相关工作。根据市场需求，综合运用滚揉、腌制、烟熏等工艺，研发出系列新型鸡肉产品以及风味调味料和品质改良剂。

三、国家肉鸡产业技术体系

（一）国家肉鸡产业技术体系建设的背景

科技进步是突破资源和市场对我国农业双重约束的根本出路。为了提升国家、区域创新能力和增强农业科技自主创新能力，保障国家粮食安全、食品安全，实现农民增收和农业可持续发展，农业部和财政部根据现代农业和社会主义新农村建设的总体要求，针对长期以来形成的农业科技条块分割、资源分散、低水平重复、分工不明、协作不力等问题，制订了现代农业产业技术体系建设实施方案（农科教发〔2007〕12号）。产业体系建设的基本目标是按照优势农产品区域布局规划，依托具有创新优势的现有中央和地方科研力量和科技资源，围绕产业发展需求，以农产品为单元，以产业为主线，建设从产地到餐桌、从生产到消费、从研发到市场各个环节紧密衔接、环环相扣、服务国家目标的现代农业产业技术体系。现代农业产业技术体系建设是提高农业科技创新能力和创新效率的新思路、新机制，体系的启动、实施标志着国家农业科技创新体系建设取得新的突破。

2007 年年底，农业部和财政部选择水稻、玉米、小麦、大豆、油菜、棉花、柑橘、苹果、生猪、奶牛 10 个农产品，联合启动了现代农业产业技术体系建设试点工作。1 年多的试点工作中，重点对体系的任务、工作制度、管理方式等进行了摸索。同时，新增了 40 个产品，开展了 50 个农产品的现代农业产业技术体系建设工作，共涉及 34 个农产品、11 个畜产品、5 个水产品。

现代肉鸡产业技术体系于 2009 年 2 月正式启动,是已启动的 50 个农业产业体系中的畜产品产业体系之一。现代肉鸡产业技术体系在全面分析我国农业产业技术体系现状与发展的背景下,针对我国肉鸡生产存在中的主要问题,在充分调研的基础上,提出了我国肉鸡产业技术体系的构架和核心工作内容。

(二)国家肉鸡产业技术体系建设的架构

现代肉鸡产业技术体系由 1 个国家肉鸡产业技术研发中心和 20 个国家肉鸡产业技术综合试验站、100 个示范县组成。体系团队成员共 186 人,有岗位科学家 24 人、综合试验站站长 20 人。首席科学家是中国农业科学院北京畜牧兽医研究所文杰研究员,管理决策机构是执行专家组。

国家肉鸡产业技术研发中心全面组织协调肉鸡产业体系的建设,制订肉鸡行业发展规划,组织实施肉鸡行业科技计划,组织协调实验室的研究及各试验站的成果示范转化工作,组织召开肉鸡行业科技发展战略会议。中心的技术依托单位为中国农业科学院北京畜牧兽医研究所。

中心设立 24 个科学家岗位,包括遗传育种与繁殖研究室、营养与饲料研究室、疾病控制研究室、生产与环境控制研究室和综合研究室等 5 个功能研究室,分别依托中国农业科学院北京畜牧兽医研究所、广东省农业科学院畜牧研究所、中国农业科学院哈尔滨兽医研究所和南京农业大学等单位。其主要职能是:从事肉鸡产业技术发展需要的品种培育、安全饲料配制、疾病控制、屠宰和加工关键技术等基础性工作;开展肉鸡良种繁育、健康养殖关键和共性技术攻关与集成;收集、监测和分析肉鸡产业发展动态与信息;监管功能研究室和综合试验站的运行。

根据我国肉鸡产业的主导产区和分布,肉鸡产业技术体系在华北、华东、华中等地区设立了综合试验站,每个综合试验站设 1 个试验站站长岗位(团队)。其主要职能是:开展肉鸡良种繁育体系和健康养殖综合集成技术的试验、示范;培训技术推广人员和科技示范户,开展技术服务;调查、收集肉鸡生产实际问题与技术需求信息,监测分析疫情、灾情等动态变化并协助处理相关问题。

(三)国家肉鸡产业技术体系"十二五"重点任务

"十二五"期间,肉鸡产业技术体系在充分调研的基础上,共确定了 14 项重点任务,其中 2 个以上研究室参加的体系级重点任务 3 项(01~03A),研究室级重点任务 9 项(04~12B),还有数据库建设和应急工作,具体任务名称如下:

CARS-42-01A:肉鸡标准化规模养殖支撑技术集成与示范

CARS-42-02A:我国优质肉鸡核心种群的构建

CARS-42-03A:肉鸡禽流感等主要疫病防控技术研究与示范

CARS-42-04B:地方鸡遗传资源保护与评价研究

CARS-42-05B：肉鸡遗传改良实用关键技术研究

CARS-42-06B：肉鸡禽白血病净化技术研究

CARS-42-07B：肉鸡主要疾病病原流行病学调查与分析

CARS-42-08B：肉鸡健康精准营养调控及生理与分子机制研究

CARS-42-09B：优质鸡肉高效生产饲料配制关键技术研究

CARS-42-10B：肉鸡光照制度的优化技术与示范

CARS-42-11B：鸡肉及其制品质量安全控制关键技术

CARS-42-12B：肉鸡生产要素、市场发展趋势与产业政策研究

CARS-42-13C：产业基础数据平台建设

CARS-42-14D：应急性技术服务

（四）国家肉鸡产业技术体系主要成绩

在过去的五年中，按照农业部对现代农业产业技术体系建设的总体部署，肉鸡体系踏实开展产业关键技术研发，在全国肉鸡标准化规模养殖示范创建、推动肉鸡品种自主培育方面开展了卓有成效的工作；在科技服务系列活动组织，禽流感、"速生鸡"等应急事件快速应对，以及产业发展重大问题决策咨询等方面发挥了不可替代的重要作用，创建了具有肉鸡体系特色的工作机制。逐步走上了以技术研发为首要任务，以示范应用为主要手段，"顶天立地"的自主科技创新之路，为我国肉鸡产业的健康发展做出了突出的贡献。

1. 主要科研工作成效

遗传育种领域：收集保存瓢鸡等地方品种资源34个；构建了符合不同市场需求的40余个品系的育种核心群，培育"五星黄鸡"等8个获得国家新品种证书的肉鸡配套系。筛选鉴定与肉质、生长、抗病性状相关的候选基因，建立外貌、肉质等性状相关轻简化分子辅助育种技术7项，并在育种中初步应用。

疫病防控领域：建立了禽流感等6种主要疫病的抗原抗体检测方法，在20个省份开展了严密的病原学监测与血清学跟踪调查。研制了禽流感和新城疫等新疫苗，获得新兽药注册证书5项；优化了我国特色的黄羽肉鸡免疫程序3套；制订禽白血病净化方案1套，使禽白血病阳性率降低了80%以上。

营养需要与饲料配制领域：获得"新型饲用微生态制剂——丁酸梭菌"等新饲料添加剂证书2项，并实现产业化生产；开发出果胶酶等3种饲用酶制剂的高效生产技术及产品；建立我国肉鸡营养需要的动态优化模型软件1套；提出黄羽肉鸡应用合成氨基酸的低蛋白饲料配制技术1套；集成肉鸡早期营养技术开发出雏鸡用新型浓缩料和全价配合饲料。

环境控制领域：研究开发了具有抗生素替代效果和减排氨气功效的新型复合微生态制剂产品和饲用无机除臭剂产品各1个；建立减排氨气效果的技术措施2项；建设肉鸡全程管理及可追溯技术平台1套；优化不同类型光照制度技术方案3套，形成中

部地区白羽肉鸡标准化养殖安全生产规范。

产品加工领域：建立了适用于鸡肉加工制品的工艺标准化及质量控制技术，研发了西式烟熏火腿灌肠系列、风干系列等四大类约十余种鸡肉产品。优化了高频低压电击晕技术，研发相应的电击晕装备1套。开展了不同冷链条件下，鸡肉及其制品优势腐败菌的预测和预报研究。

至2012年年底共有获奖成果29项，获得专利50项，发表论文721篇，制定各类标准26项。其中，以下内容成为体系工作的亮点。

多学科联合攻关，开展肉鸡标准化规模养殖技术集成与示范。针对我国肉鸡规模化养殖面临的鸡场生产安全措施优化、舍内环境控制等技术问题，肉鸡体系统做好研发任务的顶层设计，建立了联合攻关工作机制。组织17个省市调研，形成调查报告为畜牧主管部门提供决策依据；制定行业标准（《标准化养殖场 肉鸡》），遴选全国典型示范场，出版《肉鸡标准化规模养殖技术图册》发挥示范带动效应。开发出复合芽孢杆菌制剂和载铜硅酸盐微粒饲用减排产品，有效降低舍内氨气浓度20%，减少舍内空气中大肠杆菌50%；建立果胶酶等饲用酶制剂的高效生产技术并实现产业化，高效酶制剂应用和低蛋白日粮配制技术明显提高了饲料利用效率，减少了氮磷等的排放；实现了节能减排、合理用药、全程控制的示范带动作用，2011年全国年出栏5万只以上规模化养殖比重达到36.6%，比2008年提高了10.8%。肉鸡体系为推动全国肉鸡标准化规模养殖工作做出了贡献。

分子技术研发和常规选育结合，推动肉鸡品种国产化。针对我国白羽肉鸡完全依赖进口、黄羽肉鸡缺乏核心主干品种等问题，体系从技术研发、企业培育和行业咨询等方面切实推进我国肉鸡的自主品种培育，并积极推动实施全国肉鸡遗传改良计划的启动。重点构建新品系育种核心群40个以上，利用高通量测序等新技术，鉴定多个与肉质、生长性状相关的候选基因和标记；熟化建立肤色、肌内脂肪等性状的轻简化分子辅助选择技术，并广泛应用于30多个优质肉鸡新品系选育中，形成"产、学、研"联合实施机制。培育的国产品种占到国内优质肉鸡市场的50%以上，初步建立了研究单位—育种企业—种鸡基地—商品养殖的良种产业化示范体系。

及时监测，更新疫苗，禽流感等防控成效显著。针对肉鸡重大疫病禽流感的防治策略，通过大范围的流行病学调查、禽流感病毒监测、抗原性分析、遗传变异分析及免疫攻毒保护等研究，掌握了我国禽流感流行规律；及时构建、评价、更新了疫苗种毒（Re-6株），实时研发出针对我国流行株的新疫苗，其中禽流感H5亚型单苗、H5二价苗、H5+H9二价苗及禽流感-新城疫二联苗等5个产品的规程均获得通过，结合原疫苗和新疫苗进行免疫程序优化和免疫效果评估，形成一整套肉鸡禽流感等防控技术，有效预防了禽流感的暴发和流行。制订白血病净化方案，在6个肉鸡核心群开展净化工作，使阳性率下降80%以上。源头管理和综合防控效果明显，实现了疫病的有效控制。

2. 在肉鸡生产中的推广服务情况

肉鸡体系积极发挥技术、人才、基地的优势，以综合试验站、示范基地为依托，创立点面结合、岗站联合等工作机制，开展实地调研、技术服务、会议交流、网络咨询等不同形式的服务活动。

选择7个育种企业在安徽、广东、江苏等地针对性地培训和推广现代分子育种技术、地方鸡选育技术，培植国产品牌肉鸡的成熟度，示范企业年推广肉鸡新品种12亿只以上，育种进展提前约1.5个世代。针对疫病防控的薄弱环节，重点开展禽流感、新城疫等主要疫病的流行趋势、应对策略、疫苗选择等技术培训40余次，在主产区推广禽白血病种鸡净化技术，白血病阳性率下降80％；将新型饲料添加剂、肉鸡动态生长与营养优化软件等新产品应用于实际生产领域，着重宣传早期营养与健康调控技术，已有500万只出栏肉鸡应用新型添加剂和优化饲料配方；在12个试验站及其示范企业中对鸡肉制品加工、鸡肉分级及品质控制等技术开展培训；在全国范围内推行标准化规模化养殖技术，重点以节能减排、废弃物处理技术为主，2011年10万只以上标准化生产示范场出栏肉鸡25.6亿只，切实推进肉鸡标准化规模养殖的进程。

针对区域产业发展的不同特点和企业的具体需求，肉鸡体系专家服务团进行重点科技服务。"科技促进年肉鸡专家江苏安徽行"7位专家走进一线，针对传染性支气管炎、禽白血病等养殖重点防控疫病进行现场调研和实地指导。应广西壮族自治区水产畜牧兽医局等单位邀请，由育种、加工领域的专家团队对广西壮族自治区肉鸡企业进行了技术培训。科企对接，深入一线的服务，助推了区域经济的繁荣。据初步统计，肉鸡体系已培训企业技术人员、农户等相关从业人员12.5万人以上。

3. 肉鸡产业应急服务和决策咨询情况

针对自然灾害、重大疫病、行业动态、突发事件等不同分类，肉鸡体系制订了详细应急预案与措施。据初步统计，2011—2014年，体系共有48人次专家及团队成员积极赴生产一线参与了救灾技术指导，发布《关于做好低温雨雪、冰冻天气的应急工作的通知》等12次，最大限度地降低灾害对肉鸡生产的影响。

2012年以来，山西粟海、山东六和及百盛集团有关"速成鸡"的食品安全问题成为媒体关注的焦点；2013年因人感染H7N9流感事件，全国肉鸡养殖企业因消费市场的剧降而受到重创。在这些产业生产应急事件中，体系均在第一时间启动应急工作机制，编写科普文章，刊发在体系共享平台，通过电视、网络等多种媒体宣传肉鸡养殖科学知识，提高公众对肉鸡产业的正确认识。及时上报畜牧业司肉鸡的生产销售情况、损失评估分析报告，并及时提出政策建议，为政府管理部门决策咨询的提供技术支持。国家肉鸡产业技术体系禽流感防控岗位的研究团队参与完成的研究成果《H7N9 Influenza Viruses Are Transmissible in Ferrets by Respiratory Droplet》在美国《科学》(*Science*) 杂志发表：Science 341，410（2013）。国家肉鸡产业技术体系为第一基金资助项目（CARS-42-G08）。研究团队对H7N9病毒的致病力和传播能力的研究结果表明，H7N9病毒对禽类无致病力，但所有病毒都能识别人类受体并具备感染人的能力；更重要的是，发现H7N9病毒侵入人体后可获得对哺乳动物的致病力与水平传播能力增强的关键突变，揭示了H7N9病毒存在较大人间大流行的风险。

多途径、多角度监测和调研，构筑产业基础数据平台。肉鸡体系一直承担农业部肉鸡生产监测任务，每年提供各类产业信息报告 14 份以上，为国家相应部门提供生产决策依据。在 2010 年启动了"全国肉鸡出栏结构和周转规律调查"工作，抽取占全国出栏总量 95％的 20 省份的养殖场进行了实地调研，获得白羽、黄羽等不同肉鸡类型的数量、比例及周转规律，摸清我国肉鸡产业的地区分布概况，增补了我国对家禽统计数据的空白。在数据库建设方面，体系共设定了 5 个产业基础信息数据库和 7 个专业技术数据库，目前共收集录入各类信息 13 万余条，各类数据可在"肉鸡产业技术体系网"中进行查询。

肉鸡产业是现代农业的重要组成部分，现代肉鸡产业技术体系建设为我国肉鸡业的发展揭开了新的篇章，必将推进中国特色的现代肉鸡产业的健康蓬勃发展。

第三节　肉鸡产品流通发展历程及现状

一、肉鸡产品流通体制的历史变迁

长期以来，禽肉在我国生产和统计上一直都被作为副食品来对待，因而其购销政策也一直与副食实行同一的政策和规则。总体看来，新中国成立以来，我国肉鸡产品流通大体经历了以下几个阶段（表 1-6）。

表 1-6　我国三个不同阶段肉鸡产品流通情况比较

项目	计划经济阶段 （1949—1978 年）	有计划的市场经济阶段 （1979—1992 年）	市场经济阶段 （1993 年以后）
政策	以粮为纲，家禽产品是副食品	肉鸡业是农民致富的途径	农业和畜牧业结构的调整
目标	为城市提供便宜的家禽产品	允许一部分人先富起来	利润最大化
参与主体	国营或集体供销社、公司	个体贸易商、运输商为主体	个体经营基础上的合作经营
市场体系	国有或集体供销社	批发市场、集贸市场	批发、集贸市场和超市
市场范围	当地城市附近区域	整个地区及国内	国内外
运输方式	火车运输为主	火车和汽车运输并存	汽车运输为主，火车运输为辅
所有权	国营或集体	多元化与集体、个体并存	贸易公司、合作经营协会
供应者关系	政府控制	参与者相互独立	参与者以合约、合作组织出现
流通链	短	长	更长

第一阶段：计划经济阶段(1949—1978 年)

从新中国诞生到改革开放以前，中国实行的是高度集中的计划经济体制。这段时期中国肉鸡产品生产能力水平较低，其生产供给始终满足不了人民需要。在计划经济体制下，国家不仅对粮食、棉花等关系国计民生的主要农产品实行严格的统购统销政策，而且对肉、蛋、奶、菜及水产品等鲜活农产品也进行计划管理。包括肉鸡产品在内的家禽产品是国家管制的奢侈品，国家有计划地下达养殖生产计划，制订收购价格，再由国营或集体性质的供销社供应城市消费。产品品种、销售价格、供应数量都由政府商业部门决定和管理。

从 1956 年起，一些大中城市对包括肉鸡产品在内的农副产品采取统购包销政策，不许生产者和消费者直接成交，取消了农贸市场。"文化大革命"开始后，集贸市场作为"资本主义尾巴"而被封禁。在北京等大城市，统购包销已成为副食品经营的唯一形式，这对稳定郊区生产、保证货源、稳定价格有着明显的效果，但也产生了统购太死、经营环节增多等问题，造成有些生产者重量不重质，品种减少，上市集中，价格由国家制订，购销价格倒挂，国家财政补贴不断增大。

1959 年，国家确定了 16 个品种的物资由供销合作社负责收购调拨，供应出口。这样，城市所消费的鲜活农产品由中央和地方政府通过计划生产，国营商业企业组织进行统一收购和统一供应，城市消费者只能凭票证进行定量购买。农村所消费的鲜活农产品基本上实行自给自足，即使在集体化、合作化程度很高的人民公社时期也是这样。1959 年 6 月11 日中共中央发出文件，明确社员可以私养家禽家畜，所得收益归社员自己。这种小私有不可能形成肉鸡产品的大规模生产，因为农民除了自己食用之外很难有剩余产品拿来交换，另外农村集贸市场时开时关，在中国到处都进行着"割资本主义尾巴"的运动。

总之，这一阶段中国肉鸡产品流通体制有着鲜明的计划性特征，肉鸡产品流通受到约束控制。流通半径一般在城郊农村到附近大小城市。由于肉鸡产品数量有限，流通组织、经营方式和流通渠道单一化，供应链短，供应区域性强，也几乎没有肉鸡加工业，因此，消费者对价格和消费品种的选择余地很小。其结果是高度集中的流通体制基本上否定了生产者和消费者的自主权，国营商业排斥其他经营主体成为流通中的一个垄断性的经营实体。

第二阶段：有计划的市场经济阶段（1979—1992 年）

改革开放以来，中国肉鸡产品流通体制主要是在计划管理体制下逐步搞活流通，改革不合理的价格制度，实行调放结合，以调为主。1983 年中央一号文件规定，农民个人或合作可以长途贩运完成交售任务后允许上市的鲜活农副产品。1984 年中央一号文件又进一步规定，大中城市在继续办好农贸市场的同时，要有计划地建立农副产品批发市场，有条件的地方要建立沟通市场信息、组织期货交易中心。这些政策的出台，对进一步搞活农产品流通起到了较好的作用。1985 年以后，中国鲜活农产品流通体制发生了根本的变化，取消了统购派购制度，多种鲜活农产品逐步走向宏观调控下的自由流通体制，价格制度也由计划和市场双轨调节，到调放结合以放为主，并逐步走向宏观调控下的市场价格制度。农产品购销政策的调整给整个家禽部门的产品流通领域带来了一系列新的变化。例如，在大中城市建立起一大批禽肉和禽蛋批发市场；各地供销社和供销公司纷纷将先期建立起来的贸易货栈改建成为批发市场；工商管理部门、乡镇企业和个体经济等积极参与建立家禽产品批发市场；许多国营公司和各类集体商业也都兼营起禽肉和禽蛋批零业务，一些菜农也纷纷上市场营销自己的产品。肉鸡产品流通领域迅速出现了国家、集体、个体多种经济成分共存的局面，流通渠道呈现多元化发展趋势，生产经营向市场化方向发展，经营形式由统购包销到自由购销，经济成分由国营集体企业销售为主体到多种经济成分并存，价格形成由政府定价到双轨制、国家计划指导下的市场价格，流通方式由调拨流通到批发市场、集贸市场及多种零售业态的流通。大量禽肉和禽蛋批发市场的建立，市场软硬件设施得到加强，市场网络初步形成。肉鸡价格逐渐放开，市场调节，消费者选择余地增大。但由于通信落后，导致信息严重不对称，产地和销地价格相差较大，经常供不应求。为促进流通，个体贩运迅速参与到肉鸡产品流通渠道，促使销售半径和销售规模迅速扩大，随之由汽车运输发展为火车运输为主，小规模的加工业和贮藏设施也应运而生。

打破具有鲜明计划性特征的旧流通体制后，中国建立了以国营商业组织为主渠道，其他集体、个体、合伙等经营形式为辅助的新型流通体制。新的流通体制极大地促进了鲜活农产品生产的发展，同时也对鲜活农产品的稳定供给提出了更高的要求。为此，从1988年起，经国务院批准，农业部会同其他部委开始了"菜篮子"工程。

这一阶段肉鸡产品的流通模式特征是重新肯定了集市贸易的合法性；发展农民个体商业组织，贸工农组织后来居上，国营商业市场占有率下降，批发市场迅速发展并作为一种新型的鲜活农产品流通渠道受到社会各界的重视。

第三阶段：市场经济阶段（1993年以后）

1993年以后，全国加大了农产品流通体制改革的力度，加上"菜篮子"工程的稳步实施，全国农产品增长速度大大高于同期全国农业总产值的增长速度。1995年国家实施第二阶段的"菜篮子"工程，实行市长负责制，市长的政绩与当地人民菜篮子的丰富程度直接挂钩，进一步保证了我国大中城市农产品市场的充足供应。

在这一阶段，肉鸡产品持续稳定增长，市场多元化格局基本形成，公司加农户、农民协会等多种经营形式在家禽产业的发展中发挥着十分重要的作用。为了扩大销售范围，稳定货源，各产销地区的家禽产品经营部门积极建立横向联合，开展产销地区联营，加强综合服务，促进产供销一体化发展。一些供销社还组织禽业协会，为农民提供完善的产前、产中和产后服务，与农民建立稳定的产销关系。一些县市成立了肉鸡经营集团公司，公司通过开发新产品、购销保护价、售后利润返还等方式，与养殖户建立利益均沾、风险共担的约束保障机制，有力地促进了肉鸡产品的生产和系列化服务。同时，超市经营肉鸡产品的出现也给肉鸡产业带来了新的契机。肉鸡产品打破了地域的限制，流通连接国内外市场，通讯设施完善，信息传递快捷，渠道拉长。运输工具多元化，汽车运输由于交通条件的改善和灵活快捷的优势而大量增加。

这一阶段的肉鸡产品流通模式特征是肉鸡生产基地稳定发展，抗御自然灾害能力增强，组织农民参与流通，实行直供直销，拓宽了流通渠道，市场主体多元化格局基本形成；公司加农户等多种经营模式产加销一体化经营活动十分活跃。

二、肉鸡产品流通现状

改革开放以来，我国流通领域发生了深刻变化。国内商品市场粗具规模，市场机制已经形成并发挥作用，流通主体实现了多元化，流通设施和技术不断改善，现代流通方式从无到有、快速发展，对外开放水平不断提高。随着肉鸡产品市场供应能力的提高，我国肉鸡产品交易数量和市场范围不断扩大，肉鸡产品市场经历了从集市贸易的繁荣，到批发市场的大发展，再到连锁超市、物流配送等现代经营方式的逐步兴起、不断发展、不断完善的过程。目前，我国肉鸡产业形成了以批发市场、集贸市场为载体，以农民经纪人、运销商贩、中介组织、加工企业及临时性农民运销队伍为主体，以产品集散、现货交易为基本流通模式，以原产品和初级加工产品为营销客体的基本流通格局。在多元化的流通主体中，运销专业户、农民经纪人是运销大军中的主力队员；中介流通组织是近年来开始发展起来的新型农民运销组织，一般与农产品的生产相结合；肉鸡产品加工企业是高效吞吐农产品的中间环节，也是农产品流通主体的一个重要组成力量；季节性、临时性农民运销队伍主要是产品上市或农闲季节组织收购运销的农民。

目前，我国肉鸡产品市场流通模式仍处于现货交易的原始阶段，现代物流模式刚刚起步。肉鸡产品流通的主要模式是按照"产地收购—产地市场集散—销地市场集散—城乡商贩零售"的路径进行现货交易，处于原始的市场交换的基础流通状态。订单农业、连锁经营等现代物流模式、网上交易、代理交易、拍卖等现代化流通手段处于起步探索阶段。

由于消费习惯的不同，黄羽肉鸡和白羽肉鸡产品市场流通模式也存在差异。黄羽肉鸡在我国主要以活鸡形式流通，现场宰杀，消费群体以南方居民为主；白羽肉鸡主要经屠宰分割为鸡胸肉、鸡腿肉和鸡翅等形式销售，或加工为熟食后上市，消费群体主要在我国北方。随着人们生活水平的提高带来的消费方式的改变，以及肉鸡加工业的发展，黄羽肉鸡产品也出现了以屠宰分割的形式和加工为熟食的形式进入市场流通。

总体看来，我国肉鸡产品流通渠道与方式可以归纳为下几种。

1. 自产自销模式

农民在短距离的生产地市场自行销售自己生产的肉鸡产品。这种流通方式的优点是流通过程中的中间环节少，农民可直接面对消费者，销售收益及时兑现。存在的问题是流通过程中产品缺乏加工、保鲜、包装等技术处理，产品附加值低；物流半径有限，生产者难以在更大空间范围内寻找可出更高价格的需求者；由于这种流通的销售量小，致使单位商品的运输成本、销售时间和交易成本都很高。单位流通成本很高。

2. 零售商参与模式

即生产者不与消费者直接见面，由零售商（个体私营商贩）负责肉鸡产品的收购与销售。城镇农贸市场的商贩集采购、配送和零售于一身。零售商一般直接去农村向农户收购肉鸡产品并运输到城镇农贸市场，或是由生产者自行将产品运送到零售市场转移给零售商，然后由零售商出售给消费者，赚取其中的差价。现在的城镇农贸市场销售的很多产品都是采用这种方式，它在一定程度上降低了生产者的交易成本，有时候零售商也会对产品进行一些简单的分类和包装甚至加工，但这种物流方式规模小、技术水平低、商品流通范围极其有限，且生产者和零售商之间存在明显的信息不对称，农民利益容易受到侵害。

3. 批发市场参与，异地销售模式

即依托有一定规模的农产品批发市场，由生产者自己或中间收购者将分散的农产品集中到批发市场由批发商收购，然后再通过零售商销售。这种方式的优点是物流半径明显扩大，单位物流成本明显降低，已经成了大宗农产品销售的重要途径。目前的批发市场只是农产品集散地，主要单纯从事收购和批发销售，很少进行包装、加工等增值服务。

4. 龙头企业加工、异地销售模式

龙头企业与农户签订合约，规定产品的规格与类型，农户按照合同约定进行生产，最后龙头企业收购农户的产品，经过加工包装后再配送给零售商销售。优点是通过龙头企业使初级产品得以加工、保鲜、包装，使产品的附加值明显提高，农民可以分享加工的利润，收入增加；龙头企业有更充分的市场信息和技术信息，而且资金雄厚，它可以对农户的生产进行资金支持和技术指导，降低农户生产的自然和市场风险。缺点是龙头企业与农户的履约率较低。

目前我国肉鸡产品流通的几种模式各有优缺点，并在不同的空间发挥着重要的作用。根据以上分析，可将我国肉鸡产品流通体系绘制如图 1-3。

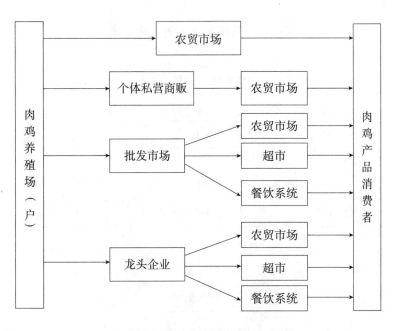

图 1-3　我国肉鸡产品流通模式

　　按照肉鸡产品品种（黄羽和白羽）的划分。具体而言，我国肉鸡流通渠道见图1-4和图1-5。

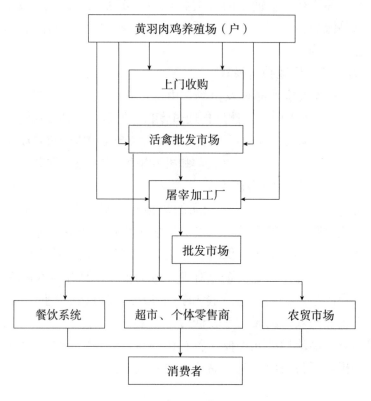

图1-4　我国黄羽肉鸡流通渠道

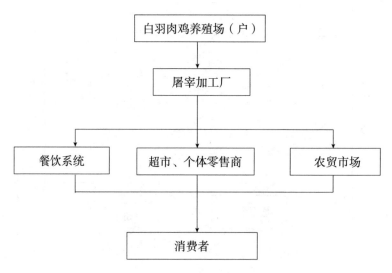

图1-5　我国白羽肉鸡流通渠道

第四节　肉类消费发展历程及现状

一、肉类消费的发展历程及现状

随着我国经济的迅速发展，我国社会发生了很多深刻的变化，其中食物消费方面的一个显著变化就是过去30多年里肉类消费的持续增长。改革开放以来，我国经济快速发展，城乡居民家庭生活水平和生活质量逐步提高，尤其是进入20世纪90年代，城乡居民肉类消费量逐年递增，同时，城乡居民的肉类消费结构也发生了根本性变化。

（一）城乡居民肉类消费水平变动特征分析

1. 我国人均肉类消费量快速增长

自1978年以来，我国城乡居民人均肉类消费量逐年增加，已经达到一个较高的水平。1978年，城乡居民人均肉类消费量为8.86kg，1990年达到15.92kg，增长了约80%；2000年增加到20.21kg，较1990年增长了30%。2000年以后，城乡居民人均肉类消费继续快速增长，2011年人均肉类消费量为28.20kg，2000—2011年人均肉类消费以每年3.1%速度增长。从不同种类来看，1978—2011年全国人均猪肉消费量总体上呈增长态势，2011年为17.6kg，与1980年的7.67kg相比增长了2.29倍，年均增长2.55%；同时，城乡居民人均牛羊肉消费增长较快，人均消费量从1978年的0.75kg增长到2011年的2.95kg，2011年是1978年的3.93倍，年均增长4.23%；禽肉消费增长最快，增幅最大，城乡居民人均禽肉消费量从1978年的0.44kg增长到2011年的6.54kg，2011年是1978年的17.36倍，年均增长高达9.03%（表1-7）。

表1-7　全国人均肉类消费量与数量结构

年份	人均肉类总消费（%）	猪肉		牛羊肉		禽肉	
		数量（kg）	比例（%）	数量（kg）	比例（%）	数量（kg）	比例（%）
1978	8.86	7.67	86.57	0.75	8.47	0.44	4.97
1980	11.79	10.16	86.17	0.83	7.04	0.80	6.79
1985	14.36	11.81	82.25	1.02	7.09	1.53	10.66
1990	15.92	12.60	79.17	1.45	9.14	1.86	11.68
1995	16.16	12.53	77.51	1.21	7.46	2.43	15.03
2000	20.21	14.54	71.97	1.91	9.44	3.76	18.59
2005	25.97	17.56	67.60	2.45	9.43	5.97	22.97
2006	25.71	17.50	68.05	2.57	9.98	5.65	21.96
2007	24.77	15.61	63.02	2.62	10.56	6.54	26.42

（续）

年份	人均肉类总消费（%）	猪肉		牛羊肉		禽肉	
		数量（kg）	比例（%）	数量（kg）	比例（%）	数量（kg）	比例（%）
2008	24.13	15.73	65.20	2.31	9.56	6.09	25.25
2009	26.89	17.14	63.76	2.51	9.34	7.23	26.90
2010	27.35	17.56	64.21	2.59	9.46	7.20	26.33
2011	28.20	17.60	62.43	2.95	10.47	7.64	27.10

数据来源：《中国统计年鉴》和《中国农村统计年鉴》。

同时，随着居民家庭肉类消费量的增加，我国城乡居民人均肉类消费的内部结构也发生了很大变化。1978年全国人均猪肉消费占总肉类消费的比重为86.57%，牛羊肉比重为8.47%，禽肉比重为4.97%；到2011年，肉类消费结构中猪肉占62.43%，牛羊肉占10.47%，禽肉占27.10%。因此，2011年与1980年相比，猪肉比重下降了24.14%，牛羊肉比重上涨了2%，禽肉比重增长22.13%。由此可看出，虽然我国人均猪肉消费的比重在逐渐下降，但比重仍最大，占肉类消费总量的60%以上，猪肉始终是肉类消费的主体；虽然我国牛羊肉消费量还不到肉类消费总量的20%，但是牛羊肉的消费比重在逐年上升，说明还有较大的发展潜力和调整空间；禽肉的消费比重增长很快，禽肉消费量的增长也最快，是仅次于猪肉的第二大肉类消费品。

2. 城乡居民肉类消费差距仍然较大

我国的二元经济结构（指发展中国家现代化的工业和技术落后的传统农业同时并存的经济结构，即传统经济与现代经济并存）决定了我国城乡差别的存在，这一差别在肉类消费方面也不可避免。从各种肉类的人均消费量来看，1990—2011年我国城镇居民的消费量一直高于农村居民，但是我国农村居民人均各种肉类消费量以快于城镇居民购买量的速度增长。1990年城镇居民人均猪肉消费量为18.46kg，之后几年有所下降，2001年最少，为15.95kg，2002年开始增加，但一直维持在20kg左右，2011年达到20.63kg，2000—2011年年均增长2%；农村居民人均猪肉消费量总体上是增加的，1990年农村居民人均猪肉消费10.54kg，2005年达到最高，为15.62kg，2011年为14.42kg，年均增长15.5%。城镇居民人均牛肉消费总体也呈增长趋势，1990年人均消费牛肉1.75kg，2011年为2.77kg，是1990年的1.6倍，年均增长2.2%；农村居民2011年人均牛肉消费量比1990年增加了2.4倍，年均增速为4.2%。城镇居民人均羊肉消费量变动不大，1990年人均消费羊肉1.53kg，2005年之后开始呈小幅下降趋势，2011年人均羊肉消费量为1.18kg，比1990年减少约23%；1990年农村居民人均消费羊肉0.39kg，2011年为0.92kg，比1990年增加了2.4倍。城镇居民人均禽肉消费增长很快，1990年人均消费禽肉3.42kg，2011年为10.59kg，比1990年增加了3.1倍，年均增速为5.5%；2011年农村居民人均消费禽肉4.54kg，是1990年1.25kg的3.6倍，年均增速为6.3%（图1-6至图1-9）。

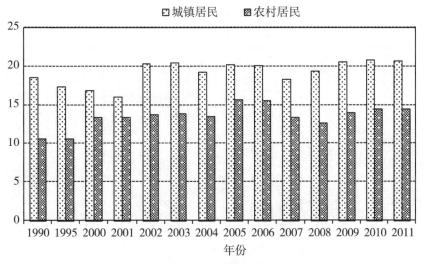

图 1-6　我国城乡居民历年人均猪肉消费量（kg）

资料来源：历年《中国统计年鉴》数据。

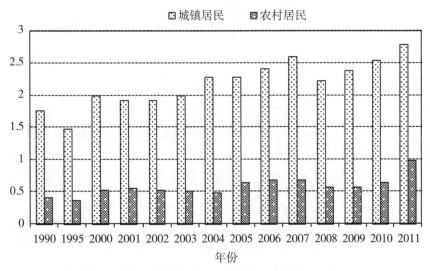

图 1-7　我国城乡居民历年人均牛肉消费量（kg）

资料来源：历年《中国统计年鉴》数据。

　　肉类消费的另一个特点就是尽管城乡居民肉类消费需求差距较大，但这种差距随着时间的变化正在缩小。1990 年城镇居民家庭人均肉类消费量是农村居民的 2 倍，1995 年为 1.8 倍，2000 年为 1.5 倍，2011 年为 1.7 倍。尽管 2011 年较 2000 年城乡之间的差距有所扩大，但在 1990—2011 年这 22 年的时间农村与城市的肉类消费差距总体趋势是缩小的。从不同肉类消费量来看，1990 年我国城镇居民人均猪肉消费量是农村居民的 1.75 倍，2011 年城镇人均猪肉消费量是农村的 1.43 倍；1990 年城镇人均牛肉消费量是农村居民的 4.27 倍，2011 年城乡人均牛肉消费量差距缩小为 2.83倍；1990 年城镇居民人均羊肉消费量是农村居民的 3.92 倍，2008 年这种差距缩小为

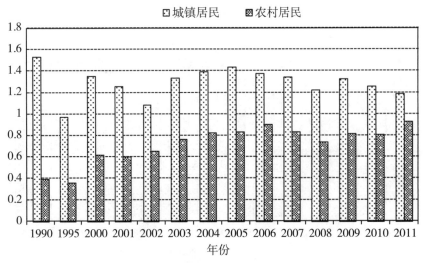

图 1-8　我国城乡居民历年人均羊肉消费量（kg）

资料来源：历年《中国统计年鉴》数据。

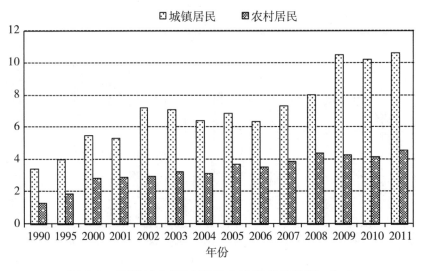

图 1-9　我国城乡居民历年人均禽肉消费量（kg）

资料来源：历年《中国统计年鉴》数据。

1.28 倍；1990 年城镇人均禽肉消费量是农村人均禽肉消费量的 2.74 倍，2011 年城乡人均禽肉消费量差距缩小为 2.33 倍。因此，城乡居民猪肉消费差距最小，而牛肉消费差距最大，禽肉消费差距次之。

3. 城乡居民不同收入阶层肉类消费差异明显

不同收入水平的居民人均肉类消费量存在较大差异，这种差异在高收入群体和低收入群体之间表现得尤为明显。这里仅对不同收入组城镇居民的肉类消费加以分析。从收入七分组来看城镇居民的肉类消费水平，虽然不同收入组城镇居民各种肉类消费水平存在差异，但普遍增长较快。从表 1-8 可以看到，城镇不同收入阶层人均肉类购买量中，居民收入与各种肉类购买量呈正相关关系，即城镇居民各种肉类消费的总趋势是随收入水平的提高而提高，只是提高的幅度各不相同。其中：最低收入户猪肉消费量为15.21kg，随着收入的提高，城镇居民对猪肉消费量也相应地增加，最高收入户的猪肉消费量最高为23.51kg，最高收入户消费的猪肉是最低收入户的1.6倍；牛肉的消费量也是随着收入的提高而逐渐增加，最低收入户牛肉消费量为1.79kg，中等收入户为3.01kg，高收入户为3.27kg，到最高收入户牛肉消费略有下降，为3.18kg，最高收入户是最低收入户牛肉消费的1.8倍；最低收入户消费羊肉0.90kg，高收入户羊肉消费最多为1.40kg，最高收入户羊肉消费较高收入有所下降，为1.30kg，最高收入户消费的羊肉是最低收入户的1.4倍；禽肉消费随着收入的提高而逐渐增加，从最低收入户消费量的5.33kg增加到最高收入户消费的10.35kg，约为最低收入户的2倍。此外，最高收入户的猪、牛、羊、禽肉比困难户分别高出1.7、1.9、1.4、2.3倍，牛肉和禽肉的增长空间最大，就目前人均收入水平来看，随着收入水平的进一步提高，消费牛羊禽肉在肉类消费中的比重也随之提高。

表1-8　2011年不同收入组城镇居民全年人均肉类消费量

项目	人均可支配收入（元）	猪肉（kg）	牛肉（kg）	羊肉（kg）	禽肉（kg）
总平均	21 809.78	20.63	2.77	1.18	8.03
最低收入户	6 876.09	15.21	1.79	0.90	5.33
困难户	5 398.17	13.61	1.69	0.93	4.73
低收入户	10 672.02	18.13	2.27	0.86	6.64
中等偏下户	14 498.26	20.38	2.59	1.10	7.54
中等收入户	19 544.94	21.53	3.01	1.31	8.24
中等偏上户	26 419.99	22.45	3.20	1.37	9.11
高收入户	35 579.24	23.18	3.27	1.40	9.73
最高收入户	58 841.87	23.51	3.18	1.30	10.35

数据来源：《中国城市（镇）生活与价格年鉴》。其中，禽肉是鸡肉和鸭肉之和。

此外，不同收入阶层的城乡家庭不仅在各种肉类量的"显性"消费上存在差异，在质的"隐性"消费上也有显著不同，因为不同收入者对不同的肉类产品或同一肉类产品不同部位、等级的偏好存在明显差异。往往低收入者对高热量、高脂肪的肉类产品需求旺盛；而高收入者早已跨越营养不足，步入了营养相对过剩时期，出于对自身健康的关注而对高蛋白、低脂肪类的优质畜产品偏爱有加（夏晓平等，2011）。对于高收入群体而言，在食物消费水平达到一定程度的条件下，价格则不是其关注的主要内容，更多在乎的是肉类产品的品质。

4. 城乡居民户外肉类消费比例日趋增大

我国居民消费模式发生了重大的转变：居民在外食物消费额迅速增加，占食品支出的比重也越来越大，尤其在大中城市，人们外出就餐支出已成为食物支出中不可忽视的部分，其中户外消费在肉类消费中比例也将日趋增大。据有关学者的估算，如李志强、王济民（2000）对1998年全国六省大中城市的调查研究表明，城镇居民在外消费畜产品尤其是肉类产品的比重不断提高，肉类产品达到38.9%，其中牛羊肉外出消费比例高达65%，禽肉为40.4%；农村居民猪肉、牛羊肉、禽肉和禽蛋的在外饮食比例分别为9.9%、16.7%、14.8%和13.4%。马恒运（2000）利用1998年在吉林、山东、四川和重庆四省市城乡居民消费调查数据计算出畜产品户外消费比重，研究结果显示城乡居民在外饮食增长很快，在外饮食消费结构与在家食品消费结构有明显差异，尤其是畜产品的在外饮食比例明显大于在家消费比例，城镇居民猪、牛和羊肉的在外饮食比例分别为19%、25%和20%，禽肉和蛋类在外饮食比例分别为12%和13%。陈琼（2010）通过对2008年全国七大区域的11个样本地区的省会城市、地级市、县级市、乡镇和农村的城乡居民第二季度肉类消费调查研究表明，城镇居民猪肉、牛肉、羊肉和禽肉户外消费比重分别为48%、56%、56%和46%；农村居民猪肉、牛肉、羊肉和禽肉户外消费比重分别为33%、51%、64%和27%。以上研究说明，户外消费已经成为肉类消费的重要方式。

（二）城乡居民肉类消费结构变化特征分析

1. 城乡居民膳食结构更趋合理

从食用的营养性角度看，猪、牛、羊肉，禽肉，蛋，水产品等动物性食品消费显著增加，营养结构有所改善。从1985—2011年，城镇居民猪肉、牛羊肉、禽肉、鲜蛋、水产品年人均消费量分别增加了3.95、1.91、7.35、3.28、7.54kg，年均增速分别为0.8%、2.6%、4.7%、1.5%、2.8%，城镇居民消费增加最多的是水产品，其次是禽肉，但增速最快的是禽肉，水产品次之，猪肉消费增速缓慢；同期农村居民猪肉、牛羊肉、禽肉、鲜蛋、水产品年人均消费量分别增加了4.10、1.25、3.51、3.35、3.72kg，年均增速分别为1.3%、4.2%、5.9%、3.8%、4.7%，农村居民消费增加最多的是猪肉，其次是水产品和禽肉，但增速最快的是禽肉，水产品和牛羊肉次之。因此，从城乡居民肉、蛋、水产品等食物消费量的快速增加可以看出，城乡居民的食物消费结构在向价值高、营养丰富的方向调整，说明居民膳食结构更趋合理，消费质量不断提高（表1-9和表1-10）。

表1-9　城镇居民人均主要食物消费结构变化（kg）

年份	粮食	猪肉	牛羊肉	家禽	鲜蛋	水产品
1985	134.76	16.68	2.04	3.24	6.84	7.08
1990	130.72	18.46	3.28	3.42	7.25	7.69
1995	97.00	17.24	2.44	3.97	9.74	9.20
2000	82.31	16.73	3.33	5.44	11.21	11.74

（续）

年份	粮食	猪肉	牛羊肉	家禽	鲜蛋	水产品
2005	76.98	20.15	3.71	8.97	10.40	12.55
2006	75.92	20.00	3.80	8.30	10.40	13.00
2007	77.60	18.21	3.93	9.66	10.33	14.20
2008	—	19.26	3.44	8.00	10.74	—
2009	81.33	20.50	3.70	10.47	10.57	—
2010	81.53	20.73	3.78	10.21	10.00	15.21
2011	80.71	20.63	3.95	10.59	10.12	14.62

数据来源：《中国统计年鉴》和中国物价及城镇家庭收支调查统计年鉴。

表 1-10　农村家庭人均主要食物消费结构变化（kg）

年份	粮食	猪肉	牛羊肉	家禽	蛋及制品	水产品
1985	257.45	10.32	0.65	1.03	2.05	1.64
1990	262.08	10.54	0.80	1.25	2.41	2.13
1995	256.07	10.58	0.71	1.83	3.22	3.36
2000	250.23	13.28	1.13	2.81	4.77	3.92
2005	208.85	15.62	1.47	3.67	4.71	4.94
2006	205.62	15.46	1.57	3.51	5.00	5.01
2007	199.48	13.37	1.51	3.86	4.72	5.36
2008	199.07	12.65	1.29	4.36	5.43	5.25
2009	189.26	13.96	1.37	4.25	5.32	5.27
2010	181.44	14.40	1.43	4.17	5.12	5.15
2011	170.74	14.42	1.90	4.54	5.40	5.36

数据来源：《中国统计年鉴》和中国农村统计年鉴。

2. 城乡居民肉类内部消费结构变化显著

城乡居民食物消费结构发生变化的同时，其肉类消费结构变化更显著。城镇居民猪肉占肉类消费比例总体呈下降的趋势，从 1980 年的 89％下降到 2011 年的 59％；农村居民人均猪肉消费比例从 1980 年的 86％下降到 2011 年的 69％，农村地区猪肉消费比例降幅小于城镇地区。因此，尽管猪肉消费比例一直呈下降趋势，但猪肉仍是我国居民特别是农村居民消费的主要肉类品种（图 1-10 和图 1-11）。

城镇居民人均牛羊肉消费占整个肉类的消费比例是增加的，1980 年城镇居民人均牛羊肉消费量占整个肉类消费量的 7.19％，到 2011 年牛羊肉消费比例达到11.23％，增长了 4％；农村居民人均牛羊肉消费比例从 1980 年的 5.71％增长到 2011年的 9.11％，增长了 3.4％。且城镇居民牛羊肉消费比例一直高于农村居民。

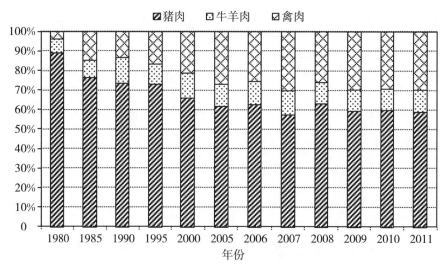

图 1-10　城镇居民肉类消费结构变化（％）
资料来源：根据历年《中国农村统计年鉴》和《中国统计年鉴》计算得到。

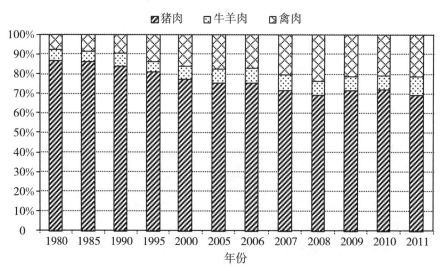

图 1-11　农村居民肉类消费结构变化（％）
资料来源：根据历年《中国农村统计年鉴》和《中国统计年鉴》计算得到。

此外，城镇居民人均禽肉消费比例也是增加的，1980 年人均禽肉消费量占肉类消费量的比重为 3.92％，大幅上涨到 2011 年的 30.11％，增加了 26％；同时，农村居民人均禽肉消费比重从 1980 年的 7.86％上升到 2011 年的 21.76％，增加了 14％。综上分析可知，城乡居民禽肉消费比重增长明显，高于牛羊肉，这充分显示城乡居民开始增加对营养价值较高的白肉消费，而减少脂肪含量高的红肉消费。

（三）我国未来肉类消费趋势

我国肉类消费在迅速增长的同时，也面临诸多重大制约因素。除动物疫病外，农村居民收入偏低、质量安全事件频发、流通冷链等基础设施不足也都严重制约着我国城乡居民的肉类消费水平。但根据目前经济发展形势，综合分析居民收入及疫病控制等状况发现，我国肉类消费还存在较大的发展空间。

1. 我国农村未来肉类消费还有成倍增长的潜力

我国农村人口占绝大多数，农村肉类消费水平仍然较低，其人均肉类消费水平与城镇差距较大，其直接原因就是"城乡收入两重天"的状况十分严重。1985 年我国农村居民家庭人均纯收入只有 397.6 元，到 2011 年为 6 977.3 元，比 1985 年增长了18 倍（未剔除价格因素影响），年均增长 11.6%；1985 年，城镇居民家庭的人均可支配收入为 739.1 元，到 2011 年达 21 810 元，比 1985 年增长 30 倍，年均增长13.9%，城镇居民人均可支配收入与农村居民人均纯收入的收入差距从 1985 年的 1.9倍扩大到 2011 年的 3.1 倍，国际上最高才在 2 倍左右。可见农村居民收入水平偏低，而较低收入直接制约了其肉类消费水平。

1985—2011 年，城镇居民人均肉类购买量年均增加 1.8%，农村居民年均增加2.1%。尽管农村居民的肉类消费量以快于城镇居民购买量的速度增长，但由于农村居民消费基数低，1985 年农村居民人均肉类消费量仅为 12kg，2011 年为 20.86kg，刚超过城镇居民人均肉类购买量 35.17kg 的一半。事实充分说明，中国人的肉类消费量仍处在低水平，由收入增加而引起的肉类消费的增加倾向仍在继续，农村的收入弹性仍然很高，要扩大肉类的消费量，需要保障农村居民的收入水平。显然，中国肉类消费的增长潜力在广大的农村地区。

2. 城镇居民肉类消费需求在向质量和多样性方向转变

农村居民仍处在收入越高其肉类消费越多的阶段，而城镇居民肉类消费需求已向质量和多样性方向转变。肉类在我国居民传统的饮食结构中属于较高档的食品，在我国农村目前这样的发展阶段，收入越高的农民对于肉、蛋、奶、鱼等畜产品消费量就越多，这就说明中低收入农户尚有部分消费需求因经济支付能力不够而得不到满足。对于城镇居民而言，随着收入的增加，他们追求的不再单单是数量上的增加，高收入者对较高质量的肉类产品的需求增加，他们愿意多花钱购买较高质量的肉类产品，如冷冻肉、半成品、熟制品、干制品等加工肉类制品，以及绿色和有机食品。

3. 我国未来一段时间猪禽肉消费仍将占肉类消费的绝大比重

猪禽业是我国传统的养殖业，在我国的畜牧生产中占主导地位。2011 年我国肉类生产中，猪肉产量达到 5 053.1 万 t，牛肉 647.5 万 t，羊肉 393.1 万 t，禽肉 1 708.8万 t，猪肉、牛肉、羊肉、禽肉占肉类总产量的比例分别为 85.9%、2.4%、3.1%、8.3%。再看我国居民的肉类消费结构，2011 年城镇居民肉类消费结构中猪肉占58.7%、禽肉占 30.1%，农民肉类消费中禽肉占 22%、猪肉高达 69%，城镇和农村居民猪肉和禽肉在肉类消费中所占的总比重达到 90% 左右。可见，在相当长的一段时期内，城乡居民的肉类消费结构中仍将以猪肉和禽肉为主。

4. 我国居民户外肉类消费仍将继续增加

随着生活水平的提高和工作方式的转变，以及餐饮业的迅速发展，居民家庭户内消费保持稳定增长的同时，户外消费显著增加。据有关资料，2008 年城镇居民人均在外餐饮支出达到 877.85 元，比 1995 年的 160.66 元增长了 5.5 倍，同时在外用餐支出占食物总支出的比重也由 9% 增长到 20.6%。1978 年，农村居民人均在外饮食支出仅为 3 元，到 2007 年已达 190 元，增长 61.3 倍，年均增长 18.8%，占食品支出的比重也由 1978 年的 2.0% 提高到 2007 年的 13.5%。因此，在户外用餐支出绝对值增长的同时，其在食品支出中所占比重也同期增长。可以预计，随着经济的快速增长和人们收入的大幅提高，我国户外肉类消费还有着巨大的发展空间。

二、鸡肉消费的发展历程及现状

鸡肉是我国消费人群最广的肉类食品。我国有 10 个不吃猪肉的民族（回、维吾尔、哈萨克、柯尔克孜、撒拉、东乡、保安、塔吉克、塔塔尔、乌孜别克）；在我国，觉得牛羊肉有膻味而不吃的人大有人在，而唯独鸡肉几乎全民皆宜。鸡肉是仅次于猪肉的第二大肉类消费品。但由于长期以来，我国一直处于食物供给短缺或者供需紧平衡状态，国家统计局和政府关注的焦点大多是以生产统计为核心，食物消费虽然有所统计，但主要是着眼于大类食物的消费统计，而且关于家禽的消费也只是被包含在肉类产品的消费统计数据中，一直没有受到足够的重视。家禽产品的消费没有再进行细分，肉鸡产品消费没有单独的统计数据。

目前测算鸡肉消费水平的方法有两种：①食物平衡法，即利用鸡肉产量数据加上净进口数量，得到全国总消费量，再除以全国总人口，可得到人均消费量，但是这一数据没有将当年库存及损耗部分剔除；②利用现成的国家统计局对城乡居民食物消费的抽样调查数据，以及鸡肉产量占家禽产量的比例系数 70%，将家禽消费量的 70% 作为鸡肉的消费量，但是这一数据没有考虑户外消费、流动人口及人际交往中礼尚往来等因素，因此主要是居民家庭鸡肉产品的人均消费水平。在对我国肉鸡产品消费总量及历史趋势进行分析时，为了能够反应包括户外消费在内的城乡居民户内外消费总量，我们将采用第一种方法；在对肉类消费结构，以及城乡居民肉鸡产品消费的差异和区域特征进行分析时，为了能够获取统计口径相一致的对应数据，我们将采用第二种方法，这种方法虽然没有包括城乡居民户外消费量，但也能够很好地为我们提供比例、差异等分析方面的趋势判断。

（一）我国肉鸡产品总量消费的历史趋势

改革开放前，受整个供给约束的限制，我国畜产品消费处于低水平阶段，鸡肉消费也不例外，人均消费鸡肉量不足 1kg。到 1978 年，全国鸡肉总消费量仅为 85.92 万 t，人均鸡肉消费量也仅为 0.89kg。改革开放后，特别是 1984—1985 年的畜牧业流通体制改革，使得我国畜牧业快速发展，畜产品供给迅速增加，再加之居民收入水平的提高，我国城乡居民对肉类产品的消费明显增加，其中家禽产品，尤其是鸡肉消费的增长最为明显。到 2011 年，全国鸡肉总消费量达到 1 150.05 万 t，人均鸡肉消费量达到 8.54kg（表 1-11），肉鸡不再是只有在逢年过节和婚丧嫁娶的时候才能吃到的奢侈品。

表 1-11 1978—2011 年我国鸡肉总消费量及人均消费量

年份	鸡肉产量（万 t）	进口数量（万 t）	出口数量（万 t）	全国总消费量（万 t）	人均消费（kg/年）
1978	89.38	0.00	3.46	85.92	0.89
1980	95.90	0.00	4.39	91.51	0.93
1985	115.45	0.30	1.26	114.49	1.08
1990	224.37	6.48	3.96	226.89	1.98
1995	555.78	25.39	27.08	554.10	4.57
2000	842.69	79.98	47.19	875.48	6.91
2005	939.93	37.09	34.35	942.67	7.21
2006	959.14	57.22	33.30	983.06	7.48
2007	1 015.38	77.36	36.51	1 056.23	7.99
2008	1 074.86	78.73	29.09	1 124.50	8.47
2009	1 114.57	72.23	30.10	1 156.70	8.67
2010	1 156.68	51.59	39.33	1 168.94	8.72
2011	1 155.61	38.57	44.13	1 150.05	8.54

数据来源：根据 FAOSTAT 数据库相关数据计算。

（二）肉鸡产品消费在肉类消费结构中的比重

随着城乡居民肉类消费量的增加，肉类消费的内部结构也发生了很大变化（表 1-12），鸡肉消费数量和消费比例增长迅速。根据国家统计局对城乡居民食物消费的抽样调查数据，1978 年城乡居民人均家庭鸡肉消费 0.31kg，占肉类家庭总消费的 3.48%；2011 年城乡居民人均家庭鸡肉消费增长到 5.35kg，占肉类家庭总消费的 18.97%。1978—2011 年，鸡肉消费占肉类总消费的比例增长了 15.49%；而同期，猪肉消费占肉类总消费的比例下降了 24.14%；牛羊肉消费占肉类总消费的比例增长了 2%；其他禽肉消费占肉类总消费的比例增长了 6.64%。虽然猪肉的消费比重在逐渐下降，但其目前仍占肉类消费总量的 60% 以上，仍是我国城乡居民肉类消费最主要的组成部分；鸡肉目前已经成为仅次于猪肉的第二大肉类消费品，鸡肉的消费比重增长很快，鸡肉消费量的增长也最快，鸡肉消费在我国还有较大的发展潜力和调整空间。

表 1-12　全国人均肉类消费量与数量结构

年份	人均肉类总消费（kg）	猪肉		牛羊肉		鸡肉		其他禽肉	
		数量（kg）	比例（%）	数量（kg）	比例（%）	数量（kg）	比例（%）	数量（kg）	比例（%）
1978	8.86	7.67	86.57	0.75	8.47	0.31	3.48	0.13	1.49
1980	11.79	10.16	86.17	0.83	7.04	0.56	4.75	0.24	2.04
1985	14.36	11.81	82.25	1.02	7.09	1.07	7.46	0.46	3.20
1990	15.92	12.60	79.17	1.45	9.14	1.30	8.18	0.56	3.51
1995	16.16	12.53	77.51	1.21	7.46	1.70	10.52	0.73	4.51
2000	20.21	14.54	71.97	1.91	9.44	2.63	13.01	1.13	5.58
2005	25.97	17.56	67.60	2.45	9.43	4.18	16.08	1.79	6.89
2006	25.71	17.50	68.05	2.57	9.98	3.95	15.37	1.69	6.59
2007	24.77	15.61	63.02	2.62	10.56	4.58	18.50	1.96	7.93
2008	24.13	15.73	65.20	2.31	9.56	4.26	17.67	1.83	7.57
2009	26.89	17.14	63.76	2.51	9.34	5.06	18.83	2.17	8.07
2010	27.35	17.56	64.21	2.59	9.46	5.04	18.43	2.16	7.90
2011	28.20	17.60	62.43	2.95	10.47	5.35	18.97	2.29	8.13

数据来源：根据《中国统计年鉴》（历年）相关数据计算，鸡肉消费量＝禽肉消费量×70%。

（三）我国肉鸡产品消费的城乡差异

目前，城镇居民是我国鸡肉消费的主要群体，占城乡居民鸡肉消费总量的比例超过 70%，农村居民消费只占不到 30%。而在改革开放之初，城镇居民鸡肉消费比例仅占城乡鸡肉消费总量的 44.03%。改革开放以来，城镇居民鸡肉消费占城乡居民鸡肉总消费的比例整体上呈现上升的趋势，农村居民消费比例整体上呈现下降的趋势（图 1-12）。这一变动趋势产生的原因主要有两点：①随着我国城镇化进程的加快，城镇人口比例有了很大提高；②城镇居民年均增长量明显高于农村居民，使城乡居民鸡肉消费绝对差距逐步扩大。

1978 年城镇居民人均鸡肉消费量为 0.76kg，农村居民人均鸡肉消费量为 0.21kg，到 2011 年镇居民人均鸡肉消费量增长到 7.41kg，农村居民人均鸡肉消费量增长到 3.18kg。1978—2011 年农村居民人均鸡肉消费年均增长速度达到 8.58%，高于城镇居民人均鸡肉消费年均增长速度 7.16%；城乡居民的相对差距由 1978 年的 3.60 倍减少到 2.33 倍。虽然，这期间城乡居民鸡肉消费相对差距大为缩小，但绝对差距却在扩大（图 1-13）。城乡居民鸡肉消费的绝对差距由 0.55kg 扩大到 4.23kg。城乡居民鸡肉消费差距较大主要有两方面的原因：①由于城市工商业发达，居民收入水平相对较高，其肉类消费水平整体高于农村。②城市居民对营养健康的追求程度普遍高于农村，随着人们生活水平的提高，对红肉高脂肪、高胆固醇对健康的影响有了

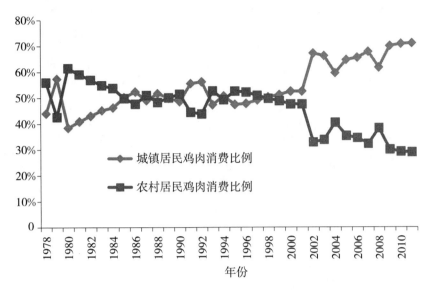

图 1-12　1978—2011 年城乡居民人均鸡肉消费量

数据来源:《中国统计年鉴》和中国农村统计年鉴。鸡肉消费量＝禽肉消费量×70％。

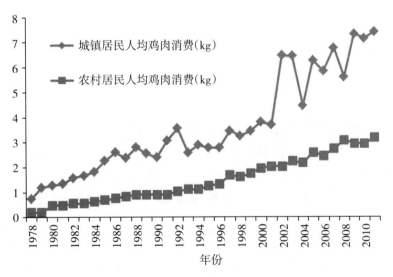

图 1-13　1978—2011 年城乡居民人均鸡肉消费量

数据来源:《中国统计年鉴》,鸡肉消费量＝禽肉消费量×70％。

一定的关注,进而对鸡肉一类的白肉消费需求增加相对更快。

从消费结构来看,城乡居民鸡肉消费在肉类消费中所占的比重也存在差异。1978—2011 年城镇居民鸡肉消费占肉类消费的比例增加了 19.49％,农村居民鸡肉消费占肉类消费的比例增加了 11.79％。虽然城乡肉鸡消费在肉类消费中的份额都在逐渐增加,但城镇居民鸡肉消费占肉类消费的比例明显高于农村居民鸡肉消费占肉类消费的比例(表1-13)。2011 年城镇居民鸡肉消费占肉类消费的比例为 21.08％,农村居民为 15.23％。

表 1-13 1978—2011 年城乡居民肉类消费结构比较（％）

年份	城镇				农村			
	猪肉	牛羊肉	鸡肉	其他禽肉	猪肉	牛羊肉	鸡肉	其他禽肉
1978	84.74	8.71	4.59	1.97	85.25	9.84	3.44	1.48
1980	83.77	9.46	4.74	2.03	85.88	5.88	5.76	2.47
1985	75.96	9.29	10.33	4.43	85.83	5.83	5.83	2.50
1990	73.37	13.04	9.52	4.08	83.33	6.35	7.22	3.10
1995	72.90	10.32	11.75	5.04	80.92	5.34	9.62	4.12
2000	65.61	13.06	14.93	6.40	77.33	6.40	11.40	4.88
2005	61.38	11.30	19.13	8.20	75.00	7.21	12.45	5.34
2006	62.27	11.77	18.18	7.79	75.24	7.77	11.89	5.10
2007	57.26	12.36	21.27	9.11	71.28	7.98	14.52	6.22
2008	62.74	11.21	18.24	7.82	68.85	7.10	16.83	7.21
2009	59.13	10.67	21.14	9.06	71.43	7.14	15.00	6.43
2010	59.71	10.89	20.58	8.82	72.00	7.00	14.70	6.30
2011	58.66	11.23	21.08	9.03	69.13	9.11	15.23	6.53

数据来源：根据《中国统计年鉴》（历年）相关数据计算，鸡肉消费量＝禽肉消费量×70％。

（四）我国肉鸡产品户外消费

随着收入水平的提高，我国居民消费模式发生了重大的转变，户外消费已经成为肉类消费的重要方式。据有关学者的估算，如李志强、王济民（2000）对 1998 年全国六省大中城市的调查研究表明，城镇居民在外消费畜产品尤其是肉类产品比重不断提高，肉类产品达到 38.9％，其中牛羊肉外出消费比例高达 65％，禽肉为 40.4％；农村居民猪肉、牛羊肉、禽肉和禽蛋的在外饮食比例分别为 9.9％、16.7％、14.8％和 13.4％。马恒运（2000）利用 1998 年在吉林、山东、四川和重庆四省市城乡居民消费调查数据计算出畜产品户外消费比重，研究结果显示城乡居民在外饮食增长很快，在外饮食消费结构与在家食品消费结构有明显差异，尤其是畜产品的在外饮食比例明显大于在家消费比例，城镇居民猪肉、牛肉和羊肉的在外饮食比例分别为 19％、25％和 20％，禽肉和蛋类在外饮食比例分别为 12％和 13％。陈琼（2010）对 2008 年全国七大区域的 11 个样本地区的省会城市、地级市、县级市、乡镇和农村的城乡居民第二季度肉类消费调查研究表明，城镇居民猪肉、牛肉、羊肉和禽肉户外消费比重分别为 48％、56％、56％和 46％；农村居民猪肉、牛肉、羊肉和禽肉户外消费比重分别为 33％、51％、64％和 27％。以上研究说明，户外消费已经成为肉类消费的重要方式。由于在我国鸡肉占禽肉的主要比例，我们可以推断我国城乡居民鸡肉产品的户外消费比例已经达到60%左右的水平。

（五）我国肉鸡产品消费区域结构

我国幅员辽阔，自然条件差异性大，肉鸡产品的供应方式及居民的饮食习惯复杂多样，因此地区间和省际肉鸡产品的消费存在着明显的区域特征。从消费习惯来看，中国南方尤其是广东、广西、福建、浙江、江苏、上海等省市偏爱黄羽肉鸡，其中浙江、江苏、上海消费黄羽肉鸡有一定的季节性，而广东、广西、福建三省则是常年消费，且消费习惯排斥白羽肉鸡。北部地区则对肉鸡羽色选择没有倾向性，但基本上以消费白羽肉用仔鸡为主。黄羽肉鸡以活禽形式上市最为普遍，白羽肉鸡则多以屠宰整装或分割的形式上市。

（六）影响我国鸡肉消费的因素

1. 拉动我国鸡肉消费增长的因素分析

鸡肉是我国消费人群最广的肉类食品。改革开放以来，我国城乡居民收入水平的增长、人口数量的增长、城镇化水平的提高，以及肉鸡产品具有的显著的低价格优势促进了我国鸡肉消费的迅速增长。

（1）居民收入水平增长拉动鸡肉消费增长。收入水平是影响人均畜产品消费水平的重要因素。改革开放以来，我国城乡居民收入水平从1978年的171.19元增长到2011年的14 581.95元，年均增长速度达到14.42%。一方面，城乡居民收入水平的大幅提高拉动了户内人均鸡肉消费的迅速增长；另一方面，城乡居民收入水平的大幅提高促进了居民消费性支出中用于在外就餐的支出逐步增加，也拉动了居民人均户外鸡肉消费的迅速增长。根据王济民和陈琼（2012）的调研分析，2010年我国城乡居民鸡肉消费的户外消费比例达到27.51%。

（2）人口数量和结构的变动带动鸡肉消费增长。改革开放以来，我国人口数量从1978年的96 259万人增长到2010年的134 735万人，增长了1.40倍，人口数量的增长极大地带动了肉鸡消费总量的增长。同时，我国城镇化水平在改革开放以来的30多年中也有很大提高，城镇人口所占比例从1978年的17.92%增长到2011年的51.27%，这也在很大程度上带动了我国鸡肉消费的增长。

（3）价格优势促进鸡肉消费增长。价格是影响畜产品消费的又一重要因素。生产周期短、饲料转化率高，是肉鸡生产相对于猪肉、牛肉、羊肉等其他畜禽品种所具有的显著优势。较高的生产效率使肉鸡生产拥有显著的低成本优势，从而使鸡肉销售具有显著的低价格优势。价格优势使鸡肉产品在国内畜禽消费市场具有较强的竞争力。

2. 制约我国鸡肉消费的因素分析

在全世界范围内，许多发达国家的鸡肉消费都处于本国肉类消费的第一位置，是普遍受到欢迎的优质动物性蛋白质来源。而我国人均鸡肉消费量自 1978 年以来虽然有很大增长，但仍远低于世界平均水平。目前，制约我国鸡肉消费的最主要的因素有两点：①公众认识上存在误区；②肉鸡产品质量参差不齐。

（1）公众认识上存在误区制约鸡肉消费。现在与百姓生活息息相关的食品安全问题时有发生，而肉鸡生产自身由于生产周期短，也经常被媒体冠以"速成鸡"进行夸张报道，使消费者错误地认为鸡肉都是含有激素的。其实，肉鸡良好的生长特性来源于遗传性能的改进、饲料营养的改善和饲养环境的提升。虽然，国内的确有个别不法生产商在肉鸡饲养过程中违规使用了激素药品，但不合格产品只占市场销售所有产品的很小比例。而不客观的舆论宣传严重伤害了消费者的购买积极性，造成了鸡肉产品市场的混乱，使消费者对鸡肉产品的质量安全产生严重质疑。此外，2003 年以来家禽业经历了几次大的禽流感疫情，虽然正规经营场所销售的禽肉产品质量过关，可以放心消费，而且国家卫生部、农业部已经作出明确说明，世界卫生组织也一再重申，熟制禽产品不会造成对人的感染，但是由于媒体在报道时主要是侧重于发布有关禽流感的危害和严重程度的信息，而报道企业食品安全的声音较弱，信息强弱不对称，致使消费者担心安全问题不愿意购买鸡肉产品，每次禽流感都让鸡肉产品的消费逃脱不了大幅下滑的命运。

（2）产品质量参差不齐制约鸡肉消费。肉鸡生产源头不规范是影响肉鸡产品质量的重要原因之一。部分小养殖户用药不规范，出栏毛鸡收购企业由于受到检测方法、标准、时间等条件的限制，检测过程往往流于形式，致使养殖环节药物残留超标成为影响我国鸡肉产品质量的重要原因。此外，虽然大型龙头企业进入肉鸡行业，很大程度上带动了肉鸡加工企业的产品质量的提高，并呈现出良好的发展势头，但仍有部分小加工企业条件差、加工过程不规范、产品质量难以控制，甚至以次充好、以假乱真，以谋取利润，极大地损害了消费者的利益，破坏了整个肉鸡产业的形象。

（七）促进我国鸡肉消费的政策建议

随着我国城乡居民收入水平的进一步提高，以及我国城镇化进程的继续推进，我国人均鸡肉消费水平和全国鸡肉消费总量将进一步提高。但是，随着人民生活水平的提高，人们对食品质量安全问题更加敏感，对食物质量的要求日益提高；同时，随着生活节奏的加快，人们对加工品、半加工品食品的消费逐渐产生更强的偏好。为此，肉鸡产业必须加强产品质量的监管、促进肉鸡加工产品的发展。此外，相关行业协会、政府部门、肉鸡企业和舆论媒体还要加强对鸡肉营养特点的宣传，并对突发禽类疫病的宣传做到客观全面，这样才能促进鸡肉消费市场的良性发展。

1. 构筑严格的鸡肉产品质量标准体系

提供安全的鸡肉产品是肉鸡产业健康持续发展的必然要求。应按照全程监管的原则，突出制度建设和设施建设，变被动、随机、随意监管为主动化、制度化和法制化监管。在完善鸡肉产品和饲料产品质量安全卫生标准的基础上，建立饲料、饲料添加剂及兽药等投入品和鸡肉产品质量监测及监管体系，提高鸡肉产品质量安全水平。建立肉鸡业投入品的禁用、限用制度，教育和指导养殖户科学用料、用药。推行鸡肉产品质量可追溯制度，建立肉鸡信息档案，严把市场准入关。

2. 大力发展肉鸡加工业

大力发展肉鸡加工业，不仅对于提高肉鸡产品附加值和肉鸡产业综合实力具有重要意义，也能够更好地满足现代快速生活节奏下人们对加工品、半加工品食品消费的偏好。除了在家购买消费外，可以尝试开发更多适合市场各类需求的新的肉类产品形式和饮食方式，这样不仅能刺激城乡居民的肉类消费，还能丰富肉类产品种类，优化肉类消费结构，改善人们生活质量。首先，按照"转大为小、转粗为精、转生为熟、转单一为多样、转废为宝"的方式，扩大肉类精深加工。此外，各个地区在种族、地理位置、经济发展、饮食文化和风俗习惯等方面都存在差异，因此需研制生产适合不同地区、不同季节和不同消费习惯的新的肉类产品形式。应积极扶持和促进肉鸡加工龙头企业发展，带动肉鸡加工业全面进步。加强对肉鸡加工质量安全的监控，完善相关标准体系，提高加工产品质量。加快肉鸡产品加工关键技术的研究开发，推动肉鸡加工企业进行技术改造。

3. 宣传引导健康消费鸡肉产品

舆论宣传已经成为影响人们消费观念的重要渠道。加大对鸡肉营养价值的宣传，普及人民对鸡肉高蛋白质、低脂肪、低热量、低胆固醇的"一高三低"营养特点的认知，普及人民对于肉鸡良好的生长特性来源于遗传性能的改进、饲料营养和饲养环境改进的认知。客观全面地报道宣传突发禽类疫病的影响，不回避但也不夸大，引导民众用正确的态度认识和消费鸡肉产品。

第五节　中国肉鸡产业国际贸易发展历程及现状

自 20 世纪 80 年代以来，中国肉鸡产业得到快速发展，中国肉鸡产业进出口在世界肉鸡贸易中占有重要地位。由于中国人口众多，需求旺盛，肉鸡产品进口量呈现不断增长的态势，而禽流感、药物残留、重金属残留超标等问题使得中国肉鸡产品出口形势严峻。

一、肉鸡产品国际贸易发展历程

(一) 肉鸡出口数量

1. 活鸡出口

1978—1997 年，中国活鸡出口数量一直处于上升态势。1978 年出口数量为 1 885

万只，1997 年出口数量达到 4 640.9 万只，1978—1997 年平均年增长速度为5.39％。但从 1998 年开始，由于东南亚国家发生金融危机，活鸡出口出现下降，1999 年有所恢复，2000 年达到历史最高水平 4 757.8 万只。2000 年以后，活鸡出口持续下降，特别是 2003 年中国发生"非典"，2004 年又发生禽流感，之后禽流感时有发生，使得活鸡出口受到重创，急转直下，再加上 2008 年世界发生金融危机，活鸡出口在 2009 年达到历史最低点，并从此陷于低谷。2011 年活鸡出口数量为723.5 万只（图 1-14）。

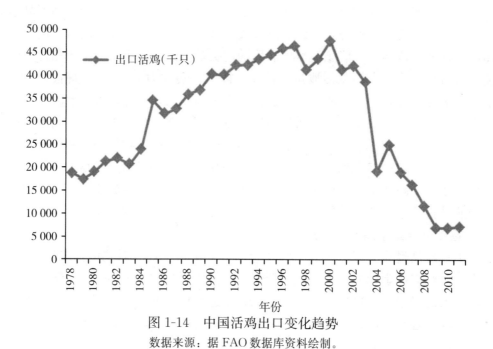

图 1-14 中国活鸡出口变化趋势

数据来源：据 FAO 数据库资料绘制。

2. 鸡肉、鸡肉制品出口

20 世纪 80 年代，中国鸡肉出口一直处于低水平徘徊，1978 年出口数量为 3.46万 t，1989 年为 3.15 万 t。90 年代开始，鸡肉出口量以年平均增长 41.54％的速度快速增长，1996 年达到 2000 年前的最大值 30.40 万 t，1997 年基本持平。1998 年由于东南亚金融危机，出口量下降，之后有所恢复，2000 年达到最大值 37.27 万 t。但从2001 年以后快速下降，年均减少 28.29％，2004、2006 年达到低谷（期间发生禽流感问题）。2006 年以后，产品出口又得以恢复，出现增长，年均增速为 11.76％，明显低于 20 世纪 90 年代的增速（低 29.78 个百分点）（图 1-15）。

1987—1994 年，中国鸡肉制品出口量处于非常低的水平。从 1995 年开始，出口持续快速增长，期间的 2003、2004 年，出口量受"非典"和禽流感影响，出现下降，但很快恢复。1995—2007 年，年均增速为 27.15％，2007 年达到一个高峰。2008 年由于全球金融危机导致的经济危机出现出口量回调，但 2009 年恢复快速增长，年均增速为 26.98％，2011 年达到最高水平 27.30 万 t。

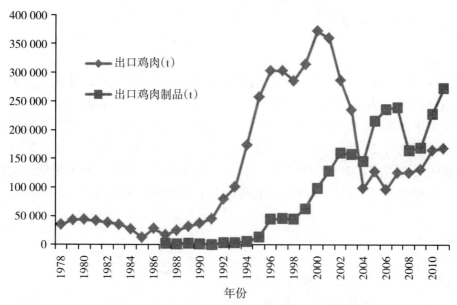

图 1-15　中国鸡肉、鸡肉制品出口变动趋势
数据来源：据 FAOSTAT 数据库资料计算绘制。

　　中国鸡肉出口量占鸡肉生产量比重较低，最高点是 1996 年的 5.51%，其余年份都在 5% 以下。20 世纪 80 年代基本呈下降态势，90 年代初期、中期呈上升态势，但 1997、1998 年快速下降，1999、2000 年有所回升，但 2000 年后连年下降，2006 年达到最低水平 1.01%，之后一直在低水平徘徊，没有超过 2%，2011 年是 1.46%（图 1-16）。

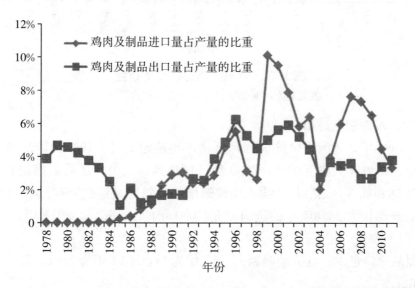

图 1-16　中国鸡肉及鸡肉制品进出口量占鸡肉生产量的比重变动趋势
数据来源：据 FAOSTAT 数据库资料计算绘制。

（二）肉鸡进口数量

1. 活鸡进口

1998年以前，活鸡出口基本呈波动中下降态势。1988年进口量最大、为445万只；1998年最低、为65.2万只。1999—2007年活鸡出口在波动中缓慢上升，2007年后连续4年增加，2011年达到280.5万只，但进口量远低于20世纪80年代末期水平。一定程度说明20世纪80年代末期是引进国外优良种鸡的扩张期。2000—2007年是年度间交替增减，即上一年增加，下一年就减少，而且进口水平很低。近几年又呈现增长态势。进口活鸡的单位价值呈波动中不断增加的状态（图1-17）。

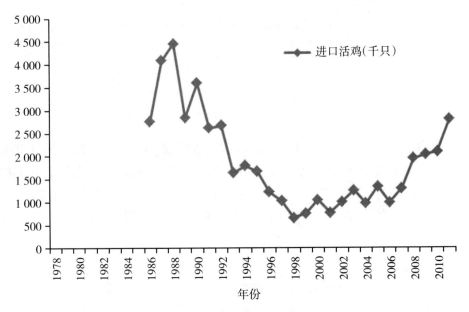

图1-17　中国活鸡进口变动趋势
数据来源：据FAOSTAT数据库资料绘制。

2. 鸡肉、鸡肉制品进口

1982—1996年，鸡肉进口量很低，但是逐年稳定上升。1997、1998年连续2年下降，1999、2000年大幅度增加，2000年进口达到最大值，之后鸡肉进口量接连下降，2004年达到低谷，之后是连续4年快速增加，然后又连续3年下降。2004年后，鸡肉进口量波动较大。2004年的进口量是2000年的22.60%，2011年是2000年的48.20%（图1-18）。

鸡肉制品进口量少，且波动频繁。1987年为2t，2011年为186t。其中，2006年最高位1 202t。

1978—1996年，中国鸡肉及制品进口量占生产量比重基本呈不断上升态势，1997、1998年连续下降，2000年达到最大值10.17%，2004年降到谷底，为2.04%，

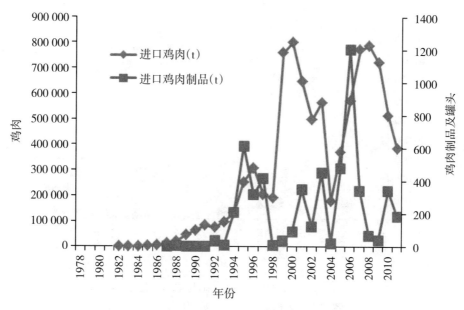

图 1-18 中国鸡肉、鸡肉制品进口变动趋势

数据来源：据 FAOSTAT 数据库资料绘制。

之后连续回升到 2007 年的 7.63%，但从 2008 年开始，一直下降，2011 年达到新低，为 3.34%。从中可以看出，进口受 1997、1998 年东南亚金融危机，2004 年世界禽流感，2008 年世界金融危机，以及对美国肉鸡产品进口的反倾销、反补贴的显著影响。但 2011 年鸡肉进口量占鸡肉生产量比重高于出口量占生产量的比重 1.88 个百分点，鸡肉进口高于鸡肉出口，2011 年中国是鸡肉净进口国。

（三）肉鸡进出口数量对比

1. 活鸡进出口

从活鸡进出口来看，中国处于贸易顺差地位，2004 年之前差距较大，但 2004 年后差距缩小，禽流感对中国活鸡出口冲击很大（图 1-19）。中国的活鸡出口主要是黄羽肉鸡，满足东南亚国家和我国港澳地区的消费偏好，用以消费；而活鸡进口主要是白羽肉鸡种鸡，用来投入生产，满足生产投入需要。

2. 鸡肉、鸡肉制品进出口

1996 年以前中国鸡肉进口、出口数量相差不大，1997 年之后差距逐步显现（图 1-20）。1997—1998 年，处于贸易顺差，1999 年之后一直处于贸易逆差，成为鸡肉净进口国。2011 年进口量比出口量多 217 255t，进口量是出口量的 2.29 倍。

1994 年之前，中国鸡肉制品进出口量相差不大，但从 1995 年开始，鸡肉制品的出口量迅速增加，使得中国鸡肉制品出口量明显大于进口量，且差距逐年扩大（图 1-21）。虽然期间 1998、2003、2004、2008 年受到各种冲击，出口量有所减少，但贸易顺差仍然很大。2011 年，鸡肉罐头出口量进一步增加，是进口量的 1 467.91 倍。最低

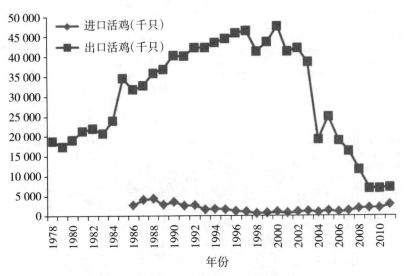

图 1-19　中国活鸡进出口数量对比

数据来源：据 FAOSTAT 数据库资料绘制。

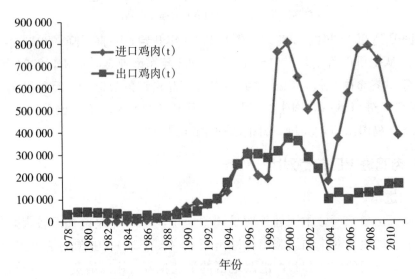

图 1-20　中国鸡肉进出口数量对比

数据来源：据 FAOSTAT 数据库资料绘制。

是 1995 年，出口量是进口量的 21.87 倍。这在一定程度上说明鸡肉加工品是中国的优势产品。

　　综合鸡肉及鸡肉制品总量的进出口情况（图 1-22），1995 年之前，中国鸡肉及鸡肉制品总量进口和出口数量相差不大，但从 1996 年开始，差距逐步显现。1996 年以前中国鸡肉进口、出口数量相差不大，1997 年之后差距逐步显现。1996—1998 年，处于贸易顺差；1999 年之后，除 2004 年和 2011 年外一直处于贸易逆差。

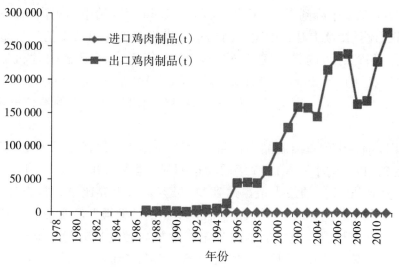

图 1-21　中国鸡肉制品进出口数量对比

数据来源：据 FAOSTAT 数据库资料绘制。

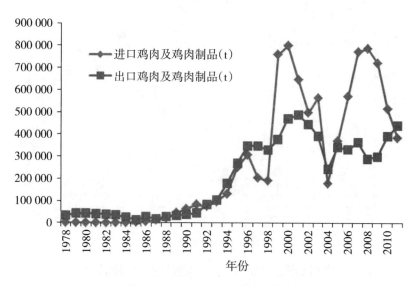

图 1-22　中国鸡肉及鸡肉制品进出口数量对比

数据来源：据 FAOSTAT 数据库资料绘制。

二、中国肉鸡进出口在国际国内的地位

（一）中国肉鸡进出口在世界肉鸡贸易中的地位

1. 中国肉鸡出口在世界肉鸡贸易中的地位

1978 年以来，中国鸡肉出口量占世界鸡肉出口总量的比重不高，大都在 5％以下的水平，但其中也有几个比较明显的波动周期。1978—1985 年，所占比重持续下降，从 1978 年的 3.75% 下降到 1985 年的 0.87%。1986 年开始中国鸡肉出口量占世界鸡肉出口总量的比重持续上升，中国鸡肉出口在世界鸡肉总出口中的地位呈上升态势，1996 年也是整个期间的最大值 5.67%，1998 年受东南亚金融危机影响下降到 4.79%，之后又回升到 2000 年的 5.41%。但 2000 年后一直下降，2006 年达到一个新的谷底 1.19%，之后一直呈低位状态，中国鸡肉出口在世界的地位下降，2011 年为 1.35%。

1994 年以前，中国鸡肉制品出口量占世界同类产品出口量的比重比较低，基本上都维持在 3% 以下的水平。1995 年后增速明显，虽然 1997、1998 年有所下降，但之后快速上升到 2002 年的最大值，达到 20.02%，占世界比重1/5，充分显示了中国鸡肉加工品在世界的优势地位。2002 年后，中国的"非典"和禽流感导致比重下降，2005、2006 年虽有回升，但之后的世界金融危机导致的世界经济衰退，使得 2008、2009 年的比重下降到 10% 以下，2010 年回升，2011 年的比重是 13.72%，与最高点相比，减少了 6.3 个百分点（图 1-23）。

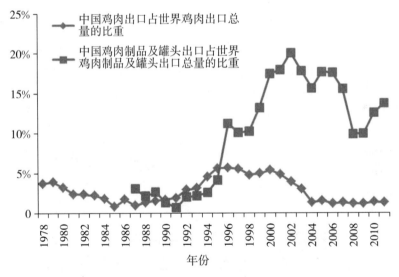

图 1-23　中国鸡肉、鸡肉制品出口数量占世界同类产品的比重
数据来源：据 FAOSTAT 数据库资料绘制。

2. 中国肉鸡进口在世界肉鸡贸易中的地位

1987 年之前，中国鸡肉进口量占世界比重一直处于较低水平，不到 1%。1987 年之后，中国鸡肉进口量占世界比重开始呈现明显增长的态势，并呈现出周期性变动规律。1987—1996 年，鸡肉进口量占世界同类产品进口量的比重由 0.75% 逐渐增加到 6.8%，1997、1998 年连续下降，1999 年达到最高 13.72%，之后又连续降到 2004 年的谷底 2.71%，然后连续上升到 2007 年的 8.92%，2011 年又降到 3.38%。

鸡肉制品进口量占世界同类产品进口总量的比重处于较低水平，最高是 1995 年的 0.19％，其他年份大多在 0.05％之下，2011 年是 0.01％（图1-24）。

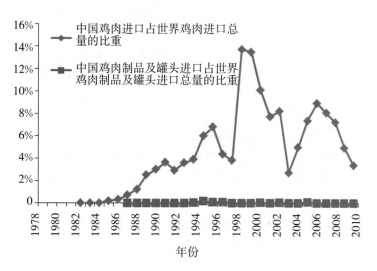

图 1-24 中国鸡肉、鸡肉制品进口量占世界同类产品进口量的比重

数据来源：据 FAOSTAT 数据库资料计算绘制。

（二）肉鸡产品进出口在中国畜产品贸易中的地位

1. 肉鸡产品出口占中国肉类出口总量的比重

20 世纪 90 年代以前，中国肉鸡产品出口占肉类产品总出口比重基本维持在 10％左右水平，变化幅度不大。进入 90 年代，迅速上升，从 1990 年的 9.75％一直上升到 2000 年的 67.15％，上升了 57.4 个百分点，2000 年也是最高点，之后连年下降，特别是在禽流感的冲击下，2004 年降到谷底，为 37.17％，比 2000 年降了 29.98 个百分点。从 2004 年以后，又逐渐回升，到 2011 年，比重为 55.33％。总的来看，肉鸡产品在肉类出口中占有举足轻重的地位（图 1-25）。

2. 肉鸡产品进口占中国肉类进口的比重

肉鸡产品进口占中国肉类进口比重的变化经历了几次大的起伏。1982—1985 年，处于一个迅速上升的阶段，从 1982 年的 16.67％上升到 1985 年的 84.75％。1986 年急速跌到 27.51％。1978 年开始肉鸡产品进口占中国肉类进口比重又开始上升，1987—2004 年，鸡肉制品和鸡肉进口量占中国肉类进口总额比重一直在 54％以上，90 年代除 1998 年外基本在 80％左右，1996 年达到最高值 85.98％。2004、2008、2010、2011 年在 50％以下，2011 年最低，是 23.68％，比 1996 年减少了 62.30 个百分点（图 1-26）。

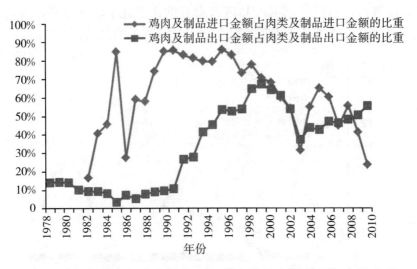

图 1-25　中国鸡肉、鸡肉制品出口占肉类及肉类制品出口的比重
数据来源：据 FAOSTAT 数据库资料计算绘制。

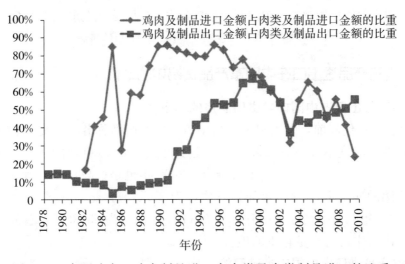

图 1-26　中国鸡肉、鸡肉制品进口占肉类及肉类制品进口的比重
数据来源：据 FAOSTAT 数据库资料计算绘制。

三、中国肉鸡产品进出口结构

（一）肉鸡产品进出结构

1. 肉鸡产品出口结构

中国肉鸡出口 2003 年以前主要以冻鸡块鸡杂碎为主，2003 年及以后以肉鸡加工品为主，冷鲜肉、活鸡主要出口中国香港、澳门地区。1995 年冻鸡块及杂碎占肉鸡产品出口总量的 95.87%，2000 年为 74.34%，2005 年为 25.17%，2008 年为

23.46%，2008年比1995年下降了72.41%。

2009—2012年，中国肉鸡产品出口仍然是以肉鸡加工品（鸡罐头、其他制作或保藏的鸡腿肉、其他制作或保藏的鸡胸肉、其他制作或保藏的鸡肉及食用杂碎）为主。2009年肉鸡加工品出口额占肉鸡产品出口总额的67.52%，之后3年出口额年平均增速为21.87%，所占比重也逐年增加，到2012年肉鸡加工品出口额占肉鸡产品出口总额的74.08%（图1-27、图1-28）。其中，其他制作或保藏的鸡腿肉和其他制作或保藏的鸡胸肉所占比重连续3年增加，而其他制作或保藏的鸡肉及食用杂碎则连续3年下降。中国的肉鸡产品是在禽流感暴发以后，面对种种限制，出口更为艰难，特别是冷冻产品，这一切促使中国肉鸡产品出口企业调整出口战略，增加肉鸡熟食品及加工品，从而带来中国鸡肉熟食品等加工品出口比重上升。

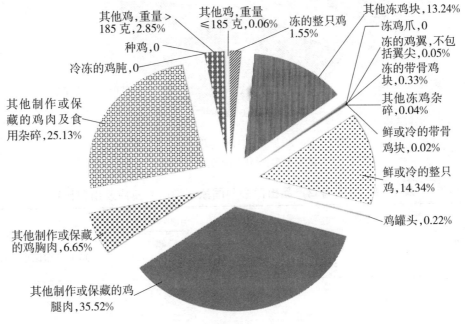

图1-27 2009年中国肉鸡产品出口结构

数据来源：《中国海关统计年鉴》。

2. 产品出口去向国（地区）别结构

中国肉鸡产品主要出口地为日本和中国香港，特别是日本占有绝大比重，1995年出口到日本的肉鸡产品占中国肉鸡产品出口总额的63.01%，出口到中国香港占20.95%，两地占总出口的83.96%，出口去向国家（地区）共有50个；2000年日本占69.41%，中国香港占15.88%，两地共占85.29%，出口去向国家（地区）共有73个；2005年日本占65.72%，中国香港占20.35%，两地共占86.07%，出口去向国家（地区）共有68个；2011年出口到日本的占62.28%，出口到中国香港的占23.84%，两地共占86.12%，出口去向国家（地区）共有57个（表1-14）。1995—2011年这16年来出口日本和中国香港具有依赖性，出口潜在风险较大。

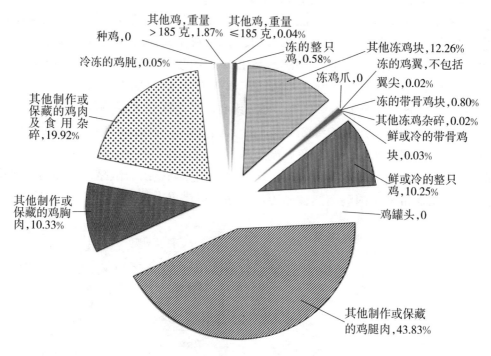

图 1-28　2012 年中国肉鸡产品出口结构

数据来源：《中国海关统计年鉴》。

表 1-14　中国肉鸡产品出口去向国家（地区）排序及出口比重

年份	排序	出口		
		国家（地区）	出口额 （万美元）	占总出口额比重（%）
1995	1	日本	49 203.41	63.01
	2	中国香港	16 356.77	20.95
	3	德国	5 576.26	7.14
	4	韩国	1 031.77	1.32
	5	中国澳门	952.75	1.22
	6	荷兰	812.64	1.04
	7	南非	802.94	1.02
	8	新加坡	604.41	0.77
	9	瑞士	561.09	0.72
	10	法国	468.03	0.6
	总计	50 个国家（地区）	78 090.11	100

（续）

年份	排序	出口		
		国家（地区）	出口额 （万美元）	占总出口额比重（%）
2000	1	日本	68 442.01	69.41
	2	中国香港	15 660.07	15.88
	3	沙特阿拉伯	2 305.14	2.34
	4	瑞士	2 172.73	2.2
	5	新加坡	1 556.17	1.58
	6	阿联酋	1 533.60	1.56
	7	南非	1 192.92	1.21
	8	马来西亚	1 087.40	1.1
	9	中国澳门	962.27	0.98
	10	韩国	661.32	0.67
	总计	73 个国家（地区）	98 605.49	100
2005	1	日本	60 117.46	65.72
	2	中国香港	18 620.46	20.35
	3	韩国	2 610.46	2.85
	4	美国	2 609.69	2.85
	5	中国澳门	1 261.46	1.38
	6	摩尔多瓦	1 039.51	1.14
	7	朝鲜	605.76	0.66
	8	阿尔巴尼亚	594.79	0.65
	9	巴林	514.33	0.56
	10	索马里	460.72	0.5
	总计	68 个国家（地区）	91 479.41	100
2008	1	日本	54 700.74	55.46
	2	中国香港	31 278.90	31.71
	3	马来西亚	3 857.38	3.91
	4	韩国	2 855.53	2.9
	5	中国澳门	2 229.02	2.26
	6	巴林	1 001.75	1.02
	7	吉尔吉斯斯坦	975.67	0.99
	8	伊拉克	364.47	0.37
	9	南非	223.55	0.23
	10	阿塞拜疆	147.36	0.15
	总计	57 个国家（地区）	98 634.48	100

（续）

年份	排序	出口		
		国家（地区）	出口额 （万美元）	占总出口额比重（%）
2009	1	日本	530 628	59.24
	2	中国香港	253 361	28.29
	3	马来西亚	37 623	4.2
	4	中国澳门	18 019	2.01
	5	韩国	13 219	1.48
	6	巴林	8 205	0.92
	7	吉尔吉斯斯坦	7 985	0.89
	8	荷兰	7 572	0.85
	9	英国	3 618	0.4
	10	伊拉克	2 364	0.26
	总计	51 个国家（地区）	895 696	100
2010	1	日本	701 114	59.49
	2	中国香港	318 769	27.05
	3	马来西亚	52 133	4.42
	4	中国澳门	18 065	1.53
	5	英国	15 289	1.3
	6	韩国	15 163	1.29
	7	巴林	10 924	0.93
	8	吉尔吉斯斯坦	7 956	0.68
	9	荷兰	6 875	0.58
	10	阿联酋	5 524	0.47
	总计	59 个国家（地区）	1 178 517	100
2011	1	日本	965 193	62.28
	2	中国香港	369 448	23.84
	3	马来西亚	79 915	5.16
	4	中国澳门	22 584	1.46
	5	荷兰	16 188	1.04
	6	英国	15 779	1.02
	7	巴林	13 724	0.89
	8	伊拉克	12 568	0.81
	9	韩国	12 502	0.81
	10	吉尔吉斯斯坦	12 313	0.79
	总计	57 个国家（地区）	1 549 747	100

数据来源：《中国海关统计年鉴》。

（二）出口产品结构和出口国（地区）别

1. 肉鸡产品进口结构

2005 年以前，中国肉鸡产品进口主要以冻鸡块鸡杂碎为主，从 2005 年起，鸡爪进口超过 50%。1995 年冻鸡块及杂碎占肉鸡产品进口量的 99.97%；2000 年约为100%；2005 年为 32.41%，而同期鸡爪占肉鸡产品进口量的 51%；2008 年冻鸡块及杂碎占比为 37%，同期鸡爪占比为 57.44%。2009—2012 年，冻鸡爪的进口额占肉鸡产品进口总额的比重逐年下降，从 2009 年的 56.13% 下降到 2012 年的 37.25%。而冻的鸡翅（不包括鸡尖）的进口额占肉鸡产品进口总额的比重则连续 3 年上升，从2009 年的 8.03% 上升到 2012 年的 42.29%（图 1-29、图 1-30）。

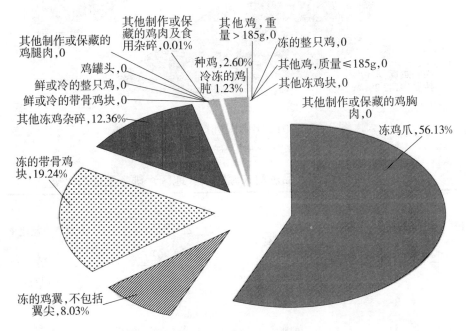

图 1-29　2009 年中国进口鸡肉产品结构

数据来源：《中国海关统计年鉴》。

2. 产品进口来源国（地区）别结构

2010 年前，中国主要进口美国的肉鸡产品，从美国进口额基本占肉鸡产品总进口额的 80% 左右。但是由于 2009 年中国对美国白羽肉鸡采取了反倾销、反补贴的"双反"措施，所以 2010 年以后进口美国的肉鸡产品比重大幅下降，2010 年只占中国肉鸡产品进口总额的 16.88%，2011 年降到 11.60%；而从巴西、阿根廷进口较之前比重有所上升，2010 年巴西占 55.50%，2011 年增加到 70.20%；2010 年阿根廷占 24.02%，2011 年占 12.86%。进口来源国相对于出口去向国数量较少（表 1-15）。

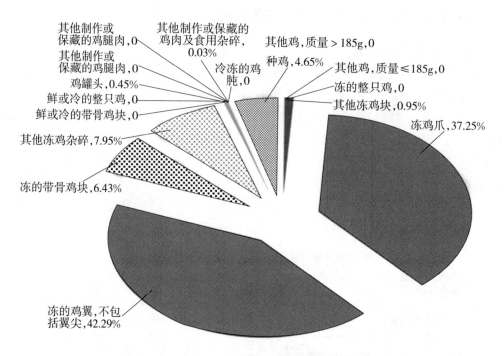

图 1-30　2012 年中国进口鸡肉产品结构

数据来源：《中国海关统计年鉴》。

表 1-15　中国肉鸡产品进口来源国家（地区）排序及进口比重

年份	排序	进口		
		国家（地区）	进口额 （万美元）	占总进口额比重 （%）
1995	1	美国	7 666.94	80.17
	2	荷兰	419.3	4.38
	3	英国	258.03	2.7
	4	法国	257.31	2.7
	5	加拿大	167.68	1.75
	6	中国香港	103.77	1.09
	7	日本	93.98	0.98
	8	比利时	92.33	0.97
	9	澳大利亚	84.09	0.88
	10	泰国	81.3	0.85
	总计	41 个国家（地区）	9 563.60	100

（续）

年份	排序	进口		
		国家（地区）	进口额 （万美元）	占总进口额比重（％）
2000	1	美国	38 225.48	77.71
	2	加拿大	1 695.71	3.45
	3	英国	1 506.18	3.06
	4	泰国	1 147.81	2.33
	5	阿根廷	1 054.23	2.14
	6	荷兰	1 002.60	2.04
	7	智利	625.88	1.27
	8	土耳其	578.15	1.18
	9	澳大利亚	546.89	1.11
	10	德国	342.42	0.7
	总计	38 个国家（地区）	49 192.12	100
2005	1	美国	19 293.42	54.39
	2	巴西	12 945.72	36.49
	3	阿根廷	1 926.20	5.43
	4	法国	369.629 3	1.04
	5	加拿大	273.904 7	0.77
	6	英国	225.253 1	0.63
	7	智利	197.097 1	0.56
	8	德国	158.281 1	0.45
	9	荷兰	56.053 9	0.16
	10	泰国	9.935 3	0.03
	总计	17 个国家（地区）	35 473.06	100
2008	1	美国	83 690.30	74.89
	2	阿根廷	24 007.50	21.48
	3	智利	2 318.75	2.07
	4	法国	1 537.40	1.38
	5	荷兰	169.4	0.15
	6	匈牙利	11.41	0.01
	7	巴西	10.98	0.01
	8	日本	2.01	0
	9	中国台湾	1.34	0
	10	斯洛文尼亚	0.34	0
	总计	15 个国家（地区）	111 750.13	100

（续）

年份	排序	进口		
		国家（地区）	进口额 （万美元）	占总进口额比重 （%）
2009	1	美国	831 680	84.08
	2	阿根廷	92 473	9.35
	3	巴西	42 872	4.33
	4	智利	18 674	1.89
	5	荷兰	1 685	0.17
	6	法国	1 457	0.15
	7	匈牙利	257	0.03
	8	英国	19	0
	9	日本	12	0
	10	中国台湾	10	0
	总计	12 个国家（地区）	989 140	100
2010	1	巴西	529 574	55.5
	2	阿根廷	229 167	24.02
	3	美国	161 078	16.88
	4	智利	26 273	2.75
	5	法国	4 274	0.45
	6	荷兰	1 392	0.15
	7	匈牙利	406	0.04
	8	比利时	38	0
	9	英国	24	0
	10	中国台湾	14	0
	总计	16 个国家（地区）	954 178	100
2011	1	巴西	595 134	70.2
	2	阿根廷	109 018	12.86
	3	美国	98 336	11.6
	4	智利	35 399	4.18
	5	法国	7 446	0.88
	6	澳大利亚	1 203	0.14
	7	荷兰	813	0.1
	8	波兰	108	0.02
	9	中国台湾	78	0.01
	10	匈牙利	68	0.01
	总计	15 个国家（地区）	847 729	100

数据来源：《中国海关统计年鉴》。

四、中国肉鸡国际贸易存在的问题

中国肉鸡产业国际贸易在世界肉鸡国际贸易中处于重要地位。中国肉鸡产品出口市场单一，出口风险大。

中国肉鸡产品进出口存在的主要问题。

1. 国外技术壁垒对我国肉鸡产品出口形成长期障碍

发达国家不断提高进口肉鸡产品的技术标准，内容已涉及生态环境、动物福利、知识产权等多个领域。日本、欧盟相继修改食品安全卫生法；日本出台的食品中农业化学品残留"肯定列表制度"大幅提高了进口肉鸡产品的农药兽药残留检测指标；欧美等发达国家对肉鸡产品提出质量可追溯的要求，抬高了我国肉鸡产品出口的门槛。

2. 出口肉鸡产品质量卫生安全不稳定

近年来，我国出口肉鸡产品的质量安全水平逐年提高，企业的质量意识不断增强，大部分肉鸡产品出口企业已拥有自己的生产基地，实现了标准化生产，并逐步建立起科学、有效的质量监控体系，出口企业质量安全意识提高。但由于生产技术水平、管理水平与世界肉鸡产业发达国家相比还有较大差距，再加上各种疫病时有发生，产品质量安全、卫生水平仍有待提高，质量卫生问题仍是制约我国扩大肉鸡产品出口的重要因素。

3. 贸易促进机制还不完善

肉鸡产品出口急需加强信息咨询、交流培训和宣传推广等公共服务，出口营销渠道也有待拓展。由于目前我国肉鸡产品出口企业相对规模较小，进入国际市场的时间不长，缺乏信息收集、处理、分析能力。目前肉鸡产品出口信息服务与扩大出口的要求还有较大差距：①信息资源分散；②没有建立权威的信息发布机制；③政府的信息服务机制不够完善。此外，针对肉鸡产品出口企业的市场开拓、国际营销、监测预警、技术推广和咨询培训等方面的服务机制尚未形成。

4. 我国的肉鸡产品进口检验检疫制度不够完善

不能杜绝不安全肉鸡产品和走私肉鸡产品进入国内，对国内肉鸡产业的健康稳定发展带来冲击，引起国内肉鸡产品市场的动荡，最终不仅会影响生产者的利益，也会损害消费者的利益和健康。

5. 肉鸡产品加工程度低，技术创新能力薄弱，缺乏品牌产品

相对于肉鸡产业发达国家，我国肉鸡产品加工业发展水平相对落后，产品质量和加工水平低，不利于出口企业培育核心竞争力，不适应国际市场消费多样化的需要。

针对我国肉鸡产品进出口存在的问题，我国肉鸡产业要加强行业组织建设，提高产品质量安全卫生标准。相关部门要严格监管，同时政府部门应给予相应支持，加大对外交涉力度，创造良好国际环境。

第六节 鸡肉供求历程、现状及预测

一、鸡肉供求历程及现状

从我国肉鸡产量、消费及净进口的发展趋势（表 1-16）来看，20 世纪 90 年代之前，我国肉鸡供求基本处于平衡状态，但是，从 90 年代末开始我国肉鸡消费增长速度明显快于产量增长速度，并且这一趋势一致延续至 2010 年。

表 1-16 1978—2011 年我国鸡肉供求平衡状况（万 t）

年份	鸡肉产量	进口数量	出口数量	全国总消费量	人均消费
1978	89.38	0.00	3.46	85.92	0.89
1979	92.24	0.00	4.31	87.93	0.90
1980	95.90	0.00	4.39	91.51	0.93
1981	98.63	0.00	4.18	94.46	0.94
1982	103.20	0.03	3.90	99.33	0.98
1983	106.07	0.06	3.52	102.61	1.00
1984	109.20	0.05	2.74	106.51	1.02
1985	115.45	0.30	1.26	114.49	1.08
1986	134.47	0.50	2.80	132.17	1.23
1987	157.15	1.27	1.94	156.48	1.43
1988	197.07	2.21	2.77	196.52	1.77
1989	201.45	4.57	3.43	202.60	1.80
1990	224.37	6.48	3.96	226.89	1.98
1991	274.72	8.35	4.64	278.43	2.40
1992	313.11	7.55	8.32	312.34	2.67
1993	407.28	9.79	10.51	406.56	3.43
1994	465.65	13.30	17.96	461.00	3.85
1995	555.78	25.39	27.08	554.10	4.57
1996	557.94	30.84	34.88	553.90	4.53
1997	661.16	20.57	34.92	646.81	5.23
1998	732.11	19.19	33.06	718.24	5.76
1999	753.08	76.01	37.82	791.27	6.29
2000	842.69	79.98	47.19	875.48	6.91

（续）

年份	鸡肉产量	进口数量	出口数量	全国总消费量	人均消费
2001	823.57	64.67	48.87	839.37	6.58
2002	855.54	49.88	44.71	860.71	6.70
2003	884.00	56.55	39.36	901.19	6.97
2004	887.46	18.08	24.42	881.11	6.78
2005	939.93	37.09	34.35	942.67	7.21
2006	959.14	57.22	33.30	983.06	7.48
2007	1 015.38	77.36	36.51	1 056.23	7.99
2008	1 074.86	78.73	29.09	1 124.50	8.47
2009	1 114.57	72.23	30.10	1 156.70	8.67
2010	1 156.68	51.59	39.33	1 168.94	8.72
2011	1 155.61	38.57	44.13	1 150.05	8.54

数据来源：根据 FAOFTAT 数据库相关数据计算。

二、鸡肉供求平衡状况预测

（一）研究方法及数据说明

运用局部均衡理论建立中国肉鸡产品供需模型，对我国肉鸡产品供需平衡情况进行分析和预测。由于建模数据要求及其可获得性，供需模型暂未考虑我国各地区肉鸡产品的供需差异，将全国层次上肉鸡产品的供需状况作为研究对象，即假定我国肉鸡产品市场是一个完全竞争市场且不存在贸易壁垒，肉鸡产品均是同质的。此外，鉴于有关肉鸡供求的部分数据的不可获得性，在模型构建中运用肉鸡生产价格替代消费价格。

肉鸡供需模型由供给方程、消费方程、进口方程、出口方程、出口价格与国内价格联系方程、进口价格与国内价格联系方程，以及市场出清恒等式组成。模型具体设置如下：

供给方程：

$$BP_t = a_0 + a_1 BP_{t-1} + a_2 BP_{t-2} + a_3 BMP_{t-1} + a_4 (BFP_{t-1}/BFP_{t-1})$$
$$+ a_5 T_t + a_5 TT_t + u_t$$

需求方程：

$$\ln PBC_t = b_0 + b_1 \ln PBC_{t-1} + b_2 \ln BMP_t + b_3 \ln SPMP_t + b_4 \ln SBMP_t$$
$$+ b_5 \ln SMMP_t + b_6 \ln PDI + v_t$$

出口方程：

$$\ln BE_t = c_0 + c_1 \ln BEP_t + c_2 \ln ER_t + c_3 D + c_4 T_t + c_5 TT_t + \mu_t$$

进口方程：

$$\ln BI_t = d_0 + d_1 \ln BIP_t + d_2 \ln BP_t + d_3 D + d_4 T_t + d_5 TT_t + \omega_t$$

出口价格与国内价格联系方程：

$$\ln BEP_t = e_0 + e_1 \ln BEP_{t-1} + e_2 \ln BMP_t + e_3 \ln BP_t + e_4 \ln ER_t$$
$$+ e_5 WTO + e_6 D + e_7 T + \varepsilon_t$$

进口价格与国内价格联系方程：

$$\ln BIP_t = f_0 + f_1 \ln BIP_{t-1} + f_2 \ln BP_t + f_3 T_t + \gamma_t$$

市场出清等式：

$$BP_t = PCBC_t g NCP_t + PRBC_t g NRP_t + BE_t - BI_t + BS_t$$

上述方程中的变量名称及其统计特征见表 1-29。其中，人口数量、肉鸡饲料价格、猪肉价格、牛肉价格、羊肉价格、人均可支配收入、汇率、时间趋势、WTO 虚拟变量及禽流感虚变量为外生变量，其余变量为内生变量。数据采用的是 1978—2010 年我国肉鸡生产、消费、贸易等的相关数据。

表 1-17 中所有价格或者价值变量均利用居民消费价格指数（CPI）（1978 年为 100）进行平减，以消除通货膨胀因素。其中，需要补充说明的是，肉鸡进口价格和出口价格分别是通过进出口额除以进出口量并乘以汇率得到；人民币对美元汇率是取 1 美元所兑换的人民币值；人均可支配收入是根据城镇居民可支配收入，以及农村居民纯收入利用城乡居民人口数量加权计算得到；人均鸡肉消费数量是根据城镇居民和农村居民户内消费数据，以及现有户外肉类消费研究成果，分别确定城镇居民和农村居民的户外消费数量，并利用城乡人口数量加权计算得到的我国人均户内外肉鸡产品消费总量；库存变动量是假定 1978 年期初库存量为 0，通过计算历年肉鸡产量和消费量的差得到；限于数据的可获得性，肉鸡产品的替代品猪肉、牛肉和羊肉的消费价格均用生产价格来代替；WTO 虚变量是考虑到加入 WTO 对我国肉鸡贸易的影响设置 WTO 虚变量，将加入我国 WTO 即 1999 年之后的年份赋值为 1，1998 年及之前的年份赋值为 0；禽流感虚变量是考虑到 2003 年我国大规模暴发禽流感对肉鸡贸易的影响设置禽流感虚变量，由于 2003 年之后我国禽流感疫情一直或轻或重地存在，所以将 2003 年以后的年份赋值为 1，2002 年及之前的年份赋值为 0。此外，2009 年 9 月，中国商务部对美国产白羽肉鸡发起反倾销、反补贴调查（"双反"调查），这也可能会成为影响我国肉鸡供需的政策变量之一，但在实际模型的估计当中并不显著，主要原因可能是由于这一时间段十分接近样本尾部，没有显示出该政策的影响效果，所以我们没有将这一政策变量考虑在供需模型中。模型中涉及的相关数据来自于《中国统计年鉴》《全国农产品成本收益资料汇编》，以及 FAOSTAT 数据库。

表 1-17　肉鸡供需模型中各变量数据统计特征

变量 英文名称	变量 中文名称	均值	标准差	最小值	最大值
BP	肉鸡产量（t）	5 593 323.00	3 842 937.00	1 077 582.00	11 833 803.00
BMP	肉鸡价格（元/kg）	1.95	0.51	1.12	2.90
BFP	肉鸡饲料价格（元/kg）	0.41	0.10	0.20	0.55
SPMP	猪肉价格（元/kg）	2.03	0.70	1.04	3.92
SBMP	牛肉价格（元/kg）	3.23	0.94	0.99	5.63
SMMP	羊肉价格（元/kg）	2.91	0.91	1.46	5.62
BE	肉鸡出口数量（t）	134 510.50	115 450.30	12 579.00	373 682.00
PBC	人均鸡肉消费量（kg/人）	4.50	3.04	1.06	9.36
PDI	人均可支配收入（元/人）	781.73	585.01	171.19	2 333.07
BI	肉鸡进口数量（t）	289 257.10	323 874.60	163.00	969 965.00
BEP	肉鸡进口价格（元/kg）	3.02	0.93	1.79	5.23
BIP	肉鸡出口价格（元/kg）	1.46	0.42	0.64	2.72
POP	人口数量（千人）	1 178 205.00	120 799.60	962 590.00	1 340 910.00
BS	库存变动数量（t）	0.80	61.08	−133.71	117.64
ER	汇率	5.68	2.66	1.50	8.62
T	时间趋势 （设 1978 年为 1）	17.00	9.67	1.00	33.00
TT	时间平方	379.67	338.89	1.00	1 089.00
WTO	WTO 虚变量	0.36	0.48	0	1
D	禽流感虚变量	0.24	0.43	0	1

数据来源：《中国统计年鉴》《全国农产品成本收益资料汇编》，以及 FAOSTAT 数据库。

（二）估计结果

肉鸡供需变化是非常复杂的，其中许多经济变量之间存在相互依存、互为因果的关系，并且肉鸡供需模型中多个变量的行为是同时决定的。在这种情况下，若采用单方程估计方法，每次仅对模型中的单个方程进行估计，则仅利用了有限信息，而没有完全利用方程之间的信息；若采用系统估计方法，则可以利用系统的全部信息。因此，后者的参数估计量具有良好的统计特性，优于前者。本研究采用 3SLS 方法对我国肉鸡供需模型进行系统估计，估计结果见表 1-18。

表 1-18　肉鸡供需模型估计结果

解释变量	估计系数	z	解释变量	估计系数	z
供给方程			进口方程		
肉鸡产量（－1）	0.493 7	3.14**	进口价格	－1.218 2	－1.74*
肉鸡产量（－2）	0.442 6	2.73**	肉鸡产量	－2.878 0	－2.48*
利润（－1）	142 659.100 0	2.48*	禽流感虚变量	－0.864 1	－1.9*
时间	202 431.800 0	4.49**	时间	0.271 7	7.52**
时间平方	－2 658.255 0	－3.28**	时间平方	－0.001 6	－8.03**
常数项	－3 109 709.000 0	－2.98**	常数项	54.829 0	2.66**
R^2	0.995 2		R^2	0.970 0	
chi^2	6 755.43		chi^2	1 044.61	
样本量	31		样本量	31	
需求方程			出口价格方程		
肉鸡价格	－0.470 0	－2.4*	出口价格（－1）	0.273 5	2.85**
猪肉价格	0.644 4	2.59*	肉鸡价格	0.372 9	2.7**
牛肉价格	－0.873 8	－4.53**	肉鸡产量	－0.965 3	－6.25**
羊肉价格	－0.687 6	－2*	汇率	0.808 1	7.47**
人均收入	1.256 3	12.34**	WTO 虚变量	－0.140 5	－1.67*
常数项	－5.193 4	－12.17**	禽流感虚变量	－0.334 9	－2.97**
R^2	0.963 1		时间	0.041 1	3.75**
chi^2	826.99		常数项	13.673 0	6.33**
样本量	31		R^2	0.885 3	
			chi^2	319.85	
			样本量	31	
出口方程			进口价格方程		
出口价格	－1.308 9	－5.21**	进口价格（－1）	－0.287 0	－1.83*
汇率	1.433 8	4.18**	肉鸡产量	－1.344 5	－5.88**
禽流感虚变量	－1.394 8	－4.4**	时间	0.067 6	5.76**
时间	0.103 4	2.3*	常数项	20.611 7	5.96**
时间平方	－0.000 2	－2.63**	R^2	0.581 6	
常数项	8.798 3	28.21**	chi^2	42.02	
R^2	0.844 2		样本量	31	
chi^2	176.16				
样本量	31				

　　注：*、＊＊和＊＊＊分别表示在 10%、5% 和 1% 的水平上统计显著。－1 代表滞后一期变量；R^2 反映了方程的拟合优度；chi^2 反映了方程的显著程度。

　　肉鸡供需模型绝大部分方程的拟合优度较高，并且所有的解释变量都在10%的水平上统计显著，上述模型较为准确地反映了我国肉鸡产品供需之间的关系，能够较好地描述肉鸡整个供需系统的行为。

　　肉鸡供给方程的估计结果表明，肉鸡产量除了受到前两年肉鸡产量的影响外，受上一年的利润水平影响非常显著，利润水平对产量的弹性系数为0.13。本研究用肉鸡价格与饲料价格比例来反应利润水平，也就意味着肉鸡价格与饲料价格的比值增长1%会带使肉鸡产量增长约0.13%。

　　肉鸡需求方程的估计结果表明，鸡肉价格、猪肉价格、牛肉价格、羊肉价格，以及人均可支配收入都是影响我国城乡居民人均鸡肉消费量的显著因素。鸡肉消费的收入弹性系数最大，为1.26，表明在我国城乡收入水平对肉鸡消费的影响最大，人均可支配收入每增长1%，人均鸡肉消费量将增长1.26%。鸡肉价格对人均鸡肉消费量有着显著的负向影响，边际影响率为-0.47，即鸡肉价格增长1%将使人均鸡肉消费量下降0.47%。作为鸡肉产品的重要替代品，也是我国城乡居民的第一大畜产品消费品——猪肉的价格对鸡肉消费有着显著的正向影响，弹性系数为0.64，即猪肉价格增长1%将使人均鸡肉消费量上升0.64%。作为鸡肉产品的另外两种替代品——牛肉和羊肉的价格弹性，从理论上来讲也应该为正，但从模型的实际估计结果来看与预期相反，牛羊肉价格的升高并没有对鸡肉的消费产生促进作用，这样的估计结果与已有关于我国城乡居民畜产品消费的很多研究文献的估计结果相一致，这样的结果表明我国牛肉和羊肉与鸡肉消费关系比较复杂，并非简单的替代关系。

　　肉鸡出口方程表明，肉鸡出口价格、汇率和禽流感因素都是影响我国肉鸡产品出口量的显著因素。出口价格对肉鸡出口量有着显著的负向影响，弹性系数为-1.31，表明出口价格增长1%将会使出口量下降1.31%。汇率对肉鸡出口量有着显著的正向影响，弹性系数为1.43，表明汇率增长1%将会使出口量增长1.43%。禽流感虚变量的系数为-1.39，表明2003年禽流感大规模暴发严重影响到了我国肉鸡出口量，虽然2003年以后禽流感大为减少，但禽流感疫情一直存在，并对出口量有着持续的影响。

　　肉鸡进口方程表明，肉鸡进口价格、肉鸡产量和禽流感因素都是影响我国肉鸡产品进口量的显著因素。肉鸡进口价格对肉鸡进口量有着显著的负向影响，弹性系数为-1.22，表明进口价格增长1%将会使进口量下降1.22%。肉鸡产量对肉鸡进口量有着显著地负向影响，弹性系数为-2.88，表明国内肉鸡产量增长1%将会使进口量下降2.88。禽流感虚变量的系数为-0.87，表明2003年禽流感大规模暴发也影响到了我国肉鸡进口量。

　　出口价格方程表明，除了上一年的出口价格外，国内肉鸡价格、国内肉鸡产量、汇率、是否加入WTO，以及禽流感因素都是影响我国肉鸡出口价格的重要因素。进口价格方程表明，除了上一年的进口价格外，国内肉鸡产量也是影响我国肉鸡进口价格的重要因素。

（三）模拟分析

1. 外生变量预测

ARIMA 模型能够更本质地反映时间序列的结构与特征，达到最小方差意义下的最优预测，因而被广泛应用于经济和商业预测分析。本文在建立肉鸡供需模型的基础上，为了提高肉鸡供需模型预测分析的可靠性，在进行预测分析之前，对肉鸡供需模型外生变量中肉鸡饲料价格、猪肉价格、牛肉价格、羊肉价格、人均可支配收入分别建立 ARIMA 模型进行拟合和预测。通过对各个外生变量进行平稳性检验、ARIMA 模型的识别、参数的估计和校验等步骤，确定各个外生变量的 ARIMA 模型，得到各外生变量 2012—2025 年的预测值（表 1-19）。此外，汇率和人口 2012—2025 年的预测数据见表 1-20。

表 1-19　外生变量预测值 1

年份	饲料价格（元/kg）	猪肉价格（元/kg）	牛肉价格（元/kg）	羊肉价格（元/kg）	人均可支配收入（元/人）
2012	0.56	3.80	6.10	6.45	2 791.63
2013	0.57	3.90	6.29	7.00	3 025.06
2014	0.59	4.01	6.53	7.46	3 259.55
2015	0.60	4.14	6.80	7.87	3 495.33
2016	0.61	4.28	7.10	8.26	3 733.94
2017	0.62	4.43	7.42	8.65	3 978.24
2018	0.64	4.59	7.77	9.05	4 232.29
2019	0.65	4.75	8.13	9.47	4 501.20
2020	0.66	4.93	8.52	9.92	4 790.91
2021	0.68	5.11	8.94	10.40	5 108.04
2022	0.69	5.30	9.37	10.92	5 459.67
2023	0.70	5.50	9.83	11.47	5 853.25
2024	0.71	5.70	10.32	12.05	6 296.38
2025	0.73	5.92	10.83	12.68	6 796.71

数据来源：根据 ARIMA 模型预测。

表 1-20　外生变量预测值 2

年份	美元对人民币汇率	人口（万人）
2012	6.18	135 411.467
2013	5.94	136 051.196
2014	5.77	136 666.814
2015	5.69	137 253.522
2016	5.60	137 806.098

（续）

年份	美元对人民币汇率	人口（万人）
2017	5.53	138 319.648
2018	5.46	138 789.177
2019	5.40	139 209.398
2020	5.38	139 575.437
2021	5.40	139 887.478
2022	5.43	140 146.739
2023	5.45	140 351.506
2024	5.48	140 500.202
2025	5.50	140 592.957

数据来源：FAPRI-ISU 2011 World Agricultural Outlook。

2. 肉鸡供需预测

表 1-21 是根据前面的肉鸡供需模型和外生变量预测值模拟得到的 2012—2025 年我国肉鸡产量、人均鸡肉消费量、肉鸡价格、出口数量、进口数量、出口价格、进口价格的基准模拟结果。供需模型的基准模拟是假定在被预测期内现今政策不发生任何变化情况下的预测。在我国肉鸡供需预测过程中，因为外生变量肉鸡库存数据的不可获得性，假定肉鸡库存保持不变。表 1-22 是在肉鸡供需模型基准结果的基础上计算得到的 2012—2025 年我国肉鸡供需均衡表。

表 1-21　肉鸡供需模型的基准模拟结果

年份	肉鸡产量（万 t）	人均消费量（kg/人）	肉鸡价格（元/kg）	出口数量（万 t）	进口数量（万 t）	出口价格（元/kg）	进口价格（元/kg）
2012	1 278.17	9.86	2.80	18.20	74.98	2.63	2.14
2013	1 321.18	10.14	2.84	19.44	78.20	2.56	2.18
2014	1 362.62	10.42	2.90	20.69	81.63	2.54	2.23
2015	1 402.34	10.68	2.96	21.90	85.22	2.55	2.28
2016	1 440.20	10.93	3.03	22.99	89.00	2.59	2.34
2017	1 475.79	11.17	3.09	24.03	92.98	2.63	2.40
2018	1 508.85	11.39	3.16	25.01	97.19	2.70	2.48
2019	1 539.13	11.60	3.23	25.88	101.63	2.77	2.56
2020	1 566.54	11.79	3.31	26.67	106.33	2.88	2.65
2021	1 591.06	11.97	3.42	27.30	111.28	3.03	2.75
2022	1 612.80	12.14	3.56	27.63	116.46	3.22	2.86
2023	1 631.94	12.30	3.73	27.69	121.86	3.44	2.98
2024	1 648.77	12.45	3.96	27.49	127.43	3.71	3.10
2025	1 663.60	12.59	4.23	27.03	133.12	4.03	3.24

数据来源：根据肉鸡供需模型模拟。

表 1-22 2012—2025 年肉鸡供需均衡情况

年份	产量（万 t）	消费量（万 t）	进口量（万 t）	出口量（万 t）
2012	1 278.17	1 334.95	74.98	18.20
2013	1 321.18	1 379.94	78.20	19.44
2014	1 362.62	1 423.56	81.63	20.69
2015	1 402.34	1 465.66	85.22	21.90
2016	1 440.20	1 506.21	89.00	22.99
2017	1 475.79	1 544.74	92.98	24.03
2018	1 508.85	1 581.02	97.19	25.01
2019	1 539.13	1 614.89	101.63	25.88
2020	1 566.54	1 646.20	106.33	26.67
2021	1 591.06	1 675.04	111.28	27.30
2022	1 612.80	1 701.63	116.46	27.63
2023	1 631.94	1 726.11	121.86	27.69
2024	1 648.77	1 748.71	127.43	27.49
2025	1 663.60	1 769.69	133.12	27.03

数据来源：根据肉鸡供需模型模拟。

从 2012—2025 年我国肉鸡供需状况的预测结果可以看到，我国肉鸡产量和消费量仍将持续增长，到 2025 年我国肉鸡产量将达到 1 663.6 万 t，人均消费量将达到 12.59kg。但随着时间的推移，肉鸡产量和消费量增长的速度都将逐步下降。虽然到 2025 年我国肉鸡产量增长的幅度高于人均鸡肉消费量的增长幅度，但受到人口增长因素的影响，我国肉鸡总消费量的增长幅度将超过肉鸡总产量。肉鸡进出口量也都将进一步增加，但相对于肉鸡出口而言，肉鸡进口数量将有更大幅度的增加，2025 年肉鸡进口量将比 2010 年增长 92.78%，2025 年肉鸡出口量将比 2010 年增长 63.65%。国内肉鸡价格水平受生产成本以及旺盛需求的影响也将大幅增加，剔除通货膨胀因素，2025 年的价格比 2010 年将增长 53.26%，但与猪牛羊肉价格比较而言，仍然具有明显的价格优势。

（四）主要结论

我国肉鸡供需模型的基准模拟结果显示，随着肉鸡产业的发展，我国肉鸡产量将持续增长，到 2025 年将达到 1 663.6 万 t。随着城乡居民受教育程度的提高，人们接受更多的营养知识，转变消费观念，从而把鸡肉产品作为一种必不可少的食品来消费，同时加上居民收入水平的提高对鸡肉产品消费的促进作用，以及鸡肉产品在畜产品中较为明显的价格优势，人均鸡肉产品消费将进一步增加，到 2025 年人均鸡肉产品消费将达到 4.23kg。伴随着我国人口数量的增长，2025 年全国鸡肉消费将达到 1 769.69 万 t。肉鸡进出口量也将进一步增加，但肉鸡进口数量的增长将更为明显。国内肉鸡价格水平受生产成本及旺盛需求的影响也将大幅增加，剔出通货膨胀因素，

2025 年肉鸡价格比 2010 年将增长 53.26%，但与猪牛羊肉价格相比仍具有明显的价格优势。

参考文献

陈琼.2010. 城乡居民肉类消费研究 [D]. 北京：中国农业科学院.

董建国，刘勤华，段虎，等.2012. 高压对含 TG 的鸡肉糜相关特性的影响 [J]. 食品工业，33（7）：15-18.

黄炎坤，刘健，范佳英，等.2012. 鸡舍内环境季节性变化与鸡群死淘率的关联分析 [J]. 中国畜牧杂志（6）：18.

康宁，谭毅，居昱，等.2011.2008－2010 年广西边境地区流感和人禽流感监测结果分析 [J]. 疾病监测，26（9）：694-697.

李志强，王济民.2000. 我国畜产品消费及消费市场前景分析 [J]. 中国农村经济（7）：46-51.

廖明.2011. 禽流感的流行特点和防控对策 [J]. 中国家禽，33（9）：1-4.

刘春芳，王济民.2011. 中国肉鸡产业发展历程及趋势 [J]. 农业展望（8）：36-40.

逯岩，刘长春.2012. 肉鸡标准化养殖技术图册 [M]. 北京：中国农业科学技术出版社.

马恒运.2001. 在外饮食、畜产品需求和食品消费方式变化研究 [D]. 北京：中国农业科学院.

秦立廷，高玉龙，潘伟，等.2010. 我国部分地区鸡群 ALV-J 及 REV，MDV，CAV 混合感染检测 [J]. 中国预防兽医学报，32（2）：90-93.

邱祥聘.2001. 中国养禽业的过去、现在和未来 [J]. 四川畜牧兽医，28（2）：29-31.

任海松，张秀美，胡北侠，等.2011.2006 年至 2010 年山东省鸡传染性支气管炎病毒分子变异的研究 [J]. 中国预防兽医学报，33（10）：767-771.

施海东.2011. 鸡舍环境控制—通风 [J]. 今日畜牧兽医（5）：23-25.

孙彦宇，周光宏，徐幸莲.2011. 冰鲜鸡肉贮藏过程中微生物菌相变化分析 [J]. 食品科学，32（11）：146-151.

汤晓艳.2013. 我国肉鸡加工产业现状及发展对策 [J]. 中国家禽，35（24）：2-6.

王虎虎，徐幸莲.2010. 冰鲜鸡肉中致病菌三重 PCR 检测方法的建立 [J]. 中国农业科学，43（17）：3608-3615.

王济民，陈琼.2012.2010 年我国城乡居民肉类消费报告：中国肉鸡产业经济 [M]. 北京：中国农业出版社.

王生雨，连京华，廉爱玲.2003. 我国养鸡业历史回顾及未来发展趋势 [J]. 山东家禽（1）：8-13.

王斯佳，蔡辉益，刘国华，等.2012. 二次回归正交旋转组合设计优化 1～21 日龄肉仔鸡胆碱和蛋氨酸需要量 [J]. 动物营养学报，24（5）：804-814.

王照群.2012. 玉米及加工副产品加酶前后黄羽肉鸡有效能和可利用氨基酸评定 [D]. 长沙：湖南农业大学.

王中华，黄修奇．2012．大枣低聚糖对肉仔鸡生长性能、免疫功能和肠道菌群的影响 [J]．中国畜牧杂志 (17)：15．

吴振，杨传玉，孙京新，等．2012．不同添加剂对鸡肉盐溶蛋白质热诱导凝胶性质的影响 [J]．中国食品学报，12 (8)：60-66．

夏晓平，隋艳颖，李秉龙．2011．我国城镇居民畜产品消费问题分析—基于收入差距与粮食安全视角 [J]．晋阳学刊 (2)：41-45．

胥蕾．2011．致晕方法影响肉仔鸡肉品质的机理及脂质过氧化调控 [D]．北京：中国农业科学院．

尤永君，王延树，梁武，等．2011．2008—2009 年部分地区新城疫病毒分离株的进化分析 [J]．中国畜牧兽医，38 (8)：85-89．

张正帆，王康宁，贾刚，等．2011．1～21 日龄黄羽肉鸡豆粕净能预测模型 [J]．动物营养学报 (2)：250-257．

中国家禽编辑部．2011．中国畜牧兽医学会家禽学分会辉煌 30 年 [J]．中国家禽，33 (24)：36-44．

朱恒文，方艳红，王元兰，等．2012．肉鸡屠宰加工生产链中沙门氏菌的污染调查及 ERIC-PCR 溯源 [J]．食品科学，33 (17)：48-53．

LI Z，YANG Z B，YANG W R，et al. 2012. Effects of Feed-Borne Fusarium Mycotoxins With or Without Yeast Cell Wall Adsorbent on Organ Weight，Serum Biochemistry，and Immunological Parameters of Broiler Chickens [J]. Poultry Science，91 (10)：2487-2495.

Liu D，GUO，et al. 2012. Xylanase Supplementation to A Wheat-Based Diet Alleviated The Intestinal Mucosal Barrier Impairment of Broiler Chickens Challenged by Clostridium Perfringens [J]. Avian Pathology，41 (3)：291-298.

Zhang L，Yue H Y，Wu S G，et al. 2010. Transport Stress in Broilers. Ii. Superoxide Production，Adenosine Phosphate Concentrations，and Mrna Levels of Avian Uncoupling Protein，Avian Adenine Nucleotide Translocator，and Avian Peroxisome Proliferator-Activated Receptor-Γ Coactivator-1α in Skeletal Muscles [J]. Poultry science，89 (3)：393.

ZHANG L，ZHANG H J，QIAO X，et al. 2012. Effect of Monochromatic Light Stimuli During Embryogenesis on Muscular Growth，Chemical Composition，and Meat Quality of Breast Muscle in Male Broilers [J]. Poultry science，91 (4)：1026-1031.

第二章　国际肉鸡产业发展与借鉴

第一节　世界肉鸡生产发展现状及特点

一、世界肉鸡业发展总体水平

鸡肉生产是畜牧业中发展最快的行业。据 FAO 统计，1961—2011 年，世界肉鸡的生产量增长了 10.9 倍，年均递增 5.0%。南美洲和亚洲肉鸡生产的发展速度尤其迅速，年均递增分别达到 8.3% 和 6.5%。美国是全球鸡肉生产量最高的国家，2011 年共出栏肉鸡 86.8 亿只，生产鸡肉 1 711.1 万 t。中国是近年来世界上鸡肉生产发展最快的国家，从 1978—2011 年的 33 年间，产量增长了 10.3 倍，年均递增 8.1%。

美国是世界现代肉鸡业的发源地，也是当今世界肉鸡业领先的国家，其发展所走过的道路具有一定的代表性、趋势性，对其他国家发展肉鸡业具有借鉴意义。

(一) 肉鸡生产

2011 年，全球鸡存栏 207.1 亿只，出栏 581.1 亿只，鸡肉产量 8 995.7 万 t。自 1961 年以来，美国、中国和巴西一直是世界肉鸡产量前三位的国家，美国一直保持第一位，中国在大部分时间保持第二位，只在 1980—1985 年短暂被巴西小幅超越。随着时间的推移，美国肉鸡的国际份额有所下降，已由 1961 年的 34.5% 下降到 2011 年的 19.0%；中国在国际市场所占的份额总体呈上升趋势，只是在 1971—1981 年出现下滑；巴西一直保持上升势头。印度、俄罗斯、阿根廷、泰国、伊朗的份额也呈上升态势。墨西哥的份额稍有下降（表 2-1）。欧盟作为一个整体，其鸡肉产量名列世界前列。

表 2-1　中国、美国和巴西鸡肉产量在世界市场的份额（%）

国家	1961 年	1971 年	1981 年	1991 年	2001 年	2011 年
中国	6.4	5.1	5.0	8.5	14.4	13.5
美国	34.5	28.3	23.5	24.8	23.3	19.0
巴西	1.6	2.7	6.1	7.1	10.1	12.7

数据来源：据 FAO 资料计算。

（二）肉鸡产品进出口现状

2011 年世界出口鸡肉 1 247.0 万 t，占世界总产量的 13.9%。巴西是世界第一大肉鸡出口国，出口量为 357.0 万 t，巴西和美国的出口量占世界的 56.3%。巴西从 20 世纪 80 年代开始大量出口鸡肉，2000 年以后出口增长的速度更是急剧加快，并最终于 2004 年首次超过了美国。2011 年荷兰人口占世界 0.24%，但出口鸡肉量占世界的 7.5%。世界各国鸡肉出口情况见表 2-2。

表 2-2　世界鸡肉出口量（万 t）

国家（地区）	1961 年	1971 年	1981 年	1991 年	2001 年	2011 年
巴西	—	—	29.39	31.38	124.93	356.99
美国	9.14	4.63	34.41	58.29	279.47	344.45
荷兰	6.15	22.66	23.28	27.45	58.66	99.59
中国香港	—	—	0.13	9.50	66.06	76.14
比利时	—	—	—	—	28.65	40.79
波兰	19 106	2.87	1.51	1.60	4.20	30.37
德国	1 110	0.57	4.98	2.51	9.83	28.75
阿根廷	0.03	—	—	0.25	1.72	26.65
中国内地	0.31	1.78	4.21	4.56	36.10	16.82
泰国	—	—	2.68	16.42	30.95	5.12
世界	27.15	56.51	171.85	233.74	744.34	1247.02

注："—"表示数量低于 0.01 万 t。据 FAO 资料计算。

2011 年世界各国进口鸡肉共 1139.1 万 t，占总产量的 12.7%。中国香港是进口量最多的地区，为 117.7 万 t，其次是越南 80.2 万 t、沙特阿拉伯 73.7 万 t。相对于鸡肉出口情况，世界鸡肉进口的国家（地区）较分散，且变动较大。2001 年俄罗斯是世界第一进口大国，进口量占全球进口总量的比重为 19.0%，2011 年进口量呈现大幅下降态势，进口比重降为 3.4%；沙特阿拉伯、墨西哥的进口呈增长态势，分别由 2001 年的 4.5%、3.5% 上升到 2011 年的 6.5%、5.0%。世界各国鸡肉进口情况见表 2-3。

表 2-3　世界鸡肉进口量（万 t）

国家（地区）	1961 年	1971 年	1981 年	1991 年	2001 年	2011 年
中国香港	0.59	2.89	5.44	16.29	87.99	117.70
中国内地	—	—	0.02	8.35	65.57	38.55
沙特阿拉伯	0.03	0.78	18.23	24.42	29.03	73.73
俄罗斯	—	—	—	—	121.93	38.42
墨西哥	0.01	—	1.30	6.12	22.79	56.43
越南	—	—	—	—	0.01	80.22
日本	0.01	2.72	9.80	34.73	52.31	47.18
世界	26.01	51.00	166.10	232.52	643.22	1 139.15

注："—"表示数量低于 0.01 万 t。据 FAO 资料计算。

需要说明的是，中国和泰国等国的鸡肉出口 2004 年后以熟制品为主，该部分数据可能没有在 FAO 数据中进行统计。2011 年中国香港进口鸡肉 117.7 万 t，同时香港出口 76.1 万 t，中国内地直接进口的鸡肉数量并不多，主要从香港特区转口，因此香港净进口数据并不像数据显示的那么高。日本进口鸡肉数量有所波动，基本占世界进口总量的 3.9％左右，可能也未包括熟制品。

（三）肉鸡产品人均消费现状

鸡肉因蛋白质含量高，脂肪特别是饱和脂肪含量低而受到消费者的欢迎（表 2-4）。

表 2-4 部分食品营养信息① （每 3 盎司② 重去骨、熟食品）

项目	热量（J）	总脂（g）	饱和脂肪（g）	胆固醇（mg）	蛋白质（g）
烤龙蜊鱼柳	418.4	1.5	0.5	60	20
烤去皮鸡胸	502.08	1.5	0.5	70	24
烤去皮鸡腿	543.92	4.0	1.0	80	23
烤去皮鸡翅	627.6	6	1.5	70	23
烤三文鱼	669.44	7.0	1.0	6	22
烤带皮鸡胸	711.28	7.0	2.0	70	25
煮牛外脊，去可见脂肪	753.12	9.0	3.0	75	25
烤带皮鸡腿	41.84	9.0	3.0	75	23
烤猪排，去可见脂肪只留瘦肉	753.12	9.0	3.0	60	24
烤罐装熏火腿，13％脂肪	794.96	13.0	4.0	55	17
煮羔羊肉，去可见脂肪	836.8	12.0	6.0	70	22
煮牛里脊，去可见脂肪	836.8	11	4	72	23
全熟煮牛肉，碎纯瘦肉	941.4	13.0	5.0	85	24

注：①Nutri-Facts Fresh Food Labeling Program, 1995 and USDA Nutrient Database for Standard reference, release 14, 2001.

②盎司为非法定计量单位，1 盎司≈28.35g。

发展中国家年人均肉鸡产品消费量相比发达国家较低。目前，美国、巴西年人均肉鸡产品消费量超过 40kg；美国人均肉鸡消费量 1990 年超过猪肉，达到每年 31kg/人，2003 年超过牛肉，达到每年 43kg/人。香港肉鸡产品年人均消费也达到 40 kg 左右，台湾达 25～28 kg，而中国大陆地区肉鸡产品年人均消费量不到 10 kg，2010 年为 9.3 kg，与世界发达国家水平相比差距较大，这在一定程度表明中国大陆肉鸡产品市场具有较大的发展潜力（表 2-5）。

在过去 30 多年中，禽肉消费是法国唯一保持增长的肉类，人均消费量由 1970 年的 12kg 增长到 2000 年的 25kg。尽管如此，禽肉消费仍然排在猪肉（38kg）、牛肉（28kg）之后，位居第三位。作为两个人口大国，印度、印度尼西亚的人均鸡肉消费量都不高。

表 2-5　世界各国（地区）肉鸡产品年人均消费量（kg/人）

国家（地区）	2008 年	2009 年	2010 年
阿根廷	31.4	32.4	34.0
澳大利亚	34.7	35.0	35.3
巴西	39.7	39.3	40.1
加拿大	30.0	29.5	29.6
智利	28.3	28.9	32.0
中国内地	9.0	9.1	9.3
欧盟 27 国	17.4	17.7	17.8
中国香港	36.2	37.3	40.9
印度	2.2	2.2	2.3
印度尼西亚	3.6	3.7	3.8
日本	15.1	15.6	15.9
韩国	12.7	14.0	15.0
科威特	65.8	75.0	66.3
马来西亚	38.6	37.7	37.4
墨西哥	29.8	29.3	29.6
俄罗斯	19.2	19.4	17.7
沙特阿拉伯	37.6	40.6	40.9
南非	29.3	29.4	30.5
中国台湾	25.7	25.2	28.0
泰国	11.9	12.3	12.8
乌克兰	17.7	17.1	17.5
阿联酋	63.8	63.1	62.5
美国	44.2	42.1	43.3
委内瑞拉	36.6	29.9	31.4
越南	6.2	6.0	6.3

注：中东国家由于移民和临时工人没有考虑在内，可能存在数据高估（摘自张瑞荣等，2011）。

(四) 鸡肉生产预测

人类历史上,肉类消费一直以猪肉、牛肉为主要肉类来源,鸡肉居次要地位。与其他畜牧(猪、牛、羊)产业相比,肉鸡生产以饲养周期短、饲料报酬高、经济效益好而成为最有发展前途的行业之一(表2-6)。在当前世界范围内普遍粮食和饲料资源紧缺的情况下,大力发展高效节粮、高蛋白、低脂肪鸡肉生产是最大限度地提高动物蛋白生产量、满足消费者日益增长的消费需求的有效途径。因此,世界各国都非常重视肉鸡产业的发展,如美国、中国、巴西、欧盟27国和泰国等,肉鸡产业具有较长的发展历史,产业规模较大,技术先进,产业化程度高,再加上政府的大力支持,在国际市场上具有较强的竞争力。

表2-6　主要动物食品饲料转化效率

项目	牛奶	鲤鱼肉	禽蛋	鸡肉	猪肉	牛肉
饲料转化效率(活重)	0.7	1.5	3.8	2.5	5.0	10.0
饲料转化效率(可食重量)	0.7	2.3	4.2	4.5	9.4	25.0
蛋白含量(%,可食重量中)	3.5	18	13	20	14	15
蛋白转化效率(%)	40	30	30	20	10	4

引自Smil,2000。

1996年在世界肉类总产量中的比重,鸡肉总产量历史上第一次超过了牛肉。据OECE-FAO预测,2020年前后全球禽肉将超过猪肉成为最大的肉类产业(图2-1)。

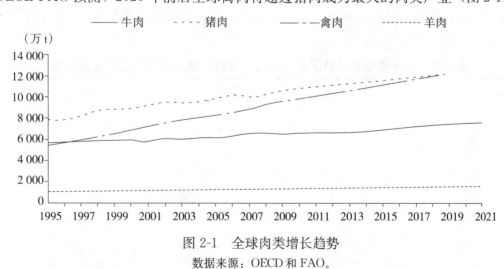

图 2-1　全球肉类增长趋势
数据来源:OECD 和 FAO。

未来的禽肉产品生产潜力主要在发展中国家。与2009—2011年基础时间相比,全球禽肉增长均远大于其他肉类。发展中国家禽肉增长为21.7%,发达国家仅为6.84%(图2-2)。

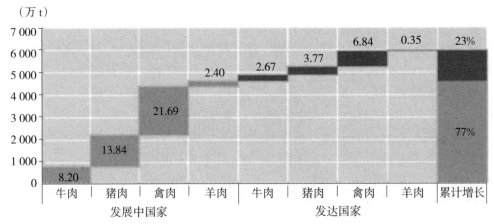

图 2-2 不同区域各种肉品增长趋势（2021 年与 2009—2011 年基础时间相比）

数据来源：OECD 和 FAO。

二、世界肉鸡业在畜牧业中的比重与地位

（一）产值比重

按 2004—2006 年不变价格计算，2011 年世界鸡肉产值占畜产品产值平均为 14.5%。美国鸡肉产值高达 213.9 亿美元，占畜产品产值的 19.5%；中国鸡肉产值 167.5 亿美元，但仅占畜产品产值的 9.4%；在鸡肉生产发达的国家中，鸡肉产值占畜牧业产值较高的是巴西，为 30.3%；其次是泰国，达到 25.2%。在法国，虽然家禽业较发达，但其活鸡和水禽所占的比例相对较高，因而肉鸡在畜牧业产值中所占的比重较小（表 2-7）。

表 2-7 2011 年世界部分国家（地区）鸡肉产值及占畜产品产值的比重

国家（地区）	鸡肉产值（亿美元）	畜产品产值（亿美元）	比重（%）
美国	213.93	1 098.24	19.5
巴西	105.51	348.33	30.3
中国大陆	167.49	1 781.71	9.4
泰国	12.74	50.59	25.2
英国	18.08	134.37	13.5
西班牙	18.19	145.40	12.5
法国	16.57	249.25	6.6
波兰	13.78	93.41	14.8
世界	1 198.60	8 259.19	14.5

数据来源：FAOSTAT。

（二）产量比重

世界范围内看，鸡肉和禽肉比重稳步上升，到 2011 年约占世界肉类产量的 1/3，比重略低于猪肉；猪肉水平基本保持稳定，牛羊肉水平总体呈持续下降趋势（表 2-8）。2011 年世界鸡肉占禽肉的比重为 87.8%。

表 2-8　世界肉类比重变化情况（%）

肉类	1961 年	1971 年	1981 年	1991 年	2001 年	2011 年
鸡肉	10.6	13.0	17.4	20.2	25.7	30.1
禽肉	12.5	15.0	19.7	23.4	30.0	34.2
猪肉	34.7	37.6	38.0	38.6	38.4	36.9
牛肉	40.3	37.6	34.2	30.4	24.5	21.0
羊肉	8.5	6.6	5.5	5.4	4.9	2.7

数据来源：FAOSTAT。

20 世纪 80 年代前，牛肉在美国肉类生产中所占比重最大，其次是猪肉。但是，美国鸡肉占肉类产量的比重过去 50 年来一直以较快的速度增长，在 1981—1991 年超过猪肉比重，在 1991—2001 年超过牛肉。目前，鸡肉是美国肉类产品中比重最大的产品，占 40.3%（表 2-9）。

表 2-9　美国肉类比重变化情况（%）

肉类	1961 年	1971 年	1981 年	1991 年	2001 年	2011 年
鸡肉	15.8	17.5	23.0	31.1	37.7	40.3
禽肉	20.0	21.2	27.7	38.3	44.5	46.6
猪肉	31.3	30.4	28.9	24.6	23.0	24.3
牛肉	45.0	46.1	41.6	35.6	31.7	28.2
羊肉	2.3	1.1	0.6	0.6	0.3	0.2

数据来源：FAOSTAT，2013。

三、世界肉鸡业的内部结构

（一）品种类型

按品种类型分，世界肉鸡业可以分为快大型商品肉鸡和地方品种鸡两大类。在发达国家的肉鸡生产中，快大型肉鸡占主导地位；发展中国家则包含有相当数量的地方肉鸡品种。按产品类型分，发达国家中有机鸡肉生产的比重高于发展中国家。法国肉鸡可分为普通肉鸡（standard）、认证肉鸡（certified）、标签鸡（label brand）和有机鸡（organic）等四个类型，主要是前三个类型，分别约占市场的60％、16％和20％，有机鸡的市场份额较小。2005年，标签鸡的份额达到26％，但近些年其部分份额被认证鸡取代。

表 2-10　法国不同类型肉鸡的规格和要求

项目	认证肉鸡	标签鸡	有机鸡
年产量（t）	75 000	150 000	7 000
品种	慢速母鸡×普通肉鸡	慢速母鸡×慢速公鸡	慢速母鸡×慢速公鸡
群体密度（只/m²）	18	11	10
最大产肉（kg/m²）	不限	25	25
最大农场规模（m²）	不限	1 600	1 600
最大鸡舍面积（m²）	不限	400	200
最大小群鸡数（只）	不限	1 100	2 000
最小上市日龄	56	81	70～80
光照	无规定	自然光	自然光
运动场面积	无	6周后 2m²/只	饲养中后期 4m²/只
饲料	植物性饲料加矿物元素，无生长促进剂	植物性饲料加矿物元素，无生长促进剂。允许使用抗球虫药和抗生素。谷物饲料成分＞75％	植物性饲料加矿物元素，无生长促进剂。有机原料＞95％。禁用抗球虫药和合成抗生素

（二）产业结构

肉鸡产业是纵向集约化产业。一般一个一体化肉鸡企业由种鸡场、扩繁场、孵化厂、饲料厂、商品鸡场和屠宰加工厂等组成，涉及产业链的每一个环节见图2-3。

从产业结构分析，发达国家已形成品种选育、饲养管理、疫病控制、产品加工和市场营销较为完整的产业链；发展中国家在品种培育、疫病防控和产品加工等方面则存在较大差距。随着时间的推移，肉鸡生产产业链内部的结构也在发生变化，肉鸡饲养、种蛋孵化、产品加工等生产环节的规模越来越大，效率越来越高。美国肉鸡种蛋的孵化规模变化就是一个很好的例证。1934年，美国的孵化场有11 405个，可以同时孵化2.76亿个种蛋，平均每个孵化场的孵化能力是24 224个种蛋；2001年全美有323个孵化厂，孵化能力达到8.62亿个种蛋，平均每个孵化场孵化能力是270万个种蛋。

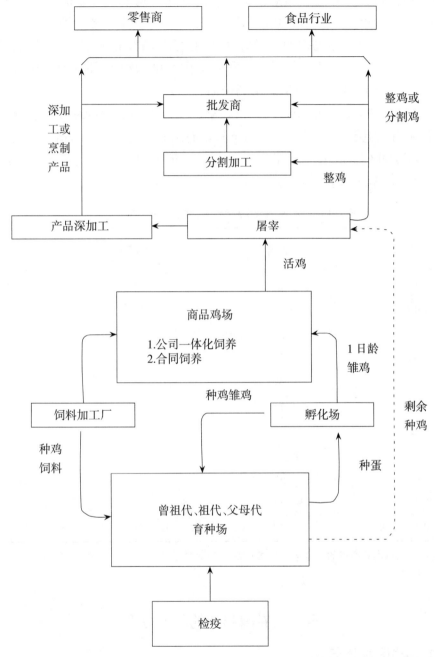

图 2-3　肉鸡产业结构

（三）市场结构

目前全球主要的家禽育种企业有科宝、安伟捷和哈巴德集团，培育的肉鸡品种有罗斯（Ross）、爱拔益加（AA）、印第安河（LIR）、科宝（Cobb）、艾维茵（Avian）、海波罗（Hybro），以及哈巴德（Hubbard）等。安伟捷公司的市场份额最大，超过

50%；安伟捷公司、科宝公司和哈巴德公司占全球肉鸡市场总量的 97% 左右。罗斯和科宝两个品种的市场占有率最高，2010 年分别占据全球父母代种鸡市场的 42.8% 和 33.3%；爱拔益加和哈巴德的市场份额分别达到 9.1% 和 6.1%。爱拔益加在亚洲的市场份额较大，在中国的比例最大。科宝集团在中国约占 23% 的市场份额，在美国超过 60%，在巴西占 95% 以上的市场份额。

从过去 50 年肉鸡产品市场结构分析，整鸡所占市场比例持续减小，分割鸡比例在 20 世纪 90 年代达到最大后也在逐渐下降，而深加工鸡比例不断增加。根据美国肉鸡协会（National Chicken Council）统计，2012 年美国三个类型产品市场比例分别为 12%、41% 和 47%（表 2-11）。

表 2-11　美国历年鸡肉产品类型变化情况（%）

年份	整鸡	分割鸡	深加工鸡
1962	83	15	2
1967	74	22	4
1972	65	30	5
1977	54	38	8
1982	40	48	12
1987	22	56	22
1992	15	55	30
1997	12	48	40
2002	10	43	47
2007	11	43	46
2012（预测）	12	41	47

注：每类产品占鸡肉总产量的百分数，三类产品均为即烹重基础。资料来源：USDA for 1962 through 1989. February 7，2011。

四、世界肉鸡业的区域分布

（一）存栏区域分布

从存栏情况看，2011 年亚洲鸡存栏占世界的 55.6%，美洲占 25.6%，欧洲占 9.8%，非洲占 8.4%，大洋洲占 0.6%。中国鸡存栏占亚洲的 46.3%，美国和巴西分别占美洲的 39.2% 和 23.9%（表 2-12）。20 世纪 80 年代前，除亚洲、美洲和欧洲的鸡存栏数量比较接近；90 年代开始，亚洲和美洲的鸡存栏数开始大幅度增加，而欧洲则出现下降的趋势。非洲和大洋洲鸡存栏保持增长趋势，但总量较小（表 2-12）。

表 2-12　世界肉鸡存栏量（亿只）

国家和地区	1961 年	1971 年	1981 年	1991 年	2001 年	2011 年
世界	38.8	3.8	75.1	110.8	150.9	207.1
亚洲	10.9	16.1	23.8	47.4	75.9	115.1
中国	5.4	6.5	9.7	23.1	37.7	53.3
美洲	11.9	15.7	22.2	29.1	42.7	53.1
美国	7.5	9.3	10.8	13.9	19.0	20.8
巴西	1.3	2.1	4.5	5.9	8.8	12.7
欧洲	13.3	17.5	22.7	24.1	17.1	20.4
非洲	2.7	4.1	5.8	9.2	12.6	17.3
大洋洲	0.3	0.4	0.6	0.7	1.1	1.2

资料来源：FAOSTAT。

（二）出栏区域分布

从出栏情况看，2011 年亚洲鸡屠宰量占世界的 40.5％，美洲占 35.7％，欧洲占 15.9％，非洲占 6.8％，大洋洲占 1.1％。中国占亚洲的 37.2％，美国和巴西分别占美洲的 41.8％和 25.5％（表 2-13）。对比存栏量（表 2-13）可以发现，美洲、欧洲和大洋洲的鸡出栏率比亚洲、非洲高。亚洲鸡的出栏量 1991 年超过欧洲，2008 年才超过美洲。2011 年美国的鸡产量与整个欧洲相当。

表 2-13　世界肉鸡出栏量（亿只）

国家和地区	1961 年	1971 年	1981 年	1991 年	2001 年	2011 年
世界	65.8	114.0	193.2	280.5	433.0	581.1
亚洲	11.8	21.6	40.1	77.8	151.3	235.5
中国	4.8	6.7	11.3	24.3	64.5	87.7
美洲	28.3	44.8	71.9	107.5	166.5	207.6
美国	22.6	32.3	42.8	63.1	86.1	86.8
巴西	1.2	3.3	12.4	19.5	44.2	52.9
欧洲	21.7	40.2	67.9	75.6	69.5	92.2
非洲	3.6	6.0	10.6	17.7	25.6	39.2
大洋洲	0.4	1.3	2.7	3.4	4.8	6.6

资料来源：FAOSTAT。

（三）产量区域分布

从产肉量看，2011 年亚洲鸡肉产量占世界的 33.2％，美洲占 44.6％，欧洲占 16.1％，非洲占 5.2％，大洋洲 1.3％。中国占亚洲的 40.7％，美国和巴西占美洲的 43.1％和 28.7％（表 2-14）。美洲鸡的存栏量和出栏量虽然都不及亚洲，但 50 多年来产肉量一直最高，说明其肉鸡生产效率居各洲之首。

表 2-14　世界鸡肉产量（万 t）

国家和地区	1961 年	1971 年	1981 年	1991 年	2001 年	2011 年
世界	755.6	1 365.0	2 431.2	3 713.4	6 134.8	8 995.7
亚洲	121.2	240.7	476.0	951.0	1 906.7	2 986.7
中国	48.7	68.9	122.3	317.1	885.1	1 217.0
美洲	329.4	543.5	951.9	1 560.6	2 815.2	3 978.1
美国	260.8	386.3	571.5	919.4	1 426.7	1 711.1
巴西	12.3	36.7	149.1	262.8	620.8	1 142.2
欧洲	267.9	507.6	863.2	983.8	990.1	1 446.4
非洲	31.6	56.7	106.5	185.3	297.7	464.5
大洋洲	5.5	16.4	33.5	46.0	75.8	120.0

资料来源：FAOSTAT。

（四）国别差异

各国鸡肉的生产非常不平衡，美国是世界鸡肉生产量最大的国家，中国居第 2 位，巴西居第 3，3 个国家的鸡肉产量占全世界的 44.6％，前 20 名鸡肉主要生产国的产量占世界总产量的 74.3％。鸡肉产量前 20 位的国家中，亚洲占 7 个，美洲占 6 个，欧洲占 6 个，非洲占 1 个，但美国、中国和巴西的鸡肉产量比其他 17 国高 4～17 倍（表 2-15）。

表 2-15　世界主要鸡肉生产国 2011 年的鸡肉产量（万 t）

国家	鸡肉产量	国家	鸡肉产量
美国	1 711.1	南非	148.6
中国	1 155.0	日本	138.2
巴西	1 142.2	英国	135.3
俄罗斯	289.5	马来西亚	131.5
墨西哥	276.5	泰国	125.8
印度	220.6	西班牙	120.6
伊朗	168.6	波兰	115.0
阿根廷	164.9	秘鲁	108.5
印尼	161.4	缅甸	107.9
土耳其	161.3	哥伦比亚	107.5

注：前 20 名鸡肉产量之和为 6 689.9 万 t。引自 FAOSTAT。

第二节　科技发展现状及特点

科技进展提高了家禽企业的生产效率和能力。但是，公众认知度的提高，社会压力的加剧，又给整个动物生产体系带来了新的挑战。这些挑战是多元的，例如，人兽共患病的威胁日益增大，新型技术和营养管理（如转基因和纳米技术）的开发与部署，以及公众对诸如抗生素和食源性疾病带来的食品安全问题，动物福利和空气质量/环境等问题的认知度日益提高。

一、家禽研究概要回顾

近50年来，家禽科学研究一直致力于生产效率的提高，带来了家禽生长性能的巨大变化。50年前，快大型肉仔鸡42日龄体重仅为540 g，料重比约为2.35。如今，同样日龄的肉仔鸡体重能够达到2.8 kg，料重比1.70以下。此外，肉仔鸡不仅在生长性能方面得以明显改善，而且体型结构也发生了显著变化，产肉性能更加突出。概略而言，过去50年肉仔鸡等生长速度的变化85％～90％应归功于遗传育种，10％～15％归功于营养和饲养管理的改进。

20世纪人类对遗传学和农业动物遗传改良的科学基础的认识有了很大提高。1900年，荷兰的德弗里斯（Hugo De Vries）研究月见草和玉米，德国的科伦斯（Karl Correns）研究玉米和豌豆，奥地利的切尔马克（Erich. S. Tsehermark）研究豌豆，他们分别在不同的国家，几乎是同时发现并证实了孟德尔规律。两年后，Bateson及其同事通过对鸡的几个形态学性状的遗传观察首次证明孟德尔定律适用于动物：多趾（an extra toe）对普通趾显性、白胫和趾对黄色显性、豆冠和玫瑰冠均对单冠显性，且分离比例就是期望的3∶1。他们还在1905年发现了两个性状间的部分连锁关系及性连锁现象（Bateson和Saunders，1902）。现代肉鸡育种始于20世纪20年代美国东北部的德尔马瓦半岛（Delmarva Peninsula）。19世纪后期发明的自闭产蛋箱解决了母鸡个体产蛋性能测定问题；20世纪前期发现的几个孟德尔性状对21世纪家禽育种业产生了重要影响，包括用于性别鉴定的性连锁基因、用于肉鸡母系的矮小基因、显性白羽基因和肉鸡的白皮肤和黄皮肤基因。第二次世界大战后的几十年中，各种官方监测机构推行的随机性能测定（random sample test）目的在于对不同家禽品种进行相对客观的评价，虽然由于种种原因，该性能测定活动于20世纪70年代基本停止，但其对性能表现优异的企业的发展起到了重要的推动作用。在过去20年左右的时间内，电子标签技术（bar code technology）被用于家禽生产性能数据的采集，提高了工作的效率和准确性。20世纪50—60年代遗传学原理在鸡育种上的应用迅速提高了蛋鸡、肉鸡、火鸡和鸭的生产性能和生产效率。运算功能日益强大的计算机和日益复杂的数学算法的使用使列入育种规划的性状的数量不断增多。禽类血型标记的应用发现了 B21 单倍型，该标记对马立克氏病有抗性，已在商品品系选育中得到应用。20 世纪 80 年代，基因克隆和限制性片段长度多态（RFLP）技术成为分子遗传学的主流。标志性进展是，在家禽育种中应用的主要基因性连锁的矮小基因（dwarf）首次在分子水平上获得解释，即该基因是由于生长因子（GH）受体的突变造成的。2004 年，第一版红色原鸡全基因组测序结果公布。紧接着对肉鸡、蛋鸡和丝羽乌骨鸡的全基因组重测序揭示出了 280 万个单核苷酸多态性（single nucleotide polymorphisms，SNP）位点，使鸡的全基因组选择成为可能。同时，1 个世纪前发现的很多孟德尔性状的分子基础得到破译，如对鸡冠型、皮肤颜色等孟德尔遗传性状形成相关的致因突变的揭示等。相关技术也被用于研究鸡品种的遗传多样性，并对鸡品种的进化和驯化提供了理论依据（Tixier-boichard 等，2012）。

早期的家禽营养曾引入净能体系，但试验结果表明用净能评价鸡的能量需要可能并不准确，最终家禽营养还是采用了代谢能体系。在 20 世纪 50—60 年代，家禽营养主要开展了维生素和矿物质需求，以及饲料营养成分含量方面的研究，其中维生素 D 的发现为肉鸡生产带来了革命性的改变。正是由于该维生素的发现，使得鸡在冬季（少光照）成活率、产蛋率、孵化率和产肉量低等方面的问题得以解决。特别是使肉鸡生产摆脱了季节性的制约，降低了生产成本，提高了生产效率。硒的发现在动物营养研究中同样重要。60—70 年代，开展了饲料中的氨基酸测定研究，同时，日粮中的氨基酸需求量得以确定。70—80 年代，蛋白能量比和营养素能量比是家禽日粮配制的基础，营养素利用率研究进一步得到完善。在尝试了各种快速营养成分测定技术之后发现，近红外技术仍然是最实用的。在鉴定饲料中霉菌毒素的同时，确定了日粮中的中毒上限。生长促进剂和抗球虫药作为饲料添加剂也得到了广泛研究。80—90 年代，家禽营养的发展主要包括以下方面：利用计算机优化最低成本的饲料配方；饲料原料中的抗营养因子含量、对生产性能的影响及技术应对措施；饲料中添加酶制剂的作用效果；理想蛋白质的概念和可消化营养素配方；饲料营养的消化和吸收等。90 年代至今，营养学与其他学科的联系更加紧密。过去十年中，家禽营养的研究焦点已不再是动物本身，而转向食品安全和人类健康，人们在努力减少饲料添加剂和药物的用量，强化可追溯性，寻找抗生素替代物。现今及未来一段时间内，家禽营养仍将以提高生产效率为主，同时还要着手考虑食品安全、环境保护和动物福利的因素，包括环境保护、新陈代谢和生理应激因子、营养对家禽产品性能和质量的影响、家禽免疫及肠道健康等科学问题。

二、科技发展现状及特点

（一）遗传资源与育种

20 世纪 80 年代以来，世界各国通过组织国家区域性种质资源调查、设立动物遗传资源保护委员会、建立全球动物遗传数据库等方式开展了一系列的资源保护工作。

目前，全球 182 个国家的已知禽类品种数为 3 505 个，其中鸡的品种数占 63%（世界粮食与农业动物遗传资源状况，2007）。2000 年后，联合国粮农组织收集了世界 180 多个国家的鸡种资源的材料和数据。国际上从 20 世纪 80 年代开始建立基因信息数据库，目前已形成由 DNA 碱基序列数据库、氨基酸序列数据库和基因图谱数据库等组成的基因信息处理系统，并实现网络化。活体原位保种和利用仍旧是世界家禽遗传资源保存的主要方法。南非学者研究发现由小农户保存的地方鸡种其遗传多样性远远低于保种群形式保存的地方鸡种（Mtileni 等，2011）。另外，精液冷冻保存作为颇具潜力的保种方式受到重视。GWAS（genome-wide association study）方法、RNA-seq（RNA-sequencing）等功能基因组学技术更多地被用于鉴别重要经济性状标记或基因。

常规育种仍然是肉鸡育种的主要方法。欧美大型家禽育种公司以不断发展的数量遗传学理论和丰富的基因信息数据库为基础，应用精确育种值评估和新型检测技术设备开展肉鸡育种工作，如对饲料报酬的直接选择和循环育种方案的应用等，显著提高了肉鸡育种和生产效率。白羽肉鸡育种采用了一些新的技术和手段，如利用 X 射线识别胫骨发育不良症，采用血氧计实现腹水症、猝死症等的选择（Gutpa，2011）。同时，世界大型商业育种公司运用育种中心数据库和育种辅助软件、生产数据统计分析系统、大客户管理系统、综合经济效益分析系统和生产成本统计系统、生产和销售计划系统等全面完善商业育种中的技术服务体系（马闯，2008）。

肉鸡分子育种发展十分迅速。肉鸡育种以生产性能、饲料转化率、肉品质和抗病性等为主要目标，通过畜禽遗传图谱的构建、数量性状基因座（QTL）检测与定位，以及高通量 SNP 分型技术等多种手段，将表型信息、系谱信息和分子遗传标记信息有机结合开展遗传评定研究（Hocking，2010），如在沙门氏菌病致病机制、马立克氏病 QTL 定位等方面取得进展（Jie 和 Liu，2011）。肉鸡重要经济性状的全基因组选择（GS）取得重要进展，一些大型育种公司已开始和大学合作将该方法应用于肉鸡育种中。应用芯片进行差异表达分析、全基因组测序、RNA 干扰（RNAi）技术、表观遗传研究等成为研究鸡重要经济性状分子基础的重要策略。家禽转基因技术的发展落后于哺乳动物。国际上利用转基因鸡生产医疗蛋白质的研究正在走向工业化，英国利用一种应用慢病毒载体通过鸡胚绒毛尿囊膜转基因的新方法培育出世界上首批能抑制禽流感传播的转基因鸡，其细胞中能产生一种短发卡结构的 RNA，干扰流感病毒多聚酶的正常工作，阻断其传播。此外，备受关注的新开发 piggyBac 载体介导法克服了逆转录病毒载体法插入片段大小受到限制的缺点，且成本较低，未来有望代替逆转录病毒法广泛应用（Liu 等，2012；Park 等，2012）。

（二）营养与饲料

营养与饲料方面，主要以高效生产优质、安全肉鸡产品为核心，继续开展营养素需要量、资源利用及新型添加剂研发。

国际上提出了蛋氨酸是肉鸡强抗氧化剂的新概念，以及定义营养需要量的二次曲线（BLQ）模型和说明边际生产力递减理论的饱和系数（SK）模型。有关营养代谢的研究集中在养分代谢过程与分子机制，内分泌在养分代谢中的整体调控作用及信号传导途径、母体效应和代谢程序化等方面。脂肪酸、缬氨酸、异亮氨酸、精氨酸，以及有机锌的营养需要研究取得重要进展。有关第四、第五限制性氨基酸（缬氨酸和异亮氨酸）需要量的报道受到关注（Dozier 等，2011）。基因芯片、表型遗传与转录组、蛋白质组、磷酸化组学等分子生物学技术逐渐应用于肉鸡营养研究中（Li 等，2011）。

研究发现，新型 6-植酸酶不仅可提高植酸磷和总磷的吸收，增加骨灰矿物质含量和密度近 3%，还可分别提高苏氨酸、酪氨酸和组氨酸的回肠表观消化率。植物提取物和微生态制剂的开发和利用成为肉鸡营养代谢研究热点之一。添加枯草芽孢杆菌制剂可提高肉鸡十二指肠、回肠绒毛高度和绒毛高度/隐窝深度比值；酵母和酵母细胞壁可作为有效的抗生素替代物用于肉鸡饲粮（Ghosh 等，2011）。

综合开发食品、酿酒、生物能等行业副产品、下脚料和废弃液等，将其增值转化为可利用饲料资源。压榨芸薹、干啤酒糟、蚕豆等饲料资源开发研究显著增多，新型饲料蛋白资源开发仍属热点领域。经加工处理的豌豆、红刀豆可部分代替大豆豆粕，蚕豆也是一种较好的低蛋白原料。通过降低豆粕中水苏糖等寡糖含量，可提高豆粕的表观回肠氨基酸消化率和表观代谢能。Soleimani 等用 ANN（artificial neural net-work）模型来准确估计小麦的代谢能和表观回肠可消化氨基酸。菜粕、喷雾干燥血粉、水解骨粉蛋白、土豆蛋白、葵花籽粕等非常规原料部分替代豆粕技术取得进展（Soleimani 等，2012）。

通过营养调控技术改善肠道微生物区系、增强免疫功能，研发提高肉仔鸡免疫力、替代抗生素的添加剂仍是研究热点，主要集中在益生菌、有机酸、酵母源成分、果寡糖（FOS）和甘露寡糖（MOS）。日粮中添加多不饱和脂肪酸与蛋氨酸及金枪鱼油和葵花油可增强肉鸡对传染性法氏囊的抵抗力；添加氨基酸和维生素可增加肉鸡血液中新城疫病毒抗体滴度；在种蛋内注射氨基酸可提高孵化后肉鸡法氏囊和脾脏质量，增强体液和细胞免疫反应。甘露寡糖可增加 NDV 抗体滴度（Mehdi 等，2012），降低攻毒后肉鸡回肠产气荚膜梭菌的数量，改善肠道形态和免疫功能，作用效果与杆菌肽锌和酸化剂相似（Ao 等，2012）；阿拉伯木聚糖可提高肉鸡抵抗球虫感染的能力（Akhtar 等，2012）。

（三）疫病控制

目前，国际上对肉鸡疫病的病原学与致病机制研究主要集中在病毒毒株毒力增强或抗原性演化的基础、病毒复制与宿主基因应答、宿主天然免疫在抗病毒感染过程中的作用、病毒逃逸宿主免疫防御系统机制，以及新型毒株构象依赖性中和位点的变化情况等方面，研究和开发新发传染病疫苗、活载体重组疫苗（如禽肺病毒病已有商品疫苗出售），并配以高效生物反应器生产工艺进行细胞或细菌培养来生产疫苗，大大提高了生产效率。在进一步阐明肉鸡疫病致病机制的基础上，高效生产各类疫苗，提高疫病综合防治技术，控制疫病发生发展。

主要疫病如禽流感、鸡新城疫和传染性法氏囊病等超强毒株和（或）变异株的出现，仍然是严重危害肉鸡业的重要因素。高致病性禽流感和新城疫等烈性疾病在亚非拉等地区的发展中国家仍常有发生。目前世界流行的禽流感病毒主要亚型有 H5N1、H5N2、H7N7、H9N2、H6N2 等。H5 亚型禽流感的基因型主要为 clade2.3.2、clade2.2.1、clade1 和 clade7 等。2012 年，中国、孟加拉国等 13 个国家（地区）向世界动物卫生组织（OIE）报告有 H5 亚型禽流感发生。一些新发传染病如禽肺病毒病、大肝大脾病、禽包含体肝炎等也在不断危害肉鸡业健康发展。美国研究发现，亚临床感染候鸟可远距离传播高致病性禽流感病毒，使禽流感的防控形式更加严峻（Leslie 等，2011）。

新技术越来越多地应用于病原的分离与鉴定。澳大利亚专家研究发现，简易棉拭子可快速检测肉鸡舍的沙门氏菌污染（Anthony 等，2011）。高通量测序能有效确定弯曲杆菌分离效果（Brian 等，2012）。法国、美国等 5 个国家研究发现，卫星技术可用于评估重要传染病的流行（Julien 等，2011）。禽流感等主要疫病的诊断仍然以 RT-PCR、荧光定量 PCR 和病毒分离为主，其他方法如 LAMP 等也有报道，但尚无商业化产品。

国际上，多种疫病疫苗免疫控制获得重要进展。利用新城疫活苗和灭活苗多次进行强化免疫可有效预防新城疫的发生。通过不同种类传染性支气管炎病毒毒株的 S1 基因间的基因重组来制备重组病毒是未来 IB 疫苗研究的重点和方向（Hodgson 等，2004）。而传染性法氏囊病传统致弱疫苗和利用反向遗传技术重组疫苗也取得突破性进展（Qin 等，2010），国外已有利用痘病毒和杆状病毒作载体表达鸡传染性法氏囊病病毒 VP2 蛋白的研究，表达产物既可用作诊断抗原，又可用作免疫原（Zhou 等，2010）。对于禽流感的防控，美国、澳大利亚、加拿大等发达国家主要依靠先进的集约化的养殖模式和完善的生物安全措施进行防控；而在发展中国家中，疫苗免疫和扑杀仍为防制禽流感大面积发生的主要手段。全球主要疫苗生产公司积极开展新型、高效的疫苗产品的研发，如先灵葆雅公司的"Coccivac"强毒球虫苗和英国葛兰素公司生产的"Paracox"弱毒苗；法国梅里亚公司研发的"火鸡疱疹病毒与法氏囊病毒重组疫苗"已经在全球市场推广。禽白血病作为危害禽类的病毒性肿瘤病，由于没有商品化疫苗，该病以种群净化为主，国外各大肉鸡育种公司在此方面取得良好效果。载体疫苗的应用研究近年来的热点之一，特别是以马立克病毒作为载体表达传染性法氏囊病病毒、新城疫病毒，以及以新城疫病毒为载体表达不同亚型禽流感血凝素的新型疫苗。poly Ⅰ:C 和 CpG-ODN 可作为家禽疫苗免疫佐剂（Guro 等，2011）。

（四）生产与环境控制

国际上针对规模化肉鸡养殖中出现的环境应激、免疫应激等的研究发现，热应激改变 HSP70 等热休克蛋白的表达，造成骨骼肌线粒体氧化系统受损，对肉鸡免疫系统造成影响；热应激降低肉鸡肠道消化酶的活性，从而降低日粮的消化率。

全球肉鸡产量的 80％来自舍饲方式，在欧洲等发达国家占 92％～95％（Robins 等，2011）。节能减排及养殖废弃物处理技术是肉鸡科研重要的研究方向，主要研究热点包括产前饲料高效减排配制技术（营养平衡、安全高效饲料添加剂使用）（Ali 等，2011；Esmaeilipour 等，2011；Angel 等，2011）、产中科学养殖技术（公母分饲、阶段饲养和时序饲喂、垫料类型优选和处理技术等）（Ritz 等，2011；Miles 等，2011）和产后废弃物优化处置技术（物化处理、生物发酵和热力学转换等）（Cook 等，2011）。欧洲对肉鸡福利养殖最为重视，2012 年 1 月 1 日开始全面禁止传统鸡笼养殖。在欧盟对动物福利法规的持续推进下，除了对家禽环境空气质量要求日益严格外，同时对提高畜禽养殖福利（Prieto 等，2012）和饲养密度对肉鸡生长的影响（Buijs 等，2012）等进行相关研究。美国、巴西和中国三个肉鸡主产国的研究在关注生产效益的同时，也开始了动物福利的相关研究工作。

发达国家通过通风、保温、污染物排放、空气质量检测等控制环境（赵灵芝，2010；Calvet 等，2011；Calvet 等，2011）。将动物育种、营养和饲料、应激、环境调控技术有机结合起来进行综合研究，已成为国际上肉鸡环境控制研究，领域的主要特点。结合信息技术，通过互联网平台，随时掌握和调整鸡舍温度、湿度、风速和通风量等环境参数，应用鸡舍内的高温、低温、停电等报警系统，实现鸡舍环境控制自动化、信息化，保证鸡舍内环境监控。利用监视器监控舍内温湿度，实现环境控制的自动化与智能化（Bustamante 等，2012）；在垫料（Madrid 等，2012）或饲料（Li H 等，2012）中添加一些制剂可降低舍内氨气浓度；研究各种环境因素对肉鸡性能的影响；降低养殖密度，开发地热资源来降低能耗。研究利用各种废弃物作为垫料缓解温湿环境对肉鸡的影响。同时，节能型吊挂式红外育雏保温伞、湿帘冷风机、蒸发式降温换气机组等肉鸡饲养与饲料加工设备发展迅速。

国际上肉鸡养殖废弃物处理技术研究力度加强，主要包括粪便的肥料化、能源化和饲料化等无害化处理技术；采用物理、化学、生物等手段的污水处理技术，以及多种方法结合的系统处理法；病死鸡的深埋和焚烧处理等技术，欧美等发达国家通过立法等措施不断强化畜禽生产环境标准，如美国环保署《应急计划与社区知情权法》将氨气和硫化氢列为有害排放物质，以此来强化畜禽生产环境标准。通过好氧堆肥及其优化技术生产有机肥料和微生物肥料（Luo 等，2011），利用物理吸附技术去除鸡粪渗出液中重金属或芬顿（Fenton）氧化技术去除排泄物中化学需氧量（chemical oxygen demand，COD）（Turan 等，2011；Khalid 等，2011）等产后废弃物优化处置技术研究取得进展。

发达国家将食品安全提高到国家安全战略高度。除了采用 EAN/UCC 等全球统一标识系统对食品进行有效的标识、保存相关的信息之外，还制定并强制执行一系列标准体系。目前，已有许多国家建立了农产品安全认证与可追溯信息系统，如美国的

"农产品全程溯源系统"、日本的"食品追溯系统"等。

(五)肉鸡加工

鸡肉安全与品质控制的基础理论、高新技术的应用及新产品开发是目前国际上的研究热点。

基础研究主要集中在宰前管理、屠宰工艺和包装方式等对鸡肉品质、安全和货架期等的影响。源头饲喂及宰前处理对鸡肉的影响,异质鸡肉特性及应用,加工工艺及高新技术对鸡肉制品影响(Zhou等,2010),鸡肉中兽药、激素、重金属等的代谢及残留规律,致病微生物的污染途径、传播规律等方面是基础理论研究的重点领域。基础研究还包括主要致病菌和物理化学污染物在加工过程中的分布、迁移和风险评估等(Aury等,2011;Balachandran等,2011;Fessler等,2011;Gutu等,2011)。鸡肉品质形成机制和蛋白质功能特性研究;鸡肉食源性致病菌的污染分布及其安全特性评价(Yalcin等,2012;Li S J等,2012)。鸡肉中AMP蛋白激酶活性和分布对糖酵解途径中关键酶活性及糖酵解速度和进程的影响,以及各种动物福利条件对宰后鸡肉生物化学特性及品质的影响,是欧盟有关鸡肉品质控制基础理论的研究重点。

应用技术研究主要集中在电刺激嫩化技术、微生物控制技术、节水节能技术、致病菌快速检测技术和安全溯源技术等几个方面,进一步改善鸡肉品质和综合保鲜、减低能耗、提高生产效率和食品安全性。致病菌风险控制技术(Sampers等,2010)、抗氧化与保鲜技术、超高压技术(Tintchev等,2010)、电子辐照技术和溯源技术等应用技术研究力度得到加强。技术应用主要围绕鸡肉无损检测、有害物质的快速检测、预测体系及相关试剂盒的研发,如利用可视/近红外光谱等技术预测保水性、感官特性及β-胡萝卜素等营养素含量(Yavari等,2011;Nurjuliana等,2011),利用生物芯片、激光诱导击穿光谱等技术快速检测或预测鸡肉及其制品中的致病菌、兽药、激素等有毒有害物(Yibar等,2011)。高新技术对鸡肉加工品质和安全特性的影响,如超高压、辐照和纳米等高新技术对鸡肉凝胶特性、产品货架期、营养风味和致病菌数量的影响;新型分子生物学技术在鸡肉致病菌检测、分型、溯源和菌群结构分析等方面的应用,主要涉及宏基因组学和随机扩增多态性DNA标记-聚合酶链式反应(RAPD-PCR)技术;无损检测技术和感官评定体系研究,如红外光谱和高光谱技术在鸡肉分级和污染物监测方面的应用等;鸡肉及其制品的安全性仍然是世界关注的重点,研究主要集中在有害物质的检测、加工方式、包装条件和新技术处理对鸡肉品质与安全的影响等;快速在线无损检测也是近年来备受关注的热点。

设备研发仍主要集中于检测鸡肉制品安全与品质的热成像仪、大型真空斩拌程序化控制及过程虚拟系统等智能化、信息化的设备开发。目前欧美国家正在进行自动化、智能化和信息化的鸡肉生产加工设备开发,如机器人自动掏内脏系统、鸡胴体表面污物检测机器视觉系统、大型真空斩拌程序化控制及过程虚拟系统等。新型包装、加工方式和加工设备的研究与开发,如新型的可降低微生物污染的预冷设备、剪翅机、家禽智能剔骨设备、碎骨检测设备等的研发（Yun 等，2012；Romero-Barrios 等，2013）也十分活跃。同时，低脂或代脂鸡肉调理食品和新型保健食品的研发日益增多。

三、家禽科学和技术研究的未来发展

要梳理未来家禽科学研究的方向，离不开对整个家禽生产业发展目标的把握。首先，禽肉和禽蛋是人类生活不可或缺、优质、廉价的蛋白来源之一。因此，在未来相当长的时间里，家禽生产追求的目标还是离不开生产效率。但值得关注的是，未来的家禽生产会在追求生产效率最大化的同时，更加注重产品品质和安全的提升，以及整个产业健康、可持续的发展。

在遗传育种方面，在继续应用传统选育、杂交等技术的同时，以分子遗传学和基因组学为基础的科学和育种技术将发挥重要作用。特别是对于已经具有较高生产性能的品种（品系），期望能利用分子检测技术或全基因组选择（genomic selection）技术对表型不易测量或常规选育进展较慢的性状进行改良，如肉质性状、抗病性状等。另一方面，对家禽遗传资源的保护和合理利用是家禽未来育种的重中之重，相关理论和技术研究也将受到持续关注。

在家禽营养方面，作为影响家禽生产成本的主要因素，未来与家禽生产效率相关的主题仍然是家禽营养研究的重要方向之一，如提高饲料利用率、提高繁殖力等。同时应关注下述研究领域：应用计算机技术进一步优化家禽营养和饲喂程序；使用酶制剂提高部分原料的利用价值；使用益生菌等调整胃肠道生态系统；改良饲料生产技术及其制造工艺提高饲料利用率；种鸡和雏鸡的营养；营养与表观遗传研究等。

四、世界主要家禽研究机构

（一）美国

美国高校和科研机构众多，设有家禽科学系或开展家禽科学研究的相关单位也较多，包括北卡罗来纳州州立大学（North Carolina State University）、得克萨斯 A&M大学（Texas A&M University）、乔治亚大学（University of Georgia）、阿肯色大学（University of Arkansas）、普渡大学（Purdue University）、马里兰大学（University of Maryland）、康奈尔大学（Cornell University）等。

北卡罗来纳州是美国最主要的家禽养殖地区之一，其肉鸡生产位居全美第五位。北卡罗来纳州州立大学家禽科学系（http：//www. cals. ncsu. edu/poultry/index. php）也是全美六个专攻家禽研究的科学系之一。主要研究方向包括家禽重要经济性状的功能基因、营养素调控的分子遗传机制、家禽营养与繁殖、商业化肉鸡营养（营养素、酶制剂、抗生素替代制剂等）和农业副产品在肉鸡饲料中的应用研究等。

得克萨斯 A&M 大学家禽科学系（http：//posc. tamu. edu/research-programs/）主要研究方向包括与家禽生产效率、健康和产品质量相关的多方面基础研究，如肉鸡发病率和死亡率控制、饲料转化效率提高、鸡肉产品储藏方法和加工方式优化等；其次，该系致力于降低家禽养殖对环境的负面影响；第三方面是肉鸡生产和产品安全，涉及饲养、加工等各环节的生物安全控制策略研究。通过这些方面理论和技术的攻关，为提高肉鸡生产效率、保障食品安全和建立环境友好型家禽养殖模式提供强有力的支撑。

乔治亚大学家禽科学系（http：//www. poultry. uga. edu/research/index. htm）的研究涉及营养、生理学（生长和繁殖）、加工技术等多个方面。营养学主要研究肉鸡脂溶性维生素、肉鸡腿病的营养干预等；生理学研究胚胎期肌肉形成的调控和家禽生殖机制；分子与遗传学研究不同群体的生长、繁殖相关的遗传关系；球虫病研究；家禽产品新的加工工艺和技术研究等。值得关注的是，该系适应相关企业的需求，集成组建了两个多团队合作的研究方向，包括加工/屠宰技术对产量和深加工的影响；新品种（系）的营养、遗传和养殖管理综合研究。

（二）欧洲

欧洲开展家禽科学的研究机构主要包括爱丁堡大学罗斯林研究所（The Roslin Institute，The university of Edinburgh）、荷兰瓦赫宁根大学（Wageningen University & Research Centers）、法国农业科学院（INRA）和瑞典农业大学（the Swedish University of Agricultural Sciences，SLU）等。

罗斯林研究所的转基因鸡技术处于世界领先地位。已经开发出抗禽流感转基因鸡，并发表在《科学》期刊上（Jon 等，2011），且其转基因技术平台已经为英国的20 多家研究团队提供转基因鸡素材（http：//www. roslin. ed. ac. uk/transgenic-chicken-facility/），在推动相关的发育学研究、生物反应器研发和抗病新品系创制方面做出了巨大的贡献。该研究所的优势研究方向还包括鸡的胚胎发育学、经济性状的功能基因研究等。

荷兰瓦赫宁根大学的动物科学研究组的研究内容涉及营养、育种与遗传、食品安全、饲养设备、动物养殖、动物福利等多个方向。其中动物育种与遗传组的研究在同领域享有较高声誉，在整合和利用先进的基因组学技术的相关遗传研究中处于领先地位。

法国是世界上对鸡肉品质研究比较系统和深入的国家。法国农业科学院（INRA）系统性地开展了各种肉质性状遗传力测定、遗传关系评定、功能基因 QTL 定位和性状调控分子机制、肉质性状的遗传选育提高等工作并取得了良好的成效。鉴定出首个鸡肉质性状（肉色中的黄度值）的致因基因和致因突变。其次，INRA 在鸡抗病性遗传评定方法及分子机制的研究方面也取得了良好的研究进展和成果。

瑞典农业大学的家禽科学研究具有悠久的历史和较强的科技实力。开展相关研究的有动物遗传育种研究系、动物营养与管理系及动物环境与健康系。遗传育种方面主要是注重利用具有遗传特征的地方鸡种和商品化进行比较研究、挖掘地方品种特色的遗传资源，最终实现重要经济性状的功能基因定位、性状形成分子机制揭示，以及制订出最优的地方品种保种措施；营养与管理方面主要注重蛋鸡和肉鸡舍饲环境和营养研究；特别是食物营养、产品质量与动物健康的互相关系研究；环境和健康方面还开展了肉鸡福利评价自动化体系研究、鸡行为学异常的遗传背景研究等。

第三节 流通发展现状与特点

由于受到金融危机的影响，全球经济复苏仍然乏力。此时正是肉鸡产业优势的发挥时期，鸡肉对其他肉类的替代作用表现最为明显。鸡肉产业凭借饲料报酬率高带来的价格优势在肉类的生产和消费中表现不俗。加之由于运输工具的技术进步，使远洋运输成本明显降低。大容量冷藏保鲜集装箱，每箱可装载 24 万 t 保鲜货物，运载货船如 "Emma Maersk" 可容纳 15 000 只这种大容量集装箱，从中国上海到美国西海岸，仅用 5d 时间（Hunton，2010）。这一运输设备的使用实现了单位货物运输成本最小化，极大地降低了运输成本，弥补了因粮食饲料和能源价格上涨的损失。同时，实现了冷鲜食品长距离、大规模和短时间的流通。为主要肉鸡生产国美国和巴西鸡肉产品向南非、亚洲和阿拉伯国家流通运送提供了极大的便利，带来鸡肉的国际贸易成本的进一步下降。

美国是一个肉鸡生产和出口大国，肉鸡联营合同制的产、加、销一体化经营模式被认为是美国肉鸡业成功发展的重要因素。现在美国肉鸡 89% 由合同养鸡户生产，10% 由饲养、加工、销售一体化公司生产，只有不到 1% 归个体经营。联营合同制就是公司和养鸡户签订生产合同，养殖户负责投资建场及设备、劳动力，由掌握了加工和销售环节的专业公司以合同形式将养殖户纳入其组织系统。公司负责提供雏鸡、饲料和药品、疫苗和技术服务，养鸡户只从事饲养管理、生产经营。生产的肉鸡按合同价全部收回屠宰，按产品数量和质量支付养鸡户报酬。养鸡户承担生产风险，公司承担经营风险，供、产、销一体通过"联营合同"来完成（刘丹鹤，2008）。

印度肉鸡流通环节中一体化组织发挥重要作用。一体化组织提供鸡雏、饲料、兽医药技术服务和管理指导，并且负责把育成肉鸡运到市场销售。养殖农户与一体化组织通过合同方式明确各方的责任和义务。一体化组织以低利润、高交易量的市场策略维持与养殖农户的合同，同时也排挤了传统批发商，使其在肉鸡流通环节占有绝对的优势。由于印度电力紧缺，冷链运输和储藏设备严重缺乏。再加上喜欢消费新鲜鸡肉的习惯，活禽市场占统治地位，且全部都是地区性市场，以便于运输和保鲜。仅有一小部分冷冻或分割加工鸡肉流向饭店、宾馆和外来品牌的快餐店（申秋红，2007）。

第四节 加工业发展现状与特点

鸡肉加工涉及肉鸡的屠宰、分割、冷冻与冷藏、熟制品加工、包装和副产品综合利用等。世界肉鸡加工业的发展大致经历了三个阶段：整鸡—分割鸡—深加工鸡。目前，发达国家在鸡肉加工对鸡肉品质影响方面开展了广泛深入的基础理论研究，为肉鸡屠宰和加工后保持肉品质提供技术支持。在屠宰加工和设备方面，为了有效改善鸡肉品质，发达国家已经采用物理、化学等手段，如致晕屠宰、高电流（125mA）低频（50Hz）电刺激以加速肌肉嫩化等，提高鸡肉嫩度和风味。在鸡肉贮运过程中已经广泛使用冷链技术保证鸡肉在贮运过程中的质构、色泽、风味等品质和安全性。发达国家目前正在运用 T. T. T.（time-temperature-tolerance）理论，并采用传感技术和计算机处理技术研究预测冰鲜鸡肉的货架期。同时，还逐步把辐照、超高压、高频电场、微波等非热杀菌技术和活性包装技术应用到冰鲜鸡肉的安全保鲜中，并研究开发天然香辛料的保鲜防腐功能。鸡肉深加工主要体现在高新技术、核心技术和关键设备的开发与应用方面。深加工产品开发正在向品种多样化方向发展。如对鸡肉夹心调理制品的开发，涉及夹心模具、夹心配料、表面裹涂材料及配方、充填、油炸、冷却等系列关键环节。深加工技术和关键设备，如真空快速滚揉腌制系统、真空斩拌程序化控制及过程虚拟系统、单体快速冻结系统等。在肉鸡副产物综合利用方面，美国、日本已经利用鸡骨架制成了骨糊肉、骨味素等新型营养、功能食品。鸡血不仅用于饲料，也广泛用于食品加工中，如用鸡血加工生产血香肠、血饼干、血罐头等休闲保健食品。鸡血还可以制成新的食品微量元素添加剂。随着科学技术的发展和对血液研究的深入，鸡血的应用更拓展到了制药等行业，如提取鸡血液中抗癌活性物质制成微胶囊制剂（徐幸莲，2010）。

第五节 消费发展现状及特点

2012 年美国经济尚未走出次贷的阴霾，9 月第三次量化宽松政策（a third round of quantitative easing，QE3）政策推出后，美元贬值在一定程度上有利于美国整体经济和出口，但通货膨胀压力加大，经济复苏和长期增长的势头依然微弱。另一大经济体日本也面临政府严重的财政危机。根据 2012 年度 11 月日本财务省发布的数据显示，日本中央政府负债已接近其上年 GDP 的两倍，已成为名副其实的全球负债第一大国。日本央行公布的数据表明，2012 年第三季度实际国内生产总值首次出现萎缩。由于中日两国钓鱼岛的主权争议，与中国贸易大幅削减，使日本低迷的经济雪上加霜，复苏乏力。欧盟陷入主权国家债务危机后，2012 年大多数欧盟国家的经济增长动力继续处于低迷态势，主要国家的经济处于疲软状态或出现负增长，其中西班牙、意大利陷入衰退，英国也很可能步其后尘。新兴经济体国家2012年经济发展受到美元贬值和主要经济体国家不景气的影响，出口贸易受挫，也面临经济下行的风险。因此，在高失业率和通货膨胀的全球经济大环境下，肉鸡产业以其生产周期短、性价比高，以及禽流感控制得力等优势，在全球肉类生产与消费中，鸡肉消费仍保持平稳增长的态势。

全球鸡肉消费基本与生产保持同步。由于高蛋白、低脂肪和低热量的营养优势，鸡肉成为当代日益注重健康的人们青睐的食品，又以其经济和广泛的民族性逐渐成为全球主流消费食品，其消费的增长高于猪牛羊肉，成为第二大消费肉类。20世纪80年代全球鸡肉消费量约1 573.0万 t，10年后增长到2 732.3万 t，年均增长5.67%。1990—2000年是鸡肉消费增长最快的时期，消费量达到了5 374.0万 t，年增长6.70%。此后，鸡肉消费增长放缓，保持3.62%的增长率，2010年达到了7 672.2万 t。由于受到金融危机影响，在2009年鸡肉消费增长最慢，仅为1.0%，成为一个消费增长低谷。以后进入消费恢复增长阶段，由于经济前景不明朗，增长波动性较明显，近两年鸡肉消费增长仅为3.94%和1.94%（图2-4）。

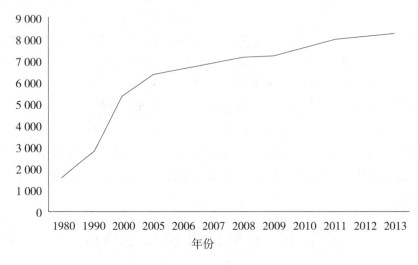

图 2-4 世界鸡肉消费量（万 t）

资料来源：USDA PSD-Livestock。

全球鸡肉主要消费国家（地区）为美国、中国、巴西、欧盟、俄罗斯和日本。日本在20世纪80年代是仅次于美国的第二大鸡肉消费国家（地区）。进入90年代，中国取代了日本，巴西和欧盟仅在次序上此消彼长。2000年以后，新兴经济体国家鸡肉消费增长明显加快，特别是墨西哥、印度、阿根廷、南非和印度尼西亚等国家。2012年印度鸡肉消费增长最快，达到了8.99%，其次为阿根廷和南非，分别达到了7.45%和4.23%。同年美国和巴西鸡肉消费分别下降了2.53%和1.57%（图2-5）。

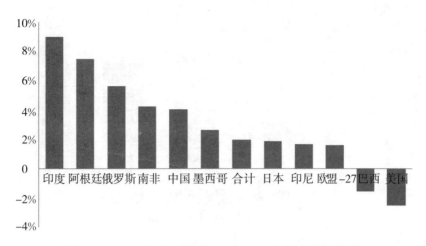

图 2-5　2012 年主要国家（地区）鸡肉消费增长率

资料来源：USDA PSD-Livestock。

第六节　贸易发展现状及特点

全球鸡肉出口贸易从 20 世纪 80 年代开始一直呈现增长的态势（图 2-6）。1980—2000 年的 20 年间，鸡肉出口的增长率保持在 7.00％以上的水平，每十年出口量增长翻一番，到 2000 年全球鸡肉出口量达到了 475.4 万 t。2000 年以后，出口增长速度有所放缓，21 世纪前 10 年增长率保持在 6.43％，出口量达到了 886.7 万 t，增长86.5％。由于世界经济不景气，预期美元还将继续贬值，对国际农产品贸易会产生负面影响，出口增长会进一步放缓。但由于鸡肉对牛、猪肉有较强的替代性，鸡肉的出口将维持接近 2％的增长，预计 2013 年全球鸡肉出口量 1 005 万 t，比 2012 年增长1.94％。2015 年全球鸡肉出口量可能会达到 1 200 万 t，平均年增长 9.5％（图 2-6）。

20 世纪 80 年代鸡肉主要出口国家为美国、法国、荷兰和巴西，其出口合计约占全球鸡肉出口量的 14.6％。90 年代上述 4 个国家鸡肉出口占全球鸡肉出口量的64.2％，鸡肉出口日益向生产大国集中。1990—2000 年的 10 年间，鸡肉出口主要国家和地区发生了明显变化，美国、巴西、中国和欧盟成为鸡肉主要出口国家和地区，出口量占全球出口量的 90％。此后，泰国取代中国成为主要鸡肉出口国（图 2-7）。

全球鸡肉进口贸易与出口基本保持同步。从 20 世纪 80 年代开始一直保持稳定增长。1980—1990 年，鸡肉进口增长了 1.5 倍，达到了 194.8 万 t，平均年增长9.68％。1990—2000 年的 10 年间，鸡肉进口的增长率仍保持在 8.0％以上的水平，进口量增长了 1.2 倍，全球鸡肉进口量达到 431.5 万 t。2000 年以后，进口增长速度开始放缓，21 世纪前 10 年增长率保持在 6.0％，进口量达到了 779.4 万 t，增长80.6％（图 2-8）。

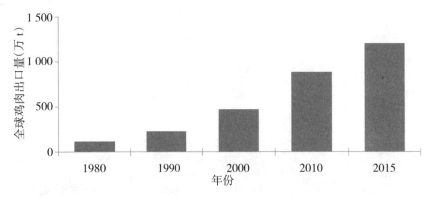

图 2-6 世界鸡肉出口趋势

资料来源：USDA PSD-Livestock。

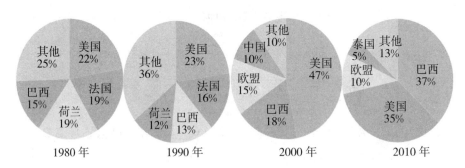

图 2-7 鸡肉主要出口国（地区）占全球鸡肉出口量的比例

资料来源：USDA PSD-Livestock。

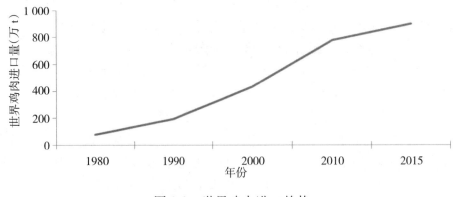

图 2-8 世界鸡肉进口趋势

资料来源：USDA PSD-Livestock。

主要鸡肉进口国家和地区从 20 世纪 80 年代的联邦德国、苏联、日本和中国香港，演变成了 90 年代的俄罗斯、日本、联邦德国和沙特阿拉伯，进口量所占份额变化不大，维持在 53％左右。1990—2000 年的 10 年间，中国成为全球鸡肉主要进口国家之一，进口份额上升到 60％。到 2010 年，主要鸡肉进口国家和地区为日本、墨西哥、沙特阿拉伯和欧盟，其进口份额明显下降，约占全球鸡肉进口量的 34.6%。鸡肉进口国家和地区更分散和多元化。

2012 年在金融危机冲击下，世界经济下行压力加大，主要经济体国家债务负担严重，经济复苏乏力。由于世界主要经济体和国家面临国内财政困难，缺乏有效应对措施，出现国内经济不景气，同时还面临科技创新、出口等方面竞争更加激烈，贸易冲突加剧，政策协调和国际合作的难度明显加大。

第七节　供求平衡现状及特点

全球鸡肉供给与需求基本保持平衡，供求的变化趋势与消费完全同步（图 2-9）。20 世纪 80—90 年代，鸡肉供给与需求基本相当，供求平衡关系表现得偏紧，供给与需求差仅维持在 15 万～35 万 t。进入 90 年代以后，鸡肉供给与需求差每年都为 50 万～60 万 t（2007 年除外），可以认为这一时期的鸡肉供求平衡关系保持稳定。

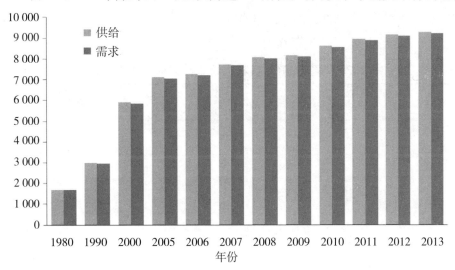

图 2-9　世界鸡肉供给与需求（万 t）

资料来源：USDA PSD-Livestock。

全球鸡肉供给与需求增长变化也保持高度同步，在消费需求的拉动下供给表现为增长放缓的趋势（图 2-10）。鸡肉的供求从 20 世纪 80 年代开始一直呈现强劲的增长态势，20 世纪 80—90 年代，供求年平均增长保持在 5.77%～5.81%。1990—2000 年的 10 年间，鸡肉供求年均增长保持在 7.02%～7.05% 的水平。进入 21 世纪的前 10 年，鸡肉供求增长放缓，鸡肉供求年均增长仅维持在 3.85%～3.88%。

根据经济合作与发展组织-联合国粮食及农业组织（经合组织-粮农组织）（2013）的预测，2015 年禽肉产量将达到 11 314.4 万 t，消费量将达到 11 284.8 万 t；2020 年禽肉产量将达到 12 428.9 万 t，消费量将达到 12 399.9 万 t（表 2-16）。据此分析，世界鸡肉供给与需求也将仍然维持基本相当的关系。

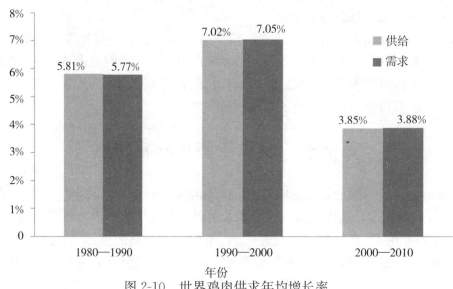

图 2-10　世界鸡肉供求年均增长率

资料来源：USDA PSD-Livestock。

表 2-16　2013—2020 年经合组织-粮农组织对世界禽肉供需情况的预测（万 t）

年份	禽肉产量	禽肉消费量
2013	108 354	108 084
2014	110 519	110 225
2015	113 144	112 848
2016	115 388	115 088
2017	117 763	117 471
2018	120 001	119 709
2019	121 975	121 685
2020	124 289	123 999

数据来源：经合组织-粮农组织 2013—2022 年农业展望。

第八节　主产国产业政策研究

2008 年以来全球经济依然笼罩在金融危机的阴霾中，没有看到复苏的迹象。主要经济体美国、日本和欧盟的主权债务问题日益严重，财政紧张造成失业率居高不下。新兴经济体国家在面临输入性通货膨胀的背景下，纷纷发展本国肉鸡产业。在这种国际环境下，更突显了鸡肉作为民生产品的重要性。全球鸡肉生产和消费保持增长，主产国纷纷采取或呼吁肉鸡产业的保护政策，以增加生产，维护本国内的供给与消费。

1. 新兴经济体国家大力发展肉鸡产业

美国经济通货膨胀加剧，特别是第三轮量化宽松货币政策的推出，通货膨胀进一步加剧，对美国肉鸡产业造成的负面影响是肉鸡生产下降。日本由于财政紧张，投资减少，实体经济萎缩，致使日本进出口贸易受挫，2012年鸡肉进口减少。新兴经济体国家则纷纷选择了进口替代战略，发展本国肉鸡产业。中亚国家哈萨克斯坦、吉尔吉斯斯坦、土库曼斯坦和乌兹别克斯坦这些传统的肉鸡进口国家，开始致力于发展本国肉鸡产业，制订国家发展规划，大力发展规模农场和增加设备投入，满足国内消费需求，减少进口。俄罗斯在加入WTO后，肉鸡进口配额进一步减少。根据俄罗斯加入WTO的协议，2012—2018年，每年将有15亿美元投入家禽产业。俄罗斯将从传统的肉鸡进口国转变成鸡肉出口国，特别是对欧盟的出口。2012年6月1日欧盟取消对泰国长达六年的鲜鸡肉进口后，出口增长迅速。世界家禽科学协会今后四年工作重点放在撒哈拉以南非洲国家，致力于改善非洲国家家庭家禽生产水平，提高这一地区鸡肉的供给。

2. 贸易保护主义抬头

由于全球经济不景气，各国政府面临稳定经济和保障就业的双重压力。为此采取了更隐性的贸易保护主义政策，主要表现形式为技术壁垒（绿色壁垒）。制定更加苛刻的标准，包括检测项目和难以达到的指标要求，以及禽流感疫区不予及时解除等方式，制定和执行更高的技术规范、产品质量安全标准和动物福利保护法律法规，以保护本国消费者的名义，拒绝鸡肉进口，以此保护本国肉鸡产业。

3. 禽流感得到有效控制

禽流感在全球各洲都有发生，但由于防控措施及时有效，并没有造成巨大损失，这完全得益于迅速、安全和方便的诊断技术和疫苗的研发成功及推广使用。同时由于各国政府对人兽共患病的及时科普宣传和人们饮食卫生习惯的形成，消除了对禽流感的恐惧，全球鸡肉消费增长较快，超过了牛、猪肉的消费增长。鸡肉在营养学上被称为白肉，其营养与健康作用均优于红肉（猪、牛、羊肉）。追求健康营养的饮食结构已成为人们的一种消费时尚，鸡肉消费会随着人们消费观念的改变而增加，这对肉鸡产业是个利好消息。

4. 肉鸡产业政策主要在动物福利、生产方式选择和食品安全方面

2000年以前，业内对肉鸡的生产方式、动物福利和产品安全研究并不重视，还致力于笼养条件下增加密度的规模化和集约化研究。发达地区国家特别是欧盟出现饲料安全和禽流感问题后，开始了动物饲养方式和动物福利方面的研究。"cage free"（非笼养）和"range free"（放养）的生产方式能有效提高动物福利，减少疾病发生和流行。虽然采用这种生产方式的比例还很低，但这正迎合了消费者追求安全、有机食品的时尚，同时也是生产者对欧盟将于2012年实施更严格的动物福利保护法采取的应对措施。但这是对过去半个世纪肉鸡生产方式的挑战。目前，"动物福利是畜群健康和性能的一个组成部分"的观点普遍被大众接受。欧盟与拉美国家巴西、智利、墨西哥和乌拉圭共同合作开展动物福利保护项目，为参加国家提供广泛的全球动物福利信息。项目重点在增加产品生产链的透明度和为动物福利提供担保。目标在于推广针对家禽养殖农场的、一套可行的科学的动物福利评价体系。

5. 更加注重环境友好

发展中国家肉鸡产业发展迅猛，已经成为经济重要组成部分，同时也带来了环境污染、森林砍伐和土地退化等问题。政府部门分析家禽产业发展的利弊得失，开始重新审视家禽产业发展规划、标准、法规和规范，提出未来的产业发展应以人和环境、环境友好为依规，减少环境成本的代价。发达国家家禽对环境影响主要为二氧化碳的排放，欧盟各国政府致力于改善家禽业的碳排放。英国环境食品与农村事务部拨款2 000万英镑用于鼓励家禽生产者采用绿色保护措施和机械设备，以减少二氧化碳的排放、节约和循环用水。

6. 肉鸡产业利润下降，可再生能源玉米乙醇成为推高玉米饲料价格主因

玉米是肉鸡饲料的主要成分，占肉鸡整个生产成本的70%～80%，约占肉鸡产品成本的55%。饲料玉米的价格对肉鸡生产与消费的影响不容小觑。据美国全国鸡肉协会（NCC）资料，自从美国授权玉米乙醇使用以来，美国玉米价格由2006年每蒲式耳* 2美元提高到目前的7.5美元，美国玉米40%用于可再生能源玉米乙醇的生产，饲料玉米与生产可再生能源玉米形成了竞争态势。由于可再生能源玉米乙醇使用可以获得政府补贴，用于乙醇生产的玉米比例会更高，饲料玉米价格增长不可逆转，从而压缩了肉鸡产业的利润空间，选择玉米的替代饲料已提上议程（Council，2011）。

第九节　国际经验借鉴

通过开展国外肉鸡产业政策研究，结合我国肉鸡产业发展阶段和现状，提出可供借鉴经验如下：

1. 加强行业协会的作用

协会是连接政府与企业和肉鸡养殖户的桥梁。为了适应加入WTO后的形势，必须加强行业协会的组织、协调功能。建议有关部门制定相关政策或法规，明确行政管理部门和行业协会的职责与职能，分清各自的责任、权限，确保行业协会能够发挥应有的作用。同时，国家应给予一定的经费支持，让协会真正成为行业的代言人、解决争端和问题的代理人。

2. 增加规模化、标准化养殖比重

通过政策扶持和引导，加大规模化和标准化养殖场建设，以提升产业整体水平，缩小与肉鸡生产大国的差距。加大标准化养殖的政策扶持，对肉鸡规模化养殖

---

* 蒲式耳（bu）是英美制容量单位（计量干散颗粒用），为我国非法定计量单位。——编者注

提供贷款贴息，对肉鸡深加工企业实行税收优惠，对畜禽粪便有机肥的加工和使用补贴等政策的支持，将加快产业整体提升，保障产品安全。

3. 拓展保险业务

大力开展"公司＋专业合作组织＋农户"的"契约鸡"政策性保险，促进全国肉鸡产业的发展。肉鸡产业从养殖、屠宰到加工，投资大，风险高，但相对其他肉类产业周期短，见效快。开展肉鸡政策性保险，采取农民交一点、公司出一点、政府补一点的方式，对遭受各种灾害损失的养殖户经济上给予一定的补偿。在操作中，要根据肉鸡产业的特点和地区的特殊性，制定合理的保险条款、费率和理赔标准。按照"成本保险，保障恢复生产"的原则，不断提高保险服务水平，切实增强保险的保障作用，提高养殖户投保率和理赔兑现率，以保证鸡肉产业的可持续发展。

4. 健全危机处理制度

鸡肉的质量安全问题时见于报端和电视等媒体，引起消费者的担忧，甚至恐慌，也给肉鸡产业带来了重大损失。健全危机处理制度从有法可依、依法处罚、违法必究做起，不断完善相关领域的法律法规。同时对于不负责任的、不实的报道和宣传也要予以追究，并依法处罚，以儆效尤。

5. 增加食品安全透明度

从增加产业生产各环节的透明度开始，正面、实事求是地宣传肉鸡生产、屠宰加工和运输销售各环节安全生产规范和规章。同时组织以社区消费者团体为主的第三方，加强社会监督，以改变消费者对鸡肉有激素、不安全的错误认识。通过增加生产环节的透明度，督促企业加强自律，采取妥善措施认真对待药残问题，消除消费者的心理影响。

6. 健全信息服务

加强肉鸡产业生产、加工、国内市场与国际贸易等方面的信息收集、整理和分析，定期公布。依托信息网络，及时有针对性地向养殖户、企业和出口商公布关于养殖技术、禽流感预防和控制及市场动态等方面的信息。更重要的是紧密跟踪国际有关新检测项目和标准、规范要求，各国进口鸡肉加工产品的规定、标准，以及动物福利方面的新规定和要求，以便及时开展培训和宣传，为从业者提供准确的生产方式、技术、疾病预防和国际国内市场信息，便于指导从业者开展生产经营和销售。

7. 大力培育农民专业合作组织

积极发展养殖专业合作组织，实行"统一规划、统一管理、统一服务"的养殖模式，引导养殖大户、经营大户、科技人员领办或参与组建专业合作社。组成利益共同体，做好生产与市场的对接、养殖户与加工企业的对接，保护养殖户的合法权益，提高肉鸡产业组织化程度，进而不断提高肉鸡产业的标准化水平。

参考文献

联合国粮食与农业组织.2007.世界粮食与农业动物遗传资源状况［M］.北京：中国农业

出版社.

刘丹鹤. 2008. 世界肉鸡产业发展模式及比较研究 [J]. 世界农业 (4)：9-13.

申秋红，王济民，浦华. 2007. 印度家禽业的发展及启示 [J]. 世界农业 (7)：39-42.

徐幸莲，王虎虎. 2010. 我国肉鸡加工业科技现状及发展趋势分析 [J]. 食品科学，31 (7)：1-5.

张瑞荣，王济民. 2011. 2011 全球肉鸡产品现状分析 [J]. 中国畜牧杂志，47 (10)：53-55.

赵灵芝. 2010. 美国蛋鸡舍的空气质量和废弃物控制 [J]. 中国家禽，32 (20)：36-37.

AKHTAR M, TARIQ A F, AWAIS M M, et al. 2012. Studies on Wheat Bran Arabinoxylan for Its Immunostimulatory and Protective Effects Against Avian Coccidiosis [J]. Carbohydrate Polymers, 9 (1): 333 - 339.

ALI M N, MOUSTAFA K, SHABAAN M. 2011. Effect of Using Cuminum Cyminum L, Citric Acid and Sodium Sulphate for Improving The Utilization of Low Protein Low Energy Broiler Diets [J]. International Journal of Poultry Science, 10 (7): 514-522.

ANGEL C R, SAYLOR W, VIEIRA S L. 2011. Effects of A Monocomponent Protease on Performance and Protein Utilization in 7- To 22-Day-Old Broiler Chickens [J]. Poultry Science, 90: 2281 - 2286.

ANTHONY PAVIC, PETER J, GROVES & JULIAN M. COX. 2011. Development and Validation of A Drag Swab Method Using Tampons and Different Diluents for The Detection of Members of Salmonella in Broiler Houses [J]. Avian Pathology, 40 (6): 651-656.

AO Z, KOCHER A, M CHOCT. 2012. Effects of Dietary Additives and Early Feeding on Performance, Gut Development and Immune Status of Broiler Chickens Challenged with Clostridium Perfringens [J]. Asian-Australasian Journal of Animal Sciences, 25 (4): 541-551.

AURY K, S LE BOUQUIN, et al. 2011. Risk Factors for Listeria Monocytogenes Contamination in French Laying Hens and Broiler Flocks [J]. Preventive Veterinary Medicine, 98 (4): 271-278.

BALACHANDRAN, P Y CAO, et al. 2011. Evaluation of Applied Biosystems Microseq (R) Real-Time Pcr System for Detection of Salmonella Spp in Food [J]. Journal of Aoac International, 94 (4): 1106-1116.

BATESON W, SAUNDERS, et al. 1902. Experimental Studies on the Physiology of Heredity. Experiments with Poultry [J]. Reports to the Evolution Committee of the Royal Society, 1: 87-124.

BRIAN B OAKLEY, CESAR A MORALES, et al. 2012. Application of High-Throughput Sequencing to Measure The Performance of Commonly Used Selective Cultivation Methods for The Foodborne Pathogen Campylobacter [J]. FEMS Microbiology Ecology, 79:

327-336.

BUSTAMANTE E, GUIJARRO E, GARCIA-DIEGO F, et al. 2012. Multisensor System for Isotemporal Measurements to Assess Indoor Climatic Conditions in Poultry Farms [J]. Sensors, 12 (5): 5752-5774.

CALVET S, F ESTELLÉS, M CAMBRA-LÓPEZ, et al. 2011. The Influence of Broiler Activity, Growth Rate, and Litter on Carbon Dioxide Balances for The Determination of Ventilation Flow Rates in Broiler Production [J]. Expand Poultry Science, 90 (11): 2449-2458.

CALVETS M. CAMBRA-LOPEZ, F. ESTELLES, et al. 2011. Characterization of Gas Emissions from A Mediterranean Broiler Farm [J]. Poultry Science, 90 (3): 534-542.

COOK K L, ROTHROCK, et al. 2011. Evaluation of Nitrogen Retention and Microbial Populations on Poultry Litter Treated with Chemical, Biological or Adsorbent Amendments [J]. Journal of Environmental Management, 92 (7): 1760-1766.

DOZIER Ⅲ W A, A CORZO, M T KIDD. 2011. Determination of The Fourth and Fifthz-Limiting Amino Acids in Broilers Fed on Diets Containing Maize, Soybean Meal and Poultry By-Product Meal from 28 to 42 D of Age [J]. British Poultry Science, 52 (2): 238-244.

ESMAEILIPOUR O, SHIVAZAD M, MORAVEJ H. 2011. Effects of Xylanase and Citric Acid on The Performance, Nutrient Retention, and Characteristics of Gastrointestinal Tract of Broilers Fed Low-Phosphorus Wheat-Based Diets [J]. Poultry Science, 90: 1975-1982.

FESSLER A T, K KADLEC, et al. 2011. Characterization of Methicillin-Resistant Staphylococcus Aureus Isolates from Food And Food Products of Poultry Origin in Germany [J]. Applied and Environmental Microbiology, 77 (20): 7151-7157.

GUTPA A R. 2011. Ascites Syndrome in Poultry: A Review [J]. World's Poultry Science Journal, 67: 457-468.

GUTU C M, M ILIE, et al. 2011. Evaluation of Total Arsenic Content in Chicken Heart and Liver. A Comparative Approach [J]. Toxicology Letters, (205): 141-142.

HOCKING P M. 2010. Developments in Poultry Genetic Research 1960-2009, British Poultry Science, 51 (Suppl 1): 44-51.

HODGSON T, CASAIS R, DOVE BRIAN, et al. 2004. Recombinant Infectious Bronchitis Coronavirus Beaudette with The Spike Protein Gene of The Pathogenic M41 Strain Remains Attenuated But Induces Protective Immunity [J]. Journal of Virology, 78 (24): 13804-13811.

Hunton P. 2010. Global Trends in Poultry Production and Research [J]. World Poultry, 26 (09): 19-21.

JIE H LIU YP. 2011. Breeding for Disease Resistance in Poultry: Opportunities with Challenges [J]. World's Poultry Science Journal，67：687-696.

JON LYALL, RICHARD M. IRVINE, ADRIAN SHERMAN, et al. 2011. Suppression of Avian Influenza Transmission in Genetically Modified Chickens [J]. Science，331 (6014)：223-226.

JULIEN CAPPELLE, NICOLAS GAIDET, SAMUEL A IVERSON, et al. 2011. Characterizing The Interface between Wild Ducks and Poultry to Evaluate The Potential of Transmission of Avian Pathogens [J]. International Journal of Health Geographics，10 (1)：1-9.

KHALID A，KHAN, et al. 2011. Post-Treatment of Aerobically Pretreated Poultry Litter Leachate Using Fenton and Photo-Fenton Processes [J]. International Journal of Agriculture and Biology，13 (3)：439-443.

LESLIE A. REPERANT, MARCO W. G. VAN DE BILDT, GEERT VAN AMERONGEN, et al. 2011. Highly Pathogenic Avian Influenza Virus H5N1 Infection in A Long-Distance Migrant Shorebird Under Migratory and Non-Migratory States [J]. Plos One，6 (11)：27814.

LI C. 2011. Expression Analysis of Global Gene Response to Chronic Heat Exposure in Broiler Chickens (Gallus Gallus) Reveals New Reactive Genes [J]. Poultry Science，90 (5)：1028-1036.

LI H，XIN H，BURNS R T，et al. 2012. Reducing Ammonia Emissions from Laying-Hen Houses through Dietary Manipulation [J]. Journal of the Air & Waste Management Association，62 (2)：160-169.

LI S J，XU X L，ZHOU G H. 2012. The Roles of The Actin-Myosin Interaction and Proteolysis in Tenderization During The Aging of Chicken Muscle [J]. Poultry Science，91 (1)：150-160.

LIU X，LI N，HU X，et al. 2013. Efficient Production of Transgenic Chickens Based on Piggybac [J]. Transgenic Research，22 (2)：417-423.

LUO Y M，WEI Z Q，SUN Q P，et al. 2011. Effects of Zeolite Addition on Ammonia Volatilization in Chicken Manure Composting [J]. Transactions of The Chinese Society of Agricultural Engineering，2：243-247.

MADRID J，LOPEZ M J，ORENGO J，et al. 2012. Effect of Aluminum Sulfate on Litter Composition and Ammonia Emission in A Single Flock of Broilers Up to 42 Days of Age [J]. Animal，6 (8)：1322-1329.

MEHDI A，HASAN G. 2012. Immune Response of Broiler Chicks Fed Yeast Derived Mannan Oligosaccharides and Humate against Newcastle Disease [J]. World Applied Sciences Journal，18 (6)：779-785.

MILES D M，ROWE D E，CATHCART T C，et al. 2011. Litter Ammonia Generation：Moisture Content and Organic Versus Inorganic Bedding Materials [J]. Poultry Science，

90 (6): 1162-1169.

MTILENI B J, MUCHADEYI F C, MAIWASHE A, et al. 2011. Genetic Diversity and Conservation of South African Indigenous Chicken Populations [J]. Journal of Animal Breeding and Genetics, 128 (3): 209-218.

PARK T S, HAN J Y. 2012. Piggybac Transposition into Primordial Germ Cells Is An Efficient Tool for Transgenesis in Chickens [J]. Proceedings of The National Academy of Sciences Of The United States of America, 109 (24): 9337-9341.

QIN L T, QI X L, GAO Y L, et al. 2010. VP5-Deficient Mutant Virus Induced Protection Against Challenge with Very Virulent Infectious Bursal Disease Virus of Chickens [J]. Vaccine, 28 (21): 3735-3740.

RITZ C W, TASISTRO A S, KISSEL D E. 2011. Evaluation of Surface-Applied Char on The Reduction of Ammonia Volatilization from Broiler Litter [J]. The Journal of Applied Poultry Research, 20: 240-245.

ROBINS A, PHILLIPS C J C. 2011. International Approaches To The Welfare Of Meat Chickens [J]. World's Poultry Science, 67 (2): 351-369.

ROMERO-BARRIOS P, HEMPEN M, MESSENS W, et al. 2013. Quantitative Microbiological Risk Assessment (QMRA) of Food-Borne Zoonoses at The European Level [J]. Food Control, 29 (2): 343-349.

SAMPERS I, HABIB I, DE ZUTTER L, et al. 2010. Survival of Campylobacter Spp in Poultry Meat Preparations Subjected to Freezing, Refrigeration, Minor Salt Concentration, and Heat Treatment [J]. International Journal of Food Microbiology, 137 (2-3): 147-153.

SMIL V. 2000. Feeding The World: A Challenge for The Twenty-First Century [M]. Cambridge, MA: Mitpress.

SOLEIMANI ROUDI P, GOLIAN A, SEDGHI M. 2012. Metabolizable Energy and Digestible Amino Acid Prediction of Wheat Using Mathematical Models [J]. Poultry Science, 91 (8): 2055-2062.

TINTCHEV F, WACKERBARTH H, KUHLMANN U, et al. 2010. Molecular Effects of High Pressure Processing on Food Studied By Resonance Raman [J]. Annals of The New York Academy of Sciences, 1189 (1): 34-42.

TIXIER-BOICHARD M, LEENSTRA F, FLOCK D. K, et al. 2012. A Century of Poultry Genetics, World's Poultry Science Journal, 68: 307-321.

TURAN N G. 2011. Metal Uptake from Aqueous Leachate of Poultry Litter by Natural Zeolite [J]. Environmental Progress & Sustainable Energy, 30 (2): 152-159.

YALCIN S, GULER H C. 2012. Interaction of Transport Distance and Body Weight on Preslaughter Stress and Breast Meat Quality of Broilers [J]. British Poultry Science, 53 (2): 175-182.

YUN H，LEE K H，LEE H J. 2012. Effect of High-Dose Irradiation on Quality Characteristics of Ready-To-Eat Chicken Breast ［J］. Radiation Physics and Chemistry，81（8）：1107-1110.

ZHOU G H，XU X L，LIU Y. 2010. Preservation Technologies for Fresh Meat-A Review ［J］. Meat Science，86（1）：119-128.

第三章　中国现代肉鸡种业发展战略研究

第一节　肉鸡种业发展现状

一、国际肉鸡种业发展现状与趋势

（一）国际肉鸡种业发展历史回顾

现代肉鸡的选育可以追溯到公元前 2500—前 2100 年印度河流域居民饲养的斗鸡，当时选育的性状主要包括打斗性、羽毛颜色、长度和光洁度等，这种选择方式一直延续到 19 世纪末孟德尔定律的提出。19 世纪的美国，已经有部分品种被用于鸡肉生产，最成功的当属洛克（Plymouth Rock）、新汉夏（New Hampshires）及科尼什（Cornish）等品种，这些品种均具有了现代主要肉鸡品种的皮肤黄色、蛋壳褐色的特征。大量的文献显示，在 20 世纪 20 年代前后已出现了专业的肉鸡育种机构，这些机构根据当地产业需求，开始从事初步的选育和研究工作，为现代肉鸡遗传育种理论奠定了基础。20 世纪初的肉鸡育种主要是通过个体表型选择进行选配和繁育商品代，很难准确地说明肉鸡育种具体开始于什么时候，但肉鸡"产业化"育种开始于人们利用标准品种生产专门化品系并进行杂交生产商品代的 20 世纪中期（MUIR 等，2003）。由于第二次世界大战刺激和相关需求，欧美国家出现了大量规模化的肉鸡育种和生产企业，一定程度上促进了肉鸡遗传育种技术的提高。同时受早期植物育种的影响，专门化品系和杂交配套的理念被引入肉鸡育种，每个品系具有明确的育种目标，而商品代肉鸡则通过杂交配套的方式进行生产。杂交配套方式以最早的二元杂交，逐渐发展到了三元和四元杂交配套，与传统的生产方式相比，专门化品系和配套系生产肉鸡大大缩短了育种年限，提高了育种效率，增强了育种对生产和市场需求的适应能力，从而能根据市场变化不断推出新的配套组合。杂交配套技术的诞生催生了现代肉鸡商业育种的理念、技术和相关产业。家禽育种是一项高投入、高技术、高产出、高附加值，同时伴随着高风险的产业，由于家禽育种业本身的特点和市场竞争的加剧，国际上的育种公司不断进行重组与整合，公司规模越来越大，但公司的数量却在逐年减少。整合后的家禽育种公司拥有家禽育种的最新科技、最现代化的饲养管理方式方法和最先进的产品销售经营理念；具有完善的良种繁育体系和雄厚的技术资源支撑。

（二）国际肉鸡种业发展现状分析

1. 国际肉鸡育种企业

现在世界三大育种公司的产品控制了全世界 80％以上的白羽肉鸡商用配套系市场。他们分别是美国泰森集团旗下的科宝公司（Cobb-Vantrees）、EW（Erich Wesjohann）集团旗下的安伟捷集团（Aviagen）和法国克里莫集团旗下的哈巴德公司（Hubbard）。

（1）美国泰森集团旗下的科宝公司（Cobb-Vantrees）。美国泰森食品股份有限公司（Tyson Foods Inc，以下简称"泰森公司"）创始于 1935 年，总公司位于美国阿肯色州。泰森公司于 2001 年与美国 IBP（Integrated Backup Panel）公司合并，成为美国鸡肉生产的第一品牌，占美国鸡肉市场供应率的 25％。泰森公司是全球比较大的鸡肉、牛肉、猪肉供应商和诸多品牌的深加工及方便食品的生产商，在加工销售畜禽类产品特别是加工和销售鸡肉制品方面具有悠久的历史。泰森公司拥有当今世界最先进的肉类生产设备、强大的研发和市场推进支持，为全球超过 80 个国家的消费者提供健康和便利的食品（http：//www. tyson. com/About-Tyson. aspx）。科宝公司是泰森集团的全资子公司，也是世界上成立最早的家禽育种公司之一。科宝公司 1916 年创始于美国，其主要产品为 Vantress。1974 年，科宝公司被普强公司（Upjohn）购买，同年，发展迅速的泰森食品公司获得了 Vanterss 的育种权；1986 年，泰森集团和普强公司合资，建立了科宝 Vantress（Cobb-Vantress）公司；1994 年，泰森食品公司从普强公司收购了科宝公司的全部股票；2000 年收购了艾维茵农场，包括其在肯塔基州和得克萨斯州的全部设施；2001 年科宝收购美国艾维茵国际禽场公司（Avian Farms Inc.），并推出由两公司优秀品系杂交配套的 Cobb-Avian 产品，如 Avian43™和 Avian48™，这两个产品比较适合亚洲正在发展中的市场，这次并购丰富了科宝的产品系列。2007 年和荷兰汉德克（Hendrix Genetics）合并，2008 年 7 月收购了其旗下的海波罗（Hybro）公司；2009 年科宝的欧洲公司收购了以色列的卡比尔（Kabir）公司。卡比尔公司是除中国外国际上为数不多的优质肉鸡育种公司之一。20 世纪 70 年代，卡比尔公司曾向中国提供了隐性白、安卡红等祖代肉种鸡，为中国优质肉鸡业发展提供了重要的育种素材，中国培育成功的优质肉鸡配套系中，很多都导入了隐性白血统。目前，卡比尔国际育种公司主要致力于优质肉鸡育种工作。科宝公司的主要产品是 Cobb-500™、Cobb700™和 CobbSasso150™，其优点主要体现在生长速度快，饲料转化效率高，出肉率高和死亡率低（http：//www. cobb-vantress. com/）。

（2）EW（Erich Wesjohann）集团旗下的安伟捷集团（Aviagen）。安伟捷集团公司是德国的一家私营企业集团，其总部分别设于美国阿拉巴马州亨茨维尔市和英国苏格兰爱丁堡，在全球拥有 1500 多名员工。在美国、欧洲、拉丁美洲、南非、澳大利亚等拥有数个独资企业，在世界各地尤其是亚洲拥有众多的合资公司。通过这些公司和全球各个营销网络，安伟捷集团公司为全球 250 多个家禽饲养企业提供祖代和父母代肉用种鸡，以及祖代和父母代种火鸡。安伟捷集团公司种鸡产品遍布世界 85 个国家和地区。安伟捷集团公司于 1998 年收购了世界著名的罗斯育种集团公司，于 1999 年收购了美国爱拔益加育种公司，在 2001 年将上述公司重新组合，形成现在的育种集团公司。2005 年，Wesjohann 买下安伟捷集团公司，改名为 EW 集团，成为当今世界家禽育种业的领头人，在世界肉鸡育种行业中占有 50％以上的市场份额，其旗下有爱拔益加（AA）、罗斯（ROSS）和罗曼印第安河（LIR）三大肉鸡品牌（王晓峰，2008）。除肉鸡育种产业外，安伟捷集团还拥有尼古拉（Nicolas）、BUT 两大火鸡品牌，及位于美国乔治亚州汉斯维尔市的一家专门生产肉鸡商品代种蛋的大型公司 CWT 农场（吴永兴等，1995；张贞奇，1993）。安伟捷集团拥有的主要产品有 Ross308、Ross508 和 AA＋等，其特点是产品性能全面，符合各种市场的发展需要，因而占有世界较大的市场份额。

（3）法国克里莫集团旗下的哈巴德公司（Hubbard）。位于法国南特市（Natus）的克里莫集团公司成立于 1966 年，是一家专业的遗传育种公司，是全球农业畜牧业中首获 ISO9001 质量认证的育种公司。克里莫集团公司提供一系列经过遗传选育的优良产品（祖代和父母代），产品类型包括朗德鹅（肥肝用种鹅）、莱茵鹅（肉用种鹅）、番鸭（巴巴里鸭）、骡鸭（半番）、北京鸭（奥白星）、肉用种兔（伊普吕）、种鸽（肉用）、肉用种鸡（优质肉种鸡，包括有色羽隐性和隐性白），以及火鸡，在全球设有子公司及办事处，其员工达到 800 多名。法国哈巴德育种公司现在是克里莫集团的子公司，是一个具有 80 多年选育经验的肉鸡遗传育种公司，为客户提供健康且具有最大经济效益的优良品种。哈巴德育种公司原来隶属于著名的制药公司梅利亚（Merial），后与法国著名蛋鸡育种公司依莎（ISA）公司合并，成立哈巴德-依莎（ISA）公司，现又与 ISA 分家，专门从事肉鸡育种工作。哈巴德专注于高科技、全方位的育种方案，用以提高其纯系品种的生产性能，向全球提供系列品系来满足目前以及未来肉鸡工业的需求。哈巴德育种公司在北美及欧洲有三个研发选育中心，可在北美、欧洲及巴西同时进行生产。哈巴德具备常规育种和特色育种的研发和推广经验。目前，全球近 100 多个国家都有哈巴德的产品，在专业的研发团队、技术团队及推广销售团队的努力下确保向全球不同市场不同客户提供不间断的优质种群和不间断的售后服务。哈巴德公司是宽胸、高产肉率肉鸡品种的首创者。

2. 国际肉鸡品种

目前欧美等国家的主要肉鸡品种有爱拔益加（AA＋）肉鸡、罗斯 308、印第安河肉鸡、罗曼肉鸡、海波罗肉鸡、科宝（Cobb）500、科宝 700 等。

（1）AA＋肉鸡。由美国爱拔益加家禽育种公司育成。四系配套，白羽。特点是种鸡繁殖性能优秀，体型大，生长发育快，饲料转化率高，适应性强。祖代父本有常规型和多肉型（胸肉率高）两种类型，均为快羽，生产的父母代雏鸡翻肛鉴别雌雄。祖代母本分为常规型和羽速鉴别型，常规型父系为快羽，母系为慢羽，生产的父母代雏鸡可用快慢羽鉴别雌雄；羽毛鉴别型父系为慢羽，母系为快羽，生产的父母代雏鸡需翻肛鉴别雌雄，其母本与父本快羽公鸡配套杂交后，商品代雏鸡可以快慢羽鉴别雌雄。

（2）罗斯308。罗斯是一个在种鸡繁殖性能和肉鸡生产性能方面取得平衡的品种，由罗斯集团有限公司（现属于美国安伟捷公司）育成。它在疾病净化和商品代肉鸡饲料转化率方面都有极大的进展。罗斯308以其生长快、饲料报酬高、产肉量高优势充分满足了生产多用途肉鸡系列产品的生产者（全鸡、分割肉和深加工）之需。

（3）印第安河肉鸡。印第安河肉鸡是美国印第安河公司培育的四系配套杂交肉用鸡。印第安河肉类产品在稳定可靠的种禽繁殖性能与健全强壮的肉鸡性能方面自始至终保持适当的平衡。肉鸡和种禽两者在所有方面都表现非常出色。

（4）罗曼肉鸡。由德国罗曼动物育种公司育成，四系配套。生长速度快，体重大，饲料转化率高。商品代肉用仔鸡羽毛白色，适应性强，产肉性能好。

（5）海波罗肉鸡。由荷兰海波罗公司培育的四系配套杂交鸡。该配套系商品代肉鸡羽毛白色，黄喙、黄腿、黄皮肤，以生产性能高、死亡率低而著名。

（6）科宝500。特点是肉鸡的生长速度、饲料转化率和产肉率在世界上具有很强的竞争力，对于一条龙生产企业，科宝500具有显著的综合经济效益。长时期对纯系鸡群进行均衡选育，使胸肉产量得以明显提高，其他生产性能尤其是饲料利用率也得到很大提高。由于目前饲料成本较高，具有较高饲料转化率的肉鸡对所有家禽生产商而言都是一大优势。

（7）科宝700。该品种肉鸡体型大，胸深背阔，全身白羽，鸡头大小适中，单冠直立，冠髯鲜红，虹彩橙黄，脚高而粗。商品代生长速度快，肌肉丰满，胸肌率高，肉质鲜美；均匀度好，饲料转化率高。

3. 发展经验

（1）具备优异的育种综合创新能力。家禽育种不仅仅是一个技术问题，对育种企业的资金、人才、市场推广等多方面都有很高的要求，而且要求各要素之间合理配置、协调发展。近年来，国际上的育种公司不断地重组与整合，公司规模越来越大，综合实力越来越雄厚，各家禽育种公司之间的竞争也是非常激烈。综合实力强大的公司越来越发展壮大，竞争力差的公司逐渐被并购整合。

（2）具备自主知识产权的育种技术。世界家禽育种公司通过不断整合、并购，其综合实力越来越强，这些整合后的家禽育种公司拥有家禽育种的最新科技、完善的良种繁育体系和雄厚的技术支撑。在雄厚的资金支持下，应用这些先进的育种技术，国际肉鸡育种公司开发了多个具有自主知识产权的优秀品牌，如艾维茵肉鸡是由美国艾维茵国际有限公司育成的三系配套杂交鸡、爱拔益加肉鸡是由美国爱拔益加种鸡公司育成的四系配套杂交鸡、科宝500和科宝700是由科宝公司选育的优秀杂交配套系等。随着国际育种公司在世界种鸡市场垄断局面的夯实，收取基因费和知识产权使用费将有可能成为现实。

（3）做好鸡群的疾病净化工作。禽白血病、鸡白痢、支原体病等疾病的病原可通过种蛋垂直传播给下一代，又称种源性疾病。如果种鸡本身携带有这些病原，刚孵出的雏鸡即带有这些病原，从而给后期的生长发育、成活率、产蛋性能造成一定的影响。种源性疾病一般都没有有效的疫苗预防，只能通过淘汰携带病原的种鸡来控制。因此，种鸡是否携带这些垂直性传播疾病成为衡量种鸡质量好坏的一个重要标志。由于种源性疾病的检测和净化费用高，投入大，见效慢，对于检测出的阳性种鸡必须坚决予以淘汰，且经过多年的持续性严格净化才能获得理想的效果，因而这对肉鸡育种企业提出了资金和人力方面的挑战。世界家禽育种集团公司依靠其雄厚资金的实力，对种鸡进行了多年严格的持续性净化，淘汰具有种源性疾病的个体，从而保证整个肉鸡生产过程的安全。

（三）国际肉鸡种业发展趋势

1. 强调育种企业的综合实力

肉鸡业是一个成熟、稳定且发展迅速的行业，由于其生产效率高、生产成本低，因此肉鸡已成为许多国家最廉价的优质动物性食品，具有极强的竞争力，在世界大多数地区的发展速度均很快。为了保证优良的肉鸡品质，肉鸡育种在肉鸡的生产过程中显得尤为重要。由于家禽育种行业本身的特点和市场竞争的加剧，世界各大跨国公司为了竞争纷纷采取强强联合、兼并、收购等形式扩大市场占有率，其结果是公司的规模越来越大，但公司的数量却在逐年减少（SUSANNE，2008；王晓峰，2009）。育种公司的类型由多年前的国家育种、联合育种和集团式育种并存，发展为仅仅是集团式育种一种类型。整合后的家禽育种公司规模更大、技术更新、设备更完善、研发团队更加强大、基因库更大更全，这将大大推动全球肉鸡育种行业的快速发展。另外，随着肉鸡育种产业集中度的进一步扩大，由2～3家国际育种公司垄断世界肉种鸡市场的局面将形成并长期存在，种鸡的市场价格将出现长期上涨的趋势。

2. 依据市场需求调整育种目标

国际肉鸡育种的选种方向随着市场需求的变化也在不断地调整，生产出的肉鸡产品一方面要满足人们的需要，同时还要能获取最大的综合经济效益。随着人们生活方式和消费习惯的不断改变，肉鸡的选种方向也在随市场的变化而变化，表3-1列出了肉鸡育种的选择性状和选择压的变化趋势（王进圣等，2008）。

表 3-1　肉鸡育种的选择性状和选择压的变化

选择性状	选择压		
	1975—1985 年	1985—1995 年	1995—2007 年
合格种蛋数	＋＋＋	＋＋	＋
受精率	＋		＋
肉鸡生长速度	＋＋＋	＋＋＋	＋＋＋

（续）

选择性状	选择压		
	1975—1985 年	1985—1995 年	1995—2007 年
肉鸡饲料报酬	++	+++	+++
产肉量	+	++	+++
生活率	+	+	++
动物福利			+

3. 采用先进的育种技术

在肉鸡育种初期，主要依据能被观察或测量的表型性状，如体重、产蛋数、蛋重等。但这些性状总是受随机环境因素的影响，如饲料质量、温度、疾病等。显然，环境因素阻碍了高性能品种的培育。另外，对限性性状或难度量的性状如抗病性、肉质的育种，主要依据亲属的信息来选种。育种工作者希望直接了解某只鸡的遗传价值，而不用考虑环境、性别或性状是否难于度量等因素。分子生物学技术为实现这一目标提供了可能。随着选择手段和技术的不断发展，一些分子生物技术已经应用到肉鸡育种中。目前常规育种技术仍是现阶段遗传育种的主要手段，但分子生物技术及基因工程技术的发展将为肉鸡的遗传育种提供新的途径和方法，进而创造出携带优良基因的新（品种）品系。家禽育种已从群体水平进入分子水平，其标志是对数量性状（肉、蛋、奶等主要经济性状）进行基因定位，然后根据定位结果寻找到对目标性状有显著影响的数量性状基因座（quantitative trait locus，QTL）或基因，并利用这些 QTL或基因进行性状的遗传改良。分子育种技术将是当今及未来的重要育种技术。总体来看，在常规育种技术方面，欧美大型家禽育种公司以不断发展的数量遗传学理论为基础，利用混合模型为基础的遗传评估技术，有效地分析大量个体记录，在遗传选择方法上更为准确，选择进展更加显著。在分子育种技术方面，DNA 分子标记选择技术成为动物品种改良的重要内容。2007 年 1 月，法国 Grimaud 集团的子公司 Hubbard与著名的生物技术公司 MetaMorphix 联合开展了标记辅助选择与标记辅助性能预测的研究工作，旨在通过开展影响肉鸡生长、肉质、抗病力等重要经济性状的分子标记辅助育种。同时，现代肉鸡育种在满足不断变化的市场需要的同时更加强调不同性状之间的平衡，采用平衡育种方法，追求综合经济效益最大化。

二、我国肉鸡种业发展现状与趋势

我国是世界上养鸡历史最古老的国家之一，据历史考证，距今已有七八千年的驯化和饲养历史，但是长期以来养鸡业一直是农家副业、粗放粗养、自生自灭状态。随着新中国的成立，国家"大力增殖家禽""机械化养鸡"等计划的实施，尤其是改革开放后经济的飞速发展，我国肉鸡产业才得以快速发展，而这其中优良肉鸡品种的引进与培育发挥了重要作用。

（一）我国肉鸡种业发展历史回顾

辽阔的地域，复杂的自然生态环境和多样的社会生态条件，长期的人工选择，形成了我国形态各异、丰富多样的地方家鸡品种，并且像九斤黄、狼山鸡等品种还为国际家禽业的发展做出了重要贡献。我国地方鸡种普遍具有自然生态适应性广，抗逆性强、耐粗饲，肉品质优良的突出优点，但是由于我国养鸡业长期停留在农家饲养水平，真正意义上的现代肉鸡育种和种业的形成是在改革开放后。

1. 肉鸡育种

1981 年，作为农业部畜牧总局家禽育种技术咨询和指导机构的"全国家禽育种委员会"成立，先后提出"关于建立我国鸡繁育体系的建议""关于我国地方禽种的育种规划""引进鸡品种育种规划""我国黄羽肉鸡配套杂交组合的研究和繁育体系的建立"等国家"六五"攻关项目的设立，标志着我国以高校、科研院所为主体，公共财政经费资助为主的国家式肉鸡育种的开始。根据我国肉鸡消费特点，我国肉鸡育种分为快大型白羽肉鸡育种和优质肉鸡育种两类。

快大型白羽肉鸡育种方面，1986 年由北京市大发畜产总公司、美国艾维茵国际禽场有限公司、泰国正大集团合资成立的北京家禽育种公司从美国引进的白羽肉鸡纯系培育出的"北京艾维茵"一度占据我国快大白羽肉种鸡市场份额的 50% 以上；1988 年农业部在天津组建国家家禽育种中心开始白羽肉鸡育种，但是由于国外家禽育种公司强势进入中国市场和疫病风险等因素，我国快大型白羽肉鸡育种工作陷入停滞。我国改革开放后陆续引入的快大型白羽肉鸡品种包括 AA、艾维茵、哈巴德、海波罗、科宝、罗曼、罗斯、明星、尼克、皮特逊、印第安河等。目前市场上快大型白羽肉鸡品种全部来源于国外引进品种。

在我国快大型白羽肉鸡育种举步维艰的同时，由于独特的消费文化需求和经济的快速发展，广大城乡居民对鸡肉产品逐渐从量的需求转向质的追求，以中国地方鸡品种为主要育种素材的优质肉鸡育种得到了蓬勃发展，成为我国地方畜禽资源开发利用的典范。优质肉鸡育种最早可追溯到 20 世纪 70 年代，香港肉鸡养殖者为提高石歧鸡生产性能，采用外来品种新汉夏、狄高、红波罗等鸡种与之杂交，生产出石歧杂鸡。随着我国优质肉鸡育种工作的不断推进和人民生活水平的提高，优质肉鸡的品种供应结构也在逐渐发生变化，生产效率高的快长型优质肉鸡市场份额下降，肉质更好的中速型、慢速型优质肉鸡饲养量逐年增加，在我国优质肉鸡产业发源地的两广地区这一趋势更加明显。我国优质肉鸡育种组织模式在经历了 20 世纪由科研院所、大学以承担科研项目的形式开展后，目前逐渐向以育种公司为主体、以最大限度满足市场需求、追求经济收益为目标的商业育种转变，并取得了巨大成功，仅收录入《中国畜禽遗传资源志·家禽志》（2011）获国家畜禽新品种证书的培育新品种（配套系）就达到了 34 个（国家畜禽遗传资源委员会组编，2011）。

2. 肉鸡良种繁育体系

改革开放以前，我国肉鸡养殖作为农村副业整体生产水平低下，品种繁育主要是通过地方鸡种的保种、杂交改良和推广，尚未形成真正意义上的良种繁育体系。进入80年代以后，我国借鉴发达国家先进家禽生产技术和经验，全面引进国外生长速度快、饲料利用效率高的肉鸡商业品种（配套系）和配套生产管理技术，集约化、自动化程度高的一些成套养鸡设备也随之被引进，种禽生产也从过去单一的国营种禽场体制，逐渐发展到以正大为代表的合资企业和私营企业并存的多种所有制、多种经营方式，极大地刺激了规模化肉鸡养殖业的发展，肉鸡良种繁育体系也随之发展起来，基本形成了引进和自主培育品种并存的肉鸡良种繁育体系（谷继承等，2010）。

（二）我国肉鸡种业现状分析

随着1998年以来国家畜禽良种工程项目的实施、国家畜禽遗传资源保护制度的建立，和《畜牧法》及其配套规章和地方法规的出台，形成了目前我国快大型白羽肉鸡"引种—祖代—父母代—商品代"，优质肉鸡"保种—育种—祖代—父母代—商品代"，从保种、育种、扩繁、制种到商品生产，代次清晰、各环节相互配套、相关衔接的金字塔式肉鸡良种供应和生产体系，良种覆盖率高，为肉鸡生产的发展提供了基础性保障，两种类型肉鸡占据中国肉鸡市场份额的90%以上。近年来，随着生产成本的不断攀升和肉鸡屠宰加工率的提高，采用高产蛋鸡作为母本与快大型白羽父母代公鸡杂交生产肉杂鸡，又名"817"肉鸡，由于其鸡苗成本低并且能够兼顾鸡蛋生产，因而近年来市场供应量也占据一定比例。

1. 快大白型羽肉鸡

（1）品种分布。目前我国快大白型羽肉鸡主要是从美国安伟捷公司和科宝公司进口，2011年累计引进祖代种鸡111.38万套，引种量为历年最高，比2010年增长了14.31%，其中引进AA+59.30万套，占全部白鸡引进量的53.24%；罗斯308引进29.72万套，占全部白鸡引进量的26.68%；引进科宝艾维茵22.20万套，占全部白鸡引进量的19.94%。另外，自2008年以来首次引进了哈巴德0.16万套（沈广，2011）。

（2）品种供应。在总共14家快大型白羽肉鸡祖代引种企业中，引种最多的前三家企业累计引种量占全部引种量的60%以上，表明我国祖代快大型白羽肉鸡的引种和饲养集中度非常高。来自于中国畜牧业协会覆盖全国97%存栏祖代种鸡的监测企业数据显示，2009、2010、2011年祖代白羽肉种鸡平均存栏分别是84.08万、96.90万、101.25万套，逐渐上升趋势明显。父母代白羽肉鸡种苗2009、2010、2011年销售量分别是4 132.43万、4 640.63万、5 089.34万套（沈广，2011）。并据中国畜牧业协会测算，2011年全国父母代快大型白羽肉种鸡的平均存栏量为4 053万套，商品代白羽雏鸡苗销售量为46亿只，上市商品代快大型白羽肉鸡44亿只。山东、辽宁、河南、河北和江苏是我国快大型白羽肉鸡养殖的主产区，这五省肉鸡的存栏量及出栏量占全国的 80% 以上（沈广，2011）。

2. 优质肉鸡

（1）品种分类。由于饮食习惯和消费方式的巨大差异，我国优质肉鸡生产与消费品种结构具有明显地域性，如广东喜好毛黄、皮黄、脚黄的"三黄鸡"，四川、重庆等西南地区则以中速型青脚麻鸡和乌皮麻鸡占据市场主导地位，福建、浙江、安徽等地区快长型三黄鸡和青脚麻鸡占据了相当的市场份额。优质肉鸡根据毛色、上市日龄、饲养方式等有多种分类方式，但目前对于优质肉鸡品种根据上市日龄的不同进行分类得到了广泛的认同，主要有快长型、中速型和慢速型三类。

①快长型优质肉鸡。60 日龄前上市，公母平均上市体重 1.5～2.0kg。该类型对生长速度要求较高，对外貌和体型要求一般。由于公鸡生长速度快加之我国多数地区的消费习惯，因而公雏更受市场欢迎。目前快长型优质肉鸡的代表型品种有岭南黄鸡Ⅱ号、新广黄鸡 K996、粤禽黄 2 号鸡、墟岗黄鸡、皖江黄鸡、皖南黄鸡、五星黄鸡、苏禽黄鸡、良凤花鸡等。

②中速型优质肉鸡。60～100 日龄上市，体重达到 1.5～2.0kg，要求毛色光亮、冠红而大、胫长适中。该类型对体型外貌和肉质有较高要求，生长速度稍次。代表性的品种有新兴矮脚黄鸡、新兴竹丝鸡 3 号、新兴麻鸡 4 号、岭南黄鸡Ⅰ号、南海黄鸡Ⅰ号、大恒 699 肉鸡等。

③慢速型优质肉鸡。100 日龄后上市，体重 1.1～1.5kg，胫细、早熟性好，肉质优，饲养时间长，以我国地方鸡种血缘为主培育而成。代表性的品种有岭南黄鸡 3 号、雪山鸡、京海黄鸡、清远麻鸡、文昌鸡、广西黄鸡、固始鸡、北京油鸡等。

（2）育种组织模式。我国优质肉鸡品种需求区域化特征明显、多元化层次分明，因而决定了我国优质肉鸡育种模式的多元化，典型模式如下：

①传统商业育种模式。以广东智威农业科技股份有限公司（广东省农业科学院畜牧研究所）为典型代表，类似的还有广东粤禽育种有限公司、四川大恒家禽育种有限公司、扬州翔龙禽业有限公司等。上述企业多数是由原研究所转制或研究所直接成立的育种公司，由于具备科研实力，育种技术力量雄厚，遗传资源丰富，常常是国家各类育种科研项目的承担主体。但由于不以经营规模为唯一目标，因而普遍从事技术含量高、处于优质肉鸡上游的育种工作，主要采用杂交方式向从事父母代养殖、肉鸡养殖及肉鸡养殖一体化企业出售配套系父母代、商品代鸡苗，是全国优质肉鸡良种供应的主要渠道之一。

②一体化型育种模式。以广东温氏食品集团有限公司为典型代表。该类企业内部成立育种公司或育种部，培育的品种主要提供给集团内部以"公司＋农户"模式为主、专门从事养殖一体化公司。由于广东温氏全国养殖一体化公司数量多，饲养量大、市场覆盖面广，因而其品种的市场影响力也较大。与传统商业育种模式相比，该类企业也是采用杂交配套方式提供产品，但更加关注配套系商品代的性能表现。

③纯种选育模式。以广西壮族自治区各大型育种公司培育广西黄中、慢速型鸡为

典型代表。该类型公司也多采用"公司＋农户"的经营方式，但与上述一体化型育种模式相比，其最大的区别是多采用纯种选择和生产，生产中父母代、商品代没有明显遗传差异。具体做法是在确定育种素材组建基础群后，将其大规模扩繁后放在千家万户饲养，从中选择符合选育目标的个体集中组成核心群留种扩繁后又放到千家万户饲养继代，又被称为"群选法"。纯种选育模式重点选择羽色、体型、体重等单个或少数性状，由于选择压大，因而目标性状的选择进展明显；同时由于中、慢速型品种不以追求生产效率为主要目标，羽色、早熟性是其重要标志，选择空间大，因而纯种选育模式可根据羽色、鸡冠发育等性状快速推出不同产品，适应市场能力较强。

不同鸡场养殖环境和养殖水平的巨大差异使不同鸡群间生产性能千差万别，纯种选育模式世代间遗传稳定性差，导致品种性能和质量很难得到稳定保证。同时由于留种核心群来源于多个鸡场，而目前优质肉鸡养殖与白羽肉鸡相比，生物安全体系普遍不够规范，一些鸡场甚至根本就没有生物安全意识，导致留种核心群成为病源大集合，然后病源又伴随品种的繁衍传播到各个生产场，品种质量很难得到保证。

（3）品种供应。优质肉鸡作为我国完全自繁自养的肉鸡品种，其出栏量已经达到了和白羽肉鸡基本持平的水平。据中国畜牧业协会生产监测和调研数据显示，2011年全国优质肉鸡祖代种鸡平均存栏量约138.20万套，比2010年增加了6.7万套（沈广，2011）。其中快长型、中速型和慢速型三类品种祖代种鸡存栏比例分别是31％、29％和40％。而在2008年"首届中国黄羽肉鸡发展大会"上中国畜牧业协会报道的比例分别是50％、30％、20％，尽管前后两次统计的数据品种分类存在一定差异，但是总体来看，随着我国经济的飞速发展和人民收入的改善，对肉质更好、生长速度更慢类型的优质肉鸡品种需求越来越大。2011年优质肉鸡父母代种鸡平均存栏量约为4 481.70万套，比2010年增加了608万套，增幅15.7％。出栏商品代肉鸡达到43.29亿只，鸡肉产量超过400万t（沈广，2011）。

（三）我国肉鸡种业发展趋势及经验

1. 企业主导育种将是肉鸡育种主要组织模式

无论是国外家禽育种发展历史，还是我国优质肉鸡育种发展进步，基于市场需求，企业以赢利为目的的商业育种是肉鸡育种成功和发展的必然趋势，目前我国优质肉鸡市场占据市场主导地位的品种基本都是由企业培育的，即使以前具有科研院所背景培育出具有较大市场影响力品种的育种机构也是按照公司化方式运作。因此，建议国家对肉鸡育种资源进行配置时，鼓励高等院校集中在育种技术等基础研究，而品种培育完全以企业为主导、科研院所参与的产学研方式，并且育种目标完全由企业根据市场需求确定。

2. 代次清晰、具有自主供种能力是未来良种繁育体系的必然要求

我国快大型白羽肉鸡完全依靠国外进口，良种繁育体系核心顶端受制于人。优质肉鸡育种公司数量繁多，品系多，单一品种规模小，良种繁育体系原种、祖代、父母

代甚至商品代混用等现象普遍存在，具有真正意义上的曾祖代场少，育种成本高，风险大。因此，快大型白羽肉鸡开展本土化自主育种；优质肉鸡育种公司间的兼并重组，单一品种市场规模不断扩大，形成代次清晰、完善的"资源群—育种群—曾祖代—祖代—父母代—商品代"肉鸡良种繁育体系，支撑肉鸡产业的健康可持续发展，将是未来肉鸡良种繁育体系发展的必然趋势。

3. 育种必须适应未来肉鸡生产和消费的需求

随着我国肉鸡活鸡消费市场的不断缩小，未来的优质肉鸡必然将越来越关注生产效率和肉品质本身，另外随着人力资源成本的不断上升，未来种鸡的饲养必将从人工授精重新回到自然交配方式。因此，未来肉鸡的育种必然将更加关注肉品质、饲料转化率、胴体美观、抱巢性等重要经济性状，而目前优质肉鸡育种关心的羽色等外貌性状，以及大公鸡配小母鸡等制种方式等都将逐渐失去其原有的市场价值和意义。

第二节　肉鸡种业存在问题

一、国际肉鸡种业发展主要问题

国际肉鸡种业发展的主要限制因素和存在的问题包括遗传资源的减少、消费者需求的不断变化、育种技术的制约和生物学基础研究的缺乏（蒋小松等，2013；CARL-JOHAN，2010）。

1. 遗传资源减少

在过去的几年里，鸡的遗传多样性受到了严重的侵蚀，尤其以美国和加拿大最为严重（FULTON，2011）。其特征主要表现在一些特殊设计的品系的迅速消失，这些品系包括针对特定性状进行高或低选择系、随机对照群体、自交系等，由于这些品系的逐渐消失，针对这些遗传资源的研究报道目前也很少见（FULTON，2011）。这些遗传资源消失的主要原因是，与目前商业化的群体相比，这些特殊设计的品系的生产性能很低，难以满足消费者的需求，因此，在市场竞争中逐渐被淘汰。尽管这些资源很难整合到现代商业育种中，但是他们所能提供的遗传信息，对于我们研究基因的功能及特定性状的变异是非常有利的，因此，需要对这些重要的遗传资源进行保护。

2. 消费者需求不断变化

消费者购买商品时考虑的最主要因素是商品价格，因此，对于育种而言，单位产品的生产成本将是最重要的。然而，随着人们生活水平的不断提高，消费者对于商品的其他需求将会不断增加，主要包括产品的质量、安全、深加工和产品多样化等等，这些需求将共同影响产品的价格。在未来的商业生产中，将主要通过零售商和食品公司进行鸡肉的销售，因此产品的可加工性特性将变得更加重要。日益富裕的生活使得消费者对产品采用的生产方法的要求也越来越严格。主要包括动物福利的需求标准、产品的安全性和生产技术的探究。为了满足消费者的这些要求，在育种上产生了有机产品的概念（JAMES，2003），这一概念的引入，将显著影响鸡肉的生产。对于上述提到的这些影响因素，我们尚不清楚是否所有这些因素对全球都具有相同的影响，很可能会有地区性的差异。但是不管怎样，对于育种公司应该根据不同地区消费者的需求随时调整育种策略，从而满足广大消费者（JAMES，2003）。

3. 育种技术的制约

一般来说，繁殖技术、育种值估计技术和 DNA 相关技术是育种的三个关键技术（JAMES，2003）。目前，由于各种肉鸡配套系已经针对肉鸡繁殖性能做了高强度的选择，肉鸡的繁殖性能已经有了很大的提高，因此繁殖技术在肉鸡育种中的应用对于育种进展不会有明显的提高。在目前肉鸡育种当中，BLUP 育种值估计的方法应用比较广泛，然而该方法最大的弊端是应用该方法进行遗传评定时，群体的近交系数上升很快，因此应配合使用在近交系数和遗传进展之间进行最优选择的育种软件（如 TGRM 软件，total genetic resources management）进行选种和选配计划的制订。近些年，在分子育种技术方面，DNA 分子标记选择技术成为家禽品种改良的重要内容。国际上肉鸡数量性状位点（QTL）定位已经具备了较好的前期基础，随着高通量基因型分析技术的不断更新换代和生物信息分析手段的发展，越来越多的重要经济性状形成的分子机制被阐明，并开发出了相应可被应用于分子育种实践的诊断方法和技术，为实现分子育种提供了良好的基础。由此看来，在肉鸡育种当中，应该将新的育种方法与传统育种方法相结合，从而对肉鸡的生产性能进行选育提高，加快肉鸡育种进展。

4. 生物学基础研究缺乏

20 世纪以来，肉鸡育种已经取得了很大的进展，肉鸡的生长速度得到了很大的提高，然而，肉鸡的胴体结构也发生了较大的变化，尤其是胸肌的相对大小与身体结构极不平衡，随之导致一些腿部疾病及腹水综合征等（JAMES，2003）。现代肉鸡商业育种公司针对这些疾病已经进行了遗传改良，给强壮度选择更多的权重。但是，毫无疑问，现代肉鸡与没有针对生产效率进行选择的品系相比，其死亡率更高，而且对环境的变化更加敏感。在执行高强度的育种计划，给予肉鸡更高的遗传潜力的同时，肉鸡的适应性和在生产现场的性能表现成为最大的挑战。现代肉鸡育种中，在腿部力量、繁殖性能、消化系统功能、代谢功能、屠体和肉质等方面将出现更多的问题。因此，现在急需开展现代肉鸡与其野生祖先区别的研究，以便更好地了解其生物学基础，以直接指导研究者和育种人员针对这些问题设计选择方案，从而在未来的育种中杜绝这些问题的发生。在对性状的生物学机制研究和育种者制订选择方案当中，基因组学可能会起到关键的作用，因此，未来的肉鸡育种应该考虑基因组学的应用。

二、我国肉鸡种业发展主要问题

1. 白羽肉鸡品种完全依赖国外进口，产业风险大

经过 30 多年的发展，我国白羽肉鸡成为全球三大肉鸡市场之一，建立起了从祖

代到商品代的良种繁育体系，但是在良繁体系的顶端品种则是完全依赖国外进口。而随着国外白羽肉鸡育种向 2～3 家大型公司集中、垄断，可能由于自然、疫病或政治等原因导致祖代种鸡停止供种，而给我国鸡肉生产和消费带来巨大威胁；另外，基于北京家禽育种公司在国内开展的艾维茵育种与销售，2004 年前后国外大型育种公司出口到我国的祖代种鸡的价格较低（仅 20 美元左右），而同期出口到南美、东南亚等其他国家的祖代种鸡到岸价为 35 美元左右。显然白羽肉鸡品种目前完全依赖国外进口是我国白羽肉鸡养殖可持续发展的巨大障碍。

2. 优质肉鸡育种公司小而分散、技术力量薄弱、育种效率低

1989—2011 年，国外家禽育种公司不断兼并整合，主要肉鸡育种公司从 11 家兼并整合到了 3 家，遗传资源和技术资源高度集中。

同国外相比，据统计，仅参加首届中国黄羽肉鸡行业发展大会、开展优质肉鸡育种工作的企业就达到了 45 家，企业小而分散。大部分企业缺少长期规划，技术力量薄弱。优质肉鸡种业的长足发展更多的是依靠品种资源的合理选用和杂交利用，与国外依靠先进的育种技术不断提高育种效率和生产效率、有效降低有害基因频率相比，我国优质肉鸡育种目标不明确、变化快，关注外貌多，生产和经济性状的遗传进展无法保障，性状度量手段和育种技术落后，育种效率低。

3. 遗传资源丰富，但利用程度低，品种重复性高

我国鸡遗传资源丰富，收录入《中国畜禽遗传资源志·家禽志》（2011）的地方鸡种就达到了 107 个。"十一五"期间随着《畜牧法》和《畜禽遗传资源保种场保护区和基因库管理办法》等 10 个配套法规的相继出台，并按照"分级管理、重点保护"的原则，初步建立了以保种场为主、保护区和基因库为辅的我国家禽遗传资源保种体系。虽然我国优质肉鸡育种取得了很大成绩，但是总体来看真正在生产中得到一定规模利用的地方遗传资源还是偏少，大部分还是处在为了保种而保种的阶段，并且在生产中应用的品种主要是外貌差异大，但在生产效率和肉品质方面并没有明显差异，造成育种资源浪费。

4. 优质肉种鸡养殖硬件设施落后、生产成绩波动大

与快大型白羽肉种鸡养殖全封闭、纵向通风、水帘降温、自动化程度高等相比，我国优质肉种鸡开放式饲养，受天气等自然条件变化影响大，鸡舍环境可控性差，生产成绩波动大。并且由于普遍采用手工喂料、人工清粪和人工授精等生产方式，劳动力需求大、工作条件艰苦，与我国目前人口红利优势逐渐变小的社会发展趋势相冲突，因此劳动力短缺，工人低学历化、老龄化成本，人力成本不断攀升成为目前困扰各养殖企业发展的重要瓶颈。

5. 规范的生产性能测定滞后于生产需要

自 20 世纪中期以来，欧美等发达国家持续开展的家禽随机抽样性能测验（poultry random sample tests），定期公布家禽生产性能测定结果，为企业育种进展评价、生产者选择合适的品种提供了权威性的重要依据、成功推动了以肉鸡和蛋鸡为代表的家禽生产效率的不断提高。我国也先后在江苏省家禽科学研究所和中国农业大学建立了包括家禽生产性能测定在内的农业部家禽品质监督检验测试中心，为我国家禽品种的检验、检测提供了重要平台。但是目前我国质检中心的主要任务是对准备进行新品种（配套系）审定的家禽品种进行测定，而对目前市场上主导品种的定期测定较少，一方面对于育种企业压力不够，另一方面缺乏种鸡、肉鸡养殖企业（户）急需的权威性参考数据用于指导生产。如果能对我国肉鸡市场主导品种长期开展定时的生产性能和产品品质监测并公开发布相关数据，对于规范我国肉鸡品种市场，促进育种企业的兼并整合，提高育种效率，避免低水平重复，推进我国种业发展具有重要价值。

6. 种源性疫病风险高

近年来，以禽白血病为代表的种源性疫病在我国日趋流行，并呈上升和暴发趋势，其对种鸡和肉鸡生产性能均有重要影响，造成巨大的经济损失。尽管国外采用严格的生物安全措施和育种群净化等手段已经成功控制了禽白血病等重要种源性疫病对生产的危害，但是由于我国养殖环境和疫病控制的复杂性，以及数量巨大的地方鸡种和优质肉鸡专门化品系，且禽白血病净化成本高昂，在近期内禽白血病等种源性疫病对我国肉鸡种业，尤其是优质肉鸡种业的威胁将越来越大。

第三节　肉鸡育种技术发展趋势

一、国际肉鸡育种技术发展现状

现代肉鸡生产所使用的品种均是采用杂交育种方法育成的配套系，组成配套系的专门化品系是由标准品种按照肉用目的选育而成，而以标准品种为代表的家鸡是由红色原鸡进化而来的。近 2 个世纪以来，尤其是近 50 年来，育种技术的快速进步，形成了当今成熟的现代肉鸡育种技术体系。数量遗传学原理结合新的分子育种技术及相关学科领域的新技术形成的现代肉鸡育种技术，使肉鸡育种获得了巨大进展，极大地提高了商品肉鸡的生产性能。肉鸡达上市体重的日龄持续减小，肉鸡饲养 42～56d，体重达 2.0～2.5kg,料重比约 1.9：1,现代肉鸡的生长速度是 20 世纪初的 3 倍，达 1 500g体重由 20 世纪初的 120d 缩短到目前的 33d，饲料转化率比 20 世纪 50 年代提高了 18％，而且屠宰率、胸肉率等方面也取得了大幅度提高，这些成就与遗传学的发展及其在肉鸡育种的应用密不可分（MUIR，2003）。

（一）国际肉鸡育种技术发展历史

国际肉鸡育种技术随着遗传学理论的发展而不断进步。20 世纪初的肉鸡育种主要是通过个体表型选择进行选种和选配。20 世纪上半叶，数量遗传学理论得到突飞猛进的发展，使得遗传学和育种学理论实现了有效结合。Fisher、Wright 和 Haldane

在20世纪20年代奠基了早期数量遗传学理论。此后，Lush在20世纪30年代首先提出重复力和遗传力概念，与Hazel提出的遗传相关概念一起，共同开拓了畜禽育种的数量遗传学基础，成为发展育种值估计原理的先驱；Hazel（1943）建立了多性状指数选择原理，系统、科学地以相对经济权的大小，计算出一个综合育种值；Lush（1947）提出利用个体本身、祖先、同胞及后裔的生产记录来估计它们的育种值；随着选择指数有效性的提高，如约束选择指数的发展（Kempthorne和Nordskog，1959），选择指数被广泛用于估计育种值；Faleoner（1960）进一步从数量遗传学理论上阐明动物个体的育种值等于它所携带的基因的平均效应，加性遗传方差对于遗传进展有特别重要的作用（MUIR，2003）。数量遗传学的发展促进了肉鸡育种技术的升级和育种效率的提高，与此同时，孵化技术、光照制度、人工授精技术等繁殖技术的研究和应用在很大程度上推动了肉鸡遗传育种技术的进步。

20世纪70年代以后的肉鸡育种引入了更加复杂的育种程序和方法，如专门化父系和专门化母系的培育，体重和繁殖性能间的平衡育种，遗传育种技术的更新升级，一定程度上肉鸡育种是现代遗传学理论在动物育种中成功应用的范例。这一阶段，肉鸡育种技术得到空前发展的标志之一就是"专门化品系"的培育，Smith（1964）提出培育专门化品系的理论以后，肉鸡育种开始了由品种选育和品种间杂交转向专门化品系选育和配套系生产，由于充分利用了系间的杂种优势和互补优势，提高了选择效率，同时将不同类别性状分配到不同的品系中进行选择，一定程度上克服了品种内同时选择多个负相关性状的拮抗难题；与传统的生产方式相比，通过专门化品系培育和配套系生产商品肉鸡大大缩短了育种年限，提高了育种效率，同时增强了育种对生产对市场需求的适应能力，育种机构根据市场变化不断推出新的配套组合。杂交配套技术的诞生催生了现代肉鸡商业育种的理念、技术和相关产业。20世纪初以来，全球肉鸡育种发展史上应用的关键技术见表3-2（KEN等，2007）。

表3-2　肉鸡育种发展史上的关键技术

育种技术	出现时间（年）
个体选择/大群体选择	1900
个体产蛋测定	1930
杂交组合	1940
家系选择	1940
人工授精技术	1960
群体饲料转化率测定	1970
指数选择	1980
个体饲料转化率测定	1980

（续）

育种技术	出现时间（年）
血氧浓度测定	1980
X光腿部状况测定	1980
BLUP育种值估计	1990
环境适应性选择	2000
DNA标记辅助选择	2000
基因组选择	2004

20世纪80年代诞生的分子标记技术实现了分子遗传学在肉鸡育种的成功应用，随着对基因结构和功能的深入研究，在分子水平上以DNA多态性为标记进行遗传分析使识别个体基因型差异成为可能，从分子水平直接研究基因和性状的遗传关系，使传统的表型选择进步到基因型选择，分子标记辅助选择能较好解决低遗传力性状、后期表达性状和限性性状的选择问题，能提高选择强度，缩短世代间隔，提高选择的准确性。同时也能有目的地导入有利基因或剔除有害基因，拓展了畜禽的经济用途，提高生产性能。目前，利用鸡作为对象的标记辅助研究的相关论文约占已发表动物遗传育种论文的1/4。分子遗传学的发展为经典数量遗传学在肉鸡育种中的应用开辟了新的天地，两门学科的结合有力地促进了肉鸡品系鉴定、遗传多样性研究、重要经济性状候选基因研究、遗传距离的估测和基因图谱的制作、QTL定位等方面的研究，为近30年来全球肉鸡育种取得的突破进展做出了突出贡献（蒋小松，2013）。

进入21世纪以来，分子遗传学的突飞猛进发展为肉鸡遗传育种提供了更多可行的方法和手段。2004年，中国、英国、瑞典、荷兰、德国和美国等全球多国科学家共同绘制出红色原鸡的基因组草图，并在此基础上识别出280多万个遗传变异位点（SNP），鸡基因组序列草图和遗传差异图谱的绘制成功，很大程度上给利用鸡为模型研究脊椎动物进化、培育优质鸡种、改善食品安全和增进人类健康等铺平了道路。该成果也应用于防治禽流感领域，如从遗传差异的角度研究不同鸡种对禽流感病毒的易感性（KEN等，2007）。2010年，由瑞典和美国科学家组成的研究团队对4个地方肉鸡品种和4个地方蛋鸡品种进行了全基因组扫描，并将之与红色原鸡基因组草图比对，该团队确证了250万个SNP，并重新发现了现代鸡品种由红色原鸡进化而来形成的500万个SNP，并以促甲状腺激素受体基因（TSHR）为例，从基因层面解释了红色原鸡能进化为现代鸡种的原因（CARL-JOHAN等，2010）。这些研究为构建完整的鸡基因变异图谱和推动分子遗传育种学的发展奠定了基础。

基因组序列草图和遗传差异图谱的绘制完成，标志着鸡的基因组研究已由以研究全基因组测序为主要目标的结构基因组学阶段，向以研究基因功能鉴定为主要目标的功能基因组学阶段转变，这一转变使得鸡成为生命科学研究中极有价值的模式动物。

功能基因组学的研究，将进一步诠释肉鸡相关基因的功能，以及推进与之相关的代谢组学和蛋白组学研究的进展，为从系统生物学的角度对肉鸡生长、代谢、繁殖等方面的研究提供重要的理论基础。因此，传统的低通量基因研究方法已不能满足功能基因组研究需要。随着研究技术的不断发展，基因研究领域出现了一系列能够大规模、高通量检测基因及其产物的技术和研究手段。自 2005 年以来，以 Roche 公司的 454 技术、Illumina 公司的 Solexa 技术和 ABI 公司的 SOLiD 技术为标志的高通量测序技术相继诞生（MARDIS，2008）。随着高通量测序成本的进一步降低和对海量数据处理能力的不断提高，高通量测序将成为一项常规的试验手段，并为肉鸡育种研究领域带来深层次的变革。

（二）国际肉鸡育种技术现状分析

1. 国际肉鸡育种技术

国外的肉鸡育种，主流产品是美国和欧洲培育的快大型肉用仔鸡，代表的品种有红宝、AA 白羽肉鸡、艾维茵白羽肉鸡、彼德逊白羽肉鸡、狄高红羽肉鸡、罗斯 308 等，这些快大型肉鸡育种机构很少对突出肉质风味的优质肉鸡进行研究。另一方面，法国的拉贝鸡和日本的优质标签鸡则作为优质肉鸡在特定区域进行开发和生产，法国的优质肉鸡除了在饲料、饲养期、密度、活动场所等饲养方式方面有详细的规定，还建立了严格的可追溯体系，从种鸡到屠宰后的肉鸡产品都能追溯到其系谱、生产厂家、屠宰日期等信息（ANNE，2002）。同时，中国和法国的学者对肉质风味性状的研究也很深入，但研究理论用于育种实践取得明显进展的报道却很少见。

全球肉鸡育种主要采用的是杂交繁育，杂交繁育体系是将专门化品系选育、配合力测定、种鸡扩繁，以及商品代生产等环节有机结合起来形成的一套系统。杂交繁育有利于纯系选育和商品鸡生产。对纯系而言，一些经济价值高而又存在遗传拮抗的性状可以分配到不同的纯系中选择，形成各具特色的专门化品系，有利于加快遗传进展和实际操作。对杂交商品群而言，优势主要体现在：结合了父母品系的基因；可获得父母品系的特异基因间或等位基因间独特互作所形成的杂种优势；杂合子安全，可保护育种成果不被窃取（AVIGDOR，1994）。正因为杂交繁育体系的上述特点和优势，使其成为现代肉鸡生产的最主要模式。

在常规育种方面，全球大型肉鸡育种公司以不断发展的数量遗传学理论为基础，有效地分析大量个体记录，在遗传选择方法上更加精确，选择进展更加明显。肉鸡的育种在过去的几十年中主要在传统数量遗传学的指导下取得了巨大成就。自 Hazel（1943）完整论述综合选择指数后，在实际肉鸡育种工作中得到广泛应用。Henderson（1975）提出的 BLUP 方法可以充分利用各种信息来源，对不同遗传背景个体的育种值进行估计，较传统方法更为准确，因此可望获得较高的遗传进展。遗传参数估计的准确性直接影响选择的效果，对于一个遗传变异很小的群体实施的选择效果甚微。随着计算机技术的发展，已经可以较准确地进行遗传参数估计，遗传参数的估计方法也由方差分析法（AVOVA）发展到混合模型的 Henderson 方法Ⅱ、Ⅲ、Ⅳ，多性状最大似然法（ML），多性状约束最大似然法（REML 和 DFRENL），以及最小方差二次无偏估计法（MQUE）等（LIVIU，2004）。然而，影响数量性状的基因数目、效应和传递行为都是未知的，因此遗传评定的准确性受到很大限制，从而造成低遗传力性状、限性性状和各种难以测定的性状的遗传改良一直未能取得满意的效果。针对 BULP 法存在的不足，人们又在探索新的育种值估计方法。由于经历了相对长期的选择，肉鸡选育遗传进展递增率已下降，未来的肉鸡育种要取得突破性的进展，还得寄希望于数量遗传技术的进一步完善和改进、分子遗传手段的有效应用，以及这两种育种方式的完美结合。

在分子育种方面，自 20 世纪 90 年代以来，随着分子遗传学及分子生物学的快速发展，从 DNA 水平上研究个体的遗传组成变成了现实，畜禽遗传图谱的构建及 QTL 检测（QTL detection）与 QTL 定位（QTL mapping）方面的工作都取得了很大进展。随着人们对"黑箱"内主基因或与 QTL 关联的基因（如遗传标记）日趋深入的认识，可以将表型信息和分子遗传标记信息有机结合起来，从分子水平上对产生个体间表型差异的原因进行精细剖分，各项技术日趋成熟，使标记辅助选择逐步由试验研究走向实际应用（LIVIU，2004）。构建一张能覆盖整个基因组的、完整的、具有高分辨率的基因图谱是研究肉鸡有经济重要性基因的前提。随着研究的进一步深入，家禽基因图谱得到不断更新，新的基因序列、位点等不断增加，数据库正在向网络化发展。国际上从 20 世纪 80 年代开始研制基因信息数据库，目前已形成由 DNA 碱基序列数据库、蛋白质数据库（氨基酸序列数据库）和基因图谱数据库等组成的基因信息处理系统，最新基因图谱可从互联网获得。欧洲的 EMBL、美国的 Genbank 和日本的 DDBL 是较知名的 DNA 碱基序列数据库，它们之间通过计算机网络每日交换一次信息。近年来，国际上肉鸡 QTL 定位研究已经具备了较好的基础，随着高通量基因分析技术的不断更新换代和生物信息分析手段的发展，越来越多的重要经济性状的分子机制被阐明，并相应开发出了可被应用于分子育种实践的诊断方法。Euribrid 公司成功利用 2 万个 SNP 标记进行肉鸡全基因组选择；Hubbard、Hendrix、Avigen、Cobb 等世界著名的家禽育种公司也将全基因组选择方法用于改良肉鸡生产性能，法国科学家已经对控制鸡肉肉色及滴水损失的 QTL 进行了定位。同时，国际上利用转基因鸡生产医疗蛋白质的研究正在走向工业化，抗禽流感病毒转基因鸡也取得显著进展；跨国大型家禽育种公司对鸡马立克氏病、腹水症、腿病，以及禽白血病、鸡白痢等种源型垂直传播疾病的抗性选育取得明显的遗传进展。目前，随着基因组学研究的不断深入及其相关技术的不断完善，蛋白质组学已逐渐成为生物学中破译基因功能和贡献于育种程序的主要途径，有研究机构已开始着手构建鸡的蛋白质数据库，通过蛋白质组分析也有助于确定肉鸡优良性状基因，从而加快肉鸡遗传育种的发展。

2. 国际肉鸡育种策略

育种目标的确定是育种规划的首要工作、优化育种方案的核心环节，育种目标的设置是育种策略的重要体现，商业育种中育种公司根据对未来市场需求的判断进行育种目标的设置。早期的肉鸡育种，人们根据个体的表型进行选种和选配，虽然这种方法行之有效，但其主观经验性强，选择效率较低。从 20 世纪 50 年代开始，确定育种目标的方法有了深刻的变革，育种目标以从侧重体型外貌发展到侧重生产性能，从定性发展到定量，从单纯追求生产性能发展到用经济指标和遗传参数来确定数量化的育种目标。一般而言，育种工作主要是通过对经济性状进行选择，以提高有利基因在群体中的频率。在育种方案中，育种目标性状通常包含对遗传进展更为有利的性状，将育种目标以经济效益为基础，通过确定目标性状的经济重要性，育种目标就表述了收益性过程中遗传的作用，简化了选择方案。换而言之，育种目标就是要使动物生产获得最大的经济效益。所以，确定目标既是育种学的问题，又是经济学的问题。

在 20 世纪 60 年代前后的肉鸡商业育种中，考虑的目标性状基本上只有 1 个，即体重，首先是该性状易于选择且遗传力高，同时直接影响到肉鸡生产成本。随后的选育程序中逐渐开始将产肉性能和耗料量列入育种目标。随着遗传学理论、计算机技术的发展，20 世纪 70 年代之后，肉鸡育种目标性状逐渐增多，进入 21 世纪以来，肉鸡育种目标性状已超过 40 个，其中不仅包括生产性能，还有很多生理生化指标、代谢指标、存活率和抗病性状等，并且和之前单个性状的选择相比，现在的选择准确度大幅度提高（KEN 等，2007）。

随着育种目标性状的增加，育种方案更加复杂，育种方案的实施难度也相应提高，为此，肉鸡育种工作者针对不同类性状制订了相应的选育策略，如肉鸡育种中生产和胴体性状的选择策略、减少肉鸡代谢和生理紊乱的遗传选择方案、繁殖性能的选择等。特别地，由于长期以来对体重的高强度选择，快速生长造成了腿病发生的风险，特别是胫骨软骨发育不良（TD）。在 20 世纪 70 年代，腿病问题是困扰快大型肉鸡品种选育的较大难题。进入 80 年代，育种工作者通过大量的研究与生产数据测定，明确了腿部健康的选择其实也可以遗传，并弄清了造成这些问题的影响因素，同时将动物福利纳入了育种目标。如今，肉鸡腿部健康问题已经通过遗传选择进行了有效的控制，腿病发生情况在逐代降低。据统计，国际上几个快大型肉鸡品种，如艾维茵 TD 发生率从 1999 年的 57％降低到 2008 年的 0.7％，遗传选育进展十分显著（KEN 等，2007）。

在全球主流肉鸡商业育种方案中，生长速度和体重一直以来都是最受重视并加以高强度选择的性状，因此，育种技术的研究和有效应用也主要是针对几个重要经济性状。而在部分国家和地区则存在一些高端市场，这些地区的育种企业根据当地消费者喜好开展特殊性状的选育，如法国的红色标签鸡，则注重外观和较慢的生长速度，中国、日本及东南亚国家则以地方鸡种为素材开展优质肉鸡的选育，注重外观和肉质，同时要求有较慢的生长速度。综合目前的情况来看，由于市场和消费群体的多元化，未来全球的肉鸡品种多元化将继续存在。但是针对多元化的市场，制订数量化的育种方案时，始终遵循这样一个原则，即任何特色的产业若无较高的生产效率则不是可持续的产业（蒋小松等，2005）。因此，针对高端市场肉鸡品种的培育，生产效率性状和肉质风味性状必须同时被考虑。但目前国际上还没有一套针对肉质风味性状的完整育种规划，肉质风味的选育尚停留在育种素材的适当选用，尚未开展对肉质风味性状的遗传选择，而将肉质风味性状和生产效率性状一同在育种规划中考虑的研究则几乎还没有。

3. 国际肉鸡育种理念

自20世纪20年代初期，美国开始出现世界上最早的肉鸡育种企业，到90年代全球有20余家大型肉鸡育种企业40余个品种，而2008年之后演变为全球3个主要育种集团和7个主导肉鸡品种。经过数十年的市场洗礼，安伟捷公司和科宝公司培育的肉鸡品种已占全球肉鸡市场总量的90%左右。纵观整个肉鸡育种产业的发展历程，技术与理念的创新是推动行业发展的动力源泉。

欧美国家的肉鸡育种研究，一切工作围绕生产和市场需要而进行，也就是说研究命题围绕生产实际和市场需求，他们的研究工作大多在我们看来是非常简单的试验，但研究目的明确实用，设计思路清楚，逻辑性强，能够取得明显进展。这种典型的商业育种方式值得我们借鉴。

肉鸡育种是高科技含量产业，育种公司不仅需要保证种鸡的遗传潜力，最重要的是需要确保商品代生产性能得以正常发挥。国际大型肉鸡育种企业深刻认知技术服务是和产品质量、生产表现密切相关的重要因素，以"基因库＋育种学家＋产品系列＋技术服务"为发展战略，建立了强有力的技术服务体系，并充分利用集团育种公司的优势，为客户提供适合于其目的的产品及切合实际的技术服务，增强技术服务力量，使客户的鸡群达到健康和福利的水平，从而使客户利润最大化，同时将客户的意见反馈到育种公司，对育种目标和育种方案进行适当的修订，提高品种质量。最终目的是实现公司自身和客户长期的、不断增长的利润。

4. 国际肉鸡育种相关设施设备

肉鸡育种是一项复杂的系统工程，主要包括市场调研、素材筛选、育种目标确定、育种方案制订、生产性能测定，以及各环节数据的整理记录、统计分析等内容。肉鸡育种公司必须配备各种软硬件工具作为育种工作的辅助，达到准确、高效、安全的目的。

（1）在硬件方面。国际先进肉鸡育种企业在种鸡舍环境控制、光照控制等方面均实现了智能化，并配备了抗体监测等相关设施设备，保证了种鸡良好的生存环境和数据测定的准确性。同时借鉴人类医学领域的尖端技术，将测量血液载氧量的光电血氧仪应用于遗传育种工作之中，确保商品代肉鸡具有健康强壮的心肺功能；同时应用超声波和X光技术，最大限度地提高肉鸡胸肉产量和腿部骨骼强度；运用独特的无线电应答系统和感应式称重设备，对鸡只整个生产周期的饲料转化率进行监测（齐想，2009）；运用行为观察录像记录仪随时对鸡只采食、打斗等行为活动进行观察，开展特定性状的选育和动物行为学研究。

（2）在软件方面。国际先进肉鸡育种企业充分体现了商业育种理念。由于商业育种的成功标准并不完全是赋予品种最高的遗传潜力，更重要的是在场地生产中实际表现出的生产能力。因此需要建立严格的监控系统，监控育种程序的执行过程和在高强度选育下的生物可接受性和现场表达能力。国际大型肉鸡育种企业运用了最先进的技术收集和分析数据，以确保高度精确地预测和操作整个育种程序。主要包括育种中心数据库和育种辅助软件、生产数据统计分析系统、生产和销售计划系统、生产成本统计和综合经济效益分析系统、客户管理系统等。特别是在大规模生产中，生产数据的准确记录非常重要，计算机科学和信息技术的发展对此做出了巨大贡献，为及时反馈肉鸡生产中商品代遗传潜力的发挥情况、品种生产性能评价等提供了便利。

（三）国际肉鸡育种技术主要问题

1. 现代肉鸡品种环境适应性降低

自 20 世纪商业化育种开始以来，现代肉鸡育种取得了巨大的成绩，肉鸡生产性能和生产效率均得到大幅度的提高。然而，经过高强度的人工选择，肉鸡对环境变得更加敏感，且会受到由此产生的代谢和生理紊乱等一系列不良影响。虽然商业育种已成功降低了腹水症和腿病的发生率，但肉鸡仍然出现较高的死亡率和对疾病的易感性。因此，进一步的育种工作不仅需要考虑如何增加产量和生产效率，也要考虑如何通过拓展或改变选择目标来消除相应的一些副作用。随着目前肉鸡产业在全球，尤其是在发展国家的快速发展，欠发达的热带地区和国家对温带高性能群体的引进也日趋增加，但这些地区饲养不适合当地环境的基因型群体必然会造成一定的经济损失。基因与环境的互作要求对多种环境有广泛适应性的群体加以选择。近年来，分子遗传育种研究已经完成了全基因组测序，并且发现了一些影响生产和繁殖性状的数量性状位点，以及鉴定出了决定不同表型基因的突变型。未来基因组学可能会在阐明生物学机制及为育种提供支撑方面发挥作用。现代肉鸡育种技术对育成具有高生产效率和良好环境适应的鸡种具有巨大潜力。

2. 现代肉鸡育种面临遗传资源的危机

肉鸡育种技术在全球肉鸡育种企业整合中不断进步，因此生产效率日益受到重视。由于市场的激烈竞争，仅有极少数的肉鸡育种公司可能生存下来。结果必然导致垄断，使得遗传资源逐渐走向狭窄，育种群内变异减少及育种公司件技术互相封闭，这些因素对整个行业带来不利影响。现代肉鸡产业追求专一化和高产化，通过专门化品系间的杂交配套，以有限的品种资源组成配套系大面积推广，而大量原始品种遭到抛弃，少数则畸形突变，与此同时由于强调某一性状而丧失另外一些重要性状，致使家禽资源的匮乏和消失更加严重。发达国家目前品种数量已为数不多，遗传基础很窄，仅依靠良好的生态和饲养管理条件进行选育以提高生产性能。发展中国家由于大量引进高产品种的冲击，使原有地方品种数量迅速减少，面临消亡灭迹的威胁。另一方面现代肉鸡生产对品种的要求越来越高，新品种不仅应高效、抗病，而且要求优质。但新品种的培育，若没有新的基因型补充，是很难达到要求的。

3. 肉鸡选育面临生物学瓶颈限制

由于经历了相对长期的选择，肉鸡选育遗传进展递增率已下降，同时带来了诸如肉质和抗病力下降等许多负面影响，未来的肉鸡育种要取得突破性的进展，将寄希望于分子生物技术及基因工程技术的发展为肉鸡的遗传育种提供新的途径和方法。未来最有前景的新育种技术可能是与 DNA 有关的技术，这一研究的关键是鸡的遗传图谱。目前，BLUP 育种值已广泛应用于肉鸡育种中，但有关育种值估计的计算和统计方法今后也很难再有多大的改进，面临最重要的挑战是如何将 BLUP 育种值与基因数据有效地结合。

4. 国际肉鸡育种技术发展趋势及经验

生物技术只是育种辅助手段，如果忽视常规育种、制种的研究，会出现新的认识误区，将会失去宝贵的育种、制种机遇。消费市场千变万化，育种目标也在随之调整，可采用的方法手段也是日新月异，但被实践证明行之有效的传统选择方法依然至关重要，如保存大的闭锁群体、建立完整的家系，细心挑选选择性状、精确的性状值测定和利用计算机软件进行家系生产成绩的比较分析，同时必须做到尽量控制近交和精确估计育种值。标记辅助选择作为一种新型的选种方法，目前还有很多需要深入研究的地方，其中关键的一点就是如何确定一个最佳的选择方案，以充分有效地利用分子遗传标记、表型和系谱信息，从而获得最大的和持续的遗传进展。这是在实施标记辅助选择之前首先要解决的问题，也是目前世界各国育种工作者研究的热点之一。标记辅助选择的最终应用必须依赖于高精度遗传图谱的构建和大量遗传标记的筛选，以及 QTL 的精确定位，而这些工作的规模和花费都很大，虽然各国都在开展这方面的工作，也取得了不少丰硕的成果，但在短期内仍无法提供足够的实际数据和资料来进行标记辅助选择效率及实施方案的研究，更无法广泛应用于肉鸡育种实践。

育种必须有超前意识。育种单位要预测行业发展动态，注重新产品上市的前瞻性，引导和培育市场。肉鸡品种从选育到育成后进入商品生产大致需要五年时间，而在这过程中，市场千变万化，当品种育成后就可能已不能满足市场需求。肉鸡育种始终要以市场为导向，以满足消费者需求为目标。目前，健康、抗病力强、肉质好、抗热应激、屠宰性状和屠体外观符合消费者需求的家禽，将是今后肉鸡育种目标的发展趋势。

肉鸡育种企业要在激烈的市场竞争中占有一席之地，必须提高育种能力，保证种鸡的遗传质量；提高疾病控制能力，保证种鸡的健康水平；提高技术服务能力，保证种鸡和商品肉鸡生产性能的发挥。因此，肉鸡育种必须有高的起点，育种公司需注重科技创新和人才培养，才能在激烈的市场竞争中立于不败之地。

据西方发达国家政府和联合国粮农组织（FAO）预测，全球畜牧业中越来越多畜禽品种都将通过分子育种提供。但是目前肉鸡选择压已很高，繁殖性能的遗传进展将极其有限。克隆技术虽然有助于加快遗传进展传递的速度，但对于繁殖力已相当高的肉鸡而言，很难期望再有任何的帮助。理论上说，提早繁殖后代，将会缩短世代间隔，加快遗传进展，但与此有关的技术很难获得新的发展。到目前为止，被研究的与肉鸡重要经济性状相关的分子标记的数量尚少，而且从试验设计上还不够系统、全面，QTL 检测的准确性也有待进一步研究证实。此外，肉鸡转基因的进展缓慢，能够处理和插入的经济重要性基因数目有限，并且还需考虑公共安全，从而导致现有技术获得转基因鸡的比例较低。

总的来看，现代肉鸡产业的发展对育种科技的进步提出了更高的要求。遗传学的发展、计算机信息技术的广泛应用、现代高新技术的日新月异，各种有利因素纵向加深、横向渗透、合纵连横、综合交错，共同推动着肉鸡育种技术的升级和进步。随着研究的不断深入，分子遗传学与数量遗传学紧密结合产生的分子标记辅助选择、基因芯片、转基因技术等必将广泛应用于肉鸡育种。可以预测，未来肉鸡育种面临着越来越多的机遇。

二、我国肉鸡育种技术发展现状

经过数十年的努力，我国肉鸡以国外引进和国内培育商业配套系相结合的方式推广新品种，基本建成了由曾祖代、祖代和父母代种鸡场与商品鸡场相结合的肉鸡良种繁育体系，专业化肉鸡生产中的良种率已超过 95％。我国肉鸡的新品种选育主要集中在优质肉鸡方面。我国优质鸡的发展从 20 世纪 60 年代初期开始，主要以广东地方品种石岐鸡为代表。20 世纪 70 年代初，将其与外来品种如新汉夏等鸡杂交，形成石岐杂鸡，用于优质鸡的生产。优质鸡最初是为满足广东、香港和澳门的市场需求，强调具有毛黄、皮黄、脚黄的"三黄"特点。80 年代末期，内地优质鸡市场开始出现，优质鸡的育种工作也随之开展。进入 90 年代，优质鸡育种和生产也在全国开展，市场由原来的香港、澳门、广东向东南及内地省份扩展。目前我国自己培育的优质鸡年上市量已超 40 亿只。优质鸡的育种及品种选育工作往往是利用我国现有的地方鸡种进行选育或者将中国的地方鸡种与其他一些商业品系进行杂交培育而成。

优质肉鸡之外，以白羽肉鸡为代表的速生型肉鸡育种工作在我国也有开展，最早于 20 世纪 70—80 年代利用引进的白羽肉鸡，至 90 年代则有北京家禽育种公司与外资企业合作开展白羽肉鸡的育种，之后还有广东温氏食品集团有限公司的南方育种公司探索白羽肉鸡育种，但所有这些尝试都没有取得成功。最近全国范围内成立了白羽肉鸡育种协作组，统一协调全国白鸡育种的科研、开发与繁育体系建设等工作，个别单位如广东省的佛山高明区新广农牧公司已于近期启动了白羽肉鸡育种工作。

（一）我国肉鸡育种技术发展历史

肉鸡育种工作是围绕生产需求而开展的。育种与生产密不可分。我国优质肉鸡的生产与育种经历了几个发展阶段。20世纪70年代以前，肉鸡生产基本上就是地方土种鸡，土种鸡生产性能低下、均匀度差，土种鸡养殖是农民的家庭副业，鸡种不能适应规模化集约化生产，难以适应市场需求，市场出现严重短缺。1980—1988年，利用引进的快大型肉鸡育成了多个优质鸡新品种（新品系），它们集高产、适度生长和保留原有地方鸡种等优点于一身，初步解决了生产水平低与市场需求大的矛盾。但是，这一时期育成的鸡种基本上形成不了配套，使用的育种技术水平不高，育种效益低。1988年后，以广州白云家禽公司育成的"882"新配套系为标志，优质鸡的育种开始以配套组合的方式进行。这种形式更好地利用了引进品种繁殖性能和生长速度均较优越的特点，同时能较好地保护选育单位的育种成果。20多年来，我国已育成了数十个优质鸡新品种（配套系），其中康达尔黄1号、江村黄1号和2号、新兴黄鸡2号和新兴矮脚黄鸡，以及新兴麻鸡4号，岭南黄鸡Ⅰ号、Ⅱ号及3号，京星黄鸡100号和102号，邵伯鸡等通过了国家家禽品种审定委员会的审定。在这一时期，历史上著名的地方鸡种清远麻鸡、惠阳胡须鸡、杏花鸡、文昌鸡、广西三黄鸡和宁都黄鸡等的保存与开发利用也取得了重大突破。但是，这一时期优质鸡的育种工作还存在不少问题：育成的配套系许多仅为两系配套，未能利用繁殖性能上的杂交优势；大部分以引进的鸡种（如隐性白洛克、安康红等）作配套系中的母本，而引进鸡种通常体型大、耗料多，因而很不经济，近年来对此已有改进。最近又有金钱麻鸡、岭南黄鸡3号、雪山鸡、皖江黄鸡、皖江麻鸡、苏禽黄鸡2号、金陵麻鸡、金陵黄鸡等配套系通过国家审定。这些新品种的育种对促进优质鸡产业的良种化起了重要作用，而优质肉鸡产业的发展对满足我国人民生活中特殊的饮食文化需求起到了重要作用。优质肉鸡配套系育种中，各配套品系重点选育性状逐渐明确，改变了优质肉鸡配套系效率低下、性状分配不合理等状况，提高了优质肉鸡配套系的生产效率。

大量优质肉鸡新配套系的育成，是结合一系列新技术、新设施应用而获得的。新技术方面，品系育种、合成育种法、家系育种与个体选择、系谱育种、配套系育种、BLUP法、快慢羽与矮小型基因及隐性白羽基因等重要外观性状的应用、无纸化记录、人工授精等已经普遍应用，分子改良方法等新技术开始得到应用推广。新设施方面，笼养设备、孵化设备改进、水帘降温设备、控温控湿自动调控系统等设施的应用也在逐渐推广。

（二）我国肉鸡育种技术现状分析

如上所述，我国肉鸡育种主要是优质肉鸡的培育，优质肉鸡的生产与育种工作经过30多年的发展，无论是育种技术，还是与育种技术紧密关联的育种设施，都取得了长足的进步。主要体现如下：

1. 我国优质肉鸡的育种目标决定了相应育种技术与育种设施的发展

优质肉鸡是中国肉鸡市场永恒的主产品，育种目标有别于白羽肉鸡。优质肉鸡品种（配套系）是以体型小、生长期长、易饲养，黄（麻、黑）羽和肌内脂肪丰富等为特征，同时对饲养条件也有一定的要求。我国是一个多民族的国家，几千年的文明形成了各民族特有的美食文化。在肉鸡的消费中，人们总是把外观性状（也称为包装性状）与产品的内在质量联系在一起，以外观确定鸡的肌肉质量是不正确的，但这种长期形成的观点不可能在短时间内改变。原因是我国人民长期以来一直饲养土种鸡，而土种鸡的毛色多为黄色和黄麻色。在我国的优质肉鸡地方鸡种中，很少有白羽鸡，而从国外引进的快大型品种主要是红羽鸡和白羽鸡。因此，我国优质肉鸡是仿土种鸡的优质肉鸡产业。

优质肉鸡的市场在我国有较牢固的基础，中国人特殊的风味要求使优质肉鸡产业不断扩大。这些特殊的要求只有中国人才能理解，与西方消费者相反的是优质肉鸡对上市日龄及性发育程度的要求是较高的，饲养时间较长和性发育较好的鸡更能适合消费者的口味。经过多年的科学研究，鸡性成熟前肌内脂肪含量很高，在加工过程中一些挥发性脂肪酸可形成很浓的芳香性气味，鸡汤味浓鲜美，这就是选择在优质肉鸡性成熟前出售而具较高价格的主要原因。可以断言，中国人食品中鸡肉的份额不会减少；而在中国肉鸡市场上，优质肉鸡是主产品。优质肉鸡是我国特色畜牧业中最重要的组成部分。20 世纪 80 年代以来，优质肉鸡发展从最初的土种鸡群养，经历了专业户饲养、小型企业到公司加农户的一体化养殖历程，目前已经成为我国畜牧业产业化中发展最快的产业，育种工作也随着饲养规模的扩大而在逐步走向规范。产业化发展对优质肉鸡育种提出了新的要求，新的育种—生产—加工产业化、专业化分工格局正在形成。

针对优质肉鸡肉质、外观与生长期要求较长等形成了其独特的育种目标，围绕这些目标，优质肉鸡的育种技术与育种设施也在不断的进步中。鸡冠高度与开产日龄等早熟性性状、肌内脂肪含量与纤维直径大小等肉质性状、羽色与肤色等外观性状的遗传规律及其改良方法都有大量的研究和育种实践报道，适合上述重要育种目标的育种设备设施研发则没有较大的进展。

2. 出现了众多优质肉鸡育种企业，育种设施和技术虽仍然相对落后但在不断得到改进

我国优质肉鸡经过 30 多年的发展，已形成相当的产业规模，据有关资料统计，我国优质肉鸡年出栏量达 40 多亿只，产值 1 000 多亿元，市场呈现产销两旺的局面。据不完全统计，开展优质肉鸡育种的单位有 100 多家，其中 70% 以上是企业行为。多年的产业发展，促进了优质肉鸡育种技术的快速进步，新品系不断出现，品种生产性能大幅提高。但是，育种的整体水平还是较差，先进的育种技术应用较少，先于市场的育种方向预判能力较弱，特别是育成的品种引导市场的能力还较差。主要表现在以下几个方面：

育成的新品种（配套系）多，但应用范围小。到 2012 年 8 月，我国利用各种素材育成的国家级审定优质肉鸡新品种（配套系）数量超过 30 个，目前这些通过审定的新品种（配套系）父母代年销售近 2 000 万套，全国存栏 2 000 多万套。这些品种（配套系）饲养量大，生产性能优良，市场适应性好，具有较高的饲养效益。但总的饲养量仅占我国黄鸡生产总数的不到50％。也就是说，在黄鸡生产中，50％以上的饲养品种（配套系）还是处于不合法经营中（包括公司自给数量）。

表型选育为主，数量性状选育未能广泛开展，分子改良技术等新育种手段还未广泛应用。大部分采用的育种方法传统落后，生产企业普遍采用"大群表型选择"方法，即从商品肉鸡中根据外观等表型直接选择符合市场要求的个体留种，没有采用现代家禽的育种方法，即专门化品系的选育和品系配套进行配套系的育种。育种的方向往往按市场要求进行，选择的主要性状包括生长速度、外包装性状及繁殖性能等。在以上性状的选择中，前两者的选择权重较大，也就是说选择的重点是生长速度和外貌选择。从选择的性状来看，选育的重点只在外观体型、生长速度及群体的一致性，品种的繁殖性能、肉质、饲料报酬等重要的经济性状没有涉及，也没有对品种进行疾病净化，品种的性能不全面。由于表型选种只能针对部分高遗传力的性状，而遗传力较低的性状选育效果较差，因此性能提高受到限制。

经过十多年来不断的努力，加大对生长速度的选择压，同时利用引进的快大型品系不断更新，逐年提高生长速度，生长速度已基本符合市场要求。在外包装性状的选择上，主要进行的是羽毛颜色的选择，包括广东沿海的黄羽、长江流域的麻羽和云贵川的黑羽。皮肤颜色主要选择黄皮肤和黑皮肤；根据各地消费习惯的不同，在体型、胫长、胫围和冠型等也开展了不同程度的选择，如广东供港鸡的矮脚、粗胫围和圆胸鸡的选择，已完全符合市场要求；而安徽、江西、河南等省的青脚鸡不仅脚的颜色非常纯合，在体型外貌上也已为市场所认同。但在育种场调查发现，企业选种内容仍然以羽毛颜色、生长速度、性成熟和体型等表型选种为主，数量性状的选种除几个大型企业外，大部分企业存在选种方法不当的问题或根本没有开展。

性连锁矮小型基因、隐性白羽基因、快慢羽基因等分子改良方法应用于优质肉鸡育种已经在在一些育种企业进行了很好的实践，但目前还未被大部分优质肉鸡育种企业所理解和应用。

育种的企业多，投入大，低水平重复现象严重。我国优质肉鸡公认的品牌少，由于各地的美食文化对优质鸡的要求各不相同，形成了几乎所有的优质鸡生产企业都要开展育种的格局。据初步统计，我国从事优质肉鸡的育种企业100家以上，这还不包括没有注册的个体养殖场。在市场应用中，快大型、中速型、优质和药用（保健）的配套系达到400个以上，平均每个企业选育的配套系达到4个以上。各个公司为长期发展，进行了育种素材收集，包括地方品种、培育品种和品系，保存素材10个以上的企业达到了15家，保存育种素材总数超过了400个，这些工作无疑增加了育种的投入。

育种企业的技术力量普遍不足。从企业育种来看，育种技术得不到提高的原因是技术力量的缺乏，没有育种核心专家的现象普遍存在，部分企业甚至欠缺育种专业技术人员，先进的育种技术不能应用，科学选种技术得不到普及，普遍存在"摸着石头过河"的现象。

育种基础条件普遍较差。遗传性能的充分表达是关系到选种效果的关键因素。大多育种企业测定鸡舍环境控制和疾病防控条件较差，影响了选种的准确性。另外，也欠缺条件良好的测定设备，不能对性状进行准确测量，更谈不上对测定数据进行系统分析。

3. 优质肉鸡育种技术和支撑体系初步建立，优质肉鸡产业竞争力提升

优质肉鸡与白羽肉鸡育种的最大区别是前者高度重视外观和品质，而后者只是对商品产量进行选种，因而优质肉鸡育种需要更多的技术创新。正确分配性能指标的选择压，顺次开展各个性状的选育是优质肉鸡育种的关键。

育种基础条件的完备。影响繁殖性能等数量性状选种效果的两大主要因素是育种条件（设施）和育种技术。性能的测定需要一个产蛋周期，在这个较长的周期中，测定鸡的性能充分表达是选育的前提条件。育种场不仅要有个体测定条件，同时需要相对恒定的测定鸡舍环境，以准确测定个体的性状值，并能利用计算机软件系统进行准确的分析和选种。目前大多数育种企业很难做到这一点。另一点是必要的选育技术，包括育种的理论知识和育种的经验，这对企业育种人才提出了要求。育种企业在基础条件方面的投入是今后育种竞争的关键之一。长期从事育种的企业必须从测定舍条件、育种设备、数据系统和技术人才上加强，切实提高育种水平，使育种的科技进步真正成为公司发展的核心竞争力。

育种企业数量减少和更加专业。近年来市场的发展和育种技术的进步，一些企业认识到从事育种工作的成本较高，技术水平低造成育成品种性能低下，严重影响企业的生产效益。一些企业开始引进和饲养其他公司的品种，逐步放弃育种，专业从事商品生产的公司开始出现。这种状况促进了一些育种公司的效益提高和规模扩大，专业育种公司的优势开始显现。同时，对育种公司的要求也逐步提高，供应的品种质量和技术服务成为争取客户的主要内容之一。一些基础条件差、技术力量不足及资金规模小的育种企业将会逐步退出育种市场。

生产企业与育种企业重组合作。以公司为龙头的家禽商品生产在国内已经基本形成，几乎所有发达地区都有公司加农户的一体化生产公司布点。其中，一些公司放弃了育种，致力于发展生产。商品生产中最重要的是品种质量稳定，希望能有一个质量稳定的育种企业长期合作。一些公司选择了信誉较好的小公司专业育种，在保证基本性能条件下，要求生产成本和生活力（包括种鸡的健康和抗病性能）都有较好表现的配套系。企业联手合作将是未来几年优质肉鸡发展的一个新的亮点，也是专业育种公司发展的机遇。

品种选育从单一性状向综合性状发展。优质肉鸡的发展过程中，对品种的要求发生了较大的变化。外貌适合于传统消费习惯，体重与市场要求的结合，性发育标记及体型等都列入了选育指标。同时，对配套系的生活力、适应性能及屠体质量等综合性能也有了具体的要求。近年来，选种又扩展到了饲料报酬、皮肤毛孔及风味物质等性状上。进一步加大育种基础设施的投入，配套先进的育种数据管理系统，采用现代家禽育种方法，并结合分子辅助选种等方法，对优质肉鸡的繁殖性状、饲料报酬、肉质性状、抗逆性等进行选育，培育出优质高效、性能全面的优质肉鸡配套系是我国下一步优质肉鸡育种工作的重点。

4. 启动白羽快大型肉鸡育种，确保我国肉鸡产业种业安全

白羽肉鸡是我国肉鸡产业的重要组成。根据肉鸡产业体系组织调研的数据，在全国范围内，白羽肉鸡产量甚至超过优质肉鸡。但是，目前我国白羽肉鸡祖代全部从国外引进，每年高达130万套祖代的引进量不仅耗费大量外汇，还存在引入高传染性病原等影响种业安全的隐患。正如上述，我国从20世纪70—80年代开始就尝试培育具有自主知识产权的白羽肉鸡新品种，数十年的积累加上我国经济建设取得的长足进步，开展白羽肉鸡育种工作取得成功的机会很大。

国家肉鸡产业技术体系已启动了快大型白羽肉鸡育种工作，经前期论证，2012年成立了育种协作组。协作组不仅对我国白羽肉鸡产业、种业现状进行调研分析，还积极向有关部门建言献策，努力推动政府层面的支持与政策倾斜。一些企业则在更早的2010年开始规模化的白羽快大型肉鸡育种项目。广东省的佛山高明区新广农牧公司经过3年多的努力，初步培育出新广快长型白羽肉鸡配套系广明1号。该配套系采用三系配套，各配套品系的培育都是在建立大规模基础选育群基础上开始分别组建家系，初步培育出6个品系，各品系的培育已取得了可喜的进展。根据目前进展，可望在2013年进行配合力测定试验并作小范围饲养试验，2014年完成中试，力争在2015年申请国家新品种（配套系）审定。"广明1号"育种素材采用公司自有优秀遗传资源与引进国外品种资源相结合的办法来解决。该快长型白羽肉鸡父母代配套系采用"节粮型"配套，可节省大量饲料。生产性能测定饲养对比试验表明，"广明1号"商品肉鸡、AA＋（来源正大公司）和科宝（来源宁波某公司）3个组鸡只的增重及料重比都无明显差异，但在成活率及体重均匀度"广明1号"白鸡明显优于其他两个组。

（三）我国肉鸡育种技术主要问题

与国际上先进的蛋鸡与快大型肉鸡育种体系相比，我国优质鸡育种还存在许多不足之处，归纳起来主要是基础技术没有广泛使用，新技术应用极少，育种设施落后。

分子改良方法研究与使用方面，家鸡的基因组序列首先被测定完成，与此同时，通过国际合作包含280万个变异位点的基因组变异图谱也得以绘制成功，开展家鸡功能基因组研究具有得天独厚的优势。足够密度的鸡遗传连锁图已在2000年成功构建（Groenen等，2000），该连锁图共包含2 000个标记，覆盖1 200Mb和3 800cM基因组的绝大部分，超过900个微卫星标记已经被定位，这些遗传标记得到了广泛的应用。一些重要的经济性状的QTL定位工作已经完成，至今已完成定位的性状有体重、肌肉生长与发育、体型结构、对沙门氏菌的抗性、对马立克氏病的抗性，这些结果正在被国外几家育种公司用于标记辅助选择试验。我国在肉鸡一些重要经济性状的定位及其分子改良方法建立上也取得了可喜进展。尤其是 2000 年启动了 973 计划开展农业动物基因组的研究，2006 年专门针对我国鸡重要经济性状的分子基础研究，启动的 863 重大专项研究则开展了鸡的重要经济性状的功能基因组研究。经过十多年的艰苦努力，取得了多项比较突出的研究成果：1994 年中国农业大学科学家精细定位了鸡性连锁矮小基因（dw），并在国际上首次克隆了该基因的 DNA 序列；尤其值得一提的是，我国学者对我国重要遗传资源优势特色基因的发掘进行了大量的工作。在鸡的肉质性状遗传规律研究、鸡快慢羽基因、我国特有资源丝羽乌骨鸡"十全"特征性状遗传规律的研究、鸡蛋绿壳性状控制基因的鉴别、控制鸡抱巢性基因与变异的鉴别等方面都取得了可喜的进展。根据各重要经济性状的分子遗传规律建立的分子改良方法则开始在实践中应用。近几年，国内多家单位相继开展了全基因组关联分析的研究工作，在验证了前期工作结果的基础上，发现了一些新的决定肉鸡重要经济性状的候选基因或者变异。个别单位还启动开展了基因组选择试验研究。

关于分子改良技术或者标记辅助选择，2004 年 Dekkers 进一步对农业动物标记与基因辅助选择的商业化应用策略与教训作了全面评述（Dekkers，2004），明确用于辅助选择的标记与基因可以分为 3 类：①直接标记，即基因座直接编码功能性突变；②LD 标记，即基因座与功能性突变存在群体范围内的连锁不平衡（LD）；③LE 标记，即在远交群体中基因座与功能性突变存在群体范围内的连锁平衡（LE）。标记辅助选择的方法跟标记所属类型相匹配。通过对一系列应用事例与理论探讨的综合分析，Dekkers 认为标记与基因辅助选择育种策略值得审慎乐观。2009 年 Hospital 对植物中的有效标记辅助选择遇到的挑战作了评述（Hospital，2009）。文章列出了多个成功的事例，也指出了期望与实际的差异，提出了将来遇到的挑战与障碍。可以预见，随着鸡基因组研究的深入开展，越来越多决定重要经济性状的基因或标记将被鉴别出来，而我国丰富的地方品种资源中蕴藏着的各种优势特色基因也将被陆续发掘出来。这些成果的取得，必将推动我国肉鸡优势特色基因的应用，满足发展高效、优质、安全肉鸡育种技术发展的需求。

尽管我国肉鸡育种技术发展前景良好，但依然存在不少挑战与问题。

优质鸡产业虽然为我国所特有，但国外包括 Cobb、Aviagen 等在内的知名肉鸡育种企业一直虎视眈眈，企图插足优质鸡育种产业，只是不了解我国消费优质鸡的习惯而没有全面开展工作。这方面要引起足够重视。

而我国快大型白羽肉鸡育种几乎空白的现状也急需改变。我国每年从国外引进白羽肉鸡祖代 100 多万套，由于适应性方面的原因，引进的白羽肉鸡死淘率偏高，影响了肉鸡业的效益。更为严重的是，由于疫病多，养鸡户喂药往往过多造成药物残留。引进的白羽肉鸡还存在病原携带的问题。因此，白羽肉鸡育种还涉及种业安全的问题。

肉鸡育种技术开发与应用包括重要经济性状的遗传基础研究、育种新技术研究与应用、新品种培育、繁育体系建立等一系列环节，这些环节需要高校、科研院所、企业等参与。目前我国优质鸡种业企业数目虽然逐渐减少，但总体来说还是非常庞大，因此必然出现企业规模小、分散经营、技术含量低、金融支持缺位、创新主体缺位、创新人才匮乏、产权专利少、农科教脱节、市场体系缺位、中介和服务体系缺位、缺乏整体规划和国家战略、宏观组织乏力等情况。

目前来看，我国在肉鸡重要经济性状遗传规律的基因组学研究方面开展了大量的工作，但这些结果如何集成为可在育种实践中使用的技术则没有深入的研究，离实际应用有相当大的距离。此外，企业与科技界的交流互动较少，阻碍了育种新技术的推广应用。

总体来说，上游研究工作不落后，但缺乏核心的育种技术，下游企业跟发达国家对比差距仍然巨大，需要奋起直追。

（四）我国肉鸡育种技术发展趋势及经验

1. 重要经济性状遗传规律的基因组学研究

我国在 2000—2005 年启动了旨在确定猪鸡等重要农业动物重要经济性状主基因定位的基因组学基础研究，主要得益于这一重大的基础研究计划项目带动，我国肉鸡重要经济性状遗传的基因组学研究 2000 年来取得了巨大进展。中国农业大学、华南农业大学、东北农业大学与河南农业大学等单位通过建立资源群体方法，采取候选基因法、基因组扫描甚至全基因组关联分析等手段定位了生长、脂肪沉积、肌纤维直径、产蛋量、屠宰率、体尺等重要性状以及毛脚、冠形、多趾、胡须等外观性状。但是，更多的性状还没有进行定位。一些我国地方鸡种资源特有的特征特性，如风味物质种类与含量、肉的 pH 等重要经济性状，矮脚、高脚、无尾椎等外观性状甚至没有很好的表型描述，更没有进行定位研究。基因组学研究已经进入功能基因组时代，重测序、RNA 深度测序、表观基因组学、代谢通路分析等研究策略将极大地有助于解开肉鸡各种重要经济性状遗传规律，一些为我国地方品种资源所特有的优势性状会在基因组水平上得到阐释。

2. 分子改良方法的建立应用

在 2000—2005 年国家第一个重大基础研究计划顺利实施的基础上，2006—2010 年国家又启动了新的重大基础研究计划项目，除继续应用新的研究策略开展肉鸡重要经济性状的定位研究，新的五年研究项目专门设置了分子改良方法的理论研究。该项研究探索了单纯采用分子标记制订选择指数与采用分子标记结合表型性状测定数据制订选择指数进行选择的效果，试验限于数量性状。对属于数量性状的重要经济性状的选择，近几年我国科技人员还对全基因组选择的分子改良技术进行研究。而对优质肉鸡有着重要意义的外观性状，由于起决定作用的基因或者基因组变异十分明确，因而采用直接的分子检测方法选择便可以取得显著的效果。华南农业大学研究团队过去10 年应用直接分子检测方法，协助企业培育出含有矮小型基因或者隐性白羽基因等的优质鸡配套系 10 多个，其中 6 个通过国家级审定。未来分子改良方法的建立应用，将得益于越来越有效的定位策略获得的重要经济性状遗传规律最终阐释，多数重要经济性状可以通过分子改良方法应用大大提高选择效率。

3. 大数据时代的选择技术

全基因组选择、自动化数据收集系统与选择指数制订都需要大量的数据处理。肉鸡重要经济性状尤其属于数量性状的那一部分，基因组学研究的初步结果表明它们大多数由多个基因座位决定，其效应还跟育种群体的遗传背景息息相关，建立可行的、包含了分子信息肉鸡重要性状的选择方法，需要大量的数据作为基础。计算机技术的不断进步，加上网络技术的推进，处理大量数据成为可能。未来肉鸡的选择技术将会进入大数据时代。大数据不仅停留在实验室，在育种现场也将起着重要作用。对遗传进展、整齐度等的高要求，目前已经使包括优质肉鸡育种在内的品系选育规模不断加大，近年来出现的循环育种更是令数据量不断地增加，因此现场数据也达到了一个空前的规模。

4. 白羽肉鸡育种的兴起

根据肉鸡产业技术体系产业经济岗位 2011 年对我国肉鸡出栏结构及周转规律的研究结果，我国白羽肉鸡主要的问题是疫病控制形势严峻。如上述，我国白鸡几乎全部靠引进祖代解决种的问题，但是，我国在白鸡育种方面有积累了 30 多年的基础。针对白鸡生长速度快但抗病力不理想的状况，展开我国白鸡育种工作将会是突破口。根据 2011 年的调查报告，我国白羽肉鸡死淘率为 2‰～12‰，黄鸡与肉杂鸡（即白羽肉鸡与蛋鸡杂交生产的作肉鸡用的后代）的死淘率为 3‰～5‰，考虑到三种类型肉鸡的饲养期长度，白羽肉鸡的死淘率是相当高的。因此，白鸡育种工作将会从培育具有高适应能力、抗病力强的新配套系角度取得成功。此外，考虑到我国存在不同生长速度黄羽肉鸡（优质肉鸡）的状况，随着人们逐步接受屠宰肉鸡的消费习惯，培育生长速度较目前引进品种稍慢的白羽肉鸡也容易取得成功。

数十年的优质肉鸡育种实践，全国范围内已出现了一批有实力的肉鸡育种企业，只要给予一定的技术、资金及人力的支持，这批企业将会兴起白鸡育种的热潮。

5. 育种设施设备的改进

劳动力的短缺、育种新技术的出现、市场对肉鸡新品种要求的提高，对肉鸡育种设施设备的改进有巨大的推动作用。农村劳动力向城市转移、人口出生率下降、劳动力工资上涨等因素，造成包括肉鸡养殖业在内的农业从业人员的短缺，因此，过去费时费力的育种登记系统受到极大的考验，而为提高饲养密度、降低成本的人工授精技术也不再能节约成本。这种状况下，自动、无纸化的记录系统，以及便于本交的育种小间笼养系统可能应运而生。

基因组选择技术出现虽然不一定促使育种公司建立分子生物学实验室，但为分子改良技术的应用与推广服务的基因公司将会出现。由于饲料价格的不断攀升，对饲料转化率的遗传改良会越来越受到企业重视，基于测定饲料转化效率的自动记录系统会得到普遍应用。其他如优质肉鸡所特有的肉质分析设备 pH 测定仪、系水力测定设备、剪切力测定仪器也会出现在育种公司的日常设备中。

总体来说，肉鸡育种今后的发展方向是更好及更全面地利用中国地方鸡种质优、抗病力强的特点，将其优势充分地发挥到优质鸡的育种实践中来，同时也要扬长避短，结合商品鸡产肉产蛋量高的特点，在提高我国优质鸡肉质量的同时，也要重视生产的效率，提高产量，只有这样才能使我国的优质肉鸡在质和量方面满足我国消费者的需求。可以预期，各种已被快大型肉鸡与蛋鸡育种证明可行的技术将在优质鸡中得到广泛应用与推广；针对优质肉鸡特点将建立相应的技术体系；白羽肉鸡育种将会出现多家育种公司同时尝试，出现并驾齐驱的局面；不仅适合于优质肉鸡，而且也适用于白羽肉鸡的新的育种技术及育种设施会不断出现。

第四节　战略思考及政策建议

一、我国肉鸡种业发展战略

畜牧业生产的发展与跨越总是以畜禽良种更新为先导。在畜牧业经济中，品种的贡献率平均达 40% 以上。同样，我国肉鸡产业的巨大发展离不开肉鸡良种覆盖率的不断提升。我国肉鸡生产中利用的鸡种类型主要为快大型肉鸡和优质肉鸡。快大型肉鸡是指具有极快的早期增重速度，40 日龄左右上市的白羽或红羽肉鸡，此类鸡种具有生长性能优异、产肉率高的特点。自 20 世纪 80 年代以来，我国先后从美国、加拿大、德国、澳大利亚等国引进爱拔益加（AA ＋）、艾维茵（AV）、红波罗（RED-BURO）、罗曼（LOHMAN）、狄高（TEGAL）等祖代快大型肉鸡品系，大量优良肉鸡品种的引进为我国肉鸡产业的迅速崛起到至关重要的作用。此类鸡种目前依然全部靠从国外进口。优质肉鸡是指含有一定我国地方鸡种血缘的黄羽、麻羽等羽色肉用型鸡种的统称，虽生长速度相对较慢、产肉性能相对较低，但肉质风味较佳，符合我国人民消费习惯，是具有我国特色的肉鸡类型。20 世纪 80 年代后期，我国优质肉鸡育种在全国各地陆续兴起，利用我国肉质优良的地方鸡品种为素材，通过本品种选育或杂交育种，培育符合各地市场特点的优质肉鸡品种（配套系）。全国已通过国家畜禽遗传资源委员会审定的肉鸡品种（配套系）在我国优质肉鸡生产中发挥了重要作用。目前，我国优质肉鸡年出栏量已超 40 亿只，已与快大型白羽肉鸡各占半壁江山。

从某种意义上讲，肉鸡产业的竞争，就是肉鸡种业的竞争，提升肉鸡种业发展水平，对于促进我国肉鸡健康、持久发展具有重要的战略意义。肉鸡种业体系应由遗传资源保护、新品种培育、品种性能测定、良繁体系建立等组成。目前我国肉鸡种业存在主要问题主要有：白羽肉鸡无自主知识产权，全部依赖从国外进口，不仅每年花费大量外汇，而且极易受到国外企业的控制，不利于我国肉鸡业的安全和持久发展；优质肉鸡种源虽然都为自行培育，但育种水平参差不齐，品种选育效率较低，生产性能水平有待提高，良繁体系尚未完善；规范而常态的品种性能测定工作有待开展；科学而合理的地方鸡品种遗传资源的保护与开发利用体系有待建立。因此，从我国肉鸡产业的实际出发，制定我国肉鸡种业发展战略十分必要。

（一）战略目标

组建国家肉鸡育种协作组，培植国家级肉鸡育种核心企业，集成我国育种技术、企业和其他社会资源，在育种人才、育种技术和育种条件上全面提升。在优质肉鸡育种上，通过5～10年时间积累一批育种遗传素材，培育一批新的品种（配套系），使我国优质肉鸡育种科学规范，技术先进，生产性能达到国际先进水平；在白羽肉鸡育种上，通过15年左右的协同攻关，有步骤地实施国家白羽快大型肉鸡育种战略，建立起良种繁育体系，培育出具备自主知识产权、品质优良、竞争力强的肉鸡品种（配套系），早日结束种鸡完全依赖国外进口的局面。做到肉鸡育种以市场为导向，企业自主育种、自主投入的市场育种目标。

（二）战略思路

以企业为主体，集合育种等各学科专家协作攻关，由国家肉鸡产业技术体系专家和育种企业联合开展现代肉鸡育种，全面提高肉鸡生产性能和育种水平，培植国家肉鸡育种的核心企业，培育出具有自主知识产权、世界先进生产水平的肉鸡配套系，为肉鸡产业长期稳定发展提供保障。

1. 调整与完善区域布局，进行可能的技术、资源联合与重组

进行技术、资源联合与重组，重点发展大型育种公司和祖代鸡场，从当前的分散育种逐步向优势企业育种转变。将优质肉鸡育种企业从现在的100多家降低到20家左右，白羽肉鸡祖代场保持在20家以内。适度调控白羽肉鸡祖代鸡饲养数量，从现在的110万套，每年增加5％左右，使饲养周期和饲养性能满足市场发展的需求。改变当前饲养量大、供种率低的现象。满足长年均衡生产和供种需要，扶持大型种业公司的发展，在全国五个肉鸡主产区建立8～10个饲养父母代种鸡100万套以上的大型种业公司。

2. 启动白羽肉鸡育种，深化优质肉鸡育种，全面提升育种技术水平

育种技术进步是育种成败的关键。根据国情，在通过引进和自主创新等手段全面提高肉鸡育种技术水平的同时，重点支持几个育种企业在育种测定鸡舍等硬件条件上提升，制订肉鸡育种测定环境和技术要求，实现遗传性能的快速提高。

根据现有条件，尽快启动我国白羽肉鸡育种。白羽肉鸡的育种从特色、适应性和饲料报酬等性能选育开始逐步向平衡选育进步。利用国外进口品种（品系）和我国现有快长基因资源配套，经过中试，培育适合我国规模化生产的白羽快长型肉鸡新品种（配套系），力争到2015年自主培育品种在快长白羽肉鸡中的饲养量达到5％，2020年达到30％以上。

继续开展优质肉鸡的育种工作，以充分利用地方鸡资源为主，突出适应性和风味等优势性状，重点加强在繁殖性能、产肉性能和饲料报酬等性能方面的提高；通过5～10年努力，形成我国优质鸡主要品种（配套系）5～10个，占优质肉鸡饲养量的85％以上，在快长型、中速型和优质型肉鸡分别具有饲料转化率高、适合屠宰和优质肉等各自的优势，全面降低饲养成本和提高饲养效益。

3. 全面发展规模化标准化肉鸡种业企业

重点发展肉鸡育种（祖代）和标准化养殖企业，力争90％以上的种源由标准化规模化养殖企业供应。形成布局合理、规模适度的标准化肉鸡种业企业。到2020年，使规模化标准化肉鸡种业企业的比重提高15％～20％。

4. 全面提高肉鸡种业企业的疾病净化与控制水平

通过科研单位和大型企业的结合，逐步做到种业企业的防疫标准化。通过隔离、防疫、检测和其他综合措施，全面提高种业公司的种群的健康水平，做到种苗无规定的传染性疾病。

（三）战略重点

1. 强化地方鸡种资源保护和遗传监测工作

进一步强化地方鸡种遗传资源保护工作，落实与完善保种场、保护区、基因库的管理与技术规范，不断加大保种场、保护区、基因库保护的硬件投入，加快推进我国地方鸡遗传资源信息平台建设，实现数据资源共享。长期而有效地开展遗传监测、性能测定和遗传评估，科学确定各个品种、资源的育种和利用方向。

2. 系统确定育种方向、制订育种规划

由国家肉鸡产业技术体系牵头，组织全国研究院（所）、高等院校及生产企业专家，充分调研，集思广益，统一思想，确定育种方向。同时，要制订一个长期规划和近期的关键工作，长期坚持一个方向进行选育，培育出生产所需要的品种。规划的内容应包括基本的育种方向、育种的基本素材性能及来源、合理的育种技术路线、适度的育种群测定规模、先进的育种技术手段等几个方面，采用边育种边利用的方法来消化部分投入，逐步提高生产性能和经济效益。

3. 加强种禽进（出）口的审批与管理工作

优秀基因是育种的物质基础。为保障我国肉鸡种业的安全和可持续发展，应从国家层面进一步加强种鸡的进（出）口审批与管理工作。优秀种鸡的引进有助于丰富育种素材、加快育种进程，提升优良种鸡的市场竞争力。但是，种鸡的引进应与肉鸡产业发展实际需要相适应，既要保证种鸡质量，又要避免盲目引进。继续长期而有效地实行种鸡进口审批制度，跟踪评价引进种禽的生产性能，防止低水平重复引进种禽。同时，要加强地方鸡遗传资源监管和出口审核，逐步完善遗传保护名录，防止资源流失。

4. 稳步推进种鸡生产性能测定工作

生产性能测定是种鸡选育的基础，是提升种鸡质量的重要手段。鼓励和支持种鸡场根据选育计划的要求，制订生产性能测定方案，系统地测定与记录种鸡生产性能指标，确保测定数据的准确性和完整性。省级以上畜牧兽医主管部门要逐步将生产性能测定结果作为原种场和祖代场生产经营许可证核发的重要参照依据，中央和地方扶持种鸡场发展的政策或资金要向生产性能测定工作开展较好的种鸡场倾斜。国家或省级生产性能测定中心（站）要发挥设备、技术优势，有计划地开展集中测定，确保测定结果的准确性、公正性和科学性。

5. 推进良种繁体系和品种改良技术服务体系建设

目前白羽肉鸡生产中良繁体系比较完善，但优质肉鸡生产中还未真正形成育种场—扩繁场—商品场的生产格局；同时，多数优质肉鸡原种场设备简陋、技术水平低、多品种混杂、代次混乱。各地要按照畜牧法的规定，制定出台种禽场建设标准，适当提高准入门槛。要规范种禽生产经营许可证发放，不同级别层次的种禽场严格区别生产经营范围，按不同代次分曾祖代场（含原种场）、祖代场和父母代场。生产经营许可证所列种禽，应与《中国畜禽遗传资源志》中的品种名称相一致。以国家肉鸡体系综合试验站为技术依托，发挥各级畜牧兽医主管部门监督管理责能，建立健全良种推广技术服务体系，继续组织开展基层从业人员的培训与职业技能鉴定，提高专业技术人员的生产操作技能。

（四）保障机制

1. 组织实施方法

在农业部畜牧业司的统一领导和指挥下，加强集成，与国家其他科技计划、产业发展计划有机衔接。

在主管部门和首席专家统一领导下，实行专家（育种、营养和疫病控制等）与企业自愿结合组成的8～10个执行小组，每个小组由一个大型育种企业及多名专家组成，竞争承担项目。

申报企业必须具有较好的育种基础、较强的技术力量和完善的育种设施；具有较强的育种投入能力；自主培育的快长型优质肉鸡配套系已经通过国家级审定，且性能优越、推广应用面广。

建立和完善以竞争机制、评价机制、监督机制和激励机制为核心的运行机制，逐步建设以家禽育种企业为主体、市场为导向、产学研相结合的育种创新体系。

项目的考核以育种的遗传进展为主要目标，通过性能测定，确定育种成绩，各个执行小组只给少量的启动经费，经过两个世代育种后对在企业推广的品种（配套系）进行抽样测定，按照制订的考核项目确定优选小组。

采用研究单位、教学单位与相关肉鸡育种和生产企业相结合的方式，实施联合育种，实现资源的有效共享。通过强强联合壮大育种企业的实力，加快技术进步。加大资金投入，充分利用我国原有的和引进的遗传资源，研究开发能适应我国市场需要的产品，提高我国家禽育种企业的国际竞争能力。

对于有望形成自主知识产权的技术，要完成品系的建立，使其可以与其他计划衔接或被禽类育种企业接收。

积极开展国际交流与合作，自主研究开发与技术引进、消化、吸收相结合，引进国际高水平的一流人才，高起点地发展高技术，努力实现技术的跨越式发展。

2. 管理机制创新

肉鸡育种涉及多学科、多层次、多部门的协同研究内容，需要科研、教学和企业部门集成攻关，同时需要中央和地方科技力量的有机结合，需要产业和科技部门的协同。因此，实施由科技部门和产业部门牵头，组织研究单位、高校和行业优势企业联合攻关。在管理机制的创新上，主要突出于建设以肉鸡育种企业为主体、市场为导向、产学研相结合的技术创新体系，建立有经济实力和技术实力参与国际竞争的肉鸡育种公司。

加强自主创新，为自主肉鸡品种选育提供有效科技支撑。面向我国的生产条件，培育具有国际竞争力的肉鸡新品种。通过项目支持，培养育种企业的技术创新能力和经营能力，强化新品种培育、扩繁、示范和推广的有机结合，健全以高科技企业为主体的肉鸡育种技术和良种产业化创新体系，建立良种繁育基地、产业化示范基地，加快肉鸡品种国产化的进程。

整合资源，创新机制，建立全国肉鸡育种协作网。联合全国力量形成家禽育种全国协作组，利用共同攻关的成果，采用研究单位、教学单位与相关家禽育种和生产企业相结合的方式，实施联合育种，实现资源的有效共享。在政府的指导和扶持下，由科研、教学单位和育种企业根据市场需要提出育种目标，制订育种计划，由国家重点家禽育种企业具体实施，家禽行业龙头企业负责产业化示范推广。科研攻关以专家为技术主体，以企业为实施基地，充分发挥大专院校和科研单位的技术优势，以及企业经营管理和市场开发优势，实现科研院所、高校和企业间的产学研相互融合。

项目的实施做到国家、部门、地方三力合一，人才、技术、资金高度集成，研究、开发同步进行。项目各课题有机结合、合理分工、各负其责。对课题实行目标管理，建立激励机制，优存劣汰、滚动支持，确保计划顺利完成。

二、我国肉鸡种业发展措施建议

（一）政策措施

肉鸡种业是我国肉鸡产业发展的重要物质基础。各地要充分认识肉鸡种业对于保障我国肉鸡产业良性与安全发展的重要意义。同时，肉鸡种业发展又是一项具有长期性、连续性、公益性的系统工程。要站在战略高度，将肉鸡种业发展纳入社会经济发展计划，加大政策和公共支持力度，在用地、融资、税费等政策上给予倾斜与支持。

鼓励企业自主开展国际上著名育种企业的收购和兼并。通过育种素材和技术的引进，提高我国肉鸡（特别是白羽肉鸡）育种的起点水平。重点扶持对我国肉鸡种业发展有重大影响的育种（资源）场，培育市场占有率高的肉鸡新品种（配套系）；同时，通过科技项目的实施，提高现代育种技术和疾病控制基础设施等方面的总体水平。

保障种鸡质量监督、监测体系建设的资金投入；鼓励与引导各种社会力量通过兴办各级制种企业、良种推广服务站的形式，逐步形成肉种鸡生产经营多元投资机制与市场运行体系，加快优良肉鸡新品种的推广和科技成果转化。

（二）主要任务

1. 地方鸡遗传资源的测定与评价

开展地方黄鸡品种资源遗传及肉鸡育种素材的系统评估，包括生产性能测定、分子测定和特异性能的评估。2020 年基本完成品种资源的评价，确定各肉鸡品种资源的利用方向。

2. 确定育种方向与技术指标

通过改善育种设施、改进育种技术和提高选择压等各项措施，全面提高我国肉鸡的生产水平。

（1）快长型优质肉鸡配套系。以提高繁殖性能和生产速度为重点选育目标，在饲料转化率、胸腿肌率和饲养成活率等经济性能方面全面改进，整体提高快长型黄鸡饲养的经济效益。

（2）中速型、慢速型优质肉鸡配套系。种鸡繁殖性能每个世代增加合格苗鸡产量 2 只；强化性成熟选择，保持上市体重，逐步在上市日龄、饲料转化率、群体均匀度和肉质性能等逐年改进。根据优质鸡肉评价的基本要素，逐年提高配套系的肉质，从品种（配套系）的内涵上体现优质肉鸡的经济价值。

（3）快大型白羽肉鸡新品种（配套系）。以适应我国特殊饲养环境和消费需求为选育目标，逐步从适应性能选育向快长和低耗方向选育的转变。在上市体重、肉用性能及饲料转化率等方面达到国际先进水平。

3. 创建国家肉鸡育种核心场

根据全国肉鸡生产优势区域布局和发展规划，在肉鸡育种技术优势区和重点产业区建设国家肉鸡育种核心育种场，包括快长型黄鸡，中、慢速型黄鸡育种场和快大型白羽肉鸡育种场。

国家级育种核心场必须具备拥有性能领先的育种素材、较高的育种能力和长期育种基础，育种技术力量强大和技术先进，拥有家禽重大疾病控制能力，育种舍饲养和环境控制条件达到国内先进。

4. 实施标准化育种技术

（1）地方鸡遗传资源测定与评价技术规程。针对我国遗传资源特点和优质肉鸡消费特点，制定地方鸡遗传资源测定标准，测定内容包括产肉性能、繁殖性能、体型结构、特殊性能等，特别是关系到我国优质鸡市场特点的性成熟、肉质等性状。

（2）肉鸡选育技术规程。规范肉鸡选育技术规程，对各项性能的选种比例、选种日龄、选种程序，以及各性状选择的权重分配等进行标准化，可以由各个企业自行制订，也可以统一制订。

（3）肉鸡、种鸡测定技术规程。性能测定准确和规范是选种准确最基本的前提。测定技术规程包括育成（雏）期、繁殖期饲养规程，体重、产蛋数、蛋重、孵化、性发育等测定的技术规范。各个企业测定方法相对一致，可较好地促进育种遗传进展和育种技术的进步。

（4）育种测定设备条件的技术规程。制订相关设计和建设规范的育种鸡场，在鸡舍环境控制、饲养设备、测定设备等方面最大限度地满足鸡不同生长发育要求的需要，充分表现遗传潜力。

（5）育种场疾病净化技术规程。要使所有育种企业高度关注育种鸡群的健康，只有净化好的鸡群才能取得最大的遗传进展。制订并实施包括鸡白痢、禽白血病和败血支原体等垂直传播性疾病净化的技术规程。在兽医部门的协助下，育种场必须严格执行的兽医卫生防疫制度，并将其作为考核育种场的主要指标之一。

5. 提高我国自主培育品种的市场占有率

持续扶持新品种的选育，全面提高生产性能，降低饲养成本，提高养殖效益，通过企业自主和政策引导双重机制推广新品种（配套系），逐年提高自主培育品种（配套系）的市场占有率。

6. 建成肉鸡育种与性能测定数据库

通过测定数据的分析与集成，2015 年完成国家肉鸡遗传改良数据库，包括地方鸡遗传资源数据库、肉鸡育种素材数据库、国家级审定配套系数据库和国家肉鸡育种核心场数据库。

7. 开展常态化的肉鸡生产性能测定

充分利用现有的国家生产性能测定站和家禽检测中心条件，对通过国家审定且生产应用量大的新品种（配套系）肉鸡每两年进行一次定期测定，并将测定数据公布。测定的数据可作为遴选和淘汰国家肉鸡育种核心企业的重要依据。

参考文献

谷继承，杨红杰，于福清 . 2010. 我国畜禽良种繁育体系建设探析 ［J］. 中国畜牧杂志，46（14）：9-16.

国家畜禽遗传资源委员会 . 2011. 中国畜禽遗传资源志·家禽志 ［M］. 北京：中国农业出版社 .

蒋小松，杜华锐，苏毅，等 . 2005. 关于优质肉鸡育种的几点考虑 ［J］. 家禽科学（11）：7-9.

蒋小松，杨朝武 . 2013. 国际肉鸡育种遗传评估与选择技术研究 ［J］. 中国家禽（7）：2-4.

齐想 . 2009. 技术与理念的创新是肉鸡业发展的动力源泉 ［J］. 中国家禽（7）：60-63.

王进圣，罗平涛，肖凡 . 2008. 我国白羽肉鸡育种及其产业发展 ［J］. 中国家禽，30（20）：

1-7.

王晓峰 . 2009. 国际家禽育种公司最新动态［J］. 中国禽业导刊，26（24）：19-20.

王晓峰 . 2008. 全球家禽育种公司在整合中进步［J］. 中国禽业导刊，25（13）：16-17.

吴永兴，顾云飞 . 1995. 赴美国爱拔益加育种有限公司考察报告［J］. 上海畜牧兽医通讯，11（2）：31-32.

张贞奇 . 1993. 美国 AA 肉鸡育种公司［J］. 世界农业（3）：17-19.

ANNE FANATICO，HOLLY BORN. 2002. Label Rouge：Pasture-Based Poultry Production in France［M］. Arkansas：NCAT Agriculture.

AVIGDOR CAHANER. 1994. Poultry Improvement：Integration of Present and New Genetic Approaches for Broilers［J］. The 5th World Congress Applied to Livestock Production，20：25-32.

CARL-JOHAN RUBIN，MICHAEL C. Zody，Jonas Eriksson，et al. 2010. Whole-Genome Resequencing Reveals Loci Under Selection during Chicken Domestication［J］. Nature，25：587-593.

Dekkers J C. 2004. Commercial Application of Marker- and Gene-Assisted Selection in Livestock：Strategies and Lessons［J］. J Anim Sci.，82：313-328.

Groenen M A，Cheng H H，Bumstead N，et al. 2000. A Consensus Linkage Map of The Chicken Genome［J］. Genome Res.，10（1）：137-147.

Hospital F. 2009. Challenges for Effective Marker-Assisted Selection in Plants［J］. Genetica，136（2）：303-310.

KEN LAUGHLIN，BSC，PHD，et al. 2007. The Evolution of Genetics，Breeding and Production［M］. Shropshire：Harper Adams University College Report.

LIVIU R TOTIR，ROHAN L FERNANDO. 2004. The Effect of Using Approximate Gametic Variance Covarian Ce Matrices on Marker Assisted Selection by BLUP［J］. Genet. Sel. Evol，36：29-48.

MARDIS E R. 2008. Next-Generation DNA Sequencing Methods［J］. Annu Rev Genemics Hum Genet，9：387-402.

SMITH C. 1964. The Use of Specialized Sire and Dam Lines in Selection for Meat Production［J］. Animal Production，6：337-344.

SUSANNE GURA. 2008. Livestock Breeding in The Hand of Corporations［J］. Seedling，1：1-9.

W M MUIR，S E AGGREY. 2003. Poultry Genetics，Breeding and Biotechnology［M］. London：CAB International.

第四章 中国肉鸡饲料产业发展战略研究

第一节 饲料产业的发展现状

一、国际肉鸡饲料产业发展现状与趋势

（一）国际肉鸡饲料产业发展历史回顾

肉鸡饲料作为饲料的一个类别分支，其发展历史与饲料产业发展历史密不可分。国际饲料产业的发展最早可追溯到 1810 年，德国人首次开发了饲料常规分析方法，该分析系统可对饲料中的粗蛋白、粗纤维、氮、灰分和水分含量进行分析测定，并将此技术引入饲料配方。1813 年，首次有报道在美国佛蒙特州用粉碎谷物饲喂动物。1870 年，首次有报道在美国马萨诸塞州使用混合饲料。在 19 世纪八、九十年代美国出现了一些生产饲料的大企业，如美国嘉吉 Cargill 公司、普瑞纳 Purina 公司，但生产的饲料是否有猪、鸡、牛羊等饲料严格分类已无从考证。20 世纪 20 年代后期，饲料业迈出改革创新的一步，开始生产并使用颗粒饲料。

美国肉鸡饲料产业建立在肉鸡养殖业发展基础上。1920—1930 年，肉鸡生产逐步从蛋鸡产业中独立出来。早期的肉鸡生产主要分布在美国东北部的德尔马瓦半岛（Delmarva Peninsula）、乔治亚州、阿肯色州和新英格兰地区（纽英仑），有利的天气条件、丰富的土地资源和水资源、充足的玉米和豆粕等饲料原料供应为肉鸡产业的地域扩张、肉鸡饲料产业发展提供了有力保障。1940—1960 年，饲料加工厂成为早期肉鸡产业中的独立实体。饲料加工厂扩展了对农民的信贷，让农民购买饲料来生产肉鸡。随着养殖规模变大，肉鸡养殖企业逐步成立，开始了产业链的整合，将饲料厂、孵化场和肉品加工厂进行合并。到 1952 年，美国专门化培育品种肉鸡作为鸡肉生产的一个重要来源在数量上超过了其他品种的鸡。因为饲料融资中存在风险，合约制肉鸡养殖模式在农民失去土地后得到了进一步发展。1970 年后，随着肉鸡产业现代化进程的加快，饲料产业的机械化和自动化水平进一步提高。美国鸡肉消费量在 1985 年和 1992 年先后超过了猪肉和牛肉的消费量，肉鸡产业的扩大生产导致相应的肉鸡饲料产业快速发展。1991 年，美国政府开始向苏联出口鸡肉，苏联解体后，俄罗斯向国际商业开放市场，美国鸡肉出口量陡增。2001 年，美国出口到俄罗斯和其他海外市场的鸡肉占美国鸡肉总产量的 20% 左右，相应地，美国肉鸡饲料生产量也提高

了 20% 左右。

巴西的肉鸡饲料产业发展可追溯到 1950 年。在 19 世纪 50 年代，为了促进肉鸡品种的遗传改良，巴西与美国签订协议，从美国引进纯肉鸡品种，并在圣保罗州、里约热内卢和米纳斯吉拉斯州率先尝试通过技术开发提高肉鸡的性能，逐步开始相应的专门化肉鸡饲料生产。19 世纪 60 年代早期，因受到大量可以长时间投资的信贷驱动，在巴西南部的圣卡塔琳娜州开始大规模地推行肉鸡生产一体化模式（Junior 和 Bruno，2012），肉鸡饲料生产也被整合其中。在 19 世纪 70 年代，受跨国公司投资生产配合饲料不断增长的驱动，巴西的饲料产业作为一个独立支柱产业才真正开始发展，巴西政府开始对家禽和猪肉集成项目包括饲料生产提供资金，一系列的投资最终造就了巴西巨大的饲料生产能力（Gonzalez 和 Hirsch，2006）。19 世纪 80 年代巴西的肉鸡产业逐步增强，尽管全球经济停滞给家庭消费带来了负面影响，相应地也对肉鸡产业造成了不利影响，但是巴西的鸡肉出口量大量增加，肉鸡饲料产业也随着迅速发展。随着肉鸡产业技术和生产水平不断提高，产业的竞争力不断加强，也使得肉鸡饲料产业效率提高，生产成本降低。同时，国际化进程和公司并购开始在巴西南部出现。到 90 年代末，巴西开始出口鸡肉产品到欧洲，对鸡肉产品特征如肉鸡的生长性能和鸡肉产量关注度不断提高，与肉鸡生产密不可分的肉鸡饲料产业也在稳步向前发展。

欧洲肉鸡饲料发展可分为这样四个阶段：数量—质量—安全—舒适（COMFORT）。整体而言，肉鸡饲料产业在欧洲发展不到 50 年，是新兴的产业。在不同发展阶段，欧洲各国都建有相应的肉鸡饲料生产法规。从 1970 年开始，欧洲制定了统一的饲料法规。欧洲共同体的指令表述在各成员法律之内，有饲料成分、饲料生产、销售和使用等各方面的法规，尤其是在饲料原料、饲料添加剂、饲料产品方面的法规是非常严格的。1971—1991 年，欧共体中的英国、法国、德国、荷兰、西班牙、爱尔兰、意大利等成员生产了大量的肉鸡配合饲料，饲料生产量增长了 90% 以上，但是肉鸡饲料生产厂个数却减少了很多。

从 19 世纪 50 年代开始，泰国的肉鸡饲料产业和肉鸡产业完全整合在一起。泰国肉鸡生产能在畜禽生产中取得成功，主要归因于以下几个因素：现代优良肉鸡品种的引入、肉鸡先进饲养技术的使用、大农业公司发起签订农业合同的先锋作用（开始于 20 世纪 70 年代早期），以及低成本的饲料（泰国能量饲料过剩）。20 世纪 70 年代后期，泰国正大集团公司跟肉鸡生产者、孵化场和饲料公司之间签订工资和价格保证合约，之后合同制肉鸡养殖成为一种普遍的经营模式，在此过程中大型跨国公司主导了整个产业。泰国大约 80% 的肉鸡生产由 10～12 家公司控制，他们都拥有自己的肉鸡饲料生产厂。1984—1995 年，泰国肉鸡数量增加了 73%，肉鸡饲料生产也相应地增加，增量最大的主要在泰国中部地区。泰国肉鸡饲料主要为颗粒料，在 20 世纪 90 年代早期，颗粒料占整个肉鸡饲料的 90%。

（二）国际肉鸡饲料产业发展现状分析

1. 全球肉鸡饲料产量

由于世界范围内对鸡肉的消费量持续增长，因此全球肉鸡饲料生产整体上呈上升趋势，与其他类型的动物饲料相比较，肉鸡饲料增长速度最快（龚中元，2002）。目前全球饲料年产量已达到8.73亿t，涉及132个国家和所有物种的饲料，饲料生产呈现全球化增长趋势。其中，家禽饲料占据着主要市场，为饲料总量的44%，年产3.79亿t；家禽饲料中肉鸡饲料又占据最主要的地位，约为2.43亿t（根据FAO统计世界鸡肉产量数据推算而得），肉鸡饲料主要为配合饲料。据国际饲料工业联盟的统计，肉鸡配合饲料的生产由美国、中国、巴西和欧盟占主导。

2. 美国肉鸡饲料产业现状、发展水平、比重和区域分布

美国近十年来的肉鸡饲料产量一直处于上升状态，在2008年达到顶峰。2010美国肉鸡饲料产量约为4 800万t（根据FAO统计美国鸡肉产量数据推算而得），居世界首位，与2009年相比增加了3.9%。因受当前肉鸡饲料供应紧张和长期市场压力的双重驱动，目前美国肉鸡饲料价格已接近历史最高纪录。2011年夏季后，美国的肉鸡饲料主要原料——玉米存货相对于需求来说将达到历史最低水平。2011年美国大多数饲料原料价格都达到或接近历史最高纪录，且价格也越来越不稳定。这些因素预计会持续数年，从而使饲料一直保持对能量饲料原料的强烈需求，以及要承受所有饲料原料价格持续上涨的压力（Schnepf，2011）。

美国的肉鸡饲料生产主要集中在美国南部和东南部。2006年，美国的肉鸡饲料几乎占其饲料总产量的1/4，加上蛋鸡饲料和火鸡饲料，整个禽用饲料占饲料总产量的38%（李玫和高俊岭，2007）。2000年左右，美国大约有45%的豆粕作为饲料原料用于家禽生产，用于猪和牛的分别占27%、9%。典型的肉鸡饲料配方中含有17%～22%的蛋白质，其中超过90%的蛋白通常来源于豆粕（Gianessi和Carpenter，2000）。另有报道认为，在过去十年时间里，家禽消耗的总能量饲料占33%，猪消耗27%，牛消耗24%，奶牛消耗11%（Schnepf，2011）。

3. 巴西肉鸡饲料产业现状、发展水平、比重和区域分布

2010年，巴西的肉鸡饲料产量约为3 000万t（根据2011年数据推算而得），仅次于中国，居世界第三位。2011年，巴西的肉鸡饲料占整个饲料的50%，饲料总量比2010年增加了4.7%，而肉鸡饲料的生产比2010年增长了6.4%，为3 200万t。巴西肉鸡饲料需求预计2012年会增长3.1%，达到3 300万t。巴西2010—2011年饲料产量变化及比重见表4-1。

巴西的肉鸡饲料产业主要集中在巴西的南部、东南部和中西部地区，远离亚马逊生态区。其中，巴拉那州的肉鸡饲料产量占巴西肉鸡饲料总生产量的比例接近30%，圣卡塔琳娜州所占的比例接近20%，南里奥格兰德州占15%左右。

表 4-1 巴西 2010—2011 年饲料产量（万 t）变化及比重

物种	2010 年	2011 年	增长量（%）	2011 年各项饲料占全价料的比例（%）
家禽	3 510	3 710	570	5 800
肉鸡	3 030	3 220	640	5 000
蛋鸡	480	490	140	800
猪	1 530	1 540	40	2 400
牛	720	770	800	1 200
奶牛	460	50	810	800
肉牛	250	270	770	400
犬和猫	210	210	400	300
马	57	58	170	100
水禽	43	51	1 980	100
鱼类	35	43	2 460	100
虾	8.4	8.4	0	0
其他	80	80	390	100
全价料	6 150	6 430	450	10 000
补充料	215	235	930	—
总和	6 360	6 660	470	—

数据来源：巴西饲料工业协会，Sindirações。

4. 欧盟肉鸡饲料产业现状、发展水平、比重和区域分布

根据欧洲饲料联盟（FEFAC）最新的年度会议呈现的数据报道，2010 年欧盟的家禽饲料首次超过猪饲料成为欧盟最大的动物饲料类别，肉鸡饲料也随之增长。家禽饲料的年增长率为 3%，达到了 5 100 万 t，其中肉鸡饲料占一半以上。欧盟的饲料产量长期呈下降趋势，但肉鸡饲料产量在过去 10 年间保持稳定增长。工业化生产的肉鸡饲料将在全球饲料产量中保持较大的份额，2010 年欧盟肉鸡饲料产量约为 2 700 万 t（根据 FAO 统计欧盟鸡肉产量数据推算而得），仅次于巴西，与 2009 年相比增加了 3.0%；而猪饲料却呈现 0.1% 的负增长，维持在 5 000 万 t。整体上，欧盟饲料生产企业在 2010 年共生产配合饲料 1.5 亿 t（2012-10-30 引自：http：//www.wattagnet.com/Poultry_overtakes_pig_as_EU_s_largest_animal_feed_segment.html。

早在 2008 年时，欧洲肉鸡和蛋鸡饲料占总饲料的 33%，猪饲料占 35%，牛饲料占 25%，其他牲畜饲料占 7%。欧洲的肉鸡饲料产业同其他饲料产业一样，受限于来自食品和生物燃料产业的大量副产品生成，肉鸡配合饲料配方中约含有 40% 的食品和生物燃料副产品。大多数（85%）的配合饲料厂为小规模或中等规模的企业，2008

年平均每个企业年产 4.2 万 t 配合饲料。

2010 年欧盟 27 成员中肉鸡饲料生产排前五的分别为：英国 390 万 t、波兰 320 万 t、西班牙 310 万 t、法国 310 万 t 和意大利 240 万 t，紧随其后的为德国、荷兰、比利时、罗马尼亚、葡萄牙、匈牙利、丹麦、希腊、瑞典等。

5. 泰国肉鸡饲料产业现状、发展水平、比重和区域分布

2010 年泰国的肉鸡饲料产量为 340 万 t 左右（根据 FAO 统计泰国鸡肉产量数据推算而得），比 2009 年增长了 5.8%。尽管目前泰国的肉鸡饲料产量在世界并不能排前几位，但是泰国的肉鸡饲料生产历史悠久，技术先进。泰国的肉鸡饲料均由大规模商业饲料公司生产，包括正大集团公司、SUN VALLEY 公司、SUN FEED 公司、BETAGRO（NORTHERN）公司和 P. P. SIAM FEEDING 公司等，主要集中在泰国中部地区，饲料原料以由本地供应为主。

（三）国际肉鸡饲料产业发展趋势及经验

1. 国际肉鸡饲料生产的专业化、产业化发展趋势

随着世界城市化、肉鸡生产国际化的趋势发展，人们对肉鸡生产链中动物健康、产品安全、品质保障和便捷等的要求越来越高。减少肉鸡饲料的生产成本、交易成本并向消费者提供安全、高品质的鸡肉产品成为国际饲料产业的发展方向。总体来说，这将导致肉鸡饲料产业、肉鸡行业不断扩大、集中、直接接近输入源或终端市场并逐步完成垂直整合。

2. 国际肉鸡饲料产业发展经验

为解决肉鸡产业发展问题，各国政府都制定了相关的制度和标准加强肉鸡饲料生产、经营的监管。1997 年 5 月，泰国政府为了降低鸡肉等肉类的生产成本，将豆粕进口关税降低 5%～10%。泰国政府还采用了其他调控措施来帮助泰国的大豆生产商，其中的一条是要求饲料生产企业等在工厂购买大豆是 8.5 泰铢/kg，在农场购买为 8.0 泰铢/kg。在美国，马里兰州成为美国第一个颁布在鸡饲料中禁用含砷饲料添加剂及含砷药物的州，此禁令主要针对鸡饲料中添加硝羟苯胂酸，在 2013 年生效。目前，雅来有限公司停止了硝羟苯胂酸药物的销售，马里兰州的大多数从事鸡肉生产的公司也已经停止了含砷药物的使用（Schmidt，2012）。

3. 国际肉鸡饲料生产与畜牧养殖企业、食品加工企业紧密联合

肉鸡饲料在整个鸡肉食物产业中起着主导作用，饲料是保障鸡肉安全生产、充足供应的重要因素。如巴西的肉鸡饲料产业是整合在肉鸡生产集成系统中的，并起着协调肉鸡生产者与肉鸡加工商之间活动的作用。据估计大约有 90% 的肉鸡生产企业被整合在这个集成系统中。巴西肉鸡饲料行业还依赖于食品行业，并受国内和国际的消费需求所调节。肉鸡饲料和食品安全直接相关联，有关巴西肉鸡饲料和食品安全的理念逐年增强。生产质量管理规范（GMP）和风险分析及关键点控制（HACCP）系统有望在肉鸡饲料产业中得到推广应用。

4. 国际上肉鸡饲料生产现代化技术与现代化经营管理相结合

以泰国为例，肉鸡饲料加工企业或肉鸡一条龙企业都装备有生产饲料的全套设备，如锤片粉碎机、搅拌机、膨化机和制粒机。为提高颗粒饲料质量和饲料转化率，肉鸡一条龙企业普遍采用膨化机生产不带沙门氏菌的饲料，这有利于其生产高卫生标准的鸡肉，向欧洲和日本出口。由于油脂价格偏高，利用干法或湿法膨化机制作膨化全脂大豆，在肉鸡一条龙企业中也得到了广泛的应用（美国大豆协会—国际项目赴泰研修班，2008）。泰国正大集团肉鸡养殖场使用的肉鸡饲料是由正大 CP 饲料厂自己生产的，这家饲料厂是目前正大集团最大的饲料厂，生产能力可达 10 万 t/月，实际年产量约 60 万 t。该生产基地现代化程度极高，饲料加工过程全受电脑控制，拥有2 台大型的 CPM 制粒机，其混合机每 3min 可以完成每批次 10t 的混合作业。生产车间的吸风系统极其先进，在生产车间几乎感觉不到粉尘的存在，在打包阶段采用可移动的输送装置，极大地减少了饲料装卸的人力成本。CP 饲料厂采用立桶仓储存放豆粕的技术，受到诸多饲料企业的学习借鉴，其所采用的美国莱帝克（Laidig）公司立桶仓独创的底部回收系统可有效防止饲料生产过程中结拱。另外，泰国的饲料标准对豆粕水分有着严格的要求，水分应低于 12％，再加上生产规模较大，立桶仓中豆粕的周转较快，所以能成功地应用立桶仓储存豆粕。这种现代化生产技术与经营管理有效地结合，为肉鸡饲料的安全高效生产提供了有力的保障。

二、我国肉鸡饲料产业发展现状

（一）我国肉鸡饲料产业发展历程

纵观我国肉鸡饲料产业的发展历程，自 20 世纪 80 年代初起，大致可以将其划分为三个阶段。

第一阶段：起步发展阶段（1980—1984 年）

20 世纪 80 年代初，为适应我国肉鸡产业的快速发展，我国肉鸡饲料产业开始起步发展。这段时期，生产的配合、混合饲料，以混合料为主，而技术含量较高的配合饲料仅占配合、混合饲料的 10％左右。一些添加剂不能自主生产，需要从国外进口，鉴于外汇短缺，无法大量进口以满足国内需要，生产出的饲料质量与国外同类产品相比差距很大。

第二阶段：成长发展阶段（1985—1997 年）

从 1985 年开始，我国肉鸡饲料产业进入快速发展阶段。这段时期，肉鸡饲料发展速度较快，配合、混合饲料产量迅速增加。饲料添加剂工业开始起步，许多依赖进口的添加剂逐步由国内生产替代，饲料质量大大改善。配合饲料、浓缩饲料和添加剂预混料比重上升，混合饲料比重下降。1992 年，配合饲料占配合、混合饲料的比重提高到 70％左右。1992 年肉鸡配合饲料产量 684 万 t，1997 年达 1 343 万 t。设备先进、生产规模较大、销量大、产品结构不断完善的颗粒配合饲料占较大优势。在这期间，为了加强饲料行业的质量管理，国家陆续制定了相关的饲料标准，建立了饲料产品质量检测机构，出台了饲料管理办法。1985 年国家技术监督局颁布了鸡配合饲料国家标准，1987 年成立了国家饲料产品质量监督检验测试中心，各省（自治区、直辖市）相继出台了《饲料管理办法》。同时，国家每年定期、不定期地对饲料产品质量进行检查，促进了饲料产品质量的提高。

从 1993 年起，肉鸡饲料产业进入持续成长发展阶段。饲料产量持续增加，质量进一步提高，产品质量管理体系初步建立，但产品质量不高问题仍然存在。蛋白质饲料资源开发利用的水平不断提高。由于国内的蛋白质原料资源不断得到开发利用，并加大了进口，蛋白质饲料资源的短缺程度有所缓解。饲料添加剂工业有了长足进步，全国批准使用的饲料添加剂有 80 多种，其中国产并已制定标准的有 40 多种，允许使用的药物添加剂 20 余种，筹资投建了多种添加剂生产项目等，使饲料产品质量不断提高。品种更加多样化、系列化，以适应不同肉鸡品种采食特点及在不同生长阶段的营养需要。国家和行业饲料标准不断完善。截至 1997 年年底，建成各级饲料质检中心 281 个，其中国家级 2 个、部级 3 个、省级 36 个、市级 40 个、地县级 200 个。质量管理体系的初步建立，促进了饲料产品质量的不断提高。但是，由于对饲料标准的贯彻落实不够，部分饲料企业，特别是部分中小型企业执行国家和行业标准时大打折扣，自行删减、降低企业标准，影响了饲料产品的质量。

第三阶段：调整阶段（1998 年以后）

此阶段是肉鸡饲料产业由成长发展阶段逐步向成熟阶段发展。其特点是饲料总量增长缓慢，由速度型向质量、速度并重型转变，产品中科技含量逐步加大，随着大量现代饲料科技的应用，我国肉鸡配合饲料的转化率已由"八五"时期的 2.5∶1 提高到 1.8∶1，出栏缩短 18d 左右。饲料企业人员素质进一步提高，产品质量管理体系不断完善，对饲料质量安全更加重视，产品质量稳步提升，"十五"以来，配合饲料质量合格率一直保持在 95% 以上，高品质的饲料产品已成主流。饲料行业竞争愈加激烈并趋于微利，随着饲料企业产业链的延伸和产业化运作的不断深入，企业集团化整合速度不断加快。集团化企业多数都是国家产业化重点龙头企业，其链条覆盖了饲料生产、肉鸡养殖、良种繁育、兽医药品和畜产品加工等各个领域，有些企业还实现了跨行业的生产扩张，增强了企业的竞争力和整体抗风险能力。

（二）我国肉鸡饲料产业发展现状分析

经过 30 多年的发展，我国肉鸡饲料产业产量持续增长，质量不断提升，为肉鸡养殖业的发展提供了基础支撑和战略保证。

1. 我国肉鸡饲料生产总体状况

2011 年，我国肉鸡配合饲料产量达 4 897.54 万 t，是 2005 年的 2 倍，年均增长率达 12.4%。肉鸡浓缩饲料产量 330.04 万 t，2005—2011 年的年均增长率为 −0.75%，略有逐步下降趋势。肉鸡预混合饲料产量 55.67 万 t，年均增长率为 0.68%。目前，我国肉鸡配合饲料产量、浓缩饲料产量、预混合饲料产量占肉鸡饲料总产量比重分别为 59.34%、39.99%、0.67%。

监管体系日益健全，监测指标不断增加，产品质量稳步提升，2010 年饲料产品质量合格率达 93.89%，饲料中违禁添加物检出率持续下降。

科技创新能力不断增强，产品科技含量不断提高，国产饲料添加剂具有极大优势。除蛋氨酸仍主要依赖进口外，主要饲料及氨基酸不仅满足国内肉鸡饲料市场需要，而且成为全球重要的氨基酸供应基地。

2. 我国主要省份肉鸡饲料生产分布状况

由于各省肉鸡业的发展水平相差较大，使得我国肉鸡饲料的生产分布也很不均衡。2011 年，配合饲料产量最高的是山东省（1 230.70 万 t），其次是广东（760.90 万 t）、广西（325.90 万 t）、河南（296.02 万 t）、辽宁（285.28 万 t）、江苏（266.64 万 t）、安徽（194.40 万 t）、四川（187.00 万 t）、福建（170.97 万 t）、湖南（139.57 万 t）、北京（132.73 万 t）、河北（101.65 万 t）、云南（97.25 万 t）、浙江（85.90 万 t）、吉林（76.97 万 t）。山东、广东、河南、辽宁、江苏等省是我国肉鸡养殖主要省区。

肉鸡浓缩饲料产量最高的是辽宁省（111.35 万 t），其次是黑龙江（58.40 万 t）、吉林（36.24 万 t）、河南（20.89 万 t）、河北（15.47 万 t）、山西（7.73 万 t）、湖南（7.45 万 t）、江西（7.40 万 t）、甘肃（7.28 万 t）、云南（6.29 万 t）、山东（6.12 万 t）、安徽（6.05 万 t）。

肉鸡预混合饲料产量排序是湖南（7.47 万 t）、山东（7.08 万 t）、江西（5.07 万 t）、广东（4.02 万 t）、黑龙江（4.00 万 t）、江苏（3.11 万 t）、浙江（2.90 万 t）、安徽（2.76 万 t）、辽宁（2.43 万 t）、河南（2.29 万 t）、陕西（1.49 万 t）、福建（1.48 万 t）、上海（1.40 万 t）、吉林（1.18 万 t）。

3. 我国肉鸡饲料生产企业经销模式

近年来，我国饲料生产规模化程度大幅度提高，大型饲料企业继续扩张、扩大产能并向产业链上下游延伸。主要经销模式有以下三种。

（1）代理制销售模式。代理，可以使某个公司的产品迅速进入某个目标市场，从而打开目标市场以获取销量和利润并占有市场。这一销售模式也存在着很多问题：市场管理难、资金风险大、市场得不到深耕细作、销售渠道环节过多影响到终端用户的最终收益等。近几年，特别是 2001 年以来整个饲料行业的风云骤变使得这一销售模式已经或即将退出历史舞台。

（2）经销制销售模式。这一销售模式的优势主要体现在产品一旦进入目标市场后，可以利用当地经销商的原有网络迅速打开市场。其中包括：公司—批发商—二级商—养殖户；公司—经销商—养殖户。经销商是目前饲料企业产品流通的主要渠道。因为渠道流通环节过长，经销商层层加价获取了相当利润，而最终影响到养殖户的获利能力。

（3）"公司＋农户"模式。这是订单式生产合作的模式，是由企业提供畜禽种苗、配套的饲料，以及管理与技术支持，多家养殖户联合出资成立养殖小区，企业对成品肉鸡进行回收加工的松散型一条龙经营模式，主要有"公司＋农户""公司＋基地＋农户""公司＋农户＋市场"模式。这种经营模式，作为以饲料生产为主业的企业来说，既可以保证饲料销路的稳定，又同时实现了经营领域向育种育苗及深加工的延伸，可谓一举多得。

（三）我国肉鸡饲料产业发展趋势及经验

1. 我国肉鸡饲料生产的规模化、集团化发展趋势

我国的肉鸡饲料产业相对整个饲料工业而言，发展早，发展快，发展水平也较高。但与国际发达国家相比还有很大的差距。数据显示，我国年肉鸡饲料生产量中大部分还是由中小企业产出的，所以在标准化、规模化方面依然有很长的路要走。同时，标准化、规模化实施主体是企业，我国肉鸡饲料产业的发展应该借鉴世界大型企业的先进经验，不断向现代化、规模化的目标迈进。依靠产业链延伸和商业模式创新等手段，加速规模化和集团化发展能力。中国的企业这两年实力虽然在增加，如温氏、六和等，但是与国外大企业相比，实力还相差甚远。

从2001年开始，中国的肉鸡养殖市场和饲料加工市场出现阶段性相对饱和的迹象越来越明显，畜禽产品价格调整的周期越来越短，之前一个良性发展周期跨越4~5年的现象逐步消失，时间缩短到1~2年甚至更短。市场不断动荡，饲料加工及养殖业的单位经营利润越来越薄，逼迫部分饲料加工企业及养殖企业开始主动退出市场，或被大型企业兼并重组。整个行业面临整合重组的事实逐步呈现出来。

2. 我国肉鸡饲料产业发展经验

我国肉鸡饲料生产与畜牧养殖企业、食品加工企业密切联合。20世纪80年代初，正大集团将肉鸡饲料生产、育种孵化、养殖、屠宰及深加工为一体的企业经营模式搬到中国来以后，农牧业产业经营一条龙模式开始不断探索。先后诞生了山东六和集团、温氏集团等一大批肉鸡饲料一体化的代表性企业。到今天为止，一条龙经营模式已经成为部分具备雄厚资金实力的饲料加工企业成功拓展赢利空间的主要选择。

资金实力强大的集团公司将更多地选择依靠自身实力从事"育种育苗—饲料—养殖—肉鸡屠宰深加工"为一体的经营模式，而绝大多数中型及小型饲料企业由于受资金限制，将更多地采取联合育种育苗企业、养殖企业或养殖户、肉鸡深加工企业，共同组成松散型的非产权形式的一条龙经营合作社的模式来完成。

纵观中国肉鸡饲料加工市场的发展，可以清楚地看到，中国肉鸡饲料加工市场逐步发展壮大和成熟的过程，也是肉鸡饲料加工行业利润逐年下降的过程。大多数肉鸡饲料加工企业不得不依靠饲料产销量的增长来拉动利润的增长。从长远来看，无论是肉鸡饲料企业选择以产业链模式发展，还是与育种企业、养殖企业及产品深加工企业实行松散型的非产权式联合经营，饲料加工环节的利润都将维持在1%~3%甚至更低的水平。加上订单式生产联合模式的出现，饲料加工企业将逐步成为养殖企业的一个重要环节，所以，一条龙和联合经营模式将是肉鸡饲料生产企业实现可持续生存发展的选择。他们将依靠在饲料工业化生产中积累的管理经验、技术和服务能力，在整个产业链中起到引导和推动作用。

我国肉鸡饲料产品质量和科技贡献提升、政府监管加强。目前一些大型肉鸡饲料企业都有很强的科研实力。我国肉鸡饲料企业技术力量和科研实力的起点较高，也在我国现实生产模式下摸索了一套完整的品质提升和科研手段，获得了很好的效果。肉鸡饲料的企业创新能力和手段在不断加强，如四川铁骑力士集团、六合集团、温氏集团等大型企业都斥巨资设立了企业创新研发中心，并与大专院校、科研院所形成联合研发体，在肉鸡饲料关键技术环节予以攻克，瓶颈性技术难点都得到了突破。

随着消费市场对于安全禽类产品的需求提升，一些绿色安全的新型肉鸡饲料原料、添加剂和技术被逐步应用于生产，如河南等地一些中大型企业生产的生物肉鸡饲料，已经获得了养殖户和市场的广泛认可。

中大型肉鸡饲料生产企业品控能力逐步提升，质量意识也在不断提高。很多企业都认识到质量品质的风险是企业最大的风险，所以在产品质量控制和提升上都投入大量资金，新添检测设备，强化检测中心，建立质量追溯体系。

但是由于我国肉鸡业的生产现状，肉鸡饲料仍然存在许多小微企业，其质量安全生产意识淡薄，不合格饲料、禁用动物药品等在生产中仍在使用，严重制约了我国肉鸡饲料的可持续健康发展。为此，必须加强宣传、执法，规范行业管理，形成良好的社会监督机制；加大宣传工作力度，逐步树立肉鸡饲料产品质量安全意识；建立安全肉鸡饲料生产示范区，全面推动标准化生产；严格执法，全面建立健全准入制度；加快制定安全肉鸡饲料产品的运输、加工、销售等方面的行业标准，加速建立行业诚信标准，促进我国肉鸡产业的可持续、健康发展。

第二节 饲料产业存在问题

一、国际肉鸡饲料产业发展主要问题

（一）国际肉鸡饲料原料供给问题

肉鸡饲料同其他饲料一样，价格上涨已成为全球普遍趋势，也是制约肉鸡产业发展的一个最重要因素。肉鸡饲料价格上涨主要是因为肉鸡饲料的主要原料——玉米、豆粕价格上涨。国际可再生能源——玉米乙醇的生产成为推高玉米饲料价格的主因。

过去10年美国肉鸡饲料主要原料价格大幅上涨，玉米和豆粕价格同期已翻倍（图4-1）。最近媒体资料显示，美国未来两年玉米价格将持续维持高位。小麦、稻谷、玉米和豆粕供给都将面临很大的不确定性（Feedinfo.com，2010）。

巴西肉鸡饲料成本上涨，在2012年下半年的几个月时间里，平均上涨了30%，这使从事肉鸡生产经营者为其生产的低成本优势削弱感到担忧，直接影响巴西的鸡肉

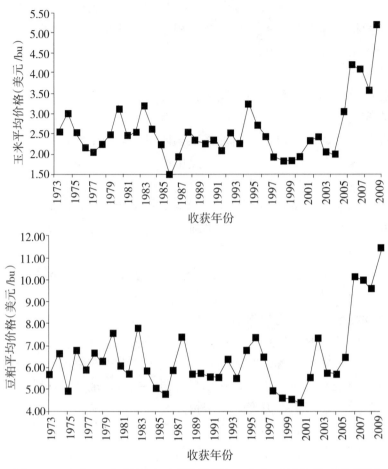

图 4-1　过去 10 年美国肉鸡饲料原料玉米和豆粕价格变化情况

出口。巴西肉鸡饲料成本中 85％来源于玉米和豆粕，玉米和豆粕价格上涨与肉鸡生产者利润锐减直接相关。

从 2005 年 8 月至 2007 年 12 月，荷兰的肉鸡育肥期饲料从 229 欧元/t 一直上涨到 334 欧元/t（Flach，2007）。泰国的肉鸡饲料原料供给也很不平衡，在泰国，能量饲料过剩，但是蛋白饲料缺乏。一些蛋白饲料原料必须依赖进口，肉鸡饲料仍占整个肉鸡生产成本的 70％～75％。

（二）国际肉鸡饲料安全问题

饲料及饲料原料可能携带有害细菌是肉鸡饲料产业乃至肉鸡产业的一大安全隐患，沙门氏菌就是其中最主要的一种有害细菌，沙门氏菌有很多种血清型，饲料被沙门氏菌污染后将会给肉鸡生长带来巨大危害。SCHOCKEN-ITURRINO（2010）在巴西圣保罗州的 3 个不同城市开展了一个由 90 个肉鸡饲料样品组成的检测试验，发现其中有 42％的肉鸡饲料样被产气荚膜梭菌污染，平均为 3.69×10^2 CFU/g。另外，黄曲霉毒素污染肉鸡饲料的事件也时有发生。

无机砷是人类的一种致癌物，美国肉鸡饲料中常用含砷饲料添加剂及含砷药物。由美国辉瑞子公司雅来有限公司生产的硝羟苯胂酸就是一种含砷药物，在肉鸡生产中用来阻止和治疗球虫类寄生虫。含砷饲料添加剂及含砷药物使用会导致鸡粪便排放中也含有砷，这些砷累积在水系沉积物中，会导致水源及土壤受到砷污染（Schmidt，2012）

另外，肉鸡饲料产业的发展还受世界经济的影响。近几年来，在世界经济不景气的大环境条件下，肉鸡饲料产业也经历了严峻考验，这一问题在欧盟表现得尤为突出。

二、我国肉鸡饲料产业发展主要问题

（一）我国肉鸡饲料原料供给不足

我国肉鸡饲料原料供给存在的主要问题及发展瓶颈主要还是蛋白原料和能量原料的短缺与供应的不平衡。我国豆粕生产主要依靠进口大豆，2010 年进口大豆 5 480 万 t，对进口的依存度达 75%，鱼粉进口依存度也在 70% 以上。饲用玉米用量已超过 1.1 亿 t，占国内玉米年产量的 64%，玉米供应日趋紧张。长远来看，随着养殖业和饲料工业持续发展，大宗饲料原料的供求矛盾将进一步加剧肉鸡饲料原料价格不断上涨，价格波动更加频繁是必然趋势。

随着人口的增加、耕地面积的减少、灌溉用水紧缺及自然灾害的增多，中国主要的饲料用原料供应能力受到的威胁越来越大，原料短缺已经成为困扰行业发展不可忽视的重要因素。统计表明，到 2010 年止，中国的饲用豆粕接近 80% 由进口大豆来提供，进口鱼粉早在 2000 年就占到总需求的 80% 以上；饲用菜粕和棉粕的年度理论需求量为 1 500 万 t 左右，但自产数量却不足 1 000 万 t，500 万 t 左右的缺口不得不用豆粕来替代；饲用玉米的年度需求量逐步逼近 9 500 万 t，加上不断增长的玉米深加工需求，中国的玉米供应已经逼近红色警戒点，而国产玉米的实际年度产量到 1.5 亿 t 已经是极限，面临着全面进口和正式推广转基因种植的艰难抉择，未来两三年，中国大量进口玉米的可能性越来越大。其余诸如小麦、麸皮、次粉、DDGS 等非常规原料的供应也都面临着同样的困境。

肉鸡饲料原料的短缺、价格持续上涨、价格波动频繁将成为影响我国肉鸡饲料产业平稳健康发展的主要因素。

（二）我国肉鸡饲料产品品种问题

我国肉鸡饲料产业经过 30 多年的发展，已基本形成了健全、稳定和系统的品种体系，能够满足现阶段肉鸡生产需要。但是肉鸡饲料品种单一、老化、创新能力不足的问题也制约着肉鸡饲料产业的发展。传统肉鸡饲养利润逐渐趋于低薄，消费水平和消费需求细化，以及肉鸡饲养内外环境变化的压力，已经促使肉鸡饲料品种多元化、细分化、功能化和友好化，逐步催生和推动了采用新型、安全、环保的技术来改善肉鸡饲料品种。其中较为明显的品种变化有两类：①依据消费需求来改善肉鸡风味、口感为主的功能型肉鸡饲料品种；②基于食品安全、环境友好为主的绿色安全型肉鸡饲料品种。在这两类新型肉鸡饲料品种发展上，依然也存在许多突出问题，突出表现为标准不完善、稳定性不足、推广应用能力弱等问题。

（三）我国肉鸡饲料质量、安全、标准问题

监测结果显示，我国肉鸡饲料产品整体合格率稳步提高，饲料及养殖环节违禁药物检出率进一步下降，肉鸡饲料原料三聚氰胺污染问题得到有效控制，肉鸡饲料质量安全总体水平持续提高。

但是受我国肉鸡饲养的整体水平、养殖规模和分布特点的限制影响，肉鸡饲料小微型生产企业还占有较大比重。同步受原料价格持续上涨、利润下降的双重压力。肉鸡饲料质量安全问题，突出表现为以下两个方面：①粗蛋白指标不合格问题突出。粗蛋白指标已经成为制约我国肉鸡饲料质量总体合格率提升的主要原因。②添加剂预混合饲料造假问题较为严重。个别生产企业和经营者利用微量元素、维生素等指标检测成本高、难度大的特点，以次充好，欺骗消费者。肉鸡饲料在质量安全问题上的两极分化现象比较明显，中大型企业质量安全控制能力强，品控管理完善，质量监管力度大，出现质量安全问题的可能性很小。主要问题依然出现在小微企业，尤其是大型品牌饲料企业销售覆盖薄弱的地区，出现此类问题较多。

第三节　肉鸡饲料技术发展趋势

一、国际肉鸡饲料技术发展现状

（一）国际肉鸡饲料技术发展历史

1. 肉鸡饲养标准发展历史

肉鸡饲养标准指在不同生理阶段，为达到某一生产水平，每日必须供给每只肉鸡各种营养物质的最适数量的推荐标准，是经过科学试验和生产检验，制定出的最合理的供给肉鸡营养的技术指南。生产者可按饲养标准配合饲料，以达到既能充分发挥肉鸡的生产潜力，又能高效利用饲料，取得理想饲养效果。

1942 年，美国国家研究委员会（National Research Council，NRC）组成了动物营养委员会，开始研制各种动物的饲养标准。1944 年，美国 NRC 下属的家禽营养分会制订的《家禽营养需要》（*Poultry Nutrition Requirement*）第一版问世，此后分别在 1954、1960、1962、1966、1971、1977 和 1984 年修订和再版，至 1994 年已出版第九次修订版。从 1963 年起，英国农业研究委员会（ARC）开始制定各畜禽的饲

养标准，到 70 年代也已再度修订。苏联国家畜牧研究所于 1952 年制定了一套饲养标准，70 年代予以修订，但变动不大。1973 年，日本农业部成立了饲养标准委员会，于 1974 年公布了家禽饲养标准，于 1984、1992、1997 年进行了修订。20 世纪 50 年代，美国的 NRC、英国的 ARC 和法国的营养平衡委员会（AEC）先后将"饲养标准"改称为"营养需要量"。我国从 1976 年开始制定饲养标准，1986 年发布了第一版正式的鸡饲养标准；在 2004 年，中华人民共和国农业部发布了新修订的鸡的饲养标准，属于农业行业标准，替代了旧版标准。

美国 NRC 制定的标准《家禽营养需要》影响较大。美国 NRC（1994）标准建议肉鸡的饲养阶段按三阶段划分：0～3、3～6 和 6～8 周；其内容包括肉用仔鸡的体重、耗料量和能量摄入量，肉用仔鸡日粮中能量、蛋白、氨基酸、必需脂肪酸、微量元素及维生素的需要量。在饲料能量为 12.14MJ/kg 时，新版的粗蛋白含量与旧版相同，但氨基酸中除了苏氨酸和蛋氨酸外，降低了精氨酸、甘氨酸＋丝氨酸、色氨酸、亮氨酸、异亮氨酸、苯丙氨酸和缬氨酸的需要量；新增了脯氨酸的需要量。新版中磷需要量用非植酸磷表示，并降低了非植酸磷、钠、钾和氯的需要量；提高了维生素 B_{12}、生物素、叶酸、烟酸和维生素 B_4 的需要量。

2. 饲料原料开发与配合饲料生产加工技术

19 世纪 80 年代，几乎完全依赖饲用谷物和粗饲料喂鸡。随着制粉、肉类联合加工、油料加工，以及其他加工工业的发展，人们意识到这些工业的副产品具有相当大的饲用价值，不仅含有较高的蛋白质，而且能提供饲用谷物和粗饲料中缺乏的矿物质和维生素。1890 年，肉骨粉和肉粉开始用于饲养家畜，而后作为蛋白质补充料被用于鸡的饲粮。1900 年，亚麻籽饼粉在欧洲广泛应用，苜蓿粉也用于鸡的饲粮。1904 年，骨粉用于配制家禽日粮。1910 年，鱼粉用于商业家禽饲粮。1954 年和 1956 年，动物脂肪和羽毛粉分别开始添加于家禽饲粮（McEllhiney，1996）。1959 年，开始了有机微量元素的探索研究，其后的研究发现了有机微量元素在肉鸡体内更容易吸收和沉积且减弱了在吸收过程中微量元素间的拮抗作用。20 世纪 80 年代，美国利用玉米发酵生产乙醇作为生物燃料，所得副产物——玉米酒糟及其可溶物（DDGS）用于肉鸡饲粮中。近年来，随着乙醇生产的剧增，DDGS 的产量也大增（Salim 等，2010）。1922 年美国开始生产大豆粕，而后大豆粕成为肉鸡饲粮中最重要的蛋白质饲料来源；1952 年，用于肉仔鸡和鸡饲料中的大豆粕占其生产总量的 50%（McEllhiney，1996）。北美的玉米种植业比较发达，大量过剩的玉米用于饲料工业。玉米和豆粕是肉鸡主要的能量和蛋白质饲料来源。

在开发各种饲料原料的同时，饲料加工技术也在不断发展。饲料原料经清理去除杂质后进行粉碎加工。适当地粉碎饲料原料能够缩小颗粒直径，增大表面积，增加饲料与消化酶的接触机会，提高消化率。肉鸡的蛋白质饲料多为经过加工的粉料。谷物饲料（如玉米、高粱和小麦）的不同粒度（整粒、破碎粒和粉粒）对肉鸡生产性能有不同的效果（Douglas 等，1990；Ravindran 等，2006）；粒度较小的谷物适于饲喂幼龄肉仔鸡，破碎粒或整粒的谷物适于饲喂日龄较大的肉鸡。

在 20 世纪 20 年代，英国的饲养人员为了简化饲料的处理和减少浪费，将家禽的粉料制作成颗粒料。颗粒料相对于粉料可以增加采食量。原始的制粒仅仅通过挤压过程而实现，而后发展的方法是将粉料在制粒前进行预处理，即在饲料中添加水分、糖浆或脂肪，用蒸汽调质，温度大概在 120℃（Calet，1965）。过去的几十年至今，颗粒料一直是肉鸡配合饲料的型式。

3. 非营养性饲料添加剂在肉鸡饲料中应用技术

饲用抗生素是在药用抗生素的基础上发展起来。自 1949 年发现抗生素对仔猪和雏鸡的促生长作用以来，饲用抗生素的应用已有 60 多年的历史。在 20 世纪 50—60 年代，饲用抗生素为人畜共用的药用抗生素；60 年代以后，人们逐步认识了细菌抗药性的产生及其转移的机制和饲用抗生素对人类健康的可能危害，提出了饲用抗生素应与人用抗生素分开，并开始研制专用饲用抗生素；从 80 年代开始，饲用抗生素的研究与应用重点是筛选研制无残留、无毒副作用、无抗药性的专用饲用抗生素，不但与人用抗生素完全分开，而且与兽药分开，以保证饲用抗生素的绝对安全。1986 年，瑞典禁止使用抗生素作为饲料添加剂；1997 年以来，欧盟先后禁止饲料中添加阿伏霉素、维吉尼亚霉素、磷酸泰乐菌素、螺旋霉素、杆菌肽锌、喹乙醇、卡巴氧、泰乐菌素、氯羟吡啶、洛硝哒唑等，而家禽饲料中允许添加的抗生素只有恩诺沙星、二氟沙星和马波沙星，但 2006 年后全面禁止饲料中添加和使用抗生素。

1962 年，Warden 首次证实外源性植酸酶可提高肉鸡磷的利用率和骨骼的矿化作用。1968 年，美国的 Nelson 首次提出在家禽日粮中添加微生物植酸酶，以解决饲料中植酸磷利用不足的问题。进入 20 世纪 90 年代，随着生物工程技术的发展，德国的 BASF 公司、丹麦的 Novo Nodisk 公司等成功研制了高效廉价的商品植酸酶，并成功应用到肉鸡饲粮中。

1973 年芬兰 Nurmi 等人首先用健康成年鸡的粪便悬液给刚出壳雏鸡灌服，增强了小鸡对沙门氏菌的抵抗力。Parker（1974）提出益生菌的概念，即可直接饲喂动物并通过调节动物肠道微生态平衡来预防疾病、促进动物生长和提高饲料利用率的活性微生物或其培养物。1977 年，Rizvanav 等发现在饲料中添加丙酸杆菌和乳杆菌的混合物可显著促进肉鸡的生长。1980 年，欧盟市场上至少有 20 余种微生物产品。1994 年 4 月，欧盟官方正式批准有益微生物可作为饲料添加剂使用。1998 年，益生菌的定义中增加了"激活免疫机能"。益生菌制剂是根据微生态失调及平衡理论、微生态营养理论和微生态防治理论，从畜禽体内或外界环境分离、鉴定的正常有益活菌及其代谢产物经过培养、发酵、干燥、加工等特殊工艺制成的并用于动物的生物制剂。我国开展饲用微生态制剂的研究起步于 20 世纪 70 年代。沙门氏菌、空肠弯曲杆菌、大肠杆菌及产气荚膜梭菌被认为是影响家禽和人类健康的主要病原微生物。肉鸡在饲料变换或营养不平衡、高密度饲养、运输及孵化过程中都极易受到病原菌的感染，而益生菌、益生元及合生素可通过改善肠道内源菌群平衡和促进肠道健康来提高肉鸡的抗病和生长能力。在肉鸡上应用最多的是乳酸杆菌属，其次是双歧杆菌属。据报道，乳酸杆菌及其培养物可有效防治肠炎沙门氏菌和坏死性肠炎在肉鸡肠道中的定植和入侵。

益生元在肉鸡上的研究和应用的历史不长，对其促生长、降低病原微生物的定植和内毒素的释放效果报道不一。当前研究最多的是甘露寡糖和果寡糖，对异麦芽寡糖，以及其他从微生物、海产品、植物提取物中的寡糖的相关研究和应用日趋增加。益生菌可增加乳酸杆菌和双歧杆菌的菌群数量，减少病原菌的数量；益生元可增强益生菌的作用，而联合应用益生菌和益生元即合生素可达到更好的效果。Mohnl（2007）发现，肉鸡上添加合生素可达到同卑霉素一样的促生长效果。Li（2008）等报道，联合添加果寡糖和谷草芽孢杆菌在可显著促进肉鸡的日增重和饲料转化率，同时降低腹泻率和死亡率。近年来，研究发现有许多新型的寡糖在肉鸡上有促生长、增强免疫的作用。

植物中存在大量的次生代谢产物，随着提取工艺和检测技术的发展，大量植物提取物得以成功应用到肉鸡养殖中。精油是植物中提取的、含有酚结构的挥发性物质，广泛分布在植物的花、芽、种子、叶、枝、根、树皮和果实中，在抗菌和增加适口性方面都显示出很好的效果。超过 300 种植物中含有植物雌激素，在生产实践中显示出类激素和抗心血管疾病的作用，如染料木素和大豆异黄酮等。超过 400 种植物和 200种植物次生代谢物在降血糖、抗糖尿病、改善胰腺功能方面有促进作用。植物化学物质主要包括酚类化合物和多酚类物质（简单酚、酚酸、醌类、黄酮类、鞣酸类和香豆素）、萜类化合物和必须油、生物碱、凝集素和多肽七大类。

联合国粮农组织调查研究表明，全世界 25% 的粮食受霉菌毒素的污染。对中国的配合饲料和饲料原料的调查研究表明，有 88%、84%、77% 和 60% 的玉米样本分别含有 T-2 毒素、黄曲霉毒素、烟曲霉毒素和赭曲霉毒素 A。所有的玉米样本都含有玉米赤霉烯酮和呕吐毒素，90% 以上的混合饲料样本都含有以上 6 种主要霉菌毒素。目前已发现的霉菌毒素有 300 余种，而对家禽危害最严重的霉菌毒素是黄曲霉毒素 B_1、赭曲霉毒素和 T-2 毒素。霉菌毒素吸附剂在饲料工业和家禽养殖中就显得尤为重要。20 世纪 50—60 年代，主要应用无机吸附剂，如膨润土等；80 年代后期，研究发现无机吸附剂对营养成分也具有吸附作用，开始应用有机吸附剂；随着生物化学和基因工程技术的发展，开始研究生物酶脱霉技术。

（二）国际肉鸡饲料技术现状分析

1. 肉鸡饲养标准现状分析

各国制定饲养标准时都有自己的特点，日本、德国发布的饲养标准技术指标简练，参数标准化，可操作性强，适于养殖业生产模式较单一的国家；而英国、澳大利亚则对每项技术指标的产生、试验条件、文献出处都有详尽说明，对建议的指标及参数只作小结，建议不作为立法依据，客观性强；美国的营养需要量则充分反映科研成果及动物的基本营养需要。我国的家禽饲养标准中的核心部分是营养需要和饲料营养价值表，但我国饲养标准没有文献的综述部分，也未列出参考文献，同时没有典型配方。表 4-2 总结了不同国家现行饲养标准中肉鸡生长阶段的划分，以及能量和粗蛋白的需要量。从表中可以发现，NRC 和我国的饲养标准将肉鸡的营养需要分为三个阶段，我国的饲养标准中，能量和蛋白的需要量较其他国家低。NRC（1994）表明，公鸡对营养素的需要量比同龄母鸡高，但是，若以日粮中的浓度表达时，这种差异很小。许多营养素的需要量随年龄的增长而减少。

表 4-2　不同国家各饲养阶段肉仔鸡的能量和粗蛋白质需要量

饲养阶段	指标	中国（2004）	美国（NRC, 1994）	法国（AEC, 1992）	日本农林水产省（1993）	澳大利亚（CSIRO, 1993）
前期	周龄	0～3	0～2	0～3	0～4	0～3
	代谢能（MJ/kg）	52.47	53.35	56.02	53.39	54.39	52.72
	粗蛋白（%）	21.5	22.0	23.0	—	21.0	—
中期	周龄	4～6	3～6	3～6	5～8	3～6	4～8
	代谢能（MJ/kg）	54.22	54.22	56.02	53.39	54.39	56.07
	粗蛋白（%）	20.0	20.0	20.0	—	17.0	—
后期	周龄	7 以上	7 以上	6～8			
	代谢能（MJ/kg）	55.10	55.10	56.02			
	粗蛋白（%）	18.0	17.0	18.0			

在氨基酸营养需要量方面，针对不同生产目的，氨基酸需要量推荐值应有所调整。例如，获得最大饲料利用率对赖氨酸（1.32%）的需要比获得最大生长的需要量（1.209%）高（Vazquez 等，1997），获得最大增重对赖氨酸的需要量比获得最大蛋白质沉积的赖氨酸需要量高。肉鸡在育肥期要获得较高的产肉量，需要额外增加0.05%的精氨酸（Corzo 等，2003）。

对微量元素锌的研究表明，不同锌源的利用效率不同，Wedeking（1990）发现硫酸锌的利用率高于氧化锌。饲喂半纯合日粮时，雏鸡对铁、锰、锌的需要量比饲喂实际日粮雏鸡的需要量低（Kratzer 等，1986）。有关维生素的研究表明，使肉鸡的某些性能指标达到最大值的需要量可能比获得最大生长的需要量高，获得最佳免疫反应的维生素 E 的需要量可能比促进生长的需要量高很多（Colnago 等，1984）。

2. 饲料原料开发与配合饲料生产加工技术

世界人口急剧增长，玉米和大豆等粮食饲料作物来源日益紧缺且价格波动较大。

为了降低饲料成本，大量的其他能量饲料、植物和动物来源的蛋白质饲料，以及一些非常规饲料资源被用于肉鸡饲粮中。谷物及其加工副产品（如大米及其加工副产品、大麦、高粱、小麦、黑麦和燕麦等）的代谢能值低于玉米，通常缺乏赖氨酸、色氨酸和含硫氨基酸，并且含有蛋白酶抑制因子、非淀粉多糖和单宁等抗营养因子，但通过加工处理或添加酶制剂，可作为肉鸡的能量饲料，完全或者部分地替代玉米的用量。糖蜜、块根块茎类饲料（如木薯、马铃薯、芋头、红薯等）、水果及其加工副产品（如香蕉、枣等）等非常规饲料资源因其可利用的碳水化合物含量高，也被用作肉鸡的能量饲料。此外，油脂的能量浓度高，适口性好，是肉鸡饲料中重要的能量饲料之一。

植物性蛋白质饲料豆粕，其氨基酸组成与谷物基础日粮的互补，常作为衡量其他蛋白质饲料品质的标准。除大豆以外，其他油料籽实的饼粕也是肉鸡常用的蛋白质饲料，如棉籽粕、花生粕、菜籽粕、红花籽粕、芝麻粕、亚麻籽粕和椰子粕等。这些原料的氨基酸组成和蛋白质质量取决于油脂提取的工艺，与豆粕相比，它们的氨基酸组成欠佳，常通过补充限制性氨基酸用于肉鸡日粮中。豆科植物的谷实、苜蓿粉、银合欢叶粉等非常规植物蛋白质饲料也可用于肉鸡日粮（Ravindran，1992）。动物性蛋白质饲料的必需氨基酸组成优于饼粕类饲料，但其价格昂贵，因此常用于平衡日粮中的氨基酸组成，而不是作为主要的蛋白质来源。鱼粉和肉粉是最常用的动物性蛋白质饲料，血粉的赖氨酸含量丰富，水解羽毛粉和皮革粉等蛋白质饲料成本较低，也可用于肉鸡日粮中，其他家禽加工副产品和牛奶加工副产品等也可作为肉鸡的蛋白质饲料来源（Ravindran，1992、1993）。基于动物生产和动物性食品安全的考虑，在肉鸡饲料中添加肉骨粉将被限用或禁用。

饲料配制加工技术对于高效合理利用饲料资源至关重要。制粒是饲料加工工业中最普遍的加工技术之一，颗粒饲料除具有营养全面、避免动物挑食、减少饲料浪费、节约采食所需要的时间及能量消耗、防止生产饲料及运输中组分分离等优点以外，制粒过程中的高温能够杀灭90%以上的有害微生物，降低生大豆中50%左右的胰蛋白酶抑制因子（呙于明，2003）。此外，挤压膨化和蒸汽压片是具有潜力的肉鸡饲料原料加工技术。挤压膨化是一种高温、短时加工过程，与制粒相比，具有时间短（15s左右）、温度高（120~170℃）、压力大（2.94~19.71MPa）等显著特点，用于处理大豆、羽毛粉等饲料原料（李德发和范石军，2002）。

油脂、糖蜜和一些饲料添加剂有时以液体的形式添加于肉鸡日粮中。液体饲料可在混合机或制粒调制器内混合于固体饲料中，或者喷涂于颗粒饲料的表面。在混合机中的液体饲料添加量不宜过高，否则混合不均匀，糖蜜的添加量最高可达10%。饲料在调制、制粒、挤压和膨化过程中受温度、压力、摩擦力和水分的强烈作用，易造成维生素、酶制剂、微生物制剂或抗生素等成分失活，饲料配方失真。因此，这些添加剂的使用常采用制粒后喷涂的工艺。

3. 非营养性饲料添加剂在肉鸡饲料中应用现状分析

抗生素在肉鸡上应用较广泛，如磺酰胺和离子载体药物用于球虫防治，杆菌肽素、班贝霉素、氯四环素、维吉尼亚霉素及砷制剂等用于促生长和提高饲料转化效率。

多种益生菌较单一益生菌显示出更好的降低肉鸡死亡率效果，但由于发酵模式及寄生环境的差异，有的微生物的作用可能被抑制或者被低估。美国已批准43种饲用微生物，而主要应用到肉鸡饲料中的菌种主要包括两类，乳酸杆菌类（主要应用的是嗜酸乳酸杆菌、双歧杆菌和粪链球菌）和芽孢杆菌类（主要是枯草杆菌、地衣芽孢杆菌和东洋杆菌）。而益生元研究最多而且最为有效的是果寡糖，随后，反式-低聚半乳寡糖、葡寡糖、甘露寡糖、乳果糖、乳糖醇、麦芽低聚糖、低聚木糖、水苏糖和棉籽糖等也被广泛研究，普遍认为益生元的主要功效是结合肠道病原菌和刺激免疫功能。

肉鸡饲料中添加酶制剂可提高干物质消化率，改善肠道微生态平衡。由于家禽特殊的生理特点，植酸酶的使用量远高于非淀粉多糖酶。酶制剂的应用主要是为弥补内源酶（淀粉酶、蛋白酶、脂肪酶等）的不足，提高机体对养分的消化率；非淀粉多糖酶（木聚糖酶、甘露聚糖酶、果胶酶、β-葡聚糖酶和纤维素酶等）主要用于水解大麦、小麦、黑麦、次粉、麸皮和燕麦等饲料原料中的非淀粉多糖，降低消化道内容物的黏度，改善肉鸡生产性能和提高营养物质利用率；降低氮磷排放和污染环境（如蛋白酶和植酸酶等）。目前所使用的饲用酶制剂品种虽然有20多个，但生产中常使用的种类主要集中在少数几种。在欧洲，木聚糖酶用量最大，占使用总量的40%；其次是β-葡聚糖酶，占27%；植酸酶占20%；α-淀粉酶和蛋白酶共占3%；果胶酶占5%。美国由于饲粮类型是玉米-豆粕型，甘露聚糖酶的用量较大，占酶总消耗量的10%。

酸化剂可减少产气荚膜梭菌诱导的家禽坏死性肠炎的亚临床发病率。大部分以钠盐、钾盐、钙盐的形式存在，少部分以酯类的形式存在，从而以固态形式存在并减少流动性以便于饲料的加工；但也可通过饮水添加。近来研究发现，丁酸等可增强肠上皮细胞的增殖和分化，抵抗炎症，上调紧密连接蛋白的表达，增强抗微生物肽的产量，提高肠黏膜屏障功能。

中草药具有天然性、安全可靠性、多功能性、环境保护效应和无抗药性，其有效成分多糖、苷类、生物碱、苦味素、生物类黄酮等，除直接参与抗菌外，还能激发或增强机体的特异性和非特异性免疫功能，具有广谱的抗菌、抗病毒作用；所含有的蛋白质、糖类、脂肪、淀粉、微量元素、维生素等，可直接提供机体生长发育所需要的营养物质。目前被用来作为饲料添加剂的中草药已超过300多种，在肉鸡养殖中主要用于抗应激、改善肉质、增强免疫、促生长、驱虫、饲料保藏和抗微生物剂等。体内试验表明，精油对家禽沙门氏菌、大肠杆菌和产气荚膜梭菌有较强的抑制能力（Timbermont，2010）。Greathead（2003）报道，精油在欧洲的销量在1996年达到90t，预测显示不到10年时间达到600t。牛至油、百里香酚、肉桂醛、辣椒素、大蒜素等在提高肉鸡饲料转化率、改善胴体品质和肠道健康方面都显示出有利的效果。

在肉鸡饲料中添加亲水性乳化剂可大大提高其对脂肪的消化利用率，提高饲料的能值和鸡肉的品质。目前，国家允许使用的乳化剂有 10 种，而在饲料工业上常见的乳化剂主要有脂肪酸甘油、脂肪酸山梨醇酯、蔗糖脂肪酸酯、聚氧乙烯脂肪酸山梨醇酯、卵磷脂、胆汁盐等。至于霉菌毒素吸附剂，主要包括天然铝硅酸盐类（如沸石、膨润土、蒙脱石、硅藻土）和酵母细胞提取物（如酯化葡配甘露聚糖）；天然铝硅酸盐类因其添加量大，影响饲料中营养成分的平衡，干扰氨基酸和矿物质的利用，并未达到理想的吸附效果。

（三）国际肉鸡饲料技术主要问题

1. 肉鸡饲养标准

饲养标准受很多因素影响，诸如动物种类、性别、年龄、生理状态、生产水平、生产目的、地区、气候、饲养条件、生产方式等。饲养标准只是某一特定群体的代表，提供的营养需要只是特定条件下的静态值。另外，现提供的营养需要值没有考虑"安全系数"。

对大多数营养素而言，研究不同阶段需要量方面的资料十分有限，特别是 3 周龄以后肉鸡营养需要的研究。很多氨基酸的需要量都是根据肉鸡对赖氨酸的需要量与测定氨基酸的比值估计出来的，并且 3 周龄以后肉鸡氨基酸的需要量研究较少，多数是由计算机模型估计。尽管多数试验研究了不同日粮类型对肉鸡蛋氨酸需要量的影响，但并没有确定出肉鸡对蛋氨酸的需要量，而且大部分的试验没有区分蛋氨酸和总含硫氨基酸的需要。微量元素的研究中，钾、镁和铁的准确需要仍未确定。许多矿物元素，如镁、铜、锰、锌等 3 周以后的数据都为暂定值。另外，虽然大多数维生素的研究有很多，但实际日粮条件下肉鸡对维生素的需要量仍未确定。很多肉鸡的维生素需要都为暂定值，如维生素 A、泛酸、硫胺素等。

从形式上看，饲养标准各指标之间是相对独立的，但在动物体内，各种养分之间的关系非常复杂。某些营养素的需要是相互关联的，若不考虑相关营养素的量而确定某一营养素的需要量是很困难的，如赖氨酸和精氨酸，钙、磷和维生素 D_3 即属此类。Chamruspollert 等（2002）发现日粮中赖氨酸、蛋氨酸和精氨酸的相互作用可能与肌酸的生物合成有关。饲料中过量的蛋氨酸会持续影响肉鸡对胆碱的需要量。在饲养标准的制定过程中，并没有考虑各种营养成分之间的互作效应，所以，以此种形式表达的饲养标准，在指导实践生产的过程中，必然存在一定的偏差。

另外，许多有关营养需要的信息缺乏科学性，因此，只能通过计算和使用内插外推的方法来推算某些营养物的需要值。现给出的营养物质需要量，绝大多数是根据家禽对日粮浓度或某些特殊营养物质的反应，通过试验观察而获得的。在某些情况下，氨基酸需要量要根据营养模型估测得出。而且可用于建立家禽营养模型的数据较少，也在一定程度上制约了饲养标准的发展。

任何一种饲养标准在时间上都有滞后的特点，一个标准几年才能修改一次，难以及时反映最新的动物营养与饲料科研成果及养殖业的发展水平，在一定程度上总是落后于时代。饲养标准在制定之初，2～7年都会修订一次；20世纪80年代后，各国修订饲养标准的步伐减慢，如美国NRC的家禽营养需要第八版（1984）至第九版（1994）经历了十年时间，至现在为止有近20年的时间没有再次修订。其他国家如法国（AEC，1992）、日本农林水产省（1993）等都是在20世纪90年代修订的饲养标准，也有20多年没有再度修订。我国从1986年制定了鸡的饲养标准，经过18年后（2004）才再次修订。

在生产实践中，企业追求最佳经济效益，而非最佳生产性能。生产目的不同，饲料的配制也有所不同，如获得最大胸肉产量的氨基酸需要量比获得最大增重的赖氨酸需要量高（Biligli等，1992）。但是标准中所列的生产性能，不见得是取得最佳经济效益时的生产性能。生产中看重的是投入产出比，而饲养标准中的数值是指获得某一最佳生产性能时的最低需要量。显然，最佳生产性能并不必然产生最佳经济效益。

2. 饲料原料开发与配合饲料生产加工技术

首先，从营养角度来看，新饲料资源的营养物质有效含量变异大，通常含有抗营养因子。如大麦胚乳细胞壁中富含混合的1-3、1-4-β-D-葡聚糖，增加了肉鸡肠道内容物的黏性，需要添加葡聚糖酶来提高其营养价值。其次，从生产加工角度看，一些新饲料资源存在季节性供应和来源不稳定的问题，如水果及其加工副产品；有些原料的容重小，易引起粉尘，需要制粒，如木薯；有的原料在使用前需要经过干燥、脱毒等加工处理，如向棉粕添加硫酸亚铁可降低游离棉酚的含量。最后，从经济效益角度看，与玉米-豆粕基础日粮相比，一些常规和非常规饲料资源的脱毒处理和制粒成本，以及对饲料添加剂的要求，使得饲料成本增加，当一些新的饲料资源不能保证动物的正常生产性能时很容易被弃用。

饲喂肉鸡颗粒料虽然有诸多优点，但在制粒时因调制、压制过程产生的湿热、高温及摩擦作用，将导致物料温度迅速升高，对饲料中的热敏性营养成分具有显著的破坏作用（李德发和范石军，2002）。研究表明，制粒温度为88℃和调制2min条件下，维生素A（包被胶囊）、维生素D_3、维生素D_3（包被胶囊）、维生素E醇、维生素E醋酸酯、维生素C、微生物B_6的活性损失分别为10%、12%、7%、46%、3%、45%、13%；制粒温度为79℃时植酸酶活性下降45.8%，制粒温度为86℃植酸酶活性下降87.5%；制粒温度为85℃的条件下，以乳酸杆菌、链球菌或酵母为活性成分的微生态制剂全部失活（吕于明，2003）。挤压膨化的操作条件比制粒更为强烈，对饲料添加剂的影响远大于制粒。

国内外常用的液体饲料添加技术是后喷涂技术，但也存在以下几个方面的问题：可能造成颗粒料粉化率提高；各种活性物质仅仅是黏附在饲料颗粒表面，在饲料的运输过程中容易剥离下来，造成饲料活性物质的损失；活性物质黏附在表面更容易受光照、氧化的影响，而造成储存期间较大的损失。

3. 非营养性饲料添加剂在肉鸡饲料中应用技术存在的问题

病原菌产生抗药性，以及抗生素在动物体内和动物产品中残留是影响抗生素在肉鸡饲料中使用的主要障碍。1986 年，瑞典禁止抗生素在肉鸡上的使用；1995 年，丹麦禁用阿伏霉素后，糖肽抵抗的粪肠球菌的抗药性显著下降；1998 年，美国食品与药品管理署提出对饲用抗生素进行再评估，以减少对人类健康的影响，并要求抗生素只能应用到兽医上治疗。因此，抗生素由于食品安全问题等因素而将在全球逐步退出市场。

迄今为止，国内外关于益生素的研究主要停留在应用效果的研究上，基础研究十分薄弱，对益生素的作用机制了解更少。在产品开发上，目前的品种较少，菌种单一，产品缺乏质量标准，应用效果不稳定，对影响应用效果的因素缺乏定量研究。所有这些问题将成为益生素领域的研究重点。直接饲用微生物菌种如乳酸菌，由于不能抵抗饲料加工过程中的高温和高压显得相对比较脆弱，如果不经过保护处理，乳酸杆菌只能耐受 52℃、酵母最高只能抵抗 63℃、链球菌最高只能耐受 71℃的高温。

酶制剂的使用因饲粮类型而异。如小麦、黑麦饲粮应选用木聚糖酶，大麦饲粮应选用 β-葡聚糖酶，而豆粕或大豆饲粮则应选用甘露聚糖酶。肉鸡本身（性别、品种、饲养阶段）、环境因素（免疫、高温、低温、疾病、光照、运输等应激）、加工存储（高温高压、贮存环境），以及酶制剂的种类和配伍（各种酶最适宜的温度、pH 等不一致，混合酶制剂一般优于单一酶制剂）的影响有待进一步研究。应加大酶动力学及其变异规律、外源酶与内源酶的作用机制、酶活检测标准、酶的生产工艺和稳定化技术等方面的基础研究，针对饲料或饲粮的化学组成及动物的生理状态研究专用高效酶制剂配方、酶的最适添加量、添加时间与使用方法；加大酶制剂对饲料养分利用率的影响、酶与其他饲料添加剂的关系、饲料加工储藏对酶活的影响等方面的应用研究。

乳化剂自身的稳定性和家禽的生理阶段是影响其在肉鸡产业中应用的主要问题，而非离子型乳化剂可克服因解离而导致的不稳定问题。影响酸化剂效果的主要因素包括化学组成、酸度系数（pKa）、化学形式（酯类、酸、盐、包被等）、分子质量、动物品种、微生物的状态、饲料缓冲能力等。中药的有效成分、有毒成分、配方组成及配伍、营养搭配，以及提纯加工工艺只有合理有效地控制，才能促使肉鸡生产达到理想的效果。普通无机霉菌毒素吸附剂蒙脱石（硅铝酸盐）仅可缓解黄曲霉毒素中毒症，但不能有效缓解镰孢菌毒素（如玉米赤霉烯酮、呕吐毒素、T-2 毒素）的中毒症；而在我国，镰孢菌毒素的污染比黄曲霉毒素更普遍、更严重。由于不同吸附剂对霉菌的作用效果的差异和特异性，应用多种吸附剂的混合物和有机吸附剂、离子交换树脂吸附剂效果更佳。另外，吸附剂的流动性、稳定性（加工制粒、膨化、储存），对维生素、微量元素、药物及其他营养物质的吸附作用，以及对肉鸡的影响都是影响其利用的重要因素。

（四）国际肉鸡饲料技术发展趋势及经验

1. 肉鸡饲养标准

随着肉鸡产业的发展和科学研究的深入，饲养标准中的许多空白将不断地被填补，指标设置更加精细；营养需要推荐值会由静态发展为动态、由孤立的发展为关联的、由数值发展为数学模型等，饲养标准对饲料生产和肉鸡养殖实践的技术指导作用会更直接和更明确。

2. 饲料原料开发与配合饲料生产加工技术

未来肉鸡饲料原料的开发利用应该主要从以下三个方面着手：①挖掘现有饲料资源的潜力和提高其利用率。菜籽粕、花生粕、亚麻仁粕和棉粕等杂饼粕因存在有毒有害物质或抗营养因子而利用率低。可通过栽培低毒或无毒棉、低芥酸低硫葡萄糖苷菜籽品种，采取有效的脱毒方法和改善提取油脂的加工工艺来提高杂饼粕的利用率。在降低有机微量元素生产成本的情况下，推广其在肉鸡养殖上的使用。②在探索新的非常规饲料资源的同时，利用新的技术或方法改善其营养价值，寻求最经济方式来利用非常规饲料资源。③整合饲料资源，利用饲料原料营养价值的互补性来配合肉鸡日粮，以发挥各种原料的最大潜力。

新的配合饲料加工技术和设备将不断得到应用，应该重视加工工艺对饲料中营养成分活性和利用率的影响等相关领域的研究。根据肉鸡的消化系统生理结构特点和饲料加工特性选择原料，合理配合原料，选用科学的加工工艺参数，改进和完善饲料加工工艺技术。粉碎的粒度和均一性要适当，过度粉碎则将增加能耗，降低单位时间的产量，并且过多的粉尘还可能导致呼吸道疾病，影响鸡消化道的形态。饲料混合均匀与否，直接影响到鸡能否从饲料中获得全面、充足的营养，混合不均匀的饲料影响肉鸡的生长发育，饲料转化率随着混合均匀度提高呈线性提高趋势。针对不同的原料要选择合适的制粒工艺参数，最大限度地降低养分损失。改进加工工艺和设备，克服液体饲料添加系统中的缺陷。适度应用蒸汽压片和膨化挤压等技术手段提高饲料原料的营养价值。

3. 非营养性饲料添加剂在肉鸡饲料中的应用技术

饲用益生菌从单一菌制剂向复合菌制剂的应用发展，更大限度地发挥彼此之间的协同作用。由于在饲料加工、储存和肠道环境中存在众多的不利因素，研制高稳定性的制剂以保证有足够的功能菌存活数量极其重要。随着生物技术的发展，利用生物技术开发具有独特功效的功能微生物，如产赖氨酸乳酸菌、高纤维分解菌、植物毒素分解菌等，也是将来益生菌的发展方向之一。

由于脂肪酸或者其他酸化剂有其特定的 pKa 范围，因而只能通过包被或微胶囊化使其缓慢释放，进而到达胃肠道的远端发挥作用；多种有机酸联合使用的协同作用值得探讨。Liu（2005）发现，酶制剂与酸化剂、益生素、益生元、合生素等联合使用不仅可增加其对羧甲基纤维素、β-葡聚糖和木聚糖的降解能力，还可提高对黏蛋白的黏附能力和对胆盐、胆酸的抵抗力。选择吸附能力强、选择性强、广谱、无副作用的霉菌毒素吸附剂如酵母细胞提取物，以及应用生物酶制剂进行脱毒，是今后选择吸附剂研发的主要趋势。中药及其植物提取物的毒性、加工、提纯工艺，以及与其他非营养性添加剂的协同作用和分子作用靶点都有待进一步阐明。卵黄抗体、精油，以及各种抗生素替代物和营养素的交互作用，在肉鸡的基础和应用方面也将是今后研究的热点。

二、我国肉鸡饲料技术发展现状

（一）我国肉鸡饲料技术发展历史

1. 饲料资源开发技术发展历史

在饲料工业刚起步的时候，动物养殖用的饲料主要是把几种原料（主要是一些农副产品）经过简单混合而得到的混合饲料，饲料的利用率和养殖水平都不高。这段时期，饲料的品种单一，质量较低。20 世纪 80 年代初，生产的配混合料，以混合料为主，而技术含量较高的配合饲料占工业饲料比例很小。由于多采用"玉米-豆粕（鱼粉）"型日粮，而对其他饲料作物、饲料资源的研究开发不够，造成国内蛋白质饲料缺乏。同时，一些添加剂不能生产，需要从国外进口，但由于外汇短缺，无法大量进口以满足需要，所以当时生产出的饲料质量无法与国外同类产品相比。80 年代末和 90 年代初，饲料工业发展中出现了严重的资源短缺，主要表现为优质能量饲料紧缺，优质蛋白质饲料缺乏。虽然非常规饲料资源丰富，但由于饲料加工工艺的落后，很多资源没能有效利用。

21 世纪以来，随着我国饲料工业和添加剂工业开始起步，许多依赖进口的添加剂逐步由国内生产替代，促进了非常规饲料原料开发利用技术的研究推广。同时，饲料作物种植逐步从粮食种植中分离出来，以及动植物加工副产品的进一步开发与应用，也保证了饲料原料的数量和质量。

在能量原料替代品的开发与应用中，小麦、黑麦、高粱和稻谷等可作为能量饲料替代部分玉米，但因含有非淀粉性多糖，利用率较低，并且会使饲料的黏滞性增大，鸡食后粪便不易排出。稻谷、糙米、碎米及加工副产物米糠等也可用作能量饲料，但也面临相似问题。目前，酶制剂的应用，在一定程度上能提高能量原料替代品的利用效果，提高饲料消化率和转化率。

在蛋白原料替代品的开发与应用中，肉鸡中常使用的籽粕类蛋白原料主要有菜籽粕、棉籽粕、花生粕等，但由于其自身结构特点，利用率一直不高。随着我国棉、菜籽粕脱毒技术的逐渐改进，此类饲料原料开发利用技术得到进一步研究与推广。目前，国内棉、菜籽饼粕脱毒有以下几种方法：物理法、化学法、混合溶剂萃取法、液-液-固萃取法及生物法（何涛等，2007；朱文优等，2009）。另外，亚麻籽及其饼粕、棕榈仁粕也成为新的蛋白资源。近年来，刺槐的饲用价值受到重视，但如何提高刺槐在肉鸡饲料中的使用价值，仍需进一步研究。在植物性蛋白饲料资源的开发与利用的同时，动物性蛋白饲料资源的开发也取得了显著的成绩，如血浆蛋白粉、肉骨粉、酵母类饲料原料、羽毛粉等饲料资源。它们的合理利用不但可保证动物的健康生长，还可节约饲料成本，具有较高的经济价值。昆虫也是具有开发潜力的动物性蛋白饲料资源。昆虫是地球上种类最多且生物量巨大的生物类群，可作饲料的昆虫包括蚕蛹蝇、蚯蚓、蛆、黄粉虫、丰年虫、蚕、蛾、蜂、蚁等。

2. 饲料添加剂研发技术发展历史

添加剂科技的成就：我国国产饲料添加剂工业于 20 世纪 80 年代才开始起步，很长一段时间内我国绝大多数饲料添加剂产品主要依赖进口，问题主要表现在国产饲料添加剂品种与数量不足，特别是生物技术发酵产品的品种少、水平低。随着科学技术水平的全面提高，近年来我国饲料添加剂产业发生了巨大变化，主流产品基本实现了国产化，其中维生素类添加剂产品不仅能满足国内需求，而且大量出口，有的生产技术如维生素 B_2 等还处于国际领先水平。

我国饲料酶制剂产业虽起步于 1990 年，但 20 多年来取得了显著成绩，比如转基因植酸酶从研发、生产、应用到出口贸易都赢得了与国外产品比肩共进的可喜局面；在 21 世纪初仅用 3～5 年时间就实现了饲用赖氨酸从进口国到出口国的转变，这两个典型产品的巨大进步在我国生物饲料添加剂行业具有标志性的里程碑意义。另外，植物提取物是重要的饲料用抗生素替代品之一，植物源性的中草药是我国具有数千年开发应用历史的国粹，至今依然具有植物种质资源开发、方剂配方研发和临床应用的国际优势，不足之处在于机制研究和分离工程方面。

开发绿色饲料添加剂的必要性：近年来，不断发生的畜禽疾病和产品安全事件使人们意识到饲料安全就是食品安全，对绿色饲料添加剂的呼声越来越高。当前，发达国家已将添加剂研究的重点转向优质、高效、安全、低剂量的新型饲料添加剂的开发研究与应用。绿色饲料添加剂是指无污染、无残留、抗疾病、促生长的天然添加剂。就广义而言，包括三层意思：①对畜禽无毒害作用；②在畜禽产品中无残留，对人类健康无危害作用；③畜禽排泄物对环境无污染作用。近年来开发的绿色添加剂如益生素、寡糖、酶制剂、酸化剂、卵黄抗体、寡肽、抗菌肽、免疫增强剂、甜菜碱、有机微量元素等添加剂产品在饲料中的应用，大大提高了饲料报酬，提高了饲养效果；不仅节约了磷资源，而且大大减少了畜禽粪便造成的环境污染，改善了畜禽产品品质。但一些关键性的生产技术水平，我国仍落后于发达国家，需要下一阶段的深入研究。

3. 饲料生产技术发展历史

（1）饲料加工工艺。饲料加工工艺是饲料生产中一个重要环节，是确保饲料工业健康稳定发展的坚强支柱之一。随着饲料原料品种的不断增加、添加剂用量的减少等诸多因素的改变，加工工艺需要进行相应的变化，以适应肉鸡养殖的发展需要。经过多年的研发与实践，我国肉鸡饲料加工技术取得了又快又好的发展。比如粉碎工艺与配料工艺的配合，现有先配料后粉碎和先粉碎后配料两类工艺。后者是目前国内普遍采用的工艺，前者对自动化控制要求高，加工时易发生粉碎机换筛、换锤片致使后路停止工作问题或粉碎机周期性空运转问题，但随着机械电子行业的发展，电子元件质量的提高，这些缺点会逐渐得以解决。目前，在饲料原料的开发中，油菜籽、葵花籽等富含油又富含蛋白质原料的使用在逐渐增加，因这类含油高的原料单一粉碎比较困难，先配料后粉碎工艺将有一定的优势。

为达到良好的饲养成绩，颗粒料深受肉鸡养殖户的喜爱，这也促进了制粒技术的发展。制粒使饲料加工成本提高，但因其可以显著提高动物生产性能，由此带来的经济效益足以抵消制粒的成本。与粉料相比，颗粒料可减少粉尘，防止饲料组分在运输等过程中再分级，进而保证动物对养分的平衡摄食并防止挑食；节约动物采食所需要的时间及能量的消耗；通过制粒的高温处理，可杀灭病原微生物；减少包装运输费用或储藏空间等。但需要注意的是，过度的热加工会造成热敏性营养成分的失效，降低饲料效果。从肉鸡饲喂的效果上看，中等或粗大型粉料对鸡的生长很有益，但这并不是意味着饲料颗粒越大越好。

此外，膨化和热喷技术在肉鸡和其他畜禽饲料生产中取得了满意的效果。此类技术的主要目的在于改善饲料的适口性、分解饲料中的抗营养和毒素因子、提高饲料的消化率和营养价值。膨化产品结构疏松、多孔、酥脆，并且具有很好的适口性和风味，特别有益于幼龄动物。膨化饲料的缺点是维生素、酶制剂的损失，饲料加工的成本高。针对上述问题，许多学者提出了一些解决办法，如在膨化结束后直接添加悬浊液、胶体或喷雾添加液体等。热喷可以对菜籽饼、棉籽饼进行脱毒，对粪便进行去臭、灭菌处理，使之变成正常的蛋白质饲料。

（2）肉鸡日粮配方技术。现代养殖业已逐步全面使用配合饲料。配合饲料是指按照动物的不同生长阶段、不同生理要求、不同生产用途的营养需要和饲料的营养价值，把多种单一饲料依一定比例并按规定的工艺流程均匀混合而生产出的营养价值全面的能满足动物各种实际需求的饲料，有时亦称全价饲料。配方技术包括全价配合饲料、混合饲料、浓缩饲料、精料混合料、预混合料的配方技术。

随着肉鸡生产技术的不断提高，肉鸡营养的最优供给问题和合理日粮配方的优化设计技术问题日益受到关注，其目标是追求终端配方的养分结构合理、原料搭配经济，尤其是实际饲养效果具有可预见性等。这些在过去往往单一追求最低成本或最优配方的配方设计理念在实践中是难以实现的。近年来，环保理念的不断增强，在现代肉鸡饲料的研究中，更加重视如何根据不同动物品种、不同性别和年龄来设计日粮，使养分供需达到精确平衡，从而充分提高动物对饲料的利用效率，在保证最大生产效率的同时减少氮、磷的排放，降低畜牧生产对环境污染的问题。

4. 饲料安全质量检测技术发展历史

（1）饲料安全标准不断完善。饲料工业飞速发展的同时，我国的饲料卫生标准也从空白起步，经过不断的补充与完善，已逐步向国际标准靠拢。在我国饲料工业发展初期，由于饲料配方技术尚未普及，饲料原料质量尚未受到重视，当时制定颁布的饲料标准更多关注的是饲料产品的营养成分，如对饲料中的粗蛋白质、粗脂肪、粗纤维、粗灰分、钙、磷等主要营养指标做了规定（于炎湖，2009）。近年来，随着"疯牛病""二噁英"及"瘦肉精"等中毒事件的不断发生，饲料安全问题已引起人们广泛的关注。饲料的安全直接关系到动物性食品的安全。所以，饲料卫生标准的制定与实施，对保障饲料安全卫生、畜禽产品安全、人类健康和保护环境发挥了积极的作用。

1991 年我国颁布了第一部强制性国家标准《饲料卫生标准》（GB 13078—1991），在保证和提高饲料产品安全卫生质量方面发挥了重要作用，促进了我国饲料工业的健康发展。而后，随着饲料、饲料添加剂品种的增加和相关检测技术的进步，新版《饲料卫生标准》（GB 13078—2001）于 2001 年 10 月 1 日实施。修订后的标准增加了动物种类、饲料品种和有毒有害物质的种类，基本上满足了现阶段我国饲料工业发展的需要。此外，近年来又先后颁布了《饲料卫生标准饲料中亚硝酸盐的允许量》（GB 13078.1—2006）、《饲料卫生标准饲料中赭曲霉毒素 A 和玉米赤霉烯酮的允许量》（GB 13078.2—2006）、《饲料卫生标准配合饲料中脱氧雪腐镰刀菌烯醇的允许量》（GB 13078.3—2007）等三项强制性国家标准，它们是对《饲料卫生标准》（GB 13078—2001）的进一步补充与完善（于炎湖，2009）。

（2）饲料安全质量检测技术在细化中发展更新。饲料安全质量检测内容不断细化，主要有农药残留检测，包括六六六、滴滴涕残留的检测和有机磷类、氨基甲酸酯类、菊酯类农药残留的检测；天然毒素的检测，如《饲料中黄曲霉素 B_1 的测定方法》（GB/T 8381—1987）；无机有毒有害元素的检测，检测范围除了常见的铅、砷和汞等外，还包括铬、镍、铝、镉、钼等；有机有毒有害化合物的检测，包括饲料中天然存在的有毒有害化合物和次生性有毒有害化合物。为适应饲料产品监测工作的需要，相关的饲料安全检测技术得到了迅速发展，越来越多的现代分析测试技术得到了应用，涌现了许多检测新技术、新方法，如分光光度法、气相色谱法、高效液相色谱技术，以及近年来研究的双抗夹心免疫 PCR 检测技术等（耿志明，2006）。新技术的运用，不但提高了检测的精准度，还缩短了检测时间，使快速检测成为一种可能。

（二）我国肉鸡饲料技术现状分析

1. 饲料资源开发技术现状

（1）微生物发酵技术在饲料资源开发中的应用。利用微生物发酵技术处理饲料原料，使原来不被动物消化利用的农、畜副产品转化变为可被动物消化的能量、蛋白原料资源，同时产生有利于动物消化吸收的有机酸和维生素，这些都是以往饲料不具备的特点。另外，肠康肽（以发酵豆粕为主的原料）是一种逐渐被市场认可的优质植物性蛋白资源。肠康肽部分替代等量鱼粉饲养肉鸡，不仅不影响肉仔鸡的生产性能、饲料报酬和死淘率，还可以明显提高肉仔鸡对饲料蛋白质、粗脂肪和粗纤维的消化率，能够降低养殖成本，增加肉鸡的经济效益（陈宝江等，2011）。此外，微生物发酵豆粕、菜粕、棉粕可以降解抗营养因子和饲料毒素，从而提高动物对饲料的消化利用率，更好地发挥其原料替代品的饲用价值。

（2）大豆副产品在饲料资源开发中的应用。大豆乳清粉是豆粕用碱溶法提取大豆蛋白后剩余的乳清液，经中和后、喷雾干燥得到的产物。其最大的优点是水溶性好，可溶性糖和氨基酸总量较高，且较均衡，其中主要是大豆低聚糖和小肽。大豆磷脂作为大豆制油过程中的加工副产品，被用作饲料添加剂代替部分脂肪，已能取得较好的经济效益。大豆磷脂还可用作乳化稳定剂、黏结剂和润滑剂，其乳化性能在快速制备液体饲料时，能加速脂肪分散，提高脂肪利用率；在配合饲料中可起到黏结作用，减少混合饲料中的粉尘，对于防止粉尘飞扬和饲料自动分级、保持饲料混合均匀度都具有良好的效果。

（3）转基因作物科技在饲料资源开发中的应用。转基因作物生产科技的研究与应用提高了主要饲料作物的营养价值。作物育种专家已改变过去的科研目的，不只关注提高作物的产量、抗病虫害能力，更注意作物营养价值的提高。现已经培育出高油玉米和高赖氨酸玉米等品种，例如：中国农业大学的高油玉米（"农大高油115"）新品种，具有高含油量、较高蛋白质和赖氨酸含量等特点；"中单9409"为代表的高赖氨酸玉米，具有优质、高产、用途广、适应性强等特点；饲用杂交稻，高产杂交饲料稻谷比普通品种的产量显著提高。目前，转基因技术还开发出了环保型饲料品种，如转植酸酶基因玉米，即一种把特定微生物产生植酸酶的基因转入玉米，使微生物植酸酶基因在玉米种子中表达，得到富含微生物植酸酶的玉米籽实。试验证明，转植酸酶基因玉米可以替代外源植酸酶作为一种植酸酶来源在肉仔鸡日粮中使用，不仅不影响生产性能，而且减少磷酸氢钙的使用和氮磷的排放（张军民，2011）。

转基因技术给饲料资源开发带来了良好的社会、经济、环境效应，但也带来了新的问题，从转基因植物诞生之日起，其安全性的研究一直在进行。

2. 饲料添加剂研发技术现状

饲料核心技术是添加剂技术，生物技术是添加剂技术核心之一。因此，研制能促进动物生产性能、安全无害的绿色饲料添加剂一直是畜牧业和饲料业的优先课题。绿色饲料添加剂主要包括中草药制剂、微生态制剂、益生素、酶制剂、酸化剂、有机微量元素等。

（1）发酵工程技术在饲料添加剂研发中的应用。大多数饲用酶制剂，添补氨基酸，饲用维生素、抗生素和益生菌都是由微生物发酵工程技术生产的。由特异微生物发酵生产的饲用外源酶制剂包括β-葡萄糖酶、戊聚糖酶和植酸酶等，其用于家禽饲粮中，能分解饲粮中的抗营养因子葡聚糖和戊聚糖，提高养分的消化利用，因而可提高饲料效率，改善生产性能；植酸酶能明显提高以植物性原料为主的饲粮中植酸磷的消化利用，降低无机磷的添加量，故能有效地减少磷排出和对环境的污染。由特异微生物发酵生产的饲用添补氨基酸主要有赖氨酸、蛋氨酸、色氨酸和苏氨酸，在家禽饲粮使用可降低饲粮粗蛋白水平，减少非必需氨基酸的过量，改善饲粮氨基酸的平衡性，使人们研究与应用畜禽饲粮的"理想氨基酸平衡模型"成为可能。由微生物发酵生产的维生素A、维生素D、维生素E、维生素C等各种维生素除传统上普遍用于纠正畜禽的维生素缺乏症外，目前还广泛用于增强动物的免疫抗应激抗病力和改善肉质上。

益生菌作为抗生素的天然替代物，强调的是活的微生物的作用，与抗生素作为微生物的代谢产物而发挥作用有明显区别。益生菌是一类可在动物和人应用的单一的活的微生物的培养物或多种混合的活的微生物的培养物。这些活的微生物包括真菌、酵母菌和细菌，正常情况下来源于动物肠道，可能通过在胃肠道中的黏膜细胞上竞争性附着并大量繁殖，建立优势菌群，从而将有害的病原微生物排出体外，促进动物的健康和生长。我国饲料添加剂的菌种筛选及粗加工技术基本能满足国内生产需求，但添加剂的活性保存及稳定性处理工艺上还远远落后于发达国家，这严重制约着我国饲料微生物添加剂的进一步使用。解决其应用的关键技术是后处理工艺，后处理工艺中最核心的关键技术是活性微生物菌体的微胶囊包被技术。

（2）天然植物活性成分提取技术的研发与应用。目前世界各国广泛使用的药物饲料添加剂多为抗生素和化学合成药，这些添加剂在畜禽饲料中长期使用所带来的副作用已引起人们的普遍关注。因此，开发天然药物，以代替现有抗生素和化学合成药物饲料添加剂，是目前的研究热点。国外所采用的方法是以有效成分作为研究天然药物的出发点，通过现代高新科技手段进行有效成分的提取、分离或合成，制成产品。我国在20世纪80年代末就开始广泛研究开发中草药添加剂产品，取得了一定的成绩，并广泛应用于畜牧生产中。中草药制剂的有效活性成分主要是多糖、苷类、生物碱、挥发性成分和有机酸，营养成分则主要是蛋白质和氨基酸、矿物质、维生素，兼有药效和营养双重功能。

（3）有机微量元素添加剂生产技术的研发与应用。近年来，氨基酸微量元素络（螯）合物在国内外发展较快，是微量元素与氨基酸反应后生成的络（螯）合物。与无机态微量元素添加剂比较，真正的络（螯）合强度适宜的有机微量元素络合物或螯合物有如下优点：不吸潮结块，有利于预混生产；不氧化破坏维生素，便于微量元素与维生素混合生产预混料；在胃肠道不易受抗营养因子的干扰而被更多地吸收利用，同时减少微量元素排出的环境污染；在体内有特殊的代谢路径，能增强动物的免疫机能，抗应激，改善肉质，且不影响其他元素的代谢。所以，这类有机产品在饲料工业中有很好的应用前景。随有机配位体的不同，有以有机酸（乳酸、柠檬酸和富马酸等）为配位体的，有以糖（乳糖、葡萄糖和多糖）为配位体的和以氨基酸（赖氨酸和蛋氨酸等）及肽为配位体的。其中以单个或复合氨基酸-微量元素络合物或螯合物产品最多，人们对此类产品在各种动物上的生物学活性进行了很多研究，但所获结果不很一致（罗绪刚和李素芬，2004）。影响有机微量元素络（螯）合物对鸡等畜禽有效性的因素很多，其中主要是有机微量元素的络（螯）合率及其络（螯）合强度，尤其是络（螯）合强度（Li等，2011；Huang等，2009）。最新研究表明，并不是所有的有机微量元素络（螯）合物都优于其无机形态，只有适宜络（螯）合强度的有机锰、锌才真正有利于肉鸡对其中锰、锌的利用（Li等，2011；Huang等，2009）。

（4）肽类添加剂生产技术的研发与应用。随着生物工程的发展，对活性肽的研究已取得了一定成果。活性肽的种类很多，各有不同的功用，其中有一类具有抗生素和抗病毒的作用，如短杆菌肽、乳肽、枯草菌肽等，它们都有较好的杀菌谱。由于抗菌肽具有分子质量低、水溶性好、热稳定、强碱性和广谱抗菌等特点，对细菌、真菌、原虫及癌细胞等均具有强有力的杀伤作用。更重要的是抗菌肽对正常的真核细胞几乎没有作用，仅仅作用于原核细胞和发生病变的真核细胞，因此有广阔的前景。

3. 饲料生产技术现状

（1）饲料加工工艺与设备技术。现代饲料加工工艺的改进主要围绕保证饲料产品的安全和质量，内容包括：HACCP管理技术在饲料加工企业的应用研究；饲料加工保真工艺技术研究，主要是热敏性饲料添加剂后喷涂工艺和设备研究；饲料生产质量控制技术研究；高效调质制粒技术研究；安全卫生饲料生产技术研究；环隙膨胀调质制粒工艺技术和设备。

饲料加工工艺与设备技术研究将紧紧围绕保证饲料生产的安全、优质、高效而开展，主要表现在：完善、提高关键加工设备的性能，全面提升其工作效率和自动控制水平，降低能耗，提高易损件的寿命；饲料生产及质量安全动态实时监控技术研究；特种饲料和功能饲料加工工艺和设备研究、新型饲料原料加工处理技术研究、多液体添加技术研究、微量组分配料控制技术研究和饲料厂自动控制技术研究等。

（2）以理想蛋白质模式为基础的肉鸡环保配合饲料配制技术。环保饲料是指饲料原料本身及使用该原料生产畜禽产品的任何环节均不对环境造成任何污染的饲料的总称。环保饲料的配制是以低蛋白日粮的理想蛋白比例为基础，日粮配方主要以回肠可消化氨基酸为基础进行配制，按照理想蛋白质模式，针对肉鸡的需要，使饲料蛋白质中各种氨基酸的比例与肉鸡在某一生理阶段所需要的氨基酸比例恰好一致，发挥饲料蛋白质最佳利用水平，降低对蛋白质的浪费。这样不但能节省饲料成本，还能降低氮污染等。

低蛋白日粮配制时需要注意的是蛋氨酸、赖氨酸水平必须和高蛋白日粮的一致，且其他必需氨基酸和赖氨酸的比例要达到理想蛋白的标准，这样才能保证动物的生产性能良好。从现有研究看，肉猪低蛋白日粮的研究比肉鸡低蛋白日粮的研究更成功。国内的研究表明，猪的低蛋白日粮降低$3\%\sim4\%$，生产性能不受影响，而禽的低蛋白日粮降低$2\%\sim3\%$，生产性能就会下降。肉鸡日粮的粗蛋白水平可降低的幅度较小，这可能和非必需氨基酸需要有关。因此，肉鸡的理想蛋白比例模式需要更多的研究。

4. 饲料安全质量检测技术现状

目前，国际上对农产品及其生产过程中涉及的安全卫生质量控制有两个明显的趋势：①安全卫生指标的限制量降低到痕量水平，安全卫生指标更为严格，副作用物质限量降低，并增加了诸如二噁英等痕量指标；②检测技术日益趋向于高技术化、智能化、专一化、系列化、速测化、动态化和便携化。

（1）以组织学为基础的检测技术。饲料显微镜分析技术主要以组织学特性为基础，借助立体显微镜观察样品粗糙片段的形态学构造，同时利用光学显微镜观察细小颗粒的组织学构造，从而区分不同组织。显微镜技术主要用于产品品质认证（纯度），能够鉴别产品混合物中植物或动物源性组分（卜登攀等，2008）。

（2）以蛋白质为基础的检测技术。免疫学方法用于物种的鉴定已有很长的历史，早在 20 世纪初，建立在特异性抗体-抗原反应之上的免疫学方法就已经被应用于肉的种类鉴别。现在已有多种试剂盒被研发出来，用于饲料中动物源性成分的检测。免疫测定速度快、操作简单，特异性高，能特异性地检测动物肌肉，而不与其他动物成分发生反应。且 ELISA 不需要大型的科学设备，容易操作，可以进行大规模的检测。ELISA 技术检测的成功首先建立在有可靠的捕获抗原的检测抗体上，将来的研究重点是进一步开发更有效的抗体和从饲料中提取蛋白的方法（李林等，2006）。

（3）以 DNA 为基础的检测技术。以检测 DNA 为基础的方法主要有核酸探针杂交、DNA 指纹分析、PCR-RFLP 分析、PCR 特异扩增（常规 PCR 方法和 Real-time PCR 方法）。其主要原理都是对各物种内特异的核酸序列进行提取、鉴定，从而判定饲料内有无该物种的成分，只是结果判别的信号条件不同。另外，以 DNA 为基础的检测技术也用于转基因饲料的检测。PCR 法检测转基因产品是目前应用最为广泛的方法，理论上能用于所有转基因产品的检测，但易出现假阳性。

（4）近红外光谱技术。近红外光谱分析技术是饲料界最广泛应用的技术之一，可以用于饲料中动物源性成分的检测。近红外光谱分析技术的原理是饲料中的分子物质可以吸收不同波长的光线。其优点是检测快速、不用有害的试剂、所需样品量少、非破坏性检测、经济、重复性好，以及具有可以开发为商业化仪器的潜力。主要缺点是这项技术为间接的检测，因此需要大量样品的参考值来形成一个校正和参考模型（李林等，2006）。

（三）我国肉鸡饲料技术主要问题

1. 技术创新

当前，我国肉鸡饲料科研和创新能力不断上升，出现了许多新产品，但仍面临严重的技术创新问题。原因在于：我国的科技体制改革不彻底，目前的改革只解决了科研院所的部分问题，科技与经济结合的体制问题需要进一步解决；技术创新涉及环节、部门多，需要在政治、科研和经济领域的全面合作，但目前这种合力没有形成。导致的结果就是科技资源浪费严重，大部分科技力量仍游离于企业与市场之外；科研机构重复设置，队伍分散，课题重复研究多；饲料企业科技创新严重滞后，其作为技术创新的主体地位未能真正确立，许多饲料工业的共性技术，尤其是一些基础数据和基础研究工作因缺乏"共性技术研究平台"而制约饲料企业的发展和技术进步。

在创新资源配置方面，投放到技术改造、技术引进的经费与研究开发的经费不平衡。长期以来，由于国家在科研上投入不足，无力在畜禽不同生长阶段营养代谢规律、营养摄取模式、营养平衡评价技术，以及营养需要模型和减少氮磷排泄量、清洁水质营养代谢调控技术等基础性研究方面作系统研究，制约着饲料工业快速健康持续发展。肉鸡饲料标准制定和饲料安全检测技术水不能满足需求。许多新产品、新技术还没有标准可依，卫生标准不健全，饲料中一些有毒有害物质、违禁药物等的检测工作尚未开展，饲料标准化工作难以适应国内肉鸡饲料工业和肉鸡养殖业的发展需要。

2. 科技成果转化

我国饲料工业总的科技成果的转化率低，且远远低于发达国家的水平，科技成果资源的浪费严重。主要原因在于饲料科技转化基地建设不足，科研单位、大专院校与企业结合不紧密，导致科技成果与市场需求严重脱节，科技成果整体质量不高，且大部分成果缺乏生产可行性和投资经济性，往往停留在实验室成功的水平上。

3. 饲料安全质量

2012年，我国《饲料和饲料添加剂管理条例》的生效和"饲料安全评价、检验检测和监督执法三位一体"的饲料安全保障体系的建立与实施，有利于饲料产品质量安全水平进一步提高（蔡辉益，2012）。饲料安全问题永远是行业人士和企业发展中的红灯、企业永续发展的底线。

4. 生态环境保护

现代肉鸡规模化养殖业带来了越来越严重的土地污染问题，这已经成为畜牧与饲料行业可持续发展的重要障碍。其解决的途径：控制肉鸡养殖总量、控制污染物排放总量；消除污染物的效率（蔡辉益，2012）。然而，我国的肉鸡养殖业仍然继续发展，污染物排放总量不会减少，我们除了控制养殖总量以外，还需要从消除污染物的效率方面加强研究。我国研究学者目前着重在氮、磷和重金属污染方面，比如以植酸酶和氨基酸平衡技术为基础的环保配合饲料配制技术，可有效降低肉鸡氮磷排放量和粪中有害气体散发量；同时使用有机微量元素、酶制剂、益生素、益生元与酸化剂，以及除臭剂等饲料添加剂，可以有效地提高饲料转化率，增强动物的抗病能力，改善动物产品的品质，同时也能够增加磷的利用率，进而显著降低磷的排放量，降低畜牧生产的污染。

（四）我国肉鸡饲料技术发展趋势及经验

1. 加强安全、优质、高效饲料的研发与应用

安全饲料是优质饲料的基础，指对动物和人的生命、身体健康无损害的饲料的总称。优质、高效饲料是在确保饲料营养全价平衡和肉鸡高效生产的同时，也确保饲料原料本身及使用该原料生产畜禽产品的任何环节均不对环境造成任何污染的饲料的总称。

饲料的研发与应用中添加剂的不当使用对人畜的安全、生态环境会带来不良影响，我国应重视应用基因工程、发酵工程、酶工程、精细化工等技术，重点研制对人类和畜禽安全、无三废、无污染、无残留的营养型、非营养型、环保型高效添加剂新品种，提高饲料工业科技含量。同时，科学的饲料加工与饲料配制技术也是解决饲料安全、优质、高效问题的关键措施。应采用消化率好、营养平衡的低蛋白质、低氮日粮，添加商品氨基酸、酶制剂（如蛋白酶和植酸酶）和有机微量元素等来降低氮、磷

和微量元素的排泄量，控制环境污染，减少养分损失，改善饲料卫生。所以，饲料技术今后研究的重点是安全、优质、高效饲料生产技术标准和配套技术支持体系，优质风味鸡肉饲料生产技术等。

2. 发展专用饲料作物，提高现有饲料资源的利用率

开发利用专用饲料作物是促进农业产业结构调整、确保养殖业健康发展、推动我国饲料工业再上新台阶的重要举措。这方面要改变思路，科学规划，挖掘农业生产资源潜力，从被动采集野生资源转向主动增产养殖业需要的营养体生物量。如在粮食作物、经济作物不能利用或暂不利用的可耕地上种植饲料作物或牧草，且与种植业更具互补性。

3. 生物技术带来的肉鸡饲料技术革命

生物技术应用于动物饲料添加剂的研发，是通过基因工程、蛋白质工程、发酵工程和生物提取等手段开发安全高效、环境友好、无残留的优质饲料添加剂产品。生物技术在未来生物饲料添加剂研发中的发展方向主要体现在以下几点：

（1）构建新型酶制剂基因工程菌株，筛选并分离性质优良的微生物，构建高效表达生物反应器，应用基因突变、改造与筛选技术，有针对性地改良重要酶的酶学性质；研究酶的低成本中试生产工艺、酶制剂的剂型和保护技术。如研制耐高温、抗胃低 pH 环境的高活性纤维素酶和植酸酶等酶添加剂，并研究在家禽上的应用效果及配套的酶添加剂质量监测实用技术。

（2）研究高效、质量与效果恒定的特异益生菌和益生素添加剂及其作用机制，为生产中推广应用奠定基础。构建抗菌肽工程菌株，分离针对饲料有害微生物的高效、广谱、天然抗菌肽，对其基因进行分离克隆，构建高效表达的抗菌肽生产菌株，研究重组菌株的发酵工艺及抗菌肽的后加工工艺。

（3）研究寡肽、寡糖新型饲料添加剂及其与锌、铜等微量元素的复合物的生产工艺，应用于畜禽的生物学活性及其配套质量监测技术。通过基因工程研制能富集铬、硒、铜、铁等微量元素的微生物添加剂及应用于畜禽的生物学活性。研究开发益生寡糖的生物工程制备技术，制备益生寡糖，优化肠道微生态系，识别、黏附和排除病原微生物，调节机体免疫机能。

（4）研究天然植物的抗菌与免疫增强有效成分和结构，并进行其分离、提取和产业化生产，以替代饲料中的抗生素和化学合成药物。研究开发高效的新型抗应激饲料添加剂与各类特异性的抗应激复合添加剂，以最大限度地减少应激对畜禽健康和生产的不利影响。

（5）研究开发新型生长因子的基因工程制备技术，构建高效表达新型生长因子的生物反应器，应用基因整合、改造与筛选技术，提高改良生长因子的生理功能；研究新型生长因子的中试生产工艺、剂型和保护技术。

（6）利用基因工程技术改善饲料原料品质。转基因饲料原料最初的研究主要集中在饲料作物上，其目的是提高饲料作物的抗性（抗虫、抗除草剂等），之后则是改善品质，提高利用价值。目前，商品化的转基因作物转入的主要是抗性基因，只有少数是改变营养成分和含量。已成功把植酸酶的基因转入大豆和玉米，生产出含高可利用磷的大豆、玉米产品；已培育出高蛋白、高赖氨酸和高油玉米；培育出的双低油菜籽品种，显著降低了硫葡萄糖苷和芥子酸含量。

随着对动物营养和饲料功能的深层了解及物质合成技术的完善，可以通过生物技术促进饲料生产业的发展，将现代生物技术应用于新饲料原料和新型添加剂的研发，是未来饲料研究和应用的重要领域，势必将为饲料工业高效、持续、稳定的发展开辟新的广阔前景。

第四节　战略思考及政策建议

一、我国肉鸡饲料产业发展战略

目前我国肉鸡生产和消费保持平稳增长态势，肉鸡产业的标准化、规范化、规模化、产业化、深加工和品牌化发展道路成为趋势。为此，肉鸡产业技术体系工作需要产业发展战略的指引。

根据国家饲料工业"十二五"发展战略："坚持开源节流，优化饲料资源配置；坚持科技创新，推进生产方式转变；坚持安全优先，规范企业生产经营；坚持统筹兼顾，促进产业协调发展"的指导思想和基本原则，以及要求"全国饲料总产量达到2亿t。其中，配合饲料产量1.68亿t，浓缩饲料产量2600万t，添加剂预混合饲料产量600万t，主要饲料添加剂品种全部实现国内生产"的总体发展目标。结合我国近20年饲料工业和肉鸡产业发展历史，兼顾我国肉鸡产业未来发展面临的主要问题和发展趋势，提出我国肉鸡饲料产业未来发展战略规划。

（一）战略定位与指导思想

——结合我国肉鸡产业发展趋势，发展应适应规模化、标准化肉鸡不同生产方式的需求。

——坚持数量与质量一起抓；坚持经济效益、社会效益和环境效益协调发展。

——广辟饲料资源，夯实原料生物学效价与基础数据工作、提升饲料转化效率。

——集成饲料科技、促进肉鸡饲料产业多元化和升级换代、实现肉鸡产业可持续发展。

（二）战略目标

总体目标是到2020年，我国肉鸡饲料工业基本实现规模化、标准化、现代化生产。包括：

——确保饲料产品供求平衡和质量安全卫生。

——实施肉鸡日粮结构调整战略，对豆粕的依赖度从 70% 下降到 50%。

——提高科技水平对肉鸡饲料工业的贡献率。

——进一步健全和完善肉鸡饲料工业生产与经营的法律体系。

——增强国际竞争能力，加强生态环境保护。

1. 主要饲料产品发展数量目标

2020 年配合饲料产量达到 6 500 万 t，各年度发展目标如表 4-3。

表 4-3　2011—2020 年中国肉鸡饲料产量预测

年度	产量（万 t）	预计增长（%）
2011	5 000（4 980）	3
2012	5 150	3
2013	5 300	3
2014	5 460	3
2015	5 620	3
2016	5 800	3
2017	5 970	3
2018	6 150	3
2019	6 330	3
2020	6 500	3

2. 质量安全目标

对肉鸡饲料生产企业进行 ISO 9000 系列标准认证和 GMP 验收，施行 HACCP 管理。严格执行《饲料和饲料添加剂管理条例》。饲料产品总体合格率达到 95% 以上。产品质量标准与国际接轨，使饲料产品在国际市场中具有较强优势。

3. 科技目标

提高饲料转化效率 10%，达到 1.6～1.8∶1。

4. 环境目标

达到防止滥制乱用重金属、稀有元素和有毒有害微生物类饲料添加物对环境的污染；饲料添加剂生产企业要逐步实行环境达标排放。

（三）重点任务

1. 广辟饲料来源，开发新型能量和蛋白饲料

推行三元种植业结构，大力开发木薯、甘薯、马铃薯等薯类能量饲料，提高杂粮类、动物下脚料等蛋白质饲料资源利用率，适度发展植物叶蛋白资源，基本满足肉鸡饲料业对饲料原料的需求。

2. 确保肉鸡饲料质量安全

完善全国饲料检测体系的基础设施建设和检测手段的研究，提高各级检测人员业务水平。在饲料加工企业实现肉鸡饲料加工过程质量控制、提高设备现代化水平、实施在线动态监测。加强对新型饲料原料及新型饲料添加剂的质量检测技术研究和危险投入品预警研究。

3. 创新肉鸡饲料营养配制新模式

目前我国肉鸡饲料行业面临的首要科技问题是建立中国饲料资源特色的新型日粮技术体系。我国饲料工业起步之初引进的欧美饲养标准和"玉米-鱼粉-豆粕"日粮配方体系，造成我国对进口大豆和鱼粉的依赖。随着全球资源的日益短缺，亟待彻底打破传统的技术体系，建立中国饲料资源特色的日粮技术体系。

4. 加强饲料业的科技投入

加强饲料产业基础和实用性研究。对全国饲料原料和添加剂进行系统调研和系统采样、建立起我国自己的不同肉鸡品质的营养需要标准和配套的饲料原料基础成分与生物学效价数据库。强化肉鸡动态营养技术，实现肉鸡精细化饲养的目的。

5. 加强饲料添加剂开发力度

大力发展适用于肉鸡生产的饲料生物技术，重点开发饲料酶制剂、微生态制剂、天然提取物及其他抗生素替代品，研制适应优质鸡肉产品开发需求的功能性饲料添加剂。

6. 尽快制定与完善肉鸡饲料行业标准

细化白羽、黄羽肉鸡饲料标准，功能饲料标准，环保饲料标准。

二、我国肉鸡饲料产业发展措施建议

（一）加快发展饲料原料产业和饲料添加剂工业、确保饲料原料供应

利用政府补贴政策，保证饲料原料的供求平衡。加快饲料原料生产基地建设，尤其是优质饲料基地的建设；通过优化种植业品种结构调整、鼓励发展玉米替代品如木薯、马铃薯等能量饲料，以及高蛋白质含量的优质牧草如苜蓿等的种植，提高饲料原料的质量和生产能力。

优质无残留饲料添加剂是当前发展重点，未来10年要继续将饲料添加剂的发展放在突出位置，力争在主要饲料添加剂品种的生产上有新的突破。重点扶持除赖氨酸、蛋氨酸、色氨酸和苏氨酸以外的其他氨基酸品种，以及饲料酶制剂、微生态制剂、天然提取物和其他抗生素替代品的开发与生产，提升饲料添加剂工业的国际竞争力。

（二）完善法规标准，完善饲料产业政策

抓紧研究制定与国际接轨的肉鸡饲料工业标准体系。在逐步提升现有的饲料原料和产品质量标准的基础上，加紧修订完善饲料卫生安全强制性标准。建立新的安全标准体系表，包括饲料和饲料添加剂生物安全质量标准、饲料和饲料添加剂生物安全使

用标准、饲料和饲料添加剂生物安全评定规程及过程控制标准。重点扶持一批国家级骨干饲料科研机构，为各类饲料标准体系建设提供技术支持。当前，应优先制定肉鸡饲料和鸡肉中违禁药物的快速检测方法标准，以及允许使用的饲料药物添加剂检测方法标准。

完善饲料管理法规，加强普法宣传，加大执法力度。抓紧起草有关饲料、饲料添加剂的配套法规和管理办法，完善饲料安全监管制度，逐步实现饲料和饲料添加剂生产、经营和使用的全程监控，确保饲料质量安全与卫生。

（三）建立全国肉鸡饲料安全信息网络

建立全国肉鸡饲料安全信息网络，完善饲料业信息采集和发布程序，逐步把饲料监测机构建设成产品质量检测评价中心、市场信息发布中心、技术咨询服务中心和专业人才培训中心，提高饲料监测体系的整体水平。

（四）加大饲料工业的科技投入，继续开展肉鸡饲料关键技术的科技攻关

国家应继续在肉鸡产业技术体系、科技专项、科技支撑计划、"863"计划、"973"计划和新产品推广计划等项目方面给予大力支持，以提高科技的贡献率，保证肉鸡饲料工业健康持续发展。重点研究：

（1）肉鸡不同生长阶段的营养代谢规律、营养需要模型和减少氮磷排泄的营养代谢调控技术。

（2）加快研究我国本土原料营养与生物学价值，研究适应我国国情的肉鸡动态营养需要标准和配套饲料原料数据库。

（3）建立具有我国饲料资源特色的新型日粮技术体系，建立代替传统的"玉米-豆粕"配方模式的新日粮模式。

（4）研究维护肉鸡肠道健康的饲料与饲料添加剂生产技术、饲用抗生素替代品生产技术、饲料精细加工与产品性能动态预测技术和饲料霉菌毒素污染消除技术等。

（5）研究时产100t的大型成套现代化肉鸡饲料加工工艺与设备。

（五）加强技术集成与推广

1. 推广肉鸡动态营养与生产性能预测新技术

精准营养供给与肉鸡生产性能指标有机结合的动态模型技术是当今肉鸡生产行业集原料生物学效价、营养代谢规律、添加剂应用、饲养技术、环境控制、市场行情等于一体的综合型技术。该技术的完善与推广必将大幅度提升我国肉鸡饲料与鸡肉生产水平。

2. 推广环保型肉鸡饲料与风味功能饲料

环保型肉鸡饲料将降低碳、氮、磷和臭气的环境排放作为主要目标之一，不但能够减少环境污染，而且也较大程度地节约了饲料资源，是肉鸡产业可持续发展的重要

保障。风味功能饲料则能满足优质、风味及富含特殊营养素的功能鸡肉产品的生产需求，有利于肉鸡产业的多元化和升级换代，对肉鸡产业发展有重要的推动作用。

3. 建立起全国性肉鸡生产技术交易市场

技术交易与相应中介组织的缺失阻碍了肉鸡产业的科技进步，加强知识产权保护与管理有利于推进饲料业高新技术产业化。制定政策鼓励科研单位、大专院校与饲料生产企业开展多种形式的联合与合作，建立一批新型的饲料产学研联合体，加快饲料重大科技成果的开发和转化；采取多种形式，开展技术推广和咨询服务。

（六）采取一条龙与部分环节专业化的模式，培育具有国际竞争力的肉鸡饲料名牌企业

经济的全球化迫使我国肉鸡饲料企业将在更大的范围内和更深的程度上参与国际经济的合作和竞争。同时，以信息技术、生物工程为代表的高新技术产业的发展，全国范围内经济结构的战略调整，也为肉鸡饲料业发展提出新的任务。因此，在未来10年，肉鸡饲料工业既要利用高新技术、先进适用技术改造传统肉鸡饲料产业，又要发展高新技术产业，通过兼并、联合、重组等形式，形成一批拥有自主知识产权、竞争能力强的大公司和企业集团，进一步提高肉鸡饲料产业集中度和规模化与标准化；总结推广以饲料企业为龙头，"种、养、加工"一体化和部分中间环节专业化的模式，培育具有国际竞争力的肉鸡饲料名牌企业，带动农户进入肉鸡产业一条龙模式，增加农民收入。

支持饲料企业、专业大户和经纪人牵头组建农民专业合作经济组织，提高生产经营的组织化程度。各地区和有关部门要将符合条件的饲料企业列为农业产业化龙头重点企业，优先予以扶持。

（七）继续扶持肉鸡饲料产业的发展政策

继续执行饲料产品（大宗单一饲料、混合饲料、配合饲料、浓缩料、复合预混料）免征增值税的优惠政策。制定鼓励与支持有条件的饲料企业跨区域收购饲料原料的政策，要求粮食购销企业要发挥仓储和质量检验等方面的优势，搞好与饲料企业的购销衔接，促进粮食转化增值。

多渠道增加对饲料业的资本投入。继续加强与国家开发银行、农业发展银行、组织投资基金合作，多渠道争取政府的重点支持和帮助，提高肉鸡饲料行业竞争力。争取商业性投资与贷款，加大对饲料业的资金投入力度，强化市场信息体系、监测检验体系和优质饲料基地建设。鼓励有实力的企业积极创造条件，争取上市融资，以增强企业自我发展能力。

参考文献

卜登攀，王加启，贺云霞，等 . 2008. 动物源性饲料检测技术研究进展［J］. 中国畜牧兽

医，35（2）：54-59.

蔡辉益 . 2012. 中国饲料工业发展若干重大问题探讨 ［J］. 饲料工业，33（10）：1-4.

高华杰，熊本海，符林升，等 . 2009. 肉鸡营养和配方设计的研究进展 ［J］. 中国畜牧兽
医，36（4）：14-19.

耿志明 . 2006. 我国饲料安全检测技术研究进展 ［J］. 中国标准导报（8）：6-9，13.

呙于明 . 2003. 鸡的营养与饲料配制 ［M］. 北京：中国农业大学出版社 .

何涛，张海军，武书庚，等 . 2007. 棉籽饼粕脱毒方法研究进展 ［J］. 中国畜牧杂志，43
（6）：51-55.

李德发，范石军 . 2002. 饲料工业手册 ［M］. 北京：中国农业大学出版社 .

李林，刘青涛，邹艳丽，等 . 2006. 饲料中动物源性成分的检测技术研究进展 ［J］. 饲料工
业，27（13）：34-36.

李玫，高俊岭 . 2007. 2006 年全球饲料业发展俯瞰——城市化进程加快推动饲料需求增长
［J］. 饲料广角（6）：30-35.

罗绪刚，李素芬 . 2004. 有机微量元素的利用率及其作用机理的研究 ［C］. 动物营养研究进
展论文集 .

全国饲料工业办公室 . 1991-2010. 中国饲料工业年鉴 ［M］. 北京：机械工业出版社 .

王济民 . 2012. 中国肉鸡产业经济 ［M］. 北京：中国农业出版社 .

王征南 . 2006. 饲料产业发展政策研究 ［M］. 北京：中国农业科学技术出版社 .

辛翔飞，王祖力，王济民 . 2011. 肉鸡产业化经营模式的国际经验及借鉴 ［J］. 农业展望
（10）：31-35.

辛翔飞，张瑞荣，王济民 . 2011. 我国肉鸡产业发展趋势及"十二五"展望 ［J］. 农业展望
（3）：35-38.

杨凤 . 2003. 动物营养学 ［M］. 北京：中国农业出版社 .

于炎湖 . 2009. 改革开放三十年我国饲料卫生标准的发展 ［J］. 中国饲料（7）：38-42.

张宏福 . 2010. 动物饲养参数与饲养标准 ［M］. 2 版 . 北京：中国农业出版社 .

张军民，邓丽青，陈茹梅，等 . 2011. 转植酸酶基因玉米对肉仔鸡生长性能及钙磷代谢的
影响 ［J］. 中国兽医学报，31（2）：283-287.

中国畜牧业年鉴编辑委员会 . 2000—2010. 中国畜牧业年鉴 ［M］. 北京：中国农业出版社 .

中国农业年鉴编辑委员会 . 1981—2010. 中国农业统计年鉴 ［M］. 北京：中国农业出版社 .

中华人民共和国农业行业标准 . 2004. 鸡的饲养标准 ［M］. 北京：中国标准出版社 .

朱文优，李华兰，周守叙 . 2009. 菜籽粕脱毒方法及其特点 ［J］. 粮食与食品工业，16
（2）：6-8，10.

MCELLHINEY R ROBERT. 1996. 饲料制造工艺 ［M］. 4 版 . 沈再春，译 . 北京：中国
农业出版社 .

MILTON L，SCOTT. 1989. 鸡的营养 ［M］. 周毓平，译 . 北京：北京农业大学出版社 .

BILGILI S F，MORAN E T，ACAR N. 1992. Strain-Cross Response of Heavy Male Broil-
ers to Dietary Lysine in The Finisher Feed：Live Performance and Further-Processing

Yields [J]. Poultry Science, 71: 850-858.

BRENESA A E. Roura. 2010. Essential Oils in Poultry Nutrition: Main Effects and Modes of Action [J]. Animal Feed Science and Technology, 158: 1-14.

CALET C. 1965. The Relative Value of Pellets Versus Mash and Grain in Poultry Nutrition [J]. World's Poultry Science Journal, 21: 23-52.

CHAMRUSPOLLERT M, PESTI G M, BAKALLI R I. 2002. Dietary Interrelationships Among Arginine, Methionine, and Lysine in Young Broiler Chicks [J]. British Journal of Nutrition, 88: 655-660.

CHAUCHEYRAS-DURAND F, DURAND H. 2010. Probiotics in Animal Nutrition and Health [J]. Benef Microbes, 1 (1): 3-9.

Schnepf R. 2011. CRS Report for Congress, U.S. Livestock and Poultry Feed Use and Availability:Background and Emerging Issues [J]. R41956: 1-28.

CORZO, A, MORAN E T, et al. 2003. Arginine Need of Heavy Broiler Males: Applying The Ideal Protein Concept [J]. Poultry Science, 82: 402-407.

DAHIYA J P D, WILKIE A G, VAN KESSEL M D. 2006. Potential Strategies for Controlling Necrotic Enteritis in Broiler Chickens in Post-Antibiotic Era [J]. Animal Feed Science and Technology, 129: 60-88.

DILGER R N, ONYANGO E M, SANDS J S, et al. 2004. Evaluation of Microbial Phytase in Broiler Diets [J]. Poultry Science, 83 (6): 962-970.

FLACH B. 2007. Netherlands Poultry and Products Opportunities on The EU Poultry Meat Market [J]. USDA Foreign Agricultural Service, GAIN Report. NL7033: 2-5.

GREATHEAD H. 2003. Plants and Plant Extracts for Improving Animal Productivity [J]. Proceedings of The Nutrition Society, 62 (02): 279-290.

HUANG Y L, LU L, LI S F, et al. 2009. Relative Bioavailabilities of Organic Zinc Sources with Different Chelation Strengths for Broilers Fed A Conventional Corn-Soybean Meal Diet [J]. Journal of Animal Science, 87 (8): 2038-2046.

HUYGHEBAERT G, DUCATELLE R , VAN IMMERSEEL F. 2011. An Update on Alternatives to Antimicrobial Growth Promoters for Broilers [J]. Vet J, 187 (2): 182-188.

JERNIGAN M A, MILES R D, ARAFA A S. 1985. Probiotics in Poultry Nutrition-A Review [J]. World's Poultry Science Journal, 41 (02): 99-107.

KEN JENNISON. 2011. Brazilian Feed Industry Continues Growth in Second Half of 2011 [J]. Feed International, 33 (03): 18-19.

LI S F, LU L, HAO S F, et al. 2011. Dietary Manganese Modulates Expression of The Manganese-Containing Superoxide Dismutase Gene in Chickens [J]. The Journal of Nutrition, 141 (2): 189-194.

National Research Council. 1994. Nutrient Requirement of Poultry [M]. 9th Revised

Washington: National Academy Press.

RAVINDRAN V, BLAIR R. 1992. Feed Resources for Poultry Production in Asia and The Pacific. Ⅱ. Plant Protein Sources [J]. World's Poultry Science Journal, 48: 205-231.

RAVINDRAN V, BLAIR R. 1993. Feed Resources for Poultry Production in Asia and The Pacific. Ⅲ. Animal Protein Sources [J]. World's Poultry Science Journal, 49: 219-235.

SCHMIDT C W. 2012. Maryland Bans Arsenical Drug in Chicken Feed [J]. Environmental Health Perspectives, 120 (7): 269.

SELLE P H, RAVINDRAN V. 2007. Microbial Phytase in Poultry Nutrition [J]. Animal Feed Science and Technology, 135: 1-41.

SINGH P K. 2008. Significance of Phytic Acid and Supplemental Phytase in Chicken Nutrition: A Review [J]. World's Poultry Science Journal, 64 (04): 553-580.

VANBELLE M, TELLER E, FOCANT M. 1990. Probiotics in Animal Nutrition: A Review [J]. Arch Tierernahr, 40 (7): 543-567.

VAZQUEZ M, PESTI G M. 1997. Estimation of The Lysine Requirement of Broiler Chicks for Maximum Body Gain and Feed Efficiency [J]. Journal of Applied Poultry Research, 6: 24-246.

VILA B, ESTEVE-STEVE-GARCIA E, BRUFAU J. 2010. Probiotic Micro-Organisms: 100 Years of Innovation and Efficacy Modes of Action [J]. World's Poultry Science Journal, 66 (03): 369-380.

WEDEKIND K J, BAKE D H. 1990. Zinc Bioavailability in Feed-Grade Sources of Zinc [J]. Journal of Animal Science, 68: 684-689.

YANG Y, IJI P A, CHOCT M. 2009. Dieatary Modulation of Gut Microflora in Broiler Chickens: A Review of The Role of Six Kinds of Alternatives to In-Feed Antibiotics [J]. World's Poultry Science Journal, 65 (01): 97-114.

第五章　中国肉鸡疫病防控发展战略研究

第一节　肉鸡疫病发生与防控现状

一、国际肉鸡疫病发生及防控现状

近几年来，肉鸡养殖量在世界多个国家和地区仍呈不断增长的趋势，其养殖模式呈现多样化的特点，从简单粗放的庭院散养、养殖小区、养殖农场，到现代化程度高的集约化、规模化养殖模式。在不同国家的各种肉鸡养殖模式下，由于国家发展水平、政府防疫政策、鸡场管理措施和疾病防控策略的差异化导致了不同国家的肉鸡疾病发生情况呈现不同的特点。一般而言，亚非拉等地区发展中国家的肉鸡疾病种类、疾病发生率/死亡率、引起的经济损失均要明显高于欧美等西方发达国家。

（一）不同国家的肉鸡疾病谱有明显的差异

近年来，世界上比较常见和引人关注的肉鸡疾病主要有禽流感（AI）、新城疫（ND）、传染性支气管炎（IB）、传染性法氏囊病（IBD）、马立克氏病（MD）、禽淋巴细胞白血病（AL）、禽霍乱、沙门氏菌病、大肠杆菌病、坏死性肠炎、支原体感染、传染性鼻炎、弯曲杆菌感染、球虫病、霉菌毒素中毒等。但是世界各国的国情不同，政治经济体制和社会发展情况不同，也导致了各国肉鸡业发展水平和肉鸡疾病防控技术水平的不同，也必然决定了各国的肉鸡疾病谱的差异。流行病学显示上述这些疾病在近年来养殖业发展较快的发展中国家几乎都有发生和流行，相比之下，美国、加拿大和澳大利亚等发达国家肉鸡疾病名录已限于有限的几种。

（二）常见烈性病毒性传染病主要分布于发展中国家

美国、加拿大、澳大利亚、新西兰、英国、法国、日本等发达国家对高致病性禽流感和新城疫等烈性病毒性疾病主要采取了严厉的扑杀政策，这些国家已经鲜见这些疫病大流行发生的报告。在强大的免疫压力、环境污染和候鸟传播等因素的作用下，高致病性禽流感和新城疫等烈性疾病在亚非拉等地区的发展中国家仍常有发生。目前世界流行的禽流感病毒主要亚型有 H5N1、H5N2、H7N1、H7N2、H7N7、H9N2 等。2012 年 1 月至今，发生 H5N1 的国家和地区有越南、印度、印尼、尼泊尔、中国、韩国、柬埔寨、澳大利亚、日本、中国台湾、孟加拉国、以色列、荷兰等。2010年以来，南非、中国台湾等国家和地区又暴发了 H5N2 高致病性禽流感（OIE）。新城疫可严重影响肉鸡生产性能，使肉鸡养殖企业蒙受巨大经济损失。目前世界上大多数国家和地区均有暴发该病的记载或报道，广泛存在于亚洲、非洲、中美洲、南美洲部分地区，在大洋洲及较发达的一些西欧国家也有散发性流行。从世界范围看，新城疫的发生呈现大范围散发和地方性流行，肉鸡主要发病于 15～30 日龄，不同地区间的发生程度存在差异，区域内形成流行是主要流行特点。

（三）IB、IBD 和 MD 的流行呈世界性分布

IB 和 IBD 这两种疾病的病原学特点决定了该病的分布是全球性的，即使在肉鸡养殖业非常发达的国家和地区，IB 和 IBD 仍然时有发生。不同地区的 IB 流行株可能有其地域特征性，不断出现的新血清型 IB 毒株增大了疾病防控的难度。已报道的 IB 血清型有 Massachusatts、Connecticut、Delaware、Georgia、Iowa97、Iowa609、Holte、JMK、Clark333、SE17、Florida、4/91、Austrilia T 和 Arkansas99 等 30 余种，其中包括 11 个引起呼吸道症状的血清型和 16 个肾病变的血清型，还包括腺胃型、肠型、混合型（Liu 等，2012）。IBD 是当前世界肉鸡业的一种高度传染性疾病，该病传播迅速，以法氏囊为主要的靶器官。近年来 IBD 在中北美洲、南美洲、亚洲和非洲呈经常性流行，而在欧洲主要限于葡萄牙、英国和荷兰等国家，流行毒株以超强毒力毒株为主，抗原性并未发生明显的变异（Liu 等，2011）。

随着 MD 疫苗的广泛应用，因 MD 引起的死淘率和经济损失比以前有显著下降。但是近年来仍然在北美洲（美国和加拿大）、南美洲（巴西、秘鲁、厄瓜多尔）、亚洲（巴基斯坦、尼泊尔、马来西亚、泰国等）、非洲（苏丹、赞比亚和多哥等）、大洋洲（澳大利亚）等地区时常有 MD 病例或者 MD 免疫失败的病例报告。但是至今未见比特超强毒（VV＋）毒力更强的马立克氏病病毒（MDV）分离株的报道。

（四）禽白血病是发展中国家肉鸡业的一个发展障碍

自从 1988 年 J 亚群禽白血病暴发以来，禽白血病曾使全球的肉鸡业遭受前所未有的损失，并蔓延至欧洲、中北美洲和亚洲等多个国家和地区。在世界上主要育种公司多年的努力下，发达国家的肉种鸡 J 亚群禽白血病（ALV-J）的防控和净化取得了明显的成功。但是在一些发展中国家（如马来西亚、印度、巴基斯坦等），由于受到技术水平、环境污染及资金投入等多种因素的制约，多数肉种鸡公司往往无力进行 ALV-J 的净化，只能采取一些相对方便但治标不治本的措施，使得这些国家时常可见 ALV-J 病例发生（Gao 等，2012）。

（五）支原体感染和传染性鼻炎对世界肉鸡业的危害也不容忽视

目前对肉鸡危害最大的支原体感染病原为鸡毒支原体（mycoplasma gallisepticum，MG），在欧美一些国家的国家家禽改进计划的推动下，欧美一些国家已试图建立无 MG 的健康种鸡群。但是必须提出的是，鸡毒支原体感染在美国、加拿大、波兰、西班牙、挪威等欧美国家仍时有发生，而在澳大利亚、巴西、墨西哥、印度、巴基斯坦、日本、韩国、伊朗、尼泊尔等国家呈地方流行趋势（Kleven 等，1998）。鸡传染性鼻炎是由副鸡嗜血杆菌引起的鸡的一种急性呼吸道传染病，可对肉鸡产生重要影响，增加肉鸡淘汰率和残次率。由于常与其他疾病混合感染，该病在亚洲、非洲、南美洲等发展中国家的鸡群中发生时，会造成比发达国家更大的经济损失（Gong 等，2013）。

（六）困扰世界肉鸡业发展的球虫病问题

肉鸡的球虫病是养禽生产中的重要而常见的疾病，是由一种或多种球虫（如柔嫩艾美耳球虫、毒害艾美耳球虫、巨型艾美耳球虫和堆型艾美耳球虫等）引起的急性流行性寄生虫病。该病每年给世界养鸡业造成数亿美元的损失。基于北美洲和南美洲进行的调查表明，肉鸡场有较高的阳性率；而在欧洲、亚洲、非洲和澳大利亚肉鸡群中的球虫阳性率也很高。但是目前有些地区在防控球虫病过于依赖药物，大量药物的使用导致了球虫耐药性的产生，结果造成用药时选择敏感药物的困难。而亚非拉国家落后的饲养管理措施也往往导致球虫病发病率增高。尽管国内外已有10 种以上的商业化活卵囊疫苗在全球推广应用，但是这些疫苗的使用仍受到诸多的限制（Shirley 等，2007）。

（七）代谢相关性疾病在欧美国家日益得到关注

肉鸡的代谢性障碍通常与肉鸡生长过程中的快速新陈代谢和较快的生长速度相关，从而导致局部或者全身性的功能障碍，其中包括由于一些酶和激素在生产、合成和分泌过程中不足引起的，如肉鸡的脂肪肝肾综合征；由于迅速生长、高量营养摄入或高速的新陈代谢率引起的，如肉鸡腹水综合征、猝死综合征、各种腿病（畸形、瘫痪、跟腱断裂、胫骨软骨发育不良）等。欧美有些国家的肉鸡场在做好疾病防控的同时，有更多机会关注这些代谢相关性疾病。尤其在美国、加拿大、墨西哥等地区的快大型肉鸡品系经常可见腹水综合征病例。

二、我国肉鸡疫病发生及防控现状

我国肉鸡产业经过 30 多年发展，现已成为世界三大肉鸡生产国之一。然而我国禽病防控的整体水平与世界上发达国家相比还有相当大的差距，而且我国肉鸡养殖管理水平相对较低，疫病防控能力不足，禽病发生率也较高。目前，危害我国肉鸡养殖业的疾病主要有禽流感、新城疫、传染性支气管炎、传染性法氏囊病、禽白血病、传染性贫血、马立克氏病等病毒性传染病，以及大肠杆菌病、沙门氏菌病等细菌性疾病

（廖明，2012），这些疾病的发生情况除了与世界其他肉鸡养殖国家相类似的地方以外，还有以下特点。

（一）疫病种类多而复杂

随着我国肉鸡养殖业的迅猛发展，肉鸡饲养总量逐年增加；与此同时，肉鸡疫病的发生流行不断增加，肉鸡疫病种类也不断增多。从疫病流行发生来看，我国肉鸡疫病达 70 多种，分为四类。①病毒病：主要包括禽流感、新城疫、传染性法氏囊病、传染性支气管炎、禽白血病（肉种鸡）、传染性贫血病、禽传染性脑脊髓炎（肉种鸡）、产蛋下降综合征（肉种鸡）、病毒性关节炎、网状内皮增生病等（周蛟，2005）；②细菌病：主要包括鸡白痢、禽伤寒、禽副伤寒、大肠杆菌病、弯曲杆菌病、禽霍乱、支原体病、传染性鼻炎、坏死性肠炎、葡萄球菌病等；③寄生虫病：主要包括球虫病、线虫、组织滴虫及毛滴虫等引起的体表寄生虫病；④代谢病：主要包括肉鸡腹水综合征、猝死综合征、痛风、维生素（维生素 A、维生素 D、维生素 B_1、维生素 E 等）缺乏综合征、钙磷缺乏征、脂肪肝综合征、蛋白质缺乏综合征、营养缺乏综合征、黄曲霉毒素中毒、食盐中毒及嗉囊炎、肉仔鸡胸部囊肿、啄癖、脱肛、应急综合征等（表 5-1）。

表 5-1　我国肉鸡主要疫病

病毒类	细菌类	寄生虫类	代谢病
禽流感、新城疫、传染性法氏囊病、传染性支气管炎、禽白血病（肉种鸡）、传染性贫血病、禽传染性脑脊髓炎（肉种鸡）、产蛋下降综合征（肉种鸡）、病毒性关节炎、网状内皮增生病等	鸡白痢、禽伤寒、禽副伤寒、大肠杆菌病、弯曲杆菌病、禽霍乱、支原体病、传染性鼻炎、坏死性肠炎、葡萄球菌病等	球虫病、线虫、组织滴虫及毛滴虫等	肉鸡腹水综合征、猝死综合征、痛风、维生素（维生素 A、维生素 D、维生素 B_1、维生素 E 等）缺乏综合征、钙磷缺乏征、脂肪肝综合征、蛋白质缺乏综合征、营养缺乏综合征、黄曲霉毒素中毒、食盐中毒及嗉囊炎、肉仔鸡胸部囊肿、啄癖、脱肛、应急综合征等

这些疫病在全国或局部地区流行，由于病原血清型较多，各地养殖水平相差较大，流行的菌毒株也不尽相同，疫情趋向复杂化，新城疫、禽流感等一类烈性传染病的单一病原常引起大范围肉鸡群发病，引起类似症状的病原如传染性支气管炎病毒、支原体等常常混合或协同感染，免疫抑制病的发生和流行常导致细菌等其他病因攻击患病肉鸡群。

（二）老病原变异加剧，新病不断出现

目前，在生态环境和免疫压力下，病原微生物的变异加快，病原体通过基因突变、基因重组和基因重配等不断出现新的血清型或变异株，其毒力、宿主嗜性、免疫学特性等发生变化，导致某些原有流行传染病出现新的临床表现形式；临床症状非典

型化（如新城疫、鸡传染性支气管炎等）；毒力增强（如新城疫、禽流感），免疫学特性改变，使原有的防制措施不再有效；病原微生物的宿主谱发生改变，突破原有物种间的屏障，在其他物种中引起新的传染病的流行，如流感、禽白血病等。

另一方面，肉鸡场新的病原微生物不断出现，引起新的传染病。如高致病性禽流感、J 亚群禽白血病、禽偏肺病毒病、淀粉样关节炎等。新发传染病对社会和经济的冲击显得尤为突出，其原因在于人类对新发传染病的病因和流行规律等没有认识，缺乏有效的诊断和预防措施，以及物种群体间的免疫保护屏障。据统计，自 1980 年以来，国内新发现和从国外传入的动物传染病达 30 多种。全国 36 种动物疫病调查表明，每年导致猪鸡发病 5.3 亿只，给畜牧业造成的总损失高达 238 亿元。例如禽流感，2004 年在我国发生的 50 起高致病性禽流感，造成近 1 000 万只的家禽被扑杀，经济损失巨大。2005 年，我国在 11 个省份发生了 30 余起高致病性禽流感疫情，扑杀家禽 2 300 多万只，国家拨款 20 亿元用于禽流感的防控。另外，由于人感染禽流感病毒事件的发生加上媒体的片面宣传，造成了人们"谈鸡色变"。人们一度不敢消费鸡肉，致使消费量下降了 70% 以上，部分从事养殖的人员放弃了肉鸡养殖或加工基地；有的肉鸡企业因产品销售困难而不得不辞退工人，部分龙头企业曾陷入极度的困境。虽然直接从事养殖业的人员没有感染高致病性禽流感的报道，但因为比往年感染与发病数字越来越多的现实，使得人们对禽流感的发生感到非常惧怕。追究人们恐慌的根源，不难发现，人们不清楚传染的来源、不明白传播的途径、不了解预防的基本措施，而造成这一状况的原因则是缺乏对动物传染病流行病学资料的积累和掌握。因此，进行肉鸡新发传染病流行病学研究是紧扣国计民生的重大需求。

（三）免疫抑制病的潜在危险

引起鸡群免疫抑制的因素很多，如营养、应激、细菌、寄生虫等，而病毒性免疫抑制病是危害最大的一类，在肉鸡群中非常普遍。如 20 世纪出现的传染性法氏囊病、鸡传染性贫血病，以及近年来在我国肉种鸡、地方优质肉鸡中广泛流行的禽白血病、网状内皮组织增殖病等都是免疫抑制性疾病。它们一方面直接引起肉鸡发病死亡，另一方面破坏机体的免疫系统，引起肉鸡免疫功能低下，导致多种病原微生物的继发感染和/或混合感染，以及对所有疫苗的反应性降低，使肉鸡疫病变得更加复杂和难以防治。有研究表明，我国肉鸡群中禽白血病、网状内皮组织增殖病、鸡传染性贫血、马立克氏病和禽呼肠孤病毒感染严重，尤其是鸡传染性贫血和禽呼肠孤病毒感染在部分鸡群中的感染率甚至达到 100%。

（四）多病原混合感染、继发感染普遍

在肉鸡生产实际中常见很多病例是由两种或两种以上病原对同一机体产生致病作用，并发感染、继发感染和混合感染的病例显著上升，特别是一些条件性、环境性病原微生物所致的疾病更为突出。有两种或两种以上的病毒病同时发生，有病毒病与细

菌病同时发生或两种细菌病与寄生虫病、病毒病与寄生虫病，甚至与营养代谢病同时发生。

临床常能从肉鸡一个病例中检测到或分离鉴定出多种病原，存在多病原混合感染的复杂现象，如神经症状病例中分离鉴定出新城疫病毒与大肠杆菌、H9 亚型禽流感病毒等病原；从肿瘤症状病例中检测出马立克氏病病毒与传染性贫血病毒、禽白血病病毒、网状内皮组织增殖病病毒等病原；从呼吸道病例中检测出禽流感病毒、传染性支气管炎病毒、大肠杆菌、沙门氏菌、巴氏杆菌等病原。虽然采取一系列的诊断和防控工作，但效果很不理想。多病原的混合感染或继发感染给疾病的诊断、预防和控制增加了难度，要求在诊断工作中必须分清主次病因，并且必须进行临床诊断与实验室检验综合分析，才能做出正确判断。因此，针对多病原混合感染、继发感染现象，必须采取针对性的防控措施，才能及时控制疫病，减少经济损失。

（五）肉种鸡隐性带毒或垂直传播疾病

新城疫、禽白血病、网状内皮组织增殖病、白痢、禽副伤寒等疾病病原为了生存，可逃逸宿主肉鸡等免疫系统的攻击，在机体内找到可稳定生存的器官、组织或细胞，使健康肉鸡群处于一定比例的带毒而不发病的状况，一旦机体抵抗力降低或病原在某些因子的诱导下发生变异，常导致鸡群发病，生产性能下降。种鸡的这种隐性带毒有时还可造成垂直传播，疫情在下一代肉鸡群中扩散放大，造成更大的危害。

（六）细菌病日趋严重，耐药性增强

我国肉鸡集约化养殖的规模不断扩大，养殖场的数量不断增多，污染越加严重，细菌性疫病明显增多，如大肠杆菌、沙门氏菌、巴氏杆菌、空肠弯曲杆菌、支原体等细菌感染的危害已变得十分严重，这些疫病的病原广泛存在于饲养环境中，可通过多种途径进行传播。这些环境性病原微生物已成为养殖场的常在菌和多发病原。规模化饲养的肉鸡密度过大、通风换气条件差、各种应激因素增多等不良因素，使得肉鸡机体抵抗力降低，这些都直接导致肉鸡对致病菌的易感性增强。另外，某些损害免疫系统的疾病如传染性法氏囊病、鸡传染性贫血、网状内皮组织增殖病、马立克氏病、J 亚群禽白血病等免疫抑制性疾病，如未能得到有效控制，使动物的免疫功能及抵抗力下降，也很容易造成细菌性疾病的发生。

更为主要的原因是盲目大量滥用抗菌药物，任意加大剂量，某些养殖场从鸡苗出壳后就不断喂服抗菌药物，直至出栏上市为止；还有的在饲料中不适当地混加抗菌药物；免疫注射时也加抗菌药物。如此种种防病的办法，使养殖场中一些常见的细菌产生强的耐药性，一旦发病后，诸多抗菌药物都难以奏效。滥用抗生素等导致大肠杆菌、沙门氏菌、禽多杀性巴氏杆菌、副鸡嗜血杆菌等耐药菌株在临床上普遍存在，耐药菌株的耐药谱越来越广，临床上常见的大肠杆菌、沙门氏菌耐药菌株等有时可耐十多种抗生素，常用抗生素如恩诺沙星、土霉素、红霉素等对其根本没有治疗作用。

第二节　肉鸡疫病防控存在问题

一、国际肉鸡疫病防控主要问题及趋势

（一）国际肉鸡疫病防控主要问题

1. 便捷的交通和频繁的国际贸易有利于疾病的传播

随着交通工具的不断更新和发展，地区与地区之间、国与国之间，甚至洲与洲之间的地理位置已不再遥远。不同国家和地区之间日益频繁的禽及其产品的国际贸易使得禽病的快速和远距离传播成为可能。鸡传染性法氏囊病及 J 亚群禽白血病在世界范围内的迅速传播也进一步说明了如何有效防控动物疫病传入是各国政府必须认真对待的问题。

2. 疫苗覆盖率和技术水平限制是影响亚非拉国家鸡病防控的重要因素

在非洲一些国家，有多个因素不利于鸡病的防控，主要表现在：疫苗在一定程度上仍为稀有资源，疫苗的供货渠道相当有限，部分地区预防新城疫的疫苗覆盖率只有 28%，有些地区疫苗只供给养殖量偏大的个体户，而小规模养殖户和庭院养殖鸡往往容易被忽视；养禽专业技术人员明显不足，亚非拉国家很多地方的养殖户为了脱贫致富才进入肉鸡养殖业，其中有许多没有经过专业养禽知识培训就开始养鸡，对于如何正确养鸡，以及如何正确地预防和治疗鸡病认识不足，一方面不注重疾病的免疫预防、环境控制及管理，另一方面往往对出现的鸡病束手无策，甚至还有人错误认为对发病鸡不免疫没有问题，免疫则出大问题；基层兽医力量薄弱，往往对当地流行的疾病种类及这些疾病的特点认识不足，难以形成快速准确的临床诊断服务于生产需求；疫苗价格偏贵，养殖户承担不起疫苗免疫的成本，这也阻碍了禽用疫苗的进一步推广。

3. 病原的遗传变异给肉鸡的疾病防控增加了变数

对于禽流感病毒而言，其抗原漂移、抗原漂变的特性，以及多节段基因组的特点，使得禽流感病毒的遗传演化往往难以有效预测，在东南亚部分地区的家禽和水禽中，适宜的生态环境为病毒重组提供了良好的平台。而在墨西哥、埃及、印度尼西亚、泰国等国家，以免疫接种作为防控禽流感的第一道防线，在其强大的免疫压力下，衍化产生免疫逃避株的可能性大大增加。已有的证据表明，H5 亚型（美国）或 H7 亚型（意大利）低致病性禽流感病毒在鸡群流行一段时间后可突变为高致病性禽流感毒株。

尽管新城疫病毒只有一个血清型，但是不同地区不同毒株的致病性和基因型可能有较大的差异。当前国际上该病的流行毒株以基因Ⅶ型为主，如 2009—2010 年在印度尼西亚分离到的 8 株新城疫病毒均为基因Ⅶ型，2009 年在西非也分离到基因Ⅶ型新城疫毒株。近年来，水禽源副黏病毒感染增多似乎提示新城疫病毒的宿主谱正在发

生变化。

由于鸡传染性支气管炎病毒在复制过程中缺乏有效的校正机制，因此 IBV 在复制过程中容易形成突变体，或者疫苗毒与野毒重组后可突破疫苗保护力，形成新的毒株或者血清型。北美和欧洲一些国家已经多次发现类似 IBV 疫苗株的 IBV 分离株。

鸡传染性法氏囊病毒的活疫苗可分为无毒力、低毒力、中等毒力，以及中等偏强毒力几种类型。在不了解当地 IBD 疫情的情况下，随便选用疫苗株，或者过早使用毒力偏强的活疫苗，或者在没有测定母源抗体水平的情况下使用疫苗，免疫逃避株以及变异株的出现均可造成 IBD 疫苗免疫失败。

4. 鸡大肠杆菌病和鸡沙门氏菌病仍然是世界养禽业两种最为重要的细菌性疾病

大肠杆菌病往往是条件性致病菌，在受到 IBV、支原体、氨气和应激等诱发因素作用下引起鸡群发病；根据日本和美国有关沙门氏菌污染鸡群的主要风险因素分析报告，环境卫生差、鸡舍内没有完全清除沙门氏菌、经蛋垂直传播或者经污染的饲料传播，以及气候条件较差、垫料污染等均可促进沙门氏菌的传播。

5. 霉菌毒素污染

霉菌毒素的污染已是一个全球性问题，该病在欧美等发达国家及亚非拉等发展中国家均有发生。尤其是在热带和亚热带的国家和地区（如印度、巴基斯坦、马来西亚、老挝等），这些国家往往高温高湿，其肉鸡黄曲霉毒素中毒事件频频发生。据联合国粮农组织调查，全世界粮食生产中霉菌污染的程度达到 25％以上。霉菌毒素的污染主要原因有：饲料原料来源没有把好关，尤其是一些个体养殖户，为了降低成本，宁愿选择价格便宜的原料，而忽视了廉价很可能廉货的道理；饲料加工工程中，没有严格按照标准操作程序进行，使得生产的饲料湿度过大，不利于保贮；各国经济发展水平的差异，以及饲料市场管理制度的不合理，尤其是一些发展中国家，饲料市场管理制度还不完善，饲养场饲料贮存管理制度不完善，造成饲料污染霉菌毒素。

（二）国际肉鸡疫病防控趋势及经验

1. 各国均非常注重对禽流感和新城疫的预防，但策略依国情而定

导致禽流感和新城疫在各国发生的主要原因存在差异，这和各国家和地区的实际情况有关。促使禽流感的发生因素主要包括活禽的流动、禽产品的流动、人员的流动、空气传播、家禽饲料被污染、注射不合格疫苗等。在防控策略方面，防控该病的目标要么是防止易感禽被感染，要么通过接种疫苗减少易感禽的数量。为了控制该病的传入，多数国家对家禽产品的贸易作了限制，但有些国家的标准与 OIE 动物疾病法典有较大差异。许多国家通过立法来控制该病的暴发；有些国家采取扑杀措施；有些国家则要求进行预防接种；有些国家要求在暴发点周围实施"环形接种"建立一个缓冲地带。有些国家和政府制定了有关疫苗使用和疫苗质量控制的法规，根据该病流行状况或受威胁的程度，各国制定了不同的防控政策，如瑞士禁止使用新城疫疫苗，荷兰规定所有家禽都进行强制免疫接种。欧盟已立法限制其成员所使用的疫苗毒株的致病性。考虑到世界各国的政治、经济及气候条件有可能不同，应因地制宜采取控制措施，不可教条式引用别国的成功措施。

2. 西方发达国家更加关注人兽共患的细菌性感染

近年来，食品安全是各国政府重点关注的民生问题，其中包括源于肉鸡养殖过程中及肉鸡产品衍生而来的人兽共患细菌污染问题。沙门氏菌感染、大肠杆菌病和弯曲杆菌感染是其中最令人关注的。沙门氏菌病对世界各国养鸡业仍造成很大的威胁，尽管养禽业水平发达国家通过"国家家禽改进计划"已经对鸡白痢和禽伤寒开展了净化工作，但仍存在鸡白痢的散发情况。副伤寒沙门菌血清型较多（如肠炎沙门氏菌和鼠伤寒沙门氏菌）且污染源广泛，并其具有非常重要的公共卫生意义，因此此病仍会在较长一段时间内威胁养鸡业的健康发展。大肠杆菌是一种鸡群内常在菌，且血清型较多，部分有公共卫生意义，并易与其他病原（如新城疫病毒、禽流感病毒、传染性支气管病毒、支原体等）合并或继发感染。弯曲杆菌感染虽然对肉鸡本身的危害不是很大，但是肉鸡产品受该菌污染后其公共卫生意义重大，近年来发达国家利用多种检测方法加大了对弯曲杆菌感染的监测力度，通过可追溯系统跟踪和追查该病原的污染来源，并提出有针对性的介入措施。

3. 借助国家家禽改进计划（NPIP）可有效推动疾病的净化工作

美国、加拿大和西欧部分国家的成功经验表明，于20世纪30年代初从美国开始的NPIP计划通过养禽行业、州政府和联邦政府的共同努力，将新的诊断技术应用于养禽业，促进了养禽业及家禽产品的改进。该NPIP计划最初被用于防控与净化鸡白痢沙门氏菌引起的鸡白痢，然后这一计划被成功地拓展到检测和净化伤寒沙门氏菌、肠炎沙门氏菌、鸡毒支原体、滑液支原体和禽流感病毒。目前这一计划已从商品鸡延伸到火鸡、水禽、展览鸟、庭院鸡和玩赏鸟。养禽业成员、州政府和联邦政府共同参与制定特定疾病的健康标准和评估标准。借助NPIP计划，目前禽伤寒和鸡白痢在美国、加拿大和西欧部分国家已经得到有效的净化，但在拉丁美洲、中东、印度次大陆、非洲和东南亚等地区禽伤寒和鸡白痢仍具有重要的经济意义。发展中国家应结合本国的国情，建立相应的疾病防控规划，积极推进无规定动物疫病区的建设。

4. 胚内免疫的作用和蛋传性疾病的控制

目前马立克氏病（MD）在世界大部分养禽地区都得到了很好的控制。欧美一些发达国家目前普遍用18日龄胚内途径接种疫苗防控MD，可以显著提高工作效率和保证免疫效果的一致性。一些欧美国家还通过采取"全进全出"的生产方式，以及高标准的饲养，良好的卫生、二次免疫接种和生物安全等措施，将马立克氏病造成的损失降到很低的程度，从而使该病得到了有效控制。西方国家主要育种公司通过多年的努力，已经基本实现外源性禽白血病净化，但是禽白血病，尤其是J亚群禽白血病仍然是困扰发展中国家肉种鸡育种的重要问题。其较为复杂的肿瘤病变表现形式和确诊流程，使得许多肉种鸡公司对感染禽群反应迟缓，防控和净化投入不足，造成较大的经济损失。发达国家应利用其自身的技术优势，向发展中国家推广有效的胚蛋传递性疾病的防控技术。

5. 利用新技术研发使用简便的疫苗

在亚非拉部分国家的偏远地区，往往没有足够的冷链系统来支持禽用疫苗的保存和运输，因此开发有效的耐热型的禽用疫苗将可能大大提高疫苗的免疫覆盖率，改善当地的家禽疾病防控状况。

现有的灭活疫苗制备技术在毒株纯化、筛选、保护力筛选等方面需要大量的时间，其研制和推广步伐往往跟不上病毒遗传变异的速度。反向遗传操作技术可以加快疫苗研制的速度，为有效应对家禽病原的遗传突变株和免疫逃避株争取了宝贵的时间。

6. 关注肉鸡的动物福利问题

随着社会的不断发展，欧美有越来越多的科学家和动物福利工作者意识到目前选育的肉鸡品种生长得如此之快，以致他们均处于结构性崩溃的边缘。他们认为不能简单地将鸡视为活的动物性"产品"，而应在养殖过程当中更多考虑到鸡本身所能承受的能力，利用现有的养殖、疾病防控、抓鸡、运输、屠宰等方面的新技术不断提高肉鸡的动物福利。

二、我国肉鸡疫病防控主要问题及趋势

（一）我国肉鸡疫病防控主要问题

1. 疫病繁多，综合防控观念不强

肉鸡对大多数禽病都是易感的，还有一些跨种传播的疫病，也常引起肉鸡感染发病。肉鸡疫病种类繁多，其发生流行成为制约肉鸡业持续健康发展的重要瓶颈。近年来，我国肉鸡业呈现了良好的发展势头，规模化、集约化肉鸡养殖企业发展迅猛。但大部分中小规模的肉鸡场缺乏必要的防疫设施、防疫管理制度和配套技术，防疫观念仅限于疫苗接种，认为只要多接种几次疫苗就不会发生疫病，忽视鸡舍环境控制、饲养管理等综合防疫措施的建立与落实。一旦发病不去认真分析免疫失败的真正原因，仅纠结于疫苗质量的好坏，致使疫情持续蔓延，低水平的肉鸡生产集约化在一定程度上加大了疾病传播速度与流行强度。

部分肉鸡场对于疫病的防控是头痛医头，脚痛医脚，防好这个病，另一种病又发生了，疫情不断，缺乏系统的疫病综合防控观念，导致某些鸡场越养病越多，产能下降，经济亏损，甚至停产倒闭。

2. 肉鸡养殖布局不规范，疫病防控困难

我国肉鸡饲养总量很大，但规模化、标准化养殖场相对较少，年出栏1万只的小型养殖户数量庞大。在肉鸡养殖密集区，规模化养殖场与小型散养户并存，相互之间

没有严格的距离间隔。小型养殖户的饲养管理及防疫观念意识差，鸡舍布局和结构不合理，设备落后，管理饲养水平不高，而且养殖户不注重环境的保护，无害化处理设施简陋或者根本没有，死禽、粪便等处理不当，使得从大的环境到小型养殖户的环境都受到严重污染，病原无处不在，导致整个肉鸡养殖密集区成为各种病原的滋生地。规模化养殖场在小型养殖户的包围之中，常不可避免地受到传染，毫无安全可言。另外，在我国南方，气候炎热，采用开放式饲养肉鸡的养殖场较多，而且近距离多品种畜禽混养，饲养动物种类的增多使病原微生物在不同物种间传播的机会大大增加，疫病防控日趋困难。

3. 肉鸡疫病管理档案不完善，缺乏疫病可追溯系统

目前我国肉鸡自主培育品种少，高产肉种鸡大部分依赖进口，每年要进口大量肉种鸡。我国对进口检疫某些环节缺乏经验，存在漏检，难免带入国外的病原。我国对各种鸡场的疫病档案记录没有硬性规定和监管，部分种鸡场白痢、白血病等疫病净化不彻底，种源性疾病的追查无据可依。

由于现代交通工具的发展，禽类产品的流通也不断加快。而且由于国内对于肉鸡的消费习惯倾向于现场宰杀，活禽的流通及活禽市场的活跃是肉鸡疫病随之快速传播的重要途径。一个发病区域的病鸡或隐性带毒的肉鸡可能会由于活禽的快速交易迅速地造成大范围的传染，造成更大的危害和经济损失。活禽和禽产品在各流通环节的疫病监测监管及系统的档案记录显得尤为重要，是疫病追溯的关键依据。

4. 禽用兽药及生物制品的研究不足，防控缺乏有效工具

我国禽病兽药及生物制品的研发基础较弱，新药数量少，细菌类、寄生虫类疫苗严重不足。自主产品科技含量低，多数以仿制为主，或从国外进口。加之兽药市场管理不严，大量假、劣兽药和疫苗充斥市场，使疫病的防控带来严重危害，给生产造成巨大损失。肉鸡用活疫苗大多采用鸡胚制造，但有部分生物制品厂对鸡胚等生物制品用原材料中病原的监测不全面，甚至采用非 SPF 鸡胚进行活疫苗的生产，其携带的一些传染病病原，如支原体、白血病病毒、传染性贫血病毒、网状内皮增生病病毒等都可以通过非 SPF 鸡胚生产的冻干疫苗来传播。未经严格检查的鸡胚制作的疫苗对蛋传疾病所起的作用不可忽视。总体来看兽药疫苗质量有待提高，市场上严重缺乏安全有效的兽药和生物制品等疫病防控的有效工具。

（二）我国肉鸡疫病防控趋势及经验

随着肉鸡业的快速发展和疾病危害的不断加重，我国对肉鸡疫病也越来越重视，部分疫病防控技术研究达到国际先进水平。在我国肉鸡业整体水平较低的条件下，对疫病的研究和防制水平不断提高，疫病防控积累了大量的经验。

1. 肉鸡养殖走向标准化，重视生物安全

近年来，各地大力推广肉鸡标准化养殖模式，扩大饲养规模，减少零散户。对鸡舍的选址、布局、建设材料等提出相应的标准，并给予一定的经济扶持，重视鸡场病死鸡及污物的无害化处理、废弃物的排放等环节设备设施的建设标准，生物安全越来越受到肉鸡养殖企业和各级职能部门的重视，肉鸡养殖向标准化、规模化、现代化方向发展。

2. 引种制度逐步完善，重视种源性疾病的防控

鉴于近年来禽白血病等种源性疾病的暴发，国家及各级政府对种鸡的引进制度高度重视，严格控制种鸡的引种数量，建立完善的进出口登记系统，对进口肉鸡及肉品实施有效追踪。加强对种鸡场的管理和监控，加强对种鸡的检疫和净化，提高产品质量，肉鸡及肉品的进出口必须严格登记制度。同时要求对祖代、父母代、商品代鸡苗的疾病进行跟踪监测，建立疫病的追溯体系。加强对进口活禽和禽类产品及其他相关制品的检疫，防止新的疾病传入我国，不可随意引进种禽及生物制品。

3. 加强基层兽医队伍建设，重视基层技术培训

各级政府进一步健全现行兽医制度，提高从业人员的素质和业务工作能力，加强县级及乡镇基层单位兽医实验室诊断中心的建设和投入，完善和更新疾病诊断与监测配套仪器设备，提高就地诊疗水平，发挥省县乡镇三级兽医部门的骨干作用，积极开展基层兽医技术服务。鼓励和扶持动物保健专业公司行业技术协会等的发展，使它们在基层开展技术培训现场实时服务跟踪及远程视频服务中发挥作用，提高兽医从业人员的业务素质和职业道德水平，提高他们的饲养管理水平和疾病防制水平。基层兽医部门还要做好对肉鸡疾病的监测和汇报工作，防止新病在我国出现和流行，做到知情必报。

4. 政策法规逐步完善，重视禽用兽药及生物制品质量和安全

政府部门将制定、完善一系列符合国情的、切实可行的控制传染病的政策法规，加强现有兽药厂和生物制品厂的整顿，实行规范化管理，提高产品质量，研制和开发新产品，加强兽药和生物制品市场的整理和管理，打击和取缔伪劣兽药。提高我国的禽用兽药质量和数量，确保畜牧业健康发展、畜产品安全。

5. 加强兽医技术研究，提高疾病防控水平

科研部门根据中国的实际情况，依托肉鸡产业技术体系，研究符合我国肉鸡产业发展实际情况的新产品和新的预防、诊断、治疗方法。科研要与生产实践紧密结合，鼓励科研人员到基层去，走科研与生产紧密结合的路子。要做好新技术的宣传和推广，实现科研成果的迅速转化，对养鸡户进行技术培训，多帮助养禽户解决生产中遇到的难题。

6. 提高疫病防控意识

针对当前禽病流行的现状，帮助养禽户采取以下措施：严格贯彻以防为主的方针，加强生物安全措施。要做到科学管理，保证优质全价的饲料、有效的卫生消毒措施、优质的疫苗、合理的免疫程序和正确的使用方法。疫苗的使用非常重要，在当前的实际生产中，消毒可以起到一定的作用，但代替不了疫苗，也不能完全依靠疫苗，要正确认识疾病与管理、环境、消毒、疫苗的关系，要在预防上多投入。对常见的某些疾病进行药物预防，如沙门氏菌病、球虫病等。鸡群发病后应及时确诊并正确处理，切不可乱用药，对于细菌病最好进行药敏试验，疾病治疗要与加强饲养管理相结合，推广微生态制剂和中药制剂。

第三节　疫病防控技术发展趋势

一、国际肉鸡疫病防控技术发展现状及趋势

（一）国际肉鸡疫病防控技术发展历史

在第二次世界大战后，由于公众对动物性蛋白的需求日益迫切，直接导致了集约化生产方式的出现，特别是优良肉鸡品种的问世，使得肉鸡养殖业的地位从其他传统养殖品种中急剧上升。肉鸡可以为全球消费者提供健康的白肉，其肉质具有高蛋白，低脂肪、口味好、价格便宜、加工方便等特点。在当时，肉鸡养殖的机械化程度和自动化程度提高的速度明显快于其他养殖品种，饲料报酬率越来越高，使得肉鸡养殖业的规模不断扩大，从业者获利丰厚。然而，这种集约化的大规模生产方式使得欧美地区各国肉鸡养殖密度空前增大，随之而来的就是疫病的发生。在 20 世纪 50 年代后期，急性型鸡马立克氏病的暴发几乎对肉鸡养殖业造成了毁灭性的打击。至此，肉鸡疫病防控才受到了各国的重视，在财力和人力的双重支持下，此后的十年中，研究人员解决了鸡马立克氏病病原分离、流行病学调查、诊断等关键问题，并研发出了有效疫苗。可以说自此真正拉开了肉鸡疫病防控工作的序幕。

控制疫病的发生及流行的有效手段是预防而非治疗，这些预防手段中最重要的就是疫苗免疫。19 世纪 80 年代，Pasteur 利用人工培养基培养长期致弱的细菌来预防鸡霍乱，这是最初的鸡用疫苗。随后的 70 年间，疫苗研制主要是利用受感染的组织、鸡胚增殖病毒制备弱毒疫苗和灭活疫苗，用培养基培养完整的细菌制备菌苗，这一时期制备的疫苗包括禽霍乱菌苗、新城疫疫苗、传染性喉气管炎疫苗和鸡痘疫苗等。

20 世纪 50 年代以来，由于细胞培养技术的建立和对细菌细微结构的认识，大量弱毒疫苗、灭活疫苗及免疫佐剂相继问世，很多产品至今仍在使用，如传染性法氏囊疫苗、马立克氏病疫苗、禽流感疫苗及传染性支气管炎疫苗等。

进入 80 年代，分子遗传学和分子免疫学技术的建立，以及对生理生化、疫病发生机制等基础理论方面的深入研究，开创了疫苗研制的新时代，使生产基因工程疫苗及寄生虫疫苗成为可能。英国豪顿禽病研究所在 1985 年研制成功了能预防多种艾美尔球虫的有效虫苗，并报道了禽病中第一个基因工程疫苗——传染性支气管炎疫苗的研制情况。

在分子生物学技术日趋成熟的今天，单克隆抗体制备、聚合酶链接反应（PCR）、限制性内切酶片段分析（RFA），以及基因克隆、蛋白表达等技术手段已经成为实验室常规工作方法。肉鸡疫病诊断也从血凝试验、血凝抑制试验、琼脂扩散试验、病理

切片、补体结合试验等传统的方法发展到酶联免疫吸附测定（ELISA）、反转录聚合酶链式反应（RT-PCR）、免疫荧光分析（IFA）、免疫组织化学技术（IHC）、环介导恒温扩增技术（LAMP）、核酸探针、胶体金检测技术、基因芯片等现代化诊断方法，大大提高了检测速度、检验准确度和灵敏度，对疫病防控工作起到了重要作用。

近十年来，在现代分子生物学技术支持下，新的理论和技术以令人瞩目的速度不断诞生。然而一些传统的肉鸡疫病防控理论重新回到了研究人员的视野，不良的管理及恶劣环境对肉鸡健康危害是巨大的，加强饲养管理与生物安全措施是疫病防控的最基本条件。这一理论在今天得到了广泛的支持，并且越来越受到重视。此外，也有一些研究者关注肉鸡养殖业对环境的污染及其废弃物对于疫病传播的影响。

（二）国际肉鸡疫病防控技术现状分析

目前，使用疫苗预防疾病仍然是肉鸡疫病防控中主要的手段之一，在现有的商品化疫苗市场上，处于决定性地位的仍然是活苗或灭活苗，其生产方式基本没有改变，鸡胚培养系统在禽类疫苗产业中依然处于核心地位。假设某些烈性传染病（禽流感只是其中之一）暴发，鸡蛋的数量和质量将左右整个疫苗免疫计划的成败。因此源于细胞株、发酵罐和植物细胞培养系统的新的疫苗生产工艺，对于现代肉鸡疫病防控技术更为重要。

近年来国际化的动物保健品生产商在新的疫苗种类、接种途径及接种设备的开发上付出很多努力。目前全球最大的几家肉鸡疫苗生产商（辉瑞、诗华、梅里亚、先灵葆雅、罗曼公司）均是 20 世纪 90 年代以来经过不断的收购、合并、重组形成的。并购使得整个行业逐步实现了真正意义上的全球化，资源被重新整合利用，将技术优势发挥到了极致。目前在球虫类疫苗领域，先灵葆雅公司已经成为市场的先行者和领导者，其产品主要包括产自美国的 "Coccivac" 强毒苗和源自英国葛兰素公司生产的 "Paracox" 弱毒苗。同时该公司还进军 1 日龄雏鸡免疫市场，推出了其最新研制的喷雾免疫设备。已经被诗华公司兼并的博门疫苗公司曾经致力于痘病毒载体疫苗的研发，其专利性产品包括鸡传染性喉气管炎痘病毒载体疫苗（Pox/ILT）和败血支原体痘病毒载体疫苗（Pox/MG）等。2007 年 1 月，该公司又首次向市场推出了其最新研制的火鸡疱疹病毒（HVT）载体疫苗。美国辉瑞制药有限公司收购了 Embrex 农业生物科技公司，其旗舰产品是胚内注射系统，它可以在鸡只尚处于卵中还未孵化时对鸡只进行接种。目前，应用该项技术对 18 日龄鸡胚注射马立克氏病疫苗，已经成为美国肉鸡业的常规管理办法。该公司最近研发了一种预防肉鸡球虫病的鸡胚接种疫苗。法国梅里亚公司研发的重组疫苗 "火鸡疱疹病毒与法氏囊病毒重组疫苗" 已经在全球市场推广。由于政策法规和市场环境的影响，美国和欧盟国家的肉鸡养殖业发展速度将大大低于其他新兴肉鸡养殖地区的增长速度。这些疫苗生产厂商的业务会呈现全球化的趋势，将最近的产品、技术和理念推广到技术相对落后的发展中国家。

当前的疫病诊断技术主要包括血清学诊断、病理诊断、核酸诊断和蛋白诊断等几个方面。ELISA 试剂盒被作为种鸡群抗体水平监测及疫病检测的首选方法，在规模化养殖场广泛使用。国际上主要有三家公司生产家禽疾病诊断检测试剂盒，它们是美国的 IDEXX、SYNBIOTICS 及荷兰的 BioChek 公司，主要利用常规技术建立 ELISA 方法制备抗体或抗原检测试剂盒。病理切片和免疫组化技术在疫病致病机制、肿瘤病鉴别诊断等基础性研究工作中起着不可替代的作用。核酸诊断技术作为鉴定病原的第一步正在被广泛应用在 PCR 技术作为诊断技术主流的同时，建立在核酸基础上的新技术也逐渐形成，如环介导扩增技术（LAMP）和基因芯片技术。前者的优点在于仅需要简单便宜的设备，结果用裸眼即可判断，特别适用于野外操作；后者使用单一操作技术可以检测数百种或数千种病原，在未知病原感染及混合感染的情况下极具优势。蛋白检测方面的新技术为蛋白芯片技术，是一种高通量、高灵敏度、自动化的蛋白质分析技术，在蛋白质组的功能研究、疾病诊断及药物开发中显示出巨大的潜力。

在相当长的一段时间内由于抗生素被作为饲料添加剂以促进肉鸡生长和预防性给药控制细菌感染，带来了药物残留和出现耐药菌株的不良后果，随着公众对食品安全和公共卫生安全的重视，美国、欧盟、巴西、中国等肉鸡主要生产、消费国家和地区均做出了相应的禁用标准。以欧盟为例，杆菌肽锌、泰乐菌素、维吉尼亚霉素、螺旋霉素、喹乙醇、卡巴氧、甲硝达唑、硝基呋喃类药物、氯霉素等药物既禁用于治疗动物疾病，也禁用作饲料中的添加剂。自 2006 年起，新的法规还规定对同一产品中同类药残量进行累计限量，即将每一次检测的残留量累积计算限量。目前，对于细菌病的防控呈现出新的方式，以细菌病疫苗、抗菌肽、植物提取物、低聚糖、噬菌体制剂、有机酸、活菌制剂替代抗生素的使用，可减少耐药菌株，降低药物残留，保障公共卫生安全。另外，各国也在研发新的安全性好、抗菌谱广泛的抗菌药物，如安普霉素、氟苯尼考、替米考星、头孢噻呋等。

（三）国际肉鸡疫病防控技术存在问题

虽然经过了多年的努力，在肉鸡疫病防控方面建立了较为完善的检测、预防和治疗体系，但遗憾的是到目前为止没有一种肉鸡疫病在全球范围内得到了根除。正如禽病学家 Biggs 所言：目前还有许多主要的疫病在发展中国家尚未受到控制，而在发达国家也仍然是问题，就大部分疫病而言世界各地所面临的问题基本上是相似的。

各个地区生产成本的差异，导致肉鸡产品全球流动的增加，从而增加了引入新的疫病的危险。同时，在疫苗产品全球化的大形势下，地区之间存在的病原特征不同，如血清型不同（大肠杆菌病、传染性支气管炎）、超强毒株和变异毒株（马立克氏病、传染性法氏囊病、新城疫）的存在等，这些问题使得疫苗种类的选择尤其关键。因此，应慎重选择疫苗毒株的毒力，切勿盲目引入其他地区的疫苗毒株，确保免疫效果。

在充满激烈竞争的行业里，认真考虑成本问题和及时吸纳最新的科技成果非常关键。目前，肉鸡养殖业对疫苗等保健品的经济回报衡量依据精确到了小数点后三位，疫苗免疫效果评价也尤为重要。疫苗佐剂及其使用方法也急需改进，在实际生产中正在使用的许多佐剂都源于一些陈旧的加工技术，最常用的依然是氢氧化铝、各类油佐剂、蜂胶等等。这些佐剂的效果不甚理想，有些使用不当还会造成不良影响。在疫苗相关研究中，佐剂研究是目前非常活跃的领域，并主要集中在生物学和生物化学方面的探索，包括延缓释放机制、免疫刺激复合物，以及免疫复合物刺激物（ISCOM）等。

随着抗生素在肉鸡养殖和疫病防控中越来越受到限制，很多细菌性疾病的发生逐渐增多。细菌病中危害较大的分别是坏死性肠炎和与几种有关公共卫生的食源性细菌疾病如大肠杆菌病、沙门氏菌病和空肠弯曲杆菌病。自 1999 年欧盟禁止在饲料中使用抗菌性添加剂后，欧盟国家许多肉鸡场坏死性肠炎的流行程度达到 25%～40%。据估计该病造成的经济损失达每只肉鸡 5 美分（Vander Sluis 等，2000），全球损失数十亿美元。近几年来，人类食源性疫病世界发生频率大大增加，最常见的与肉鸡有关的人类食源性致病细菌为肠炎沙门氏菌和弯曲杆菌。早期调查市售活禽和禽肉中超过 70% 含有弯曲杆菌，在一定程度上其危害已经超过了沙门氏菌。据估算，仅美国每年大约有 240 万例由空肠弯曲杆菌引起的胃肠炎，占人口的 1%～2%。对 30 多个国家、地区的调查显示，该菌在商品肉鸡中普遍存在，对公共卫生安全造成严重威胁。细菌性疫病的控制和降低抗生素耐药性是肉鸡疫病防控领域中一对富有挑战性的课题。

近年来免疫抑制病在世界范围内流行，给肉鸡养殖业带来严重损失，患病鸡群一方面免疫应答水平低下，疫苗免疫效果不理想；另一方面处于免疫抑制状态的鸡群非常容易继发感染其他病原微生物。常见免疫抑制病包括马立克氏病、淋巴细胞白血病、传染性法氏囊病、传染性贫血、网状内皮组织增生病和呼肠孤病毒感染等。网状内皮组织增生病被认为是免疫抑制性最强的病毒，而且常常与其他病毒混合感染。虽然对于上述疫病病原的研究是当前的热点问题，每年都会有非常多的研究成果出现，但是，对于疫病的实际控制效果并非那么理想。由此，也可以看出肉鸡疫病防控技术的根本在于简洁方便、科学准确的实用技术。

（四）国际肉鸡疫病防控技术发展趋势

在过去的几十年间，全球肉鸡疫病防控技术发生了翻天覆地的变化。现在和未来一段时间内，它将不得不面对一些无法避免的困难和挑战。新的分子生物学技术，免疫学、核酸及蛋白组学、生理学、生物化学、分析化学等诸多学科的最近研究进展给我们带来了很多希望。

疫苗产业取得了许多令人骄傲和自豪的成果和进步。如果没有它们的努力和创新，疫病防控将成为一句空谈，而一个现代化、规模化和高度集约化的肉鸡养殖业也早已不复存在。然而传统疫苗的局限性也日益显露出来：疫苗生产的成本高；致病物质在疫苗生产过程中有可能没有被完全杀死或充分减毒，存在安全隐患；减毒菌株有可能会在野外发生突变；有些疾病用传统的疫苗防控收效甚微。新的基因工程疫苗是用分子生物学技术对病原微生物的基因组进行改造，以降低其致病性；提高其免疫原性；或者将病原微生物基因组中的一个或多个对防病治病有用的基因克隆到无毒的原核或真核表达载体上，制成疫苗，接种动物，产生免疫力和抵抗力，达到防制传染病的目的。基因工程疫苗有很多优势，如把保护性抗原基因插入载体，修饰的载体能表达来自病原微生物的保护性抗原基因。细菌和病毒载体都能生产兼有弱毒活疫苗和灭活苗优点的疫苗，这种类型的疫苗既具有亚单位苗的安全性又具有活疫苗的效力。一旦研发成功，其生产费用要低于常规疫苗，目前世界上几个研究组织正在生产特定的禽用疫苗载体。此外，活载体疫苗还能降低成本，简化免疫程序，如传染性支气管炎血清型多而且各型之间交叉保护性差，也可以将几个疾病的病毒抗原在同一载体上表达，研制多价苗。基因工程技术提供了一个研制疫苗的更加合理、更加快捷的途径，现在可以在相对可预测的情况下，利用基因工程技术研制无致病性的、稳定的细菌和病毒，这与常规活疫苗研制的经典发展历程相反。基因工程疫苗的种类包括基因工程亚单位疫苗、基因工程活载体疫苗、核酸疫苗、转基因植物可食疫苗、抗独特型疫苗。目前，世界各国的研究者在基因工程疫苗上投入了极大的精力，部分疫苗已经获得批准上市。但是，相当一部分基因工程疫苗实际效果与期望值有所差距，在这一领域还需要研究者付出更多的努力。

以往对于先天性免疫知识认识不足，现在研究者还意识到机体对于不同病原的先天性免疫有明显的差别，这种差异与病原相关分子的模式和识别受体有关。先天性免疫可以启动获得性免疫应答。肉鸡与哺乳动物的免疫器官存在差异：抗体库和抗体多样性发生机制不同；Toll 样受体、防御素、细胞因子和化学因子等均存在差异。未来的疫苗方向还包括相关的佐剂的研究，包括细胞因子、共刺激因子和 Toll 样受体竞争剂等。

肉鸡使用抗生素类药物受到越来越多的限制，开发"绿色"抗菌药物成为当务之急，科研工作者在这方面投入巨大的精力，也取得了很好的效果。治疗肉鸡疾病的替代品包括植物提取物、甘露低聚糖提取物、有机酸、活菌制剂等。此外，使用菌苗和竞争性排斥控制沙门氏菌也是研究趋势。

二、我国肉鸡疫病防控技术发展现状及趋势

（一）我国肉鸡疫病防控技术发展历史

我国驯养鸡成为家鸡的历史至今已有 7 000 年以上；我国的优质肉鸡九斤黄曾于 1843 年被引入英国，目前世界上的许多肉鸡都有该鸡的血统。在漫长的家禽驯化、选育直至成为商品、食品来源的过程中，人们在掌握饲养管理知识的同时，也逐渐认识到疫病及其防控方法。

隋唐时期的朝廷已十分重视畜禽疫病的防控，认识到传染病是动物感染了"疫

气"所致，病畜及其排泄物、分泌物、肉血、尸体等都是"疫源"，认识到用隔离法可以有效控制传染病，用药物熏烟法也可以预防某些疫病。清代，家禽的品种开始增多，当时已开始引进火鸡饲养。但这时的家禽养殖还几乎没有规模化饲养，均以农民的散养为主要形式，因此还谈不到禽病的防与治（张洪让等，2008）。

1930—1931年，我国在上海商检局设立了兽医生物制品研究机构，生产出了禽霍乱等高免血清，开创了我国有针对性地进行禽病防控的先河（肖维等，1998）。

1941年成立农林部中央畜牧实验所，设立荣昌血清厂，研究和生产的鸡用制品有鸡新城疫疫苗、抗出败血清等。

1945年抗日战争结束前后，相继成立了西南、东南、华北、华西、西北五个兽疫防控处，负责生产各辖区内兽疫防控所需生物制品。虽然在一定范围内扩大了产品种类和生产量，引进了一些外国技术，但因设备简陋、物资缺乏，又没有统一的质量标准，从事研究与生产的技术人员缺少，生物制品的研制、生产和使用仍然停留在较低技术水平，肉鸡疫病防控效果仍不显著。

在1952年，我国制定了第一部《兽医生物药品制造与检验规程》，开始了我国动物病防控生物制品法制化管理的进程。20世纪50年代，在通过异种不敏感动物获得免疫原性良好制苗菌（毒）株的同时，利用微生物诱变技术等从多方面开展研究，并选育成功可用于肉鸡的以鸡痘病毒通过鹌鹑制弱的鸡痘疫苗，以及多株禽霍乱弱毒株。在大量活疫苗研制成功的同时，冷冻真空干燥技术和设备也得到改造。

20世纪60年代，在大瓶通气培养生产菌苗的基础上，用大发酵罐培养，进一步提高了工艺，细菌产品的质量和数量成倍增长，基本上满足了防疫的需要（宁宜宝等，2002）。

20世纪70年代开始，以制苗为目的的微生物诱变技术，由动物水平提高到了细胞水平。至70年代后期，结合这一时期冻干技术和冻干稳定剂成功应用，生产出了可用于预防肉鸡的鸡马立克氏病、鸡新城疫、鸡传染性支气管炎、鸡痘、鸡传染性喉气管炎、鸡法氏囊病等多种质量良好的冻干疫苗。一些新技术相继用于多种菌苗的研究与生产，生产出禽巴氏杆菌病、禽大肠杆菌病和鸡传染性鼻炎的灭活疫苗。佐剂的研究和应用，提高了生物制品免疫力和延长了免疫期，把生产技术提高到一个新的阶段。预防肉鸡病毒病的灭活疫苗则有鸡新城疫、鸡传染性支气管炎、鸡法氏囊病和产蛋下降综合征灭活疫苗等。这些疫苗的研究和应用，为肉鸡传染病防控起到了关键作用。

20世纪80年代以来，随着改革开放的进程，我国农村经济体制和产业结构发生了巨大变化，商品经济迅速发展，大规模的肉鸡养殖场和养殖专业户大批出现（甘孟侯等，2002）。随之而来的是病毒性传染病、细菌性传染病、寄生虫病、代谢病等肉鸡疾病大幅度增加，给肉鸡养殖造成了严重损害并威胁着养殖业的发展。疾病的危害使肉鸡疾病防控工作也变得越来越重要，从而有力地推动了肉鸡疾病研究和防控工作的进展。肉鸡所用疫苗也得到了跨越式发展，这个时期，除传统的鸡胚培养的活疫苗和灭活疫苗之外，更是出现了众多的基因工程疫苗，有重组活载体疫苗、核酸疫苗、亚单位疫苗、抗独特型抗体疫苗等，一些预防和诊断技术已达到国际先进水平。2000年左右发展起来的反向遗传操作技术现已经广泛应用于我国肉鸡疫苗的研制和生产中。

鸡球虫病是危害肉鸡最重要的寄生虫病之一，长期以来主要是以药物防控为主。20世纪40年代出现了多种类的磺胺类药物；60年代和70年代开发和上市了多种抗球虫药，但其中许多仅经过短暂的应用后即告停用；70年代离子载体类药物的出现使球虫病的预防发生了革命性的变化（常晓辉等，2011）。但随着球虫耐药性的普遍存在和消费者对药物残留问题的日益关注，人们也先后研制出多种预防球虫病的疫苗，从最早采用的鸡球虫活疫苗到核酸疫苗及活载体疫苗，取得了令人鼓舞的成果。

长期以来，我国肉鸡疾病诊断技术一直采用细菌的分离培养和形态学观察及生化鉴定、病毒的分离，以及形态学观察和组织学观察等手段，以及血凝试验（HA）和血凝抑制试验（HI）、琼脂扩散试验（AGP）、病毒中和试验（NT）、血清平板凝集试验（SPA）等常规方法。随着现代生物学技术的发展，单克隆抗体技术、核酸序列分析、酶联免疫吸附试验（ELISA）、免疫荧光技术（IF）、反转录-聚合酶链式反应（RT-PCR）、荧光定量（RT-PCR）、依赖核酸序列的扩增（NASBA）、单抗介导的斑点免疫金渗滤法（DIGFA）、快速乳胶凝集试验（LAT）、病毒基因组限制性内切酶图谱分析、RNA指纹图谱分析技术等诊断技术相继研究成功，其中部分产品已经广泛用于我国肉鸡疾病的诊断，并在疫病防控中发挥十分重要的作用。

（二）我国肉鸡疫病防控技术现状分析

1. 肉鸡疫病防控逐渐规范化和法制化

我国高度重视包括肉鸡在内的各种动物疫病的防控工作，已经制定了多个法律法规、技术标准或规范，这些在肉鸡防控中发挥了十分重要的作用。

2008年1月1日，修订后的《中华人民共和国动物防疫法》正式开始实施，这是我国动物疫病防控总的原则，对动物疫病的预防，动物疫情的报告、通报和公布，动物疫病的控制和扑灭，动物和动物产品的检疫，以及监督管理、保障措施和法律责任等都作了明确的规定。禽流感是当前危害肉鸡最重要的传染病之一，高致病性禽流感还具有十分重要的政治和公共卫生意义，因此国家出台了一系列的国家标准和行业标准，包括《高致病性禽流感防控技术规范》《高致病性禽流感免疫技术规范》《高致病性禽流感监测技术规范》《高致病性禽流感疫情判定及扑杀技术规范》《高致病性禽流感流行病学调查规范》《高致病性禽流感样品采集、保存及运输技术规范》《高致病性禽流感消毒技术规范》《高致病性禽流感疫情处置技术规范》《高致病性禽流感无害化处理技术规范》等，这些规范涵盖了禽流感防控的各个环节，系统地规定了禽流感防控应采取的技术措施，对于做好肉鸡禽流感防控工作具有十分重要的意义，也对肉鸡其他疫病防控具有良好的借鉴作用。此外，我国还发布了《新城疫防控技术规范》

《传染性法氏囊病防控技术规范》《马立克氏病防控技术规范》《J 亚群禽白血病防控技术规范》，规范中规定了各个病的诊断、疫情报告、疫情处理、预防措施等，也给出了各个病具体的诊断与监测及免疫技术等，对当前肉鸡主要传染病的防控具有十分重要的指导意义。

在诊断和检疫技术方面，发布了国家标准《高致病性禽流感诊断技术》《禽白血病诊断技术》《禽脑脊髓炎诊断技术》和《鸡传染性支气管炎诊断技术》，农业行业标准《禽霍乱（禽巴氏杆菌病）诊断技术》《禽网状内皮增生病诊断技术》《禽支原体病诊断技术》《禽曲霉菌病诊断技术》《鸡伤寒和鸡白痢诊断技术标准》《鸡传染性喉气管炎诊断技术》《鸡马立克氏病强毒感染诊断技术》《鸡传染性贫血诊断技术》和《鸡传染性鼻炎诊断技术》。

2005 年发布了专门针对肉鸡的国家标准《商品肉鸡生产技术规程》，本标准规定了商品肉鸡全程饲养的生产技术规程，其中也包括疫病防控技术。

2. 疫苗研究和应用现状

疫苗免疫是预防传染病和寄生虫病的主动措施、关键环节和最后防线，我国肉鸡传染病的防控目前仍主要是采取以疫苗免疫预防为主的综合防控措施。目前我国用于禽传染病预防的疫苗绝大部分是传统的活疫苗和灭活疫苗，而基因工程疫苗仅有 3 个活载体疫苗和 2 个亚单位疫苗，其中包括已经广泛应用的以新城疫病毒为载体的禽流感-新城疫重组二联活疫苗、以鸡痘病毒为载体的禽流感重组鸡痘病毒载体活疫苗（H5 亚型）及鸡传染性喉气管炎重组鸡痘病毒基因工程疫苗。

传统的活疫苗又称弱毒疫苗，主要是以自然分离的或人工致弱的弱毒株作为种毒，经过鸡胚或细胞等培养后，加一定的保护剂冻干而成。弱毒疫苗既可以产生体液免疫又能产生细胞免疫，加之具有使用方便等优点而被广泛应用。近些年，人们在冻干苗的耐热保护剂方面做了大量的研究，已经研制出不需要冷冻保存的冻干苗。

在灭活苗研究方面，我们已经突破了只能用分离或驯化的自然弱毒株制备疫苗的限制，已经建立起利用反向遗传操作系统人工构建疫苗种毒的技术平台。通过这个平台，我们可以从自然界分离的强毒获得免疫原基因，制备出抗原性针对强、可有效预防流行株的致弱疫苗种毒；也是通过这个平台，我们使疫苗种毒的制备程序化，使疫苗种毒的更新能够在短时间内顺利完成，以便尽早应用于肉鸡疾病的预防。目前，我国利用反向遗传操作技术研制的 H5 亚型禽流感系列疫苗达到国际同类研究的领先水平，为中国和世界的禽流感防控做出了贡献。当前，多价苗和联苗也得到了大规模发展，这些疫苗的免疫效果与单苗相当，但可以节约大量的人力、物力和财力，在肉鸡的疾病防控中扮演着十分重要的角色。

3. 诊断技术现状

肉鸡疾病的诊断技术包括临床诊断、病原分离培养、血清学检测技术和分子检测技术等。其中尤以血清学检测技术和分子生物学技术的研究和应用发展最为迅速，成为实验诊断的主要方法。

传统的血清学诊断技术包括非标记免疫技术和标记免疫技术。目前已经应用的非标记免疫技术主要有凝集反应、沉淀反应、补体结合试验、中和试验、变态反应等，标记免疫技术主要有酶联免疫吸附试验、胶体金标记免疫技术、免疫印迹技术、时间分辨荧光免疫分析、现代化学发光分析等（田克恭等，2010）。非标记免疫技术尽管灵敏性低，但一些传统的方法仍然在肉鸡疾病诊断中起重要作用。标记免疫技术具有快速、简便的特点，但由于其敏感性不高等因素，目前多用于定性检测。当前，通过标记免疫技术分别与分子生物技术联用、与新型的血清学诊断技术联用、与基因芯片技术联用等，创造出了一些简便而且敏感度高的新型血清学诊断技术，但这些技术目前仍只是处于研究阶段。

自 1987 年 PCR 技术用于疫病诊断以来，动物疫病的分子检测技术获得了迅速发展。传统的分子检测技术以基因扩增为主，当前已经建立起来的方法有核酸杂交技术、常规 PCR、巢式 PCR、多重 PCR、限制性片段长度多态性（RFLP）分析等技术。当前的新型分子检测技术主要有荧光定量 RT-PCR、基因芯片技术、核酸恒温扩增技术，以及聚合酶链反应与其他技术的联用等，这些技术具有快速、敏感、特异等优点。

4. 我国肉鸡疫病防控技术主要问题

总体来看，我国肉鸡疾病防控技术得到了快速发展，基本上保障了肉鸡健康发展的需求，但肉鸡疾病综合防控技术还不够完善，肉鸡疾病还时有发生。

目前肉鸡疾病防控存在过于依赖疫苗的问题。疫苗免疫可以作为肉鸡疾病防控的重要措施之一，但疫苗不是万能的，不能完全依赖疫苗，很多时候还受到各种因素的限制。①疫苗株与流行株是否匹配的问题：一些疾病的病原本身就有多个亚型或多个血清型，同一亚型或同一血清型的病原的抗原性和免疫原性也可能会存在差异，这就给用疫苗防控带来了极大的难度。②疫苗免疫研究的不均衡性：有的疫苗产品研究和生产较多，比如用于 H9 亚型禽流感预防的就有 10 多株种毒的 20 多个产品，但多数的 H9 亚型毒株与其他毒株的交叉反应较差，很难对所有 H9 亚型禽流感病毒都起到保护作用；鸡传染性支气管炎和鸡传染性法氏囊病等针对抗原变异株的疫苗也较少；而一些免疫抑制性疾病，如鸡传染性贫血病和网状内皮组织增生病几乎没有疫苗；某些细菌病则很难研制成功具有良好免疫效力的疫苗。③疫苗的应用也受到限制和影响：比如活疫苗会受到母源抗体的干扰，中等毒力以上的法氏囊疫苗等应用后可造成免疫器官的损害，从而影响其他疫苗的免疫效果。所有这些都告诉我们，肉鸡疾病的防控是不能仅仅依靠疫苗来实现的。

我国家禽饲养和流通方式增加了疾病的防控难度。目前，肉鸡养殖上还存在许多小规模、分散饲养现象，许多养殖户或养殖场根本毫无生物安全条件可言，呈现一种可以任意接触外界病原的开放状态，针对这一问题优质肉鸡养殖比白羽肉鸡养殖更为突出。另外，由于家禽养殖区域发展不平衡，我国活鸡及产品大流通的格局短期内不可能改变。当前，我国多种鸡病呈地方流行的态势，环境中有这样或那样的病原存在，无法及时清除。这些都给肉鸡疾病的暴发和流行提供了可能。对于严重危害肉鸡的球虫病来讲，目前已有多种不同类型的球虫活苗投入商品化生产，但保护作用还不尽如人意，因此，有必要研制更为安全有效的鸡球虫新型疫苗。

在诊断技术上，随着改革开放和养禽业的快速发展，我国的肉鸡诊断技术也获得了极大的提高，国外禽病诊断的新技术，国内众多的研究者都已研制成功，取得了很好的成果，深感遗憾的是，到目前为止，为我国广大实际工作者完全掌握和运用的却寥寥无几。另一方面，也出现了片面追求所谓的"高、新、尖"技术和追求学术上的轰动效应，而忽视传统技术重要性的问题。目前，我国有 AGP、HI、ELISA、RT-PCR、荧光定量 RT-PCR、胶体金、平板凝集等多种试剂和试剂盒已经用于临床上肉鸡疾病的诊断，在我国的禽病防控中发挥了重要作用。但是我们也应该看到，个别产品的敏感性、特异性和稳定性上有待于进一步提高；在生产上多是小规模生产，有的产品在批间甚至是批内都可能存在差异。另外一个突出的问题是我国的兽用诊断试剂需要进一步的补充和规范，一方面由于个别诊断试剂的经济价值较低，养殖企业或兽医工作者找不到相应的试剂用于诊断和监测；另一方面存在未获生产许可的产品在销售和使用的问题。诊断试剂的标准化和规范化还需要一个过程。

（三）我国肉鸡疾病防控技术发展趋势

1. 加强疾病防控和诊断技术研究及科技成果的推广

当前，我国在鸡病的病原分子生物学研究等方面取得了很多令人鼓舞的成果，已经研制出多种禽用疫苗，许多技术和产品都达到了国际同类研究的先进水平，也取得了良好的效果，但我们在肉鸡疾病防控上还有许多工作要做。我国既有生长速度快、饲养期短的白羽肉鸡，也有 100 多天才出栏的优质肉鸡，这就要求我们综合考虑疫苗抗体的产生期和持续期、疫苗的保护效率，以及疫苗佐剂的残留等各方面的因素，研发有针对性的疫苗。我们需要研究符合国情的有效防控技术，包括各种疫苗、微生态制剂、中西兽药等的开发和推广应用。分子生物学技术、蛋白质组学、免疫学、生理学和生物化学的发展为我们研制新的产品提供了技术支持。

在常规的活疫苗、灭活疫苗研制和生产上，我们可着眼于原有疫苗的改进和新疫苗的研发，既要根据肉鸡不同疾病的特点，又要考虑不同品种肉鸡的生长特性，以及出栏时间等因素，加强种毒、免疫佐剂、生产工艺等影响疫苗效果因素的研究，尽量研制多价苗、联苗或浓缩苗，以减少免疫次数或剂量，达到既有效预防肉鸡疾病，又尽量减少由于造成应激等而影响生产性能的目的。

基因工程疫苗的研究和应用将成为一种趋势和方向。与传统疫苗相比，基因工程疫苗一般兼有灭活苗的安全性和活疫苗的免疫作用，一般易于大规模使用，也可制成多价苗或联苗以达到一次免疫防多病的目的。有的基因工程疫苗可解决常规疫苗效果差或反应大的问题，有的可以降低如禽白血病、鸡传染性法氏囊病、马立克氏病病毒潜在致癌性或免疫抑制作用。基因工程提供了一个研制疫苗的更加合理的途径，当前能在相对可以预测的情况下生产无致病性的、稳定的细菌和病毒，这与常规活疫苗研制的经典过程相反，同时还能生产与自然型病原可区分的疫苗，这将大大有助于疫病的诊断和扑灭进程。随着研究水平及生产工艺的发展，将会有越来越多的基因工程疫苗用于肉鸡疾病的防控。

在免疫方式上，我们也可以尝试进行胚胎免疫，这种免疫方式已经在欧美发达国家普遍应用。当前肉鸡养殖一般规模化程度高，研制适合于大批量群体免疫而又切实有效的口服疫苗也是重要趋势之一。在生产工艺上，部分病毒将采用更适合规模化生产的悬浮培养来取代目前的贴壁培养或鸡胚增殖的方式。

血清学诊断技术的发展趋势是通过研究各种免疫学技术及其与其他领域技术的联用，达到提高特异性、敏感性和实现多组分同时检测的目的。在应用方面，以全自动酶免工作站（ELISA）和全自动化学发光免疫分析仪（CLIA）为代表的高度集成的自动化仪器诊断技术，可实现大规模操作，尤其是 CLIA 灵敏度高、特异性强，可用于半定量和定量分析，随着生产开发的成熟和成本的降低，它们将成为诊断试剂的重要发展方向之一。在养殖场现地，则以简单、快速、便于普及的快速诊断技术如胶体金免疫技术为发展方向（田克恭等，2010）。

随着分子检测技术的不断发展，其在肉鸡疾病控制中的应用范围和作用也将逐渐扩大，向着高通量、自动化、现地应用的方向快速发展。同时，分子检测技术应用的范围也将不断增加，出现生物信息学、遗传分析、分子流行病学等多个方面的应用。其中 2000 年左右出现的环介导等温扩增技术（LAMP），由于操作简单和不需要特殊的仪器设备而有望被广泛用于肉鸡疾病的诊断。

2. 完善生物安全体系建设

近些年，规模化肉鸡场的生物安全问题已经得到了多数企业的关注，已经建立起了相应的生物安全设施和规章制度，但还没有形成一套完整的生物安全体系。生物安全体系是为了阻断致病原侵入畜禽群体并进行繁殖而采取的多种措施，它是集约化养殖的一项系统工程，是动物群体的管理策略和动物与人类健康的保障措施，包括养殖场的选址建设、引种、检疫、饲养管理、污染物无害化处理、防疫卫生、病原清除、动物与动物产品安全监控及公共卫生等全过程（张振兴等，2006）。在肉鸡场做好生物安全的各项工作，可以有效地预防各类疾病的发生，减少对疫苗的依赖和药物的使用，对于提高企业的经济效益和肉品质量都具有十分重要的意义。

3. 生物防控策略是防控肉鸡细菌病的主要手段

随着肉鸡集约化养殖场的增多和规模不断扩大，环境污染越加严重，细菌性疫病明显增多，如鸡的大肠杆菌病、沙门氏菌病、葡萄球菌病、支原体病等。其中不少病的病原广泛存在于养殖环境中，可通过多种途径传播，这些环境性病原微生物，已成为养殖场常在菌并引起常发病，一些疾病的反复发生给养殖业造成了巨大的经济损失。目前，仅少数细菌病有疫苗可以用来预防，但由于菌株之间的差异及菌株的免疫原性等问题，使得疫苗的预防效果有限。对于肉鸡细菌病，大多数还都是用抗生素作为预防或治疗用药，但是耐药菌株的不断出现则使部分抗生素失去了作用。随着人们生活质量的提高，以及对药残等肉食品安全的关注，使用抗生素的种类和用药时间都受到了极大的限制。那么，生物防控则成为一种很有前景的控制细菌性疾病的手段，这种手段具有安全可靠、高效快速且经济的优点。随着生物工程技术的高度发展，以及现代实验手段的不断完善，科学家或将发现一系列可消灭细菌的噬菌体或其他类似物，困扰人们近半个世纪的"细菌耐药现象"将逐步得以解决，使噬菌体这一古老的微生物有望成为抗生素的取代产品或新一代"抗生素"（张世栋等，2002）。

总之，若要有效控制肉鸡疾病的发生，需要集成生物安全、诊断、免疫及治疗等各个方面的技术，采取综合的防控措施。

第四节　战略思考及政策建议

一、我国肉鸡疫病防控的战略思考

（一）我国肉鸡疫病诊断与防控发展定位

20世纪90年代以来，我国肉鸡养殖业的发展取得了举世瞩目的成就。但随着国际贸易不断开放，肉鸡养殖模式不断改变，规模化养殖迅速发展，饲养密度不断增加，肉鸡感染病原机会增加，病原变异速度加快，新发疫病发生风险变大，严重影响肉鸡养殖的健康发展。病越来越多，鸡越来越难养，越养越不会养，是目前从事养禽业者的共同感受。特别是近年来高致病性禽流感仍在部分区域呈流行态势，存在免疫带毒和免疫临床发病现象，更给我们敲响了警钟。疫病给肉鸡养殖业造成的危害，人们对禽产品绿色、安全的需求，以及贸易出口的技术壁垒，使禽病防控与生物安全成为目前家禽业发展中迫切需要解决的问题（吕明斌，2008）。

近年来，在中央一系列政策措施支持下，动物疫病防控工作基础不断强化。法律体系基本形成，国家修订了动物防疫法，制定了兽药管理条例和重大动物疫情应急条例，出台了应急预案、防控规范和标准。我国肉鸡疫病防控研究在病原学、致病及免疫机制、诊断技术和疫苗研发方面取得了重要进展，如流行病学调查的系统性、病原学研究的深度、蛋传性疾病的净化措施、重大疫病的防控及应对措施、诊断试剂和疫苗的研发等。然而，我国肉鸡疫病诊断与防控技术水平与国外相比，仍然存在一定的差距。因此，我国肉鸡疫病的诊断与防控，应立足目前肉鸡养殖环境和实际的养殖水平，借鉴发达国家的养殖管理经验，针对肉鸡主要疫病的流行特点与规律，研发适合我国当前肉鸡疫病防控的疫苗和新型生物制剂；大力推广普及快速诊断技术，加快商品化诊断试剂的研制，建立相应肉鸡疫病防控技术体系，完善各级兽医管理体制。做到一旦发现疫情，就能快速准确诊断，及时采取措施，就地有效控制（黄勇，2010）。只有这样，我们才能面对全球肉鸡养殖业发展的挑战，为我国肉鸡养殖健康发展保驾护航。

（二）我国肉鸡疫病诊断与防控发展目标

肉鸡疫病防控发展目标应根据国家制定的中长期动物疫病防控规划要求，立足国情、适度超前、因地制宜、分类指导。立足我国国情，科学判断肉鸡疫病流行状况，合理设定防控目标，开展科学防控。根据我国不同区域特点，按照养殖模式、饲养用途和疫病种类，分病种、分区域，实行分类指导，差别化管理。突出重点，统筹推进。整合利用疫病防控资源，重点强化高致病性禽流感、新城疫等疫病防控，优先实施种禽场疫病净化。突出重点区域、重点环节、重点措施，加强示范推广，统筹推进疫病防控各项工作。到 2020 年，高致病性禽流感、新城疫等肉鸡主要疫病达到国家规划设定的考核标准，发病率、死亡率和公共卫生风险显著降低。

我国肉鸡疫病诊断与防控现阶段目标是解决当前存在的实际问题，优先发展现阶段肉鸡养殖业需要的疫病诊断方法与疫苗的研发，为解决制约肉鸡产业发展的深层次问题打下坚实基础。禽流感等病毒性疾病对肉鸡养殖业造成了巨大经济损失，这就要求我们进一步提升禽流感等病毒性疾病的诊断水平，研制出快速准确的诊断方法，并能在养殖一线推广应用。疫病诊断最终目的是防控，只有快速准确把疫病诊断出来，养殖场才能有机会及早采取相应防控措施。

传统疫苗的更新和新型疫苗的研发也是我国肉鸡疫病防控中迫切需要解决的问题。目前肉鸡疫病的发生呈现出老病新发、病原变异、毒力增强、新病不断出现等新的流行特征，这就需要兽医科研工作者，全面系统地进行病原学和流行病学研究，立足于我国肉鸡疫病的发生规律、病原分子遗传变异特性等选育优良、高效的疫苗候选毒株，研发针对我国目前肉鸡疫病的有效疫苗。

疫病预警技术是未来兽医诊断技术发展的方向。目前我国对动物传染病的防控，尤其是对新出现的动物传染病与传统疫病新变化的防控，尚处于被动防御的水平上。禽流感病毒感染人并致人死亡事件提醒我们：对人禽共患病的全面控制和扑灭是刻不容缓的任务。以被动监测为主控制动物疫病的策略，在具体实施过程中会造成很多资源的浪费，很难产生预期的效果。我们必须研究开发动物疫病宏观预警技术，以便随时从宏观（病原数量动态变化）及微观（病原基因的动态变化）上把握病原的变化趋势，为疫病的"同步及超前防控"提供可靠的科学理论依据，彻底扭转在动物传染病宏观防控上的被动局面（王长江等，2006）。重点研究开发动物传染病计算机自动分析预警软件；建立动物传染病计算机预警网络。定期对鸡群进行检测，时刻跟踪病原的发展变化，根据病原检测结果分析鸡群健康状况，做到在某些疾病未发生之前就能对其进行预测预警，给疫病防控提供足够的时间，防患于未然。

生物安全体系的建立是肉鸡规模化养殖的一项系统工程。其中包括养殖场的选址、建设、引种、检疫、饲养管理、污染物无害化处理、防疫卫生、病原清除、动物与动物产品安全监控及公共卫生等全过程。鸡场做好生物安全的各项工作，可以有效地预防各类疾病的发生，减少对疫苗的依赖和药物的使用，对于提高肉鸡养殖的经济效益和肉品质量都具有十分重要的意义。

二、我国肉鸡疫病防控的政策建议

（一）重大和新发禽病防控研究的建议

1. 建立和完善禽流感等重大疫病的抗原和疫苗等长期性储备制度

由于禽流感的防疫工作不仅涉及我国家禽和野禽的防疫，更涉及全国人民的身体健康和公共安全。一旦大的疫情来临，如果我们准备不足，导致疫情扩散，极有可能危害全人类安全。尤其应对 H7N9 疫情这样的重大突发性事件，我国还没有真正意义上建立符合国际惯例的抗原和疫苗等战略储备制度。一旦暴发突发事件，就会危害经济安全，影响群众生活和社会稳定。因此，重大疫病的抗原和疫苗等战略储备好比蓄水池，在平时，可以调控供需平衡，有利于疫情诊断和控制；在紧急时刻，可以通过启动储备延缓和平息危机事件，有利于保护经济安全和维护社会稳定，以及养殖业的稳定发展。所以尽快建立禽流感等重大疫病的抗原和疫苗储备制度势在必行。

为做好应对禽流感疫情的大暴发、大流行，国家应建立重大动物疫病疫苗储备制度，选择生产能力较强、生产量较大、质量有保证的企业生产储备紧急防疫用禽流感疫苗，合理库存疫苗，以应对突发疫情，争取防疫工作的主动权。根据我国及周边国家重大疾病疫情动态和我国疫苗生产的现状，国家应不断根据有关专家组的建议确定和更新国家储备疫苗的品种和数量。

禽流感等重大疫病的抗原和疫苗等储备将是长期性的储备，应从全局出发，把握结构合理，在国家、部门、地区、单位等各个层次进行储备，由国家统一掌握和调配。应将禽流感等重大疫病的抗原和疫苗等储备提高到国家安全的高度，并以国内企业为主体。建立、扶持一批与国家战略储备相关的研究机构和生产企业，在政策和资金上给予帮助保证它们的基本生产，由企业和相关科研机构承担国家相关课题，进行技术分工，推动重大疫病的疫苗和抗原等科技创新。同时，国家应对重大疾病是否会发生做出预测，根据实际情况随时更新疫苗和抗原等战略物资储备目录，对所需物资进行战略储备。要抓紧建立禽流感等重大疫病的抗原和疫苗等储备制度，并且要坚持不懈地开展下去。

2. 逐步建立和完善禽流感等重大疫病早期预警预报系统

建立禽流感等重大疫病预警预报系统和控制计划，根据禽流感和新城疫等重大疫病流行病学监测数据，确立禽流感和新城疫等疫病在中国的精确分布，实时动态监测病毒的存在和变化特征，经全面科学计算和推断，科学预测禽流感和新城疫的暴发，以及发生后的可能发展过程，从而实现对禽流感和新城疫等重大疫情的早期预警预报。

完善和加强各级部门应对突发重点疫情的预警及应急指挥机构和队伍建设，完善预警及应急指挥系统运行机制，健全重大疫情应急物资储备制度，配备应急交通通信和疫情处置所需的防疫物资和设施、设备，加强突发重大疫情的应急预案和应急演练。

要本着"早、快、严"的基本原则，即"预警和发现要早、应急和指挥要快、处置和扑灭要严"。发现疫情立即划定疫点、疫区和受威胁区，要立即采取对所有病禽和同群禽进行封锁、隔离的有效措施，利用完善的扑杀扑灭防护及设施，采取扑杀扑灭等处置措施。完善禽流感和新城疫暴发的应急计划和紧急状况防备措施，迅速和有效地遏制疫病的发生，限制其传播和影响。进一步完善疫病处置扑杀补贴机制，对在动物疫病预防、控制、扑灭过程中强制扑杀、销毁的动物产品和相关物品给予补贴。

3. 加强禽流感等重大动物疫病的免疫检测与免疫评价

（1）加强禽流感等重大动物疫病的免疫检测工作。免疫监测是了解禽流感、新城疫、传染性法氏囊病、传染性支气管炎等重大动物疫病发生、发展及免疫防疫效果的必需手段，是进行免疫质量评估、疫情预警、预报和疫病控制等工作的基础和依据。动物疫病特别是禽流感、新城疫、传染性法氏囊病、传染性支气管炎等重大动物疫病的免疫抗体监测，除应用于疫病的初步诊断外，在疫病监测、免疫质量评估、疫情预警、疫病控制效果认证等领域更应该受到足够的重视和广泛关注。只有充分发挥免疫抗体监测在防控重大动物疫病中的作用，才能对动物疫情实施及时、准确的预警、预报，有效控制重大动物疫病，全面提高疫病控制能力和防控效果。

（2）加强禽流感等重大动物疫病的免疫评价。确立肉鸡主要疫病宏观免疫质量综合评价系统，加强免疫质量评价工作，从我国肉鸡免疫防控的宏观整体角度看，目前在疫苗免疫接种上仅注重免疫接种的数量，却忽视了免疫接种的质量，这是造成目前免疫失败不断发生并呈渐增趋势的原因之一。因此，要重点研究肉鸡疫病宏观免疫质量综合评价系统，加强禽流感等重大动物疫病的免疫评价工作，采取相应的措施来全面提高动物群体有效免疫的质量，重大动物疫病的免疫必须从重点免疫向全面免疫转变、从季节性免疫向常年免疫转变、从注重密度向既注重密度又注重质量转变。研究摸清肉鸡主要疫病群体抗体整齐度与发病程度之间的关系，建立肉鸡主要疫病群体抗体动态变化标准曲线（刘洁等，2012），确立目前环境条件下肉鸡主要疫病免疫抗体最低保护标准（临界值），为制定切实可行的免疫程序和实施疫病防控计划提供科学的理论依据。

4. 完善重大疫病和新发禽病的信息数据库建设

建立以国家、区域、省市县三级动物疫病预防控制中心为主体、分工明确、布局合理的动物疫情监测和流行病学调查监测网络，强化疫病监视监测网络运行管理，强化实施以主动监测为主、被动检测为辅的控制策略，严密监视禽流感等重大疫病在我国的流行状况及时跟踪和掌握禽流感流行病学数据，逐步完善禽流感等重大疫病流行病学监测信息数据库，为疫情预警、防疫决策及疫苗研制与应用提供科学依据。

搞好进出口检疫工作，强化边境疫情监测和边境巡检。加强宠物鸟类疫病监测和防治，尤其是禽类及其产品、观赏鸟类及其生物制品等产品的检疫工作，严格实施各项入境检验措施，控制高致病性禽流感病毒传入我国，同时要及时掌握世界各地高致病性禽流感和新城疫等重大疫病的发生情况，及时禁止从发生疫情的国家和地区进口家禽及其产品。各地兽医卫生检疫部门要做好家禽流通领域的检疫工作，严格执行疫情报告制度，完善应急处置机制和强制扑杀政策，建立扑杀动物补贴评估制度，尤其是对集贸市场、活禽交易市场、禽类屠宰场等进行重点检疫和监督检查，必须尽快健全农村兽医防疫检疫组织和机构，从而建立以国家、区域、省市县三级动物疫病预防控制中心为主体，分工明确、布局合理的动物疫情监测和流行病学调查监测网络，完善禽流感等重大疫病流行病学监测信息数据库。

（二）家禽免疫抑制性疾病综合防控的建议

家禽的疫病特别是家禽的禽流感等重大疫病的不断发生，与家禽的免疫抑制病种类繁多和难以有效防控密切相关，其中以病毒性免疫抑制病如鸡传染性法氏囊病、禽白血病、禽网状内皮组织增生病、鸡传染性贫血病等危害尤为严重。特别是近年来的禽白血病和禽网状内皮组织增生病等病毒性免疫抑制病已在各国种鸡群及生产鸡群中蔓延开来，给禽流感、新城疫、传染性法氏囊病、传染性支气管炎等重大动物疫病的防控带来了巨大的困难，已经对我国的养禽业造成了巨大的经济损失，严重威胁养禽业的健康发展。因此，必须对家禽免疫抑制性疾病进行综合防控和采取逐步净化措施。

1. 加强饲养管理和生物安全防护

根据禽免疫抑制性疾病的流行病学特征，雏鸡最具易感性，并且易感性随日龄的增加而逐渐下降。所以在孵化期间，应加强环境消毒；在育雏期间，必须加强饲养管理，做好生物安全防护，应在严格的隔离环境中进行，杜绝禽免疫抑制性疾病病毒的污染。如有条件，在育雏期可分小群体饲养，同时要控制人员和物品的流动等。日常饲养管理要突出消毒环节，经常进行喷雾，及时处理粪便，这是切断禽免疫抑制性疾病水平传播途径的重要措施。

2. 肉种鸡群免疫抑制性疾病的净化

由于许多家禽免疫抑制性疾病可以通过垂直传播，所以在引种上一定要加强检测，坚决杜绝引入携带家禽免疫抑制性疾病的种群。对于祖代禽场，一定要严防禽免疫抑制性疾病的传入，一旦发现禽免疫抑制性疾病，立即进行净化和淘汰工作。祖代种群应在 8 周龄和开产前后（18～22 周龄）进行检测，采集肛拭子样品检查抗原，在 25 周龄时，检查是否有病毒血症，同时检测蛋清、雏鸡胎粪中的抗原，无论哪种方式监测到的阳性种鸡、种蛋和种雏，均应全部淘汰。同时种公鸡也是禽免疫抑制性疾病的重要传播者，一旦检测阳性应及时淘汰。随时淘汰瘦弱、贫血及有大肝大脾症状的鸡，并加强日常兽医卫生管理和消毒措施。对于父母代种鸡场，完全依赖净化本病并不现实，建议降级为商品代蛋鸡或及时更换品系。

3. 防止免疫抑制病的混合感染

研究表明，各种免疫抑制病病毒之间的混合感染率可达 41.9%。鸡发生免疫抑制病后，机体对其他疫病的免疫力降低，这不仅降低了疫苗免疫应答水平和免疫效力，而且容易引发二次感染。所以建议对于有疫苗可用的禽免疫抑制性疾病，比如鸡传染性法氏囊病，一定要做好疫苗免疫，减少病毒感染的概率，尤其是要做好种鸡的免疫，提高雏鸡的母源抗体，防止早期感染。

4. 加强疫苗生产管理，杜绝疫苗污染

国内外已有很多报道证实了禽白血病病毒和禽网状内皮组织增殖病病毒可经疫苗污染进行传播，因此坚决杜绝采用非 SPF 胚源生产活疫苗。生产企业在选用鸡胚或胚源细胞来源的活疫苗时，最好选用正规厂家、SPF 胚源生产的疫苗。如果有条件，在疫苗注射时建议及时更换针头。

（三）诊断试剂及疫苗等生物制品研究的建议

1. 加强诊断试剂的研究和标准化生产

诊断试剂是肉鸡疫病防控的重要武器，在疾病的诊断、流行病学调查等方面发挥着重要的作用。疾病检测结果的准确与否，直接影响着各项防控措施的进一步实施，一旦漏诊或误诊，都会给养殖企业带来巨大的经济损失。然而，目前临床生产和科研中使用的诊断试剂大多为国外进口产品，很少能见到国内具有自主知识产权的国产品牌。国产诊断试剂在动物疫病防控中虽然发挥了一定的作用，但是存在一定的问题，如诊断试剂的种类不全、质量有待进一步提高、产业化和商业化发展相对滞后等。在科研方面，还存在研究不系统、产品结构不合理、研究队伍不稳定等问题。当前必须加大诊断试剂产学研结合力度和政府的扶持力度，从实际出发，研发方便快捷有效的诊断试剂，保生产、保供应，加强监管，切实保证我国动物疫病监测和防控工作需要。

为加强兽用诊断试剂监管，促进兽用诊断试剂的科研发展和规范生产，保证产品质量和生物安全，满足动物疫病监测及防控需要，各有关单位应密切配合，加强协调，形成合力。下一步应当做好以下工作：①加大研发力度和科研投入，力争在提高诊断试剂质量（稳定性、特异性、灵敏性）的基础上，拓宽产品的种类，做到产品种类系统和全面。②完善法律法规。加快推动《兽用诊断制品生产实验室质量管理规范》出台，制定有关配套法规，保证工作依法开展。③完善监管措施。深入研究建立有效监管措施，加快完善兽用诊断试剂注册审批程序，建立健全国家标准体系及标准物质供应体系，保证产品质量和有效供应。④完善支持政策，深入研究支持兽用诊断试剂发展政策，引导产学研紧密结合，鼓励扶持有条件单位加大科研成果产业化力度，促进兽用诊断试剂健康发展。

2. 加强疫苗的研发、生产和监督

目前，疫苗免疫仍是我国肉鸡疫病防控的重要手段之一。影响我国肉鸡养殖的主要疫病包括新城疫、禽流感、传染性支气管炎、传染性法氏囊病，大肠杆菌病等，这些疾病大部分都能通过疫苗免疫来进行预防，因此，我国疫苗产业的发展在今后一段时间内仍然影响着肉鸡疫病防控的效果，甚至肉鸡产业的发展。

然而，我国动物用疫苗产业发展相对较落后，疫苗的稳定性、安全性和使用效果与国外知名品牌产品存在一定的差距。比如，部分肉鸡养殖企业会选择使用一些价格较贵的进口疫苗，却不选择价格较便宜的国产疫苗，尤其是肉种鸡养殖场。然而，我国绝大部分动物疫苗企业的研发能力薄弱，新产品研发投入较少，在新产品开发上缺少有力的技术支撑，缺乏自主创新能力，只有少数企业具备研制新疫苗的能力。据中国兽药协会统计，2010年全行业研发总投入为4.45亿元，平均每家动物疫苗企业研发投入仅数百万元，与国外企业动辄上亿美元的研发投入相比，差距十分明显。行业整体研发能力薄弱、研发投入少，在一定程度上影响了国内动物疫苗行业的发展。因此，我国疫苗产业（企业）需要：①面对行业竞争的加剧，平均利润的降低，以及国外企业的虎视眈眈，迫切需要我们疫苗的生产厂家做大、做强，上规模、上效益，积极寻求横向、纵向联合，一方面加强产品的研发实力，另一方面也可以提高企业的抗风险能力。②企业应加大对研发力量的投入，加大产品技术开发和基础研究力度，开发出一批拥有自主知识产权的产品。只有这样才能提高产品的利润回报，提高企业的产品竞争力。③加强企业的科学管理，专注于自己企业本身的强项产业，做专、做大，谋求行业中的优势和领先地位，扩大规模，提高效率，降低生产成本，以确立自己产品在同行业中的竞争优势。特别是加强质量管理体系的建设，严格控制产品的生产质量，努力减小产品的批间差，积极扩大每批产品的生产规模。④我国的疫苗生产企业应树立品牌意识，培养国内的名牌，进而提升产品在养殖行业的知名度。参与企业间的国际竞争，在全方位的竞争中扩大自己的实力。我国疫苗生产企业的生产成本远低于同类的国外公司，我国又拥有发展中国家中少有的生物科学研究力量和人才储备。因此，一旦我们的产品在自有技术上出现突破，就一定会有极大的竞争优势。

此外，在疫苗研发方面，由于在生态环境和免疫压力下，病原微生物的变异加快，病原体通过基因突变、基因重组和基因重配等不断出现新的血清型或变异株，其毒力、宿主嗜性、免疫学特性等不断发生变化，疫苗已不能保护当前流行毒株的攻击。另一方面，新的病原微生物不断出现，引起新的传染病，如高致病性禽流感、J亚群禽白血病、禽偏肺病毒病等，疫苗的研发往往滞后于疾病的发展，因此需要加快疫苗的研发，为肉鸡养殖提供更多更有效的疫苗。流行病学调查是了解掌握疾病发生发展的必要手段，我国对禽流感进行了流行病学调查，为禽流感的预防与控制起到重要作用。而其他疫病并没有系统的流行病学调查，多是研究者自行进行，往往不能全面反映疾病发生的实际情况，不利于及时掌握病毒流行趋势、毒力变异等重要数据。病原学研究是疫苗研发的基础，尽管目前已经在病原学方面投入了大量的人力和物力，也取得了不少成绩，然而新的养殖方式、频繁的贸易流通、恶劣的生存环境、长期的免疫选择压力等，使这些疫病的发生和流行出现了许多新的特征，现有的理论和技术难以适应和奏效，养殖业面临的风险更加巨大。因此，兽医科研工作者应当立足于国内肉鸡疫病的发生特点及病原的分子遗传特性，进行细致、详细、全面的病原流行病学研究，选育优良、高效的疫苗候选毒株，研发针对我国肉鸡疫病的有效疫苗。

新基因工程疫苗是用分子生物学技术对病原微生物的基因组进行改造，以降低其致病性，提高其免疫原性，或者将病原微生物基因组中的一个或多个对防病治病有用的基因克隆到无毒的原核或真核表达载体上，制成疫苗，接种动物，使其产生免疫力和抵抗力，达到防控传染病的目的。这种类型的疫苗具有亚单位苗的安全性和活疫苗的效力；一旦研发成功，其生产费用要低于常规疫苗。目前，世界各国的研究者在基因工程疫苗上投入了极大的精力，部分疫苗已经获得批准上市。但是，相当一部分基因工程疫苗实际效果与期望值有所差距，在这一领域还需要我们的科研工作者付出艰辛的努力。

高效群体免疫性疫苗及免疫技术的开发。随着肉鸡饲养业的持续发展，饲养规模将越来越大，集约化程度亦越来越高，对可口服和气雾接种的高效群体免疫性疫苗的需求必将越来越紧迫，所以应该加强对该方面的投入。重点研发口服（混饲或饮水）疫苗及其配套技术（包括疫苗耐热与耐酸保护剂、消化道黏膜定向促吸附剂、免疫增强剂等）的研制与开发；气雾疫苗及其配套技术（包括疫苗和气雾机械，以及雾滴粒子稳定剂、促呼吸道黏膜吸附吸收剂、免疫增强剂及耐热保护剂等）的研制与开发。

肉鸡所用活疫苗大多采用鸡胚制备，但有部分生物制品厂对鸡胚等生物制品用原材料中病原的监测不全面，甚至采用非 SPF 鸡胚进行活疫苗的生产，其后果是非 SPF 胚蛋中携带的某些传染病病原体，如支原体、白血病病毒、传染性贫血病毒、网状内皮组织增生病病毒等都可以通过所制的活疫苗来传播，因此未经严格检查的鸡胚制作的疫苗对蛋传性疾病传播所起的作用不可忽视。政府部门将制定、完善一系列符合国情的、切实可行的控制传染病的政策法规，加强现有兽药厂和生物制品厂的整顿，实行规范化管理，提高产品质量，加强兽药和生物制品市场的整理和管理，打击和取缔伪劣兽药。提高我国的禽用兽药质量和数量，确保畜牧业健康发展、畜产品安全。

3. 加强新型生物制品研究及应用

（1）新型抗菌类药物的研发。目前，对于细菌病的防控呈现出新的方式，以细菌病疫苗、抗菌肽、植物提取物、低聚糖、噬菌体制剂、有机酸、活菌制剂替代抗生素的使用，可减少耐药菌株，降低药物残留，保障公共卫生安全。另外，各国也在研发新的安全性好、抗菌谱广泛的抗菌药物，如安普霉素、氟苯尼考、替米考星、头孢噻呋等。

（2）疫苗佐剂的研发。疫苗佐剂及其使用方法也急需改进，在实际生产中正在使用的许多佐剂都源于一些陈旧的加工技术，最常用的依然是氢氧化铝、各类油佐剂、蜂胶等。这些佐剂的效果不甚理想，有些使用不当还会造成不良影响，在疫苗相关研究中，佐剂研究是目前非常活跃的领域，并主要集中在生物学和生物化学方面的探索，包括延缓释放机制、免疫刺激复合物，以及免疫复合物刺激物（ISCOM）。细胞因子是 20 世纪 80 年代后期才出现的一类生物性佐剂，指那些对机体免疫系统具有调节作用的免疫性激素。虽然已知其具有增强疫苗免疫效果的潜在作用，但距离真正商品化应用还有很长的路要走。在全世界范围内，保持疫苗生产的高质量、高标准是一件非常重要的事情，这不仅是为了肉鸡养殖业的生物安全，更是为了我们人类自身的利益着想。

（3）抗病毒类药物。肉鸡使用抗生素类药物受到越来越多的限制，开发"绿色"抗菌药物成为当务之急，包括植物提取物、甘露低聚糖提取物、有机酸、活菌制剂等。干扰素（IFN）是一类具有广泛生物学活性的蛋白质，具有调节机体免疫功能、抗病毒、抗肿瘤等作用，是机体防御系统的重要组成部分。干扰素制剂对禽流感、新城疫、传染性法氏囊病、马立克氏病、传染性支气管炎、传染性喉气管炎、产蛋下降综合征、禽传染性脑脊髓炎、鸡痘及球虫病等有明显的治疗效果（Arico 等，2012）。RNA 干扰（RNA interference，RNAi）是指细胞利用外源性或者内源性的双链小干扰 RNA（siRNA）激发相关的酶复合物对同源性 mRNA 进行切割、降解，从而在转录后水平阻断基因的表达，达到同源基因的减效表达或不表达。目前，RNAi 技术在禽病治疗中的应用主要在抗禽流感病毒、新城疫病毒、鸡传染性支气管炎病毒和马立克氏病毒等方面（Omarov 等，2012）。

（四）其他相关方面的建议

（1）切实转变防疫观念，重视生物安全。将策略以疫苗免疫为主转变为综合防控动物疫病。疫病防控不能过分依赖疫苗甚至滥用疫苗，任何时候都应把生物安全放在首位。

（2）加强基层兽医队伍建设，提高防控意识。

（3）完善政策法规，加强禽用兽药及生物制品质量和安全。吸取国外先进经验，建立垂直管理的官方兽医体制，在各省建立国家兽医局分局，省以下地方政府由兽医局分局派出垂直管理机构。政府部门将制定、完善一系列符合国情的、切实可行的控制传染病的政策法规，加强现有兽药厂和生物制品厂的整顿，实行规范化管理，提高产品质量，研制和开发新产品，加强兽药和生物制品市场的整理和管理，打击和取缔伪劣兽药。提高我国的禽用兽药质量和数量，确保畜牧业健康发展、畜产品安全。在生物制品和药物的生产上实行规范化管理，所有制品均需在 GMP 条件下生产。

参考文献

常晓辉，薛飞群，张丽芳 . 2011. 鸡球虫病药物防治的研究现状 ［J］. 中国动物传染病学报，19（5）：71-72.

甘孟侯，蔡宝祥 . 2002. 20 年来我国禽病研究与防制工作的回顾与展望 ［J］. 中国家禽，19（21）：2-3.

何秀苗，戴书剑，官丁明，等 . 2012. 近年来我国鸡传染性法氏囊病及其病毒分离株的变化特点 ［J］. 广西畜牧兽医，28（2）：67-70.

黄勇 . 2010. 动物疫病防控策略的再思考 ［J］. 中国畜禽种业（9）：8-9.

廖明.2012. 禽病防控的关键问题探讨［J］. 中国家禽，34（7）：36-38.

刘洁.2012. 动物免疫抗体监测的意义及措施［J］. 中国畜牧兽医文摘，28（2）：93-94.

刘秀梵，胡顺林.2010. 我国新城疫病毒的分子流行病学及新疫苗研制［J］. 中国家禽，32
　　（21）：1-4.

罗玲，杨峻，艾地云，等.2011. 湖北省部分肉鸡场致病性大肠埃希菌的分离鉴定及耐药
　　性分析［J］. 动物医学进展，32（3）：128-131.

吕明斌.2008. 从巴西肉鸡养殖业看中国肉鸡业发展［J］. 中国家禽，30（1）：7-8.

宁宜宝，王明俊.2002. 我国兽用生物制品技术的发展历程与展望［J］. 中国兽药杂志，36
　　（8）：1-4.

田克恭，倪健强，顾小雪，等.2010. 动物疫病实验室诊断技术研究现状及发展趋势［C］.
　　中国兽医发展论坛专题报告文集. 北京：中国农业出版社.

王菁，韦莉，朱珊珊，等.2010. 白羽肉鸡疾病发生现状及防控对策［J］. 中国家禽，32
　　（15）：52-54.

王长江.2006. 重大动物疫病防控工作长效机制的内涵及构建［J］. 中国动物检疫，23
　　（4）：1-3.

肖维.1998. 试论我国兽用生物制品的现状及其存在问题［J］. 中国禽业导刊，15（4）：3-
　　4.

张洪让.2008. 畜禽重大疫病防检疫的历史回顾［N］. 中国畜牧兽医报，12（7）：4.

张世栋，金维江，杨金兴，等.2002. 动物细菌病的生物防制新策略［J］. 中国禽业导刊，
　　19（22）：42-43.

张振兴，李玉峰.2006. 对我国养殖业生物安全现状的分析与对策［J］. 经济动物学报，10
　　（1）：1-4.

周蛟.2005. 我国禽病的现状流行趋势及防控策略［J］. 中国动物保健（6）：13-14.

ARICO E，BELARDELLI F. 2012. Interferon-A as Antiviral and Antitumor Vaccine Adju-
　　vants：Mechanisms of Action and Response Signature［J］. J Interferon Cytokine Res，32
　　（6）：235-47.

GAO Y，YUN B，QIN L，et al. 2012. Molecular Epidemiology of Avian Leukosis Virus
　　Subgroup J in Layer Flocks in China［J］. J ClinMicrobiol，50（3）：953-960.

GONG Y，ZHANG P，WANG H，et al. 2014. Safety and Efficacy Studies on Trivalent In-
　　activated Vaccines against Infectiouscoryza［J］. Vet ImmunolImmunopathol，158（1-
　　2）：3-7.

KLEVEN S H. 1998. Mycoplasmas in The Etiology of Multifactorial Respiratory Disease
　　［J］. Poultry Science，77（8）：1146-1149.

LIU D，ZHANG X B，YAN Z Q，et al. 2013. Molecular Characterization and Phylogenetic
　　Analysis of Infectious Bursal Disease Viruses Isolated from Chicken in South China in
　　2011［J］. Trop Anim Health Prod，45（5）：1107-1112.

LIU X，MA H，XU Q，et al. 2012. Characterization of A Recombinant Coronavirus Infectious Bronchitis Virus with Distinct S1 Subunits of Spike and Nucleocapsid Genes and A 3' Untranslated Region [J]. Vet Microbiol, 162 (2-4): 429-436.

OMAROV RT, SCHOLTHOF H B. 2012. Biological Chemistry of Virus-Encoded Suppressors of RNA Silencing: An Overview [J]. Methods Mol Biol, 894: 39-56.

SHIRLEY M W, SMITH A L, BLAKE D P. 2007, Challenges in The Successful Control of The Aviancoccidia [J]. Vaccine, 25 (30): 5540-5547.

第六章　中国肉鸡生产与环境控制
发展战略研究

第一节　肉鸡生产与环境控制发展现状

一、饲养管理发展现状

（一）养殖模式发展现状

"肉鸡"是从用途上的分类概念，是在偏重肉用用途鸡品种培育成功之后使用的名称。随着美国艾维茵国际家禽公司、以色列联合家禽育种公司、澳大利亚狄高公司等为代表的家禽育种迅猛发展，肉鸡进行工业化生产成为可能。第一次世界大战之后，美国东西部沿海的纽约、旧金山、洛杉矶、波士顿等大城市的近郊发展了大批规模化专业养鸡场。从最先的简易鸡舍到有窗鸡舍，从最早的散养模式到集中饲养，从人工饲喂到半机械化饲喂逐步发展起来。第二次世界大战期间，各国军事武器的发展引领着农业领域机械化、自动化水平达到了一个新时期。20世纪40年代，美国南部的肉用仔鸡的饲养开始兴盛起来。无窗鸡舍技术的采用迅速提高了肉鸡农场的饲养效率。肉鸡养殖模式最早都是散养或半舍饲；进入集约化工业生产之后，主要有厚垫料平养、网上平养和笼养等方式；进入21世纪，随着部分国家呼吁动物福利追求肉品质，出现了以促进肉鸡运动、改善肉质和提高动物福利为目的的新型生态放养模式。

1. 常见养殖模式及其技术要点

（1）地面平养模式。地面平养是饲养肉仔鸡较普遍的一种方式，适用于中小型肉用仔鸡饲养场和养鸡专业户。最常用的是厚垫料平养（图6-1），方法是在鸡舍地面上铺设一层5～10cm厚的垫料，垫料不宜过厚，以免妨碍鸡的活动甚至雏鸡被垫料覆盖而发生意外。随着鸡日龄的增加，垫料被践踏，厚度降低，粪便增多，应不断地添加新垫料，一般在雏鸡2～3周龄后，每隔3～5d添加一次，使垫料厚度达到15～20cm。垫料不宜太薄，垫料少、粪便多，鸡舍易潮湿，氨气浓度会超标，影响肉用仔鸡生长发育，并易暴发疾病，甚至造成大批死亡。同时，潮湿而较薄的垫料易造成肉用仔鸡胸部囊肿。因此，应及时补充新垫料，对因粪便多而结块的垫料，应及时用耙子翻松，以防止板结。要特别注意防止垫料潮湿，首先在地面结构上要有防水层，其次要对饮水器加强管理，控制任何漏水现象和鸡饮水时弄湿垫料。常用作垫料的原料有木屑、谷壳、甘蔗渣、干杂草、稻草等。每批肉用仔鸡出栏后，应将垫料彻底清除更换。

图 6-1　商品肉鸡厚垫料平养

（曹顶国摄，2011）

（2）网上平养模式（图 6-2）。一般在离地面 60 厘米高处搭设网架（可用金属、竹木材料搭建），铺设金属、塑料或竹木制成的网、栅片，鸡群在网、栅片上生活，鸡粪通过网眼或栅条间隙落到地面。网眼或栅缝的大小以鸡爪不能进入而鸡粪能落下为宜。采用金属或塑料网的网眼形状有圆形、三角形、六角形、菱形等，常用的规格一般为（1.0～1.25）cm×（1.0～1.25）cm。网床大小可根据鸡舍面积灵活掌握，但应留足够的过道，以便操作。网上平养一般都用手工操作，有条件的可配备自动供水、给料和清粪等机械设备。目前网床设计主要采用两种类型，一种是有过道设计，

图 6-2　商品肉鸡网上平养

（曹顶国摄，2011）

另一种是无过道设计。前者降低了有效使用面积，但饲养员操作管理较为方便。在饮水、喂料、清粪、鸡舍环境控制等实现自动化控制后，无过道设计应用较多。

（3）笼养模式（图6-3）。属于立体化养鸡，从出壳至出栏都在笼中饲养。随日龄和体重增大，一般可采用转层、转笼的方法饲养。肉用仔鸡笼养便于机械化、自化管理，可提高鸡舍利用率，节约燃料、垫料和劳力，还可有效控制球虫病、白痢病的蔓延等。目前笼养肉用仔鸡并不普遍，主要原因是一次性投资大，胸囊肿的发生率高，如果饲养不当，会出现比较多的胸骨弯曲和软腿病等。从今后的发展趋势看，笼养肉用仔鸡是有前途的。目前已生产出具有弹性的塑料笼底，使肉用仔鸡的胸囊肿发生率大为减少，这将会促进笼养肉用仔鸡的发展。笼养分阶梯式笼养和层叠式笼养。阶梯式笼养便于在地面设计自动刮粪系统，方便及时清理粪便。层叠式笼养一般在每层笼下设置粪盘清粪，也可以在每层笼下设置传送带输送粪便，直接运送至鸡粪处理场。提高了自动化水平，改善了鸡舍环境条件。

图6-3　商品肉鸡笼养
（曹顶国摄，2011）

（4）其他饲养模式。为了适应社会消费需求变化，对肉鸡施以独特的放养方式（图6-4），可以获得纯天然、无污染的绿色畜产品。这种方式降低精料消耗，出栏成活率比全舍饲略有提高，最主要的是出栏价格大大提高。目前，这种饲养方式所占比例较低，原因有：①其适合未被选育的地方品种，限制了大范围的推广；②要求放养场地面积大，不能使用农药；③放养鸡可能与飞禽接触，加大了生物安全体系建设的难度。

2. 养殖模式现状分析

（1）关注疾病发生率与生产性能。国际上有关半舍饲肉鸡的研究很有限，有学者比较了地面平养在有或无户外运动场的情况下对肉鸡生产性能及产肉率的影响，发现有无运动场对肉鸡的生长及产肉没有显著影响。对于散养或半舍饲饲养，需要特别注意的是：由于能够与外界环境接触，增加了肉鸡感染疾病的概率。而舍内饲养的争论

图 6-4　商品肉鸡放养

（雷秋霞摄，2011）

主要集中在笼养、网上平养与地面平养的比较。

研究认为，厚垫料平养导致鸡舍空气中氨气浓度和可吸入颗粒物较高，而且鸡与粪便直接接触，易发生球虫病，空肠弯曲杆菌病发生率高（Willis，2002）。因此，更多公司开始转向网上平养和笼养效果的尝试。

Madelin 和 Wathes（1989）比较了网上平养和厚垫料地面平养鸡舍内的环境卫生状况，发现地面平养鸡舍内呼吸粉尘浓度和空气中悬浮微生物数量显著高于网上平养鸡舍，肺部疾病的发生率提高，并且剖检发现肺部有活微生物的鸡只数目也显著高于网上平养，由此认为网上饲养效果优于厚垫料平养。张双玲等（2012）研究表明，在相同饲养管理和日粮水平下，笼养鸡在笼养过程中增重快，虽然运动空间不足，易引起腿病的发生，但饲料报酬、出栏率、体重等方面均优于其他两种饲养方式。认为笼养和棚架饲养与地面平养相比，能提高肉鸡增重和出栏率，降低料重比（表 6-1）。也有研究表明，肉鸡饲料转化率、死亡率基本不受饲养方式的影响，网上饲养或笼养的胸囊肿率、腿病率高于地面平养。

表 6-1　不同饲养方式对肉鸡生产性能的影响

饲养方式	试验鸡数量（只）	腿病数量（只）	腿病发生率（%）	死亡淘汰数量（只）	出栏率（%）	体重（kg）	料重比
笼养	4 000	33	0.81	208	94.8	2.6±0.2	2.1：1
地面平养	4 000	24	0.60	352	91.2	2.5±0.3	2.3：1
棚架饲养	4 000	30	0.75	228	94.3	2.4±0.3	2.2：1

（2）关注各种饲养模式对肉品质的影响。随着肉类产量的提高，越来越多的消

费者关注肉品质，也有部分爱心人士关注肉鸡的生长环境，甚至有人建议恢复肉鸡散养以满足其生长天性。日本学者研究表明，与笼养比较，平养肉仔鸡和土种肉鸡均有益于鸡肉的色泽、肌纤维的形成；笼养土种肉鸡，肉色的亮度降低，肉仔鸡的体重、腿肉量不受养殖方式的影响。有研究显示，肉鸡在自由散养时，肌肉的粗脂肪率显著降低，这可能是由于运动改变能量代谢和脂肪代谢所致。有反对者认为，散养肉鸡球虫感染率升高，原因可能是散养肉鸡更容易接触各种感染源。

（3）关注动物福利。动物福利者认为，运动行为对于禽类是必需行为。Mench和 Keeling（2001）报道，一般野生的鸡是非常活跃的，一天可移动数千米，散养的蛋鸡每天可以走 2.5km，显著增加的运动行为增加了腿部锻炼的机会，减少了因身体过重对腿部造成的压力，可减少腿部疾病，提高肉鸡的福利水平。也有研究者认为，沙浴行为也是禽类在自然条件下的一种普通行为。提倡散养者认为，探索和觅食行为会被丰富的饲养环境激发出来，多种多样的植物会激发啄、挠、撕咬和收集种子的行为。另外，昆虫、蠕虫和小鼠会激发肉鸡的狩猎和挖掘行为。动物福利主义者据此认为肉鸡应该在大自然中散养。

3. 养殖模式发展特点

自 2001 年 12 月 11 日中国加入世贸组织以来，各领域国际化进程加快，我国肉鸡养殖模式基本与国际接轨。在国外先进经验和技术的帮助下，以及随着机械化水平的迅猛提高，网上平养和笼养的一些技术瓶颈逐渐被打破。自动定时钟联合人工光照设备的使用，减少了自然光照的限制。温控技术的普及，使季节不再成为肉鸡养殖的限制因素。采用温湿度探头，结合风机数量和进风口大小，完全可以自动调控舍内温湿度和光照，为肉鸡提供最佳的生长环境，达到最佳的生产性能。尤其自 20 世纪末，信息技术革命和计算机技术的迅猛发展，让肉鸡工业化养殖全面走向了标准化、规模化、信息化。

肉鸡养殖结合我国的生产现状，形成了独有的特点。首先注重多元结合，寻求最佳方案。比如笼养在国际上多数采用育雏育成一体化，但是我国部分企业根据自身特点，育雏育成笼分开饲养，节省了育雏期的能源，减少了成本。比如同样是平养，部分企业在育雏期利用厚垫料保暖的特性，采取地面平养；到了育成期再转移到网上，利用网上养殖的优点，减少粪便直接污染。其次是因地制宜就地取材。比如部分水稻种植多的地区，采取厚垫料平养方式，以减少成本。而垫料原料缺乏的地区多数采用其他养殖方式。南方温度较高的地区可以不设加温措施，而需要加大降温力度。北方寒冷地区需要加强保暖，而在夏天只需要采取风机通风或者使用水管喷淋降温即可。

（二）肉鸡养殖环境控制发展现状

1. 养殖环境控制的发展历史

国际肉鸡养殖环境控制发展到现在，大体上经历了三个阶段。第一次世界大战前，养鸡生产还未专业化，仅仅作为农民的一项副业。各国养鸡生产大多处于自然环境中散养，光照、温度、湿度大多随天气与季节变化而变化，几乎没有专业化的人工饲养环境控制。第二阶段是第一次世界大战后到第二次世界大战期间，这一时期美国、英国等养鸡业从散养走向专业化，肉鸡养殖业兴盛起来。养殖环境控制得到重视并迅速朝专业化方向发展，光照、通风、温度、湿度、鸡舍有害气体成分及微生物等都可得到很好的人工控制。同时还出现了专业的养殖环境控制设备生产商，例如澳大利亚的 OEC 公司、美国的 Coolair 公司等。第三阶段是在第二次世界大战后，欧美等发达国家的大型一体化养鸡场逐渐将环境控制技术与信息技术相结合，出现了自动控制处理系统，实现了养殖环境的智能化控制。国外在养殖环境控制方面，经过近半个世纪的研究，逐渐形成了一套从养殖场所的环境控制、卫生消毒到粪污处理方法及排放标准，国际卫生组织（OIE）颁布了《国际动物卫生法典》。

20 世纪 80 年代前，我国的肉鸡饲养主要以农户的家庭散养为主，属于粗放饲养，对肉鸡养殖环境的控制意识比较薄弱。随着改革开放和国外技术的引进，开始出现养鸡个体户和专业户，逐渐形成规模化养殖。经过多年的发展，已经形成了适用于南北方不同区域和气候的多种肉鸡饲养工艺模式，以及配套的环境调控技术和设备。随着规模化养殖业的发展，我国于 1998 年颁布《中华人民共和国动物防疫法》、1999年出台了农业行业标准《畜禽场环境质量标准》（NY/T 388—1999），对饲养规模大于 5 000 只以上的鸡场场内空气环境做了详细的规定（表 6-2），对肉鸡饮用水、生态环境（表 6-3）提出了严格的要求，同时也规定了饮用水中的重金属元素的含量、pH及畜禽场空气中有害气体鸡可吸入颗粒、总悬浮颗粒物的含量。《农产品安全质量无公害畜禽产地环境要求》（GB/T 18407.3—2001）和《动物防疫条件审核管理办法》对肉鸡场的场址环境和设施提出具体要求，养殖地要选择在生态环境良好、无或不直接接受工业"三废"及农业、城镇生活、医疗废弃物污染的区域，饲养和加工场地应设有与生产相适应的消毒设施、更衣室、兽医室等，并配备工作所需的仪器设备。一些相关的畜禽产品安全生产全程质量控制细则和一些养殖场卫生防疫管理办法提出采用"全进全出"制，以方便对畜禽舍进行彻底的清洗，减少由于细菌或病毒的遗留所造成的疾病传播；严格限制人员、动物和运输工具的流动，对出入人员和车辆进行消毒是防制交叉感染的关键；对发病和死亡的畜禽，应进行严格的处理，防制疫病扩散；定期进行疾病的检测和日常的消毒工作；大中型化的养殖企业应该建立疾病诊断试验室，以及时了解畜禽疫情动态；对饲养环境质量监测等。

表 6-2　鸡舍空气环境质量标准（mg/m³）（NY/T 388—1999）

项　目	雏鸡舍	成鸡舍
氨气	10	15
硫化氢	2	10
二氧化碳	1 500	1 500
可吸入颗粒物	4	4
总悬浮颗粒物	8	8

表 6-3 鸡舍生态环境质量（NY/T 388—1999）

项 目	雏鸡舍	成鸡舍
温度（℃）	21～27	10～24
湿度（%）	75	75
风速（m/s）	0.5	0.8
照度（lx）	50	30
细菌（个/m³）	25 000	23 000
噪声（dB）	60	80
粪便含水率（%）	65～75	65～75

经过多年的发展和探索，我国肉鸡养殖环境控制技术取得了很大进步，主要从以下几个方面进行了升级改造。

（1）改善鸡舍建设。鸡舍建设技术经历了传统的放养、简易鸡舍、开放式鸡舍和封闭式鸡舍到简易节能鸡舍建设的过程。简易节能技术是具有我国特色的鸡舍建设技术，采用地窗的扫地风和檐口的亭檐效应，有效地保证了开放式鸡舍的夏季通风效果。这种经济节能型鸡舍的研究开发，加速了我国肉鸡产业的发展，使现代肉鸡生产技术快速推广到全国鸡场和农户。

（2）鸡舍场区环境控制技术。传统肉鸡养殖的养殖户院内，没有基本的养殖环境卫生要求设计，没有必要的消毒设施，更没有清洁区和污染区的区分，养殖人员缺乏起码的环境控制和疫病防范能力。而在现代养殖模式条件下，采用的控制措施有：定期消毒；鸡舍各功能区布局要科学合理，净道、污道分开，排水、排污通畅，确保场区环境良好；合理利用粪便；场区周围绿化等。

（3）温度控制。早期的传统饲养模式条件下，控制温度一般采取合理的日光温室结构，通过通风口大小的调节及盖、卷保温帘来调节室温。温室配备保温被或草帘，夜晚盖在塑料膜的表面，当室外气温很低时，在保温被外加盖草帘，必要时可关闭后墙通风窗。白天当室外气温升高时，需将草帘和保温被卷起来，固定在室顶部，中午12 时至下午 2 时可打开后墙及两侧通风窗，降低室内白天温度。经过几十年的发展，在现代养殖模式条件下，低温时，可以加强鸡舍门窗管理；通风口加设风斗，门窗挂帘，堵严墙壁孔洞和缝隙，避免贼风侵袭；安装供暖设备，如设热风炉、水暖炉、电暖器等供暖设备。高温时，可以改进鸡舍的遮阳、通风和隔热设计，安装电风扇、水帘等降温设备以便在需要时及时降温。如湿帘蒸发降温技术，有效地解决了夏季炎热地区进行规模化养鸡的技术难题。

（4）光照控制方面。传统的饲养模式条件下，光照一般采用合理的光照与鸡舍墙面夹角，以及太阳光与塑料薄膜之间的夹角、白天加设遮阴网来调控鸡舍内的光照。而在现代养殖模式条件下，利用计算机技术，可以智能控制鸡舍内光照时间及光照强度，根据鸡只的生长状况进行精确调控。

（5）有害气体控制。传统的饲养模式条件下，一般根据人进入鸡舍的感觉来改变通风换气的时间和次数、清理鸡舍粪便，从而调控鸡舍的空气条件。在现代养殖模式条件下，陆续使用有益微生物制剂拌料饲喂、溶于水饮用或喷洒鸡舍，除臭效果显著。使用过氧化氢、高锰酸钾、硫酸铜、乙酸等药物杀菌消毒，可达到抑制和降低鸡舍内有害气体产生的目的。木炭、活性炭、生石灰等物质均可吸附空气中的有害气体。

（6）湿度控制方面。湿度低时，在热源处放置水盆、挂湿物或往墙上喷水等，以提高湿度。湿度过大时，打开门窗、进排气口，开动风机排出湿气。严格管理舍内用水，垫料平养要经常更换水槽周边的垫料，使其充分吸收水分。虽然湿度控制方法没有改变，但是随着湿度测定方法精确性的提高，湿度控制范围也越来越精确。目前，国家动物营养学重点实验室已建成可进行温度、湿度、光照、风速、氨气、硫化氢、二氧化碳、甲烷等有效控制的环控仓。实现环境控制自动化，使养鸡不受外界环境变化的影响，创造良好的饲养环境，保证鸡舍空气质量是肉鸡养殖生产与环境控制的最佳措施。

（7）通风控制技术。传统的饲养模式条件下，养殖户一般通过调节通风口大小和通风时间来控制通风量，之后，随着人们对通风量的要求越来越严格，逐渐采用大风机及纵向通风技术。畜用低压大流量风机的开发应用，不仅保障了高密度养鸡所需的大量新鲜空气的有效供给，还节约鸡舍耗能 $40\%\sim70\%$。鸡舍纵向通风技术的研究与推广应用，使得鸡舍内的风速更为均匀，减少了舍内的通风死角，达到了有效排除污浊气体、除湿和降温的目的，为鸡群创造了良好的舍内环境条件。

（8）饮水控制技术。饮水技术经历了从人工供水、自动供水到乳头饮水器供水的发展过程。乳头饮水器的研究开发成功，解决了规模化养鸡用水槽饮水所引起的交叉感染问题，减少了用水量与污水排放量，为保持舍内鸡粪干燥和维持舍内良好的空气质量环境起到了重要作用。

（9）饲料与饮水的灭菌技术。对饲料的灭菌消毒一直没有好的技术和设备，当前最有发展潜力的是电介粉体分选消毒技术，其对粉状饲料的灭菌消毒效果甚好。采用无药物残留的消毒药进行饮水灭菌消毒，也可采用酸碱水发生器将饮水电解为酸性水或碱性水供给鸡，这种水与添加化学酸或碱不同，它不会产生额外的化学物质污染。或采用臭氧水发生设备进行消毒，此法不宜用于乳头饮水系统中，在乳头饮水系统中水流速度很低，不适合臭氧的溶入。

2. 养殖环境控制发展的现状分析

近年来，随着肉鸡养殖的快速发展，肉鸡养殖环境控制越来越受到人们的重视。养殖环境控制主要包括鸡舍内、外两部分。舍外环境控制部分主要包括场址布局、鸡舍构造与废弃物处理等；鸡舍内环境控制主要包括通风、光照、饲料、饮水、温度、湿度、有害气体、颗粒物等几个方面的控制。

目前肉鸡养殖环境控制技术主要有以下几种。①离地饲养技术：以笼养和网上平养为主的离地饲养技术，有效解决了鸡与粪便的直接接触问题，大大减少了鸡与病原微生物的感染与传播机会，从工程设施上保障鸡群健康生活所需要的空间环境和卫生防疫条件，为工厂化高密度养鸡创造了基本硬件支撑。②光照调控技术：对光照的控制主要从光照时间、光照度、光照颜色（广谱质量）和光照均匀性几个方面考虑，合理的光照能促进鸡的正常生长发育，加快生长速度。③纵向通风技术：使鸡舍内的风速更为均匀，减少舍内通风死角，达到了有效排除污浊气体、降湿和降温的目的。④湿帘蒸发降温技术：有效地解决了我国夏季炎热地区进行规模化养殖的技术难题。⑤乳头饮水技术：解决了规模化养鸡水槽饮水所引发的交叉感染和减少用水量与污水排放量的问题，为保持舍内鸡粪干燥和维持舍内良好的空气质量环境起到了重要作用。⑥粪污处理技术：通过固体废弃物资源化利用技术和养殖场粪污生物沼气处理技术改善环境。⑦改善肉鸡舍内空气质量技术：主要通过某些微生物制剂降低粪便中氨气的产出。

此外，肉鸡养殖公司采用软件智能控制系统对鸡舍内温度、湿度、有害气体浓度参数进行分析，根据环境参数的变化调节风机的转速和开启数量，确保禽舍环境在设定的参数范围内逐步稳定变化，减少环境变化应激，调节小环境和节约电能。一台终端电脑可调控全场的禽舍，该控制器可与微机联网，通过监控和报警系统监控、调节全场的生产，适用于集约化程度较高、饲养规模较大的养禽场。运用研制的软件控制系统，主要解决了立体养殖高密度情况下鸡舍内环境的控制问题，实现自动化智能控制，保持鸡舍内适宜的养殖环境，以减少疫病的发生，提高成活率和产品质量。但是大多数公司现有的禽舍环境控制器只采集禽舍的温度或湿度参数，不能对禽舍环境的多个参数，如氨气、二氧化碳等有害气体含量进行测量，使计算机只能根据有限的环境参数进行分析和控制。另外，立体养殖为多层高密度养殖模式，上下空间的温差及有害气体产生的速度与常规鸡舍明显不同，导致该控制器不能依据禽舍环境的真实情况进行合理的调节，既不能保证禽舍具有良好的生存环境，也浪费电能。

国际上已将动物育种、营养和饲料、畜禽应激、环境调控技术有机地结合起来进行综合研究。畜禽应激、环境调控技术也从传统的包括通风、喷雾、过滤等技术在内的各种环境控制技术阶段，发展到现在结合动物生理和利用各种物理、生物及化学方式的综合防治技术阶段。最新的研究技术是对畜禽生理指标和行为参数（如体温、呼吸频率和采食量）的变化进行监测，并以此为基础研究开发出决策系统并完善管理措施。美国、荷兰已相继开发出畜禽环境应激预警模型。

随着世界各国的养殖环境控制系统的快速发展，发达国家在实现自动化的基础上，一方面正朝着完全自动化、智能化的方向发展；另一方面正朝着环境控制精细化的方向发展。如不同波长的光照对肉鸡生长的影响，交替光照及光强度对肉鸡生产性能的影响；通风口的设计与风速的关系，不同风速对不同生长阶段肉鸡生长的影响，通风方式与风扇类型的选择等。在巴基斯坦、印度、巴西等发展中国家的肉鸡养殖业处于中小养殖户与龙头企业并存的局面。中小养殖户的环境控制往往比较简陋，处于较低水平。禽舍加温还是使用成本较低的燃煤热风炉，且加热装备主要用于幼禽养殖，较少用于育成鸡的养殖。在降温通风技术方面，大多数中小养殖户为降低养殖成本，放弃装备专业的通风设备，而采用自然通风和降温，或仅仅安装简单的降温装备，如风扇。在光照方面，则采用自然光或是最简单的白炽灯，光照时间或强度处于不可控状态。龙头企业的养殖环境控制则采取了较为先进的控制技术，如集中热水供暖系统、电热地板、纵向通风、水帘通风降温系统，通过控制器和调光器精确控制光照时间和光照强度、采用传感器、控制器等信息技术进行半自动化管理，实现了饲养环境的有效控制。

二、养殖设备与设施发展现状

（一）养殖设施设备的发展历史

我国鸡的养殖历史悠久，但是肉鸡养殖技术在近 30 年才迎来了真正的变革。今天看来，肉鸡养殖已经涵盖了机械、食品、电子、建筑等多种领域。

在 20 世纪 80 年代之前，我国肉鸡主要是一家一户小范围网上平养或散养，油毡纸或瓦片搭成的鸡舍，木制栖架，垫料主要有木刨花、木屑、稻壳、河砂、海砂等，网架一般采用金属或竹木等材料，喂料设备主要是简易的食槽、人工料筒、开食盘等，其中小鸡的开食盘都由塑料盘或硬纸等自制而成。简易饮水器，采取自然通风和光照，温度控制主要设备是白炽灯、生火炉等。养鸡设施设备简陋，无技术可言。80 年代之后，出现简易节能开放式鸡舍，利用地窗进行自然通风等，在很大程度上解决了我国大部分地区鸡舍节能问题，同时为规范化鸡场建设提供了技术基础。到了90 年代，开展了畜禽舍纵向通风、湿帘降温技术，以及对新型畜禽舍的建设进行了创新研究，解决了畜禽舍横向通风的死角和夏季热应激的问题。

21 世纪至今，链式喂料系统技术革新后具有平稳、送料均匀、噪声较低等特点，而且能迅速将饲料输送至每个料盘并保证充足的饲料。既降低了人工喂料的劳动力成本，又避免了人工喂料带来的交叉感染和流动性病毒的传播。料槽采用耐磨防锈的基材制作同时安装限食隔栏，可有效把公鸡与母鸡分开。乳头自动饮水系统采用优质工程塑料制作，内部阀杆采用优质不锈钢制作，双层密封结构，可以上下与水平 360°活动。畜禽舍控制系统通过对通风设备、采暖设备和降温设备的管理实现对畜舍环境的有效控制。牵引式清粪机体积小、质量小、操作方便。牵引绳采用防水、防潮、耐高温、耐磨的 PP 材料。有的企业进行散养，养鸡场的面积增大，扩大了鸡的活动范围。

欧盟经济发达国家在 20 世纪 50 年代，由传统的农村副业养鸡转向运用现代科学技术和现代工业经济管理的方法进行养殖。在 70、80 年代，出现了有隔热效果的鸡舍，随后通风设备技术也开始受到重视。90 年代后，发达国家开始规模化集约化饲养，设施设备也开始向自动化发展。发达国家尤其是欧洲国家，十分重视动物福利，肉鸡主要采用垫料平养。先进的智能化管理系统和自动化极高的设备技术，自动进料系统、饮水系统、通风系统、加热系统及自动控制，通过系统性的设计，极大地改善了鸡群的生长环境，保证了足够的存活率并降低了劳动者的强度。

（二）养殖设施设备发展的现状分析

目前，我国肉鸡养殖发展势头良好，主要以提高动物福利和畜产品品质为目标，研究开发和推广应用畜禽的舍饲散养新技术体系和配套设备设施技术。自动喂料系统、环境控制系统和福利化养殖技术等方面在实际的应用中反响良好（图 6-5）。例如新型现代气雾降温系统，该系统以气体作为动力，会促进喷雾时空气的流动，可以改善环境，避免水帘降温效果前后不均的现象。两级雾化系统，喷雾颗粒的均匀性好，极细微的水雾能够快速蒸发，避免湿地现象。此系统除了可有效降温、空气加湿外，还可带鸡消毒和进行药物防治，并可高效除尘。大型企业的设施设备技术逐步向标准化自动化成套化迈进，养殖工艺也在不断改善中。一些设施设备厂家与这些大型企业

图 6-5　鸡舍设备示意图

1. 灯光　2. 纵向风机组　3. 侧墙风机　4. 湿帘　5. 料线

6. 加热器　7. 幕帘　8. 通风小窗　9. 报警

（青岛大牧人机械有限公司提供）

建立合作关系，售后的维修和维护管理方面有一定的保障。

1. 在饲养设施设备方面（图 6-6）

规模化养鸡厂中大都采用自动饮水系统，阶梯式的上阀杆可以形成由小到大逐渐可变的出水量，轻轻触动即可出水，满足了不同鸡只的饮水需求；平养自动料线系统通过螺旋弹簧绞龙旋转送料，包括主料线和副料线。利用感应器和传感器控制送料，大大降低了劳动强度；新型畜舍地板和支架，新式增强结构及全面强化改性塑料，使地板耐老化、抗腐蚀、易于清洗。合理的漏粪孔，可防止鸡脚受伤。地面支架采用PVC 材料，方便将支梁与地板相连。

图 6-6　舍内养殖设备

（萨仁娜摄，2013）

2. 环控设备设施方面（图 6-7）

大型养鸡企业普遍使用的 AC2000 系统，通风换气时，根据鸡舍温度、通风量等环境条件变化，横向和纵向通风可以自动转换。鸡舍内装有报警系统，具备高温、低温、停电报警功能，大大增加了生产安全性，提高了我国肉鸡养殖业的整体水平，确

图 6-7　鸡舍通风与湿帘设备

（萨仁娜摄，2013 年）

保了肉鸡产业平稳健康的持续发展。节能环保的湿帘蒸发降温系统，在造纸原材料中添加特殊的化学成分、特殊的后期工艺处理，因而具有耐腐蚀、强度高、使用寿命长等优点；设计上具有一定角度的波纹状纤维结构，可为空气和水的热交换提供足够大的表面积，净化外部空气。清粪系统是采用传送带装置，刮粪板全部热镀锌，加入抗老化剂，具有防晒、寒、酸碱、耐磨的特点。

表 6-4　水帘降温与常规鸡舍夏季鸡舍温度的对比

时间	舍外温度（℃）	鸡舍类型	
		水帘降温 舍内最高温度（℃）	无水帘降温 舍内最低温度（℃）
6：00	32.2	26.2	32.1
8：00	35.1	27.6	33.2
10：00	37.3	28.3	36.2
12：00	38.4	29.3	37.5
14：00	37.6	30.6	35.5
16：00	36.8	28.3	35.2
18：00	33.3	26.4	33.6
20：00	32.5	26.3	31.2
平均	35.4	27.9	34.3

数据来源：尤玉双（2004），鸡舍环境控制对生产性能影响的研究。

3. 生产管理设施设备方面

计算机监控及短信报警是一项可远程监控的系统。该系统可以实时监控畜舍环控器的参数，实时掌握畜舍设备运行情况，自动完成历史数据的存储、统计。实现远程自动控制、自动管理，环控器自动报警、计算机终端报警。这些设施设备体现了我国科技的进步和发展。

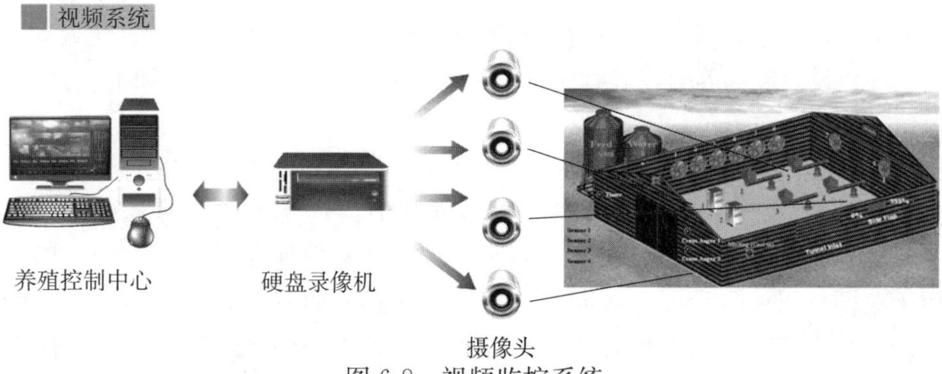

图 6-8　视频监控系统
（青岛大牧人机械有限公司提供）

近十多年来，欧美国家开展了饲养密度、饮水器、垫料及栖架等使用对肉鸡生产影响的研究。1938 年大荷兰人公司在美国发明了第一套自动家禽饲喂系统。50—60 年代开始出现简单的开放式鸡舍、料槽、饮水器等，自动化设施设备初见雏形。70—80 年代设施设备逐步规模化、集约化，半封闭鸡舍、全封闭鸡舍、湿帘、风机等开始登上历史舞台。90 年代后，发达国家尤其是欧洲国家开展了饮水器、垫料及栖架等使用对肉鸡生产影响的研究，近年来又开始关注粪便干燥和联合通风等设备。2012 年 7 月 16 日，法国农业办公室出台了家禽养殖业补助标准和办法以促进养鸡业发展，补助政策包括对其阳台、鸡舍和栖架等设施进行扩建。

发达国家提出的纵向通风技术为鸡舍通风换气提供了有效措施，针对预防肉鸡高温热应激而研发的栖架降温、细雾蒸发降温，以及肉鸡的体表喷淋降温等不同技术，为肉鸡在高温条件下的正常生产提供了技术支持。随着科技的发展，目前美国等发达国家使用电脑程序来对房舍气候和生产数据进行处理和操作，通过分析生产结果来进行饲喂、供水和光照设置，并将这些设置自动复制到其他处于同一生产模式的房舍中去。这种程序软件使用简明易懂的符号，可以图表化快速了解数据概况，还有详细的报警历史记录分析。这些先进的设施设备技术是不断提高家禽生产潜力，节约成本，从而持续高效生产的前提。

三、废弃物处理发展现状

（一）废弃物处理与节能减排的发展历史

我国传统的肉鸡养殖是农村千家万户的散养模式，鸡粪的处理方法是直接还田。20 世纪 80 年代初开始研究开发鸡粪的饲料化技术，最初是将晒干的鸡粪用作鱼饲料和猪饲料。随着规模化养殖业的发展，环境污染加剧，国家相继出台了畜禽养殖污染防治管理办法（2001）、畜禽养殖业污染防治技术规范（2002）、畜禽养殖业污染物排放国家标准（2003）、清洁生产促进法（2003）、固体废物污染环境防治法（2005）、水污染防治法（2008）等一系列法律法规和国家、行业标准。在加强畜牧小区建设和鼓励肉鸡生态化养殖的同时，积极推进养殖废弃物的减量化排放、无害化处理和资源化利用工程建设。肉鸡养殖废弃物肥料化还田和能源化利用模式得到了较好的发展，肉鸡养殖污染防治取得了一定成效。

传统的散养肉鸡方式决定了养殖废弃物是含粪尿、垫料和土壤的混合物，其处理方式是简单的沤肥法（厌氧堆肥）。厌氧堆肥是将鸡粪和秸秆等其他动、植物废弃物一起堆置，表面用塑料膜或泥浆密封严实，经发酵处理一段时间后，用于还田或者用于菜园、果园、桑园和茶园施肥等，该法还一直沿用至今。到了 20 世纪 80 年代，规模化肉鸡养殖的发展，网上平养和笼养模式得到了纯鸡粪，开始研发鸡粪的饲料化技术。通过自然干燥或结合通风干燥、热喷膨化、高温高压真空干燥等方法，消毒灭菌、干燥、粉碎、除臭后得到鸡粪再生饲料。由于禽流感的传播风险和对动物性食品安全的担忧，现今我国不鼓励使用鸡粪再生饲料。随着养殖污染和化肥污染的加剧及精耕高效种植业的需求，我国相继出台了畜禽养殖污染防治相关的系列法律法规和国家、行业标准，推动了养殖废弃物无害化处理、资源化和能源化利用技术的研究与开发，促使了有机粪肥产业的发展和应用，并加快了能源化利用示范进程。

自第二次世界大战结束后，在科技革命的推动下，先期工业化的欧洲、美国、日本等发达国家开始发展集约化、规模化的肉鸡养殖模式。由于缺乏较理想的、能被养殖场普遍接受的粪便及污水处理方法，规模化养殖企业越来越被视为引起水、空气污染和人类疾病的污染源。公众对养殖业污染的关注，迫使这些国家形成越来越严格的涉及畜牧业的环保法规。例如，美国农业部和环保局在联邦和各州有关畜牧业环保法规基础上，于1998年9月联合制定了"关于畜牧业环境保护国家对策草案"，进一步制定了粪污处理利用的长短期行动计划，如"清洁水行动计划"（CWA）"清洁空气行动计划"（CAA）"沿海区域环境管理行动计划"（CZMA）"综合环境反应、赔偿和义务计划"（CERCLA）等；1999年，日本政府新出台了农业环境三法，又于2004年出台了"家畜排泄物管理规划及促进循环利用法"；在1993年欧盟成立后，欧盟政策措施中的一个重点，就是出台并实施了共同农业政策（CAP）和良好农业规范（GAP），在养殖废弃物的管理上，制定了一系列政策法规、管理规定、生态补偿标准等，将与养殖业挂钩的每个环节有机地联系在一起。总之，欧美和日本等发达国家主要依据强制性与自愿性两种原则，以完整详细的政策措施、法律法规、管理标准、补偿计划为基准，辅以简单、高效且低成本的堆肥化等技术手段与强有力的教育手段，形成了粪肥还田等较好的生态补偿机制，促使了规模化肉鸡养殖业废弃物的综合循环利用与节能减排的发展。

国外对鸡粪的开发研究始于20世纪40年代初，到60年代中后期，欧美、日本等发达国家已解决了鸡粪的干燥难题，并成功地将干鸡粪用于牛、猪、鱼和绵羊的饲料中，取得了较好的效果，美国为此还制定了相应的鸡粪饲料标准；与此同时，随着堆肥技术的进步和发展，用鸡粪生产有机肥还田技术作为低成本而有效的无害化处理和资源化利用方式，获得了国际的普遍认可和广泛的推广应用。20世纪90年代以来，由于鸡粪再生饲料的安全性和肥料化施用的局限性，加上石化能源的紧缺趋势加剧，世界各国纷纷开始研究和开发畜禽粪便等农业废弃物的生物质能源化技术。其中，沼气处理利用和直接燃烧发电是目前肉鸡养殖废弃物走向能源化最为成功的市场化技术。

（二）废弃物处理与节能减排发展的现状分析

我国肉鸡养殖粪尿污染物的数量，由于计算方法的不同，各种媒体报道的数据也不尽一致。根据2010年度我国肉鸡产业结构的调研结果，全国肉鸡年出栏量107亿只，其中黄羽肉鸡37亿只和白羽肉鸡70亿只左右。按照每只鸡全期平均耗料5kg，饲料转化效率白羽肉鸡2.0∶1和黄羽肉鸡2.5∶1计算，肉鸡养殖排放的粪尿有机物

（以干物质计）实际总量在 3 425 万 t 左右。依据养殖模式的不同，肉鸡笼养和网上平养排泄粪尿混合物；垫料平养则形成粪尿及垫料混合物。

目前，我国肉鸡养殖粪尿排泄物及垫料混合物的主要处理方式：直接出售用于种植业；鸡粪直接或发酵后用于养殖业；鸡粪发酵产沼气供热和发电；直接循环燃烧发电；堆肥发酵生产有机肥；鸡粪干湿分离，多级沉淀，氧化塘处理后用于种植业。其中，堆肥发酵生产有机肥方式，又分为静态堆肥和动态堆肥两种类型。根据调研资料分析，我国肉鸡养殖粪尿排泄物及垫料混合物处理，绝大多数采用好氧堆肥工艺生产有机肥产品，其技术质量指标依据有机肥料行业标准（NY 525—2002）（表 6-5）。

表 6-5　有机肥技术指标

项　　目	指标
有机质含量（以干基计）/（%）≥	30
总养分（氮＋五氧化二磷＋氧化钾）含量（以干基计）/（%）≥	4.0
水分（游离水）含量/（%）≤	20
酸碱度	5.5～8.0
总镉（以干基，Cd 计）/ mg/kg，≤	3
总汞（以干基，Hg 计）/ mg/kg，≤	5
总铅（以干基，Pb 计）/ mg/kg，≤	100
总铬（以干基，Cr 计）/ mg/kg，≤	300
总砷（以干基，As 计）/ mg/kg，≤	30
蛔虫卵死亡率（以干基计）/%	95～100
大肠菌值（以干基计）	10^{-1}～10^{-2}

好氧堆肥技术主要包括条垛式堆肥、强制通风静态堆肥、仓式堆肥及槽式堆肥等多种工艺。①条垛堆肥的最大优点在于设备投资低，简便易行，操作简单；缺点是堆垛占地面积相对较大，堆垛发酵和腐熟较慢，堆肥周期长。②强制通风静态堆肥的优点是占地面积较小，系统中供氧充足，使堆肥系统的处理能力增加，堆肥发酵时间一般为 4 周；缺点是运行费用较条垛堆肥高，为了使堆料发酵均匀，堆料每周需要重新混合一次。③仓式堆肥通常使用强制通风，其通风系统组成与强制通风静态堆肥相同，因而该技术需要购置发酵仓和通风系统，投资费用高。尽管如此，该技术仍然具有较多的优点：堆肥在封闭的容器内进行，没有臭气污染；能很好控制堆肥发酵过程，发酵过程在 2～3 周内完成；堆肥发酵仓可自由运输，有利于分散粪便的集中处理。④槽式堆肥的供氧依靠搅拌机完成，搅拌机沿槽的纵轴移行，在移行过程中搅拌堆料，通常在大棚内进行，堆料发酵时间 3～5 周。由于该技术要购置搅拌机，且搅拌机的功率较大，因而该技术系统的投资成本和运行费用均较强制通风静态堆肥高。

　　干燥处理也是鸡粪常见的处理方式，主要包括自然干燥和机械干燥两种。自然干燥是将鸡粪摊铺在空屋内，采用手工或机械对粪垛定期进行翻动，利用太阳能、风能等自然能源对鸡粪进行干燥。机械干燥是使用专门的干燥机械，通过加温使鸡粪在较短时间内干燥的方法。该方法具有处理速度快、处理量大、消毒灭菌和除臭效果好等特点。鸡粪干燥后，经粉碎、过筛后制成有机肥。

　　目前世界上包括发达国家在内，肉鸡养殖业产生的鸡粪废弃物98%以上均是通过肥料化处理后还田利用，极小部分仅实现了能源化利用。能源化利用最典型的代表是德国的沼气生产技术，无论在设备设施、技术工艺，还是效率效益方面，均走在世界的最前列。其次，鸡粪的能源化利用方式是直接燃烧发电技术。同比其他动物，鸡粪能值相对较高，又为固体或者半固体粪便，适于直接燃烧发电。直接燃烧技术设备较为简单且有效。1992年开始，英国Fibrowatt公司就用鸡粪作燃料发电，现已得到了规模化成功运行。2007年，Fibrowatt公司还在美国明尼苏达州投资兴建了第一个家禽废弃物处理发电厂（Fibrominn），设计能力为55 MW，年燃烧处理家禽废弃物50万t。

　　我国也积极推进肉鸡粪便能源化利用示范工程建设，现已成功运行直接燃烧发电厂1座和沼气处理发电厂2座。福建圣龙发展股份有限公司与武汉凯迪控股投资有限公司共同投资2.4亿元兴建的福建省凯圣生物质发电有限公司，以肉鸡粪和谷壳垫料混合物为燃料，采用高效循环流化床技术燃烧发电，灰渣用于生产有机肥和复合肥。山东民和牧业和安徽五星集团投资建设了粪污处理大型沼气发电工程，除了并网发电和沼气压缩灌装，同时还开发沼液浓缩生产有机肥产品，做到综合利用。

　　鸡粪除了直接燃烧外，热化学转换技术还包括热裂解、液化和气化技术。热裂解是将废弃物在完全没有氧或缺氧的条件下裂解，最终生成生物油、木炭和可燃气体的过程，目前集中研究的主要是低温慢速热裂解和中温快速热裂解两种方式。其中，低温慢速热裂解主要为制取活性炭产品；中温快速热裂解产物以生物油为主。液化是将废弃物转换成液体燃料的热化学过程，由于产物是易于运输且能量密度高的液体，具有很大的发展潜力。气化是指废弃物转化为气体燃料的热化学过程。与植物类生物质相比，目前鸡粪的热化学转换研究大多还处于试验研究阶段。

　　肉鸡养殖业病死鸡的处理主要包括焚烧、深埋、化尸（窖）、堆肥、高温高压化制、生物降解等六种方式（图6-9至图6-14）。视生产规模大小，病死鸡的处理方式不尽相同。大规模肉鸡一条龙企业，主要实施的是堆肥、高温高压化制、生物降解或者化制后生产降解生产有机肥的处理方式；中小规模肉鸡养殖企业多采用焚烧、深埋、化尸（窖）的处理方式。有些地方政府投资建设了大型焚化炉，这有利于实施包括病死动物在内的绝大多数废弃物的统一收集和集中处理。

　　肉鸡养殖污水主要来自冲洗鸡舍、刷洗水槽和食槽的废水，一般采用物理处理法、化学处理法和生物处理法等，常用的有农田利用、人工好氧处理、人工湿地和膜生物反应器等处理技术。农田利用是最为经济适用的污水利用方法，通常要求养殖场

图 6-9　病死鸡节能环保焚烧处理方法及深埋处理方法
（占秀安摄，中国新闻网）

图 6-10　病死鸡堆肥处理方法
（山东益生种畜禽业股份有限公司提供）

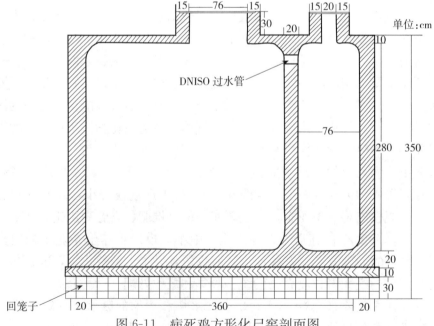

图 6-11　病死鸡方形化尸窖剖面图
（浙江省海盐县畜牧兽医局提供）

图 6-12　病死鸡尸腐处理方法（砖混结构化尸窖）
（浙江省海盐县畜牧兽医局提供）

图 6-13　病死鸡高温高压化制法
（占秀安摄自青岛九联集团股份有限公司）

图 6-14　病死鸡高温高压化制法
（山东民和牧业股份有限公司提供）

周围具有较大的农田面积，因而该技术适合于城市远郊区或农村地区。人工好氧处理主要依赖好氧菌和兼性厌氧菌的生化作用净化养殖污水，常用的有序批式活性污泥法，又称SBR法，是活性污泥法的一种。采用间歇式运行方式，在一个构筑物中反复交替进行缺氧发酵和曝气反应，并完成污泥沉淀作用。SBR法既能去除有机物，又能去除氮和磷，具有工艺流程简单、投资和运行费用相对较低、占地少、管理方便、出水水质好等特点。由于养殖污水中有机物含量高，在实际应用中多采用厌氧与SBR相结合的工艺。人工湿地是专门设计用来处理污水的土地复合系统，由填料床及在其上种植的特定湿地植物组成，通过填料基质、植物和微生物的沉淀、吸附、阻隔、微生物同化分解、硝化、反硝化以及植物吸收等协同作用，去除污水中的悬浮物、有机物、氮、磷和重金属等。膜生物反应器是利用膜材料的透过性能及其附着的微生物对厌氧处理出水中的颗粒、胶体、分子或离子进行分离和降解，实现污水净化，是目前处理出水等级最高的污水处理方法。

四、生产过程控制与养殖福利发展现状

（一）生产过程控制发展现状分析

养殖过程是一个系统工程，涉及场址、饲料及饲料添加剂、饮水、药品、疫苗的使用及管理、环境控制等诸多方面。因此发达国家对肉鸡生产过程控制技术进行了广泛的研究，并从生产系统中单一因素控制研究逐渐发展到系统控制的研究。在肉鸡生产过程控制领域，国际上已形成了全程质量控制的技术体系，涉及跟踪追溯技术、在线污染检测技术、微生物预报技术、鸡舍环境远程控制技术、智能化分级技术、危害分析关键控制点体系（HACCP）技术、良好农业规范（GAP）等应用广泛的技术。其中危害分析关键控制点体系（HACCP）技术、良好农业规范（GAP）、跟踪追溯技术、鸡舍环境远程控制技术在肉鸡生产中应用较为广泛。

HACCP体系起源于美国，1960年，美国太空食品生产与研究在太空食品安全研究中首先提出危害分析与关键控制点理论，1971年Pillsbury公司第一次在美国食品保护会议上公开提出了HACCP原理，即被美国食品与药物管理局（FDA）接受，并将该概念公布于众，此后在美国逐步推广应用。HACCP系统目前已被世界上越来越多的国家所认可，联合国组织（FAO/WHO）食品法典委员会还正式颁布"HACCP体系及其应用准则"指南，HACCP概念已成为生产安全食品的国际通则。HACCP管理是对生产全过程实行的事前、预防性控制体系，其基本原理包括危害分析和确定预防性措施、确定与饲料和食品生产各阶段有关的潜在危害性、制订控制危害的预防性措施、确定关键控制点、建立关键限值、建立监控程序、确立纠正措施、建立有效档案记录保存体系、建立验证程序确保HACCP管理体系正确运行。HACCP作为一个评估危害源、建立相应的控制体系的工具，它强调的是各个环节的全面参与和采取预防性措施，避免危害或使其减少到可接受的程度。实施

HACCP 管理体系可以使养殖者在肉鸡生产过程中有标准可依、实施过程控制与福利标准有参考依据，有关键控制点和实时监控体系，并有及时的纠偏措施，有利于规范生产者的肉鸡养殖行为。HACCP 体系目前在家禽业中多用于肉鸡屠宰加工企业，养殖企业应用还较少。近几年，我国已逐步开展 HACCP 管理体系在家禽生产中的应用研究，但在畜禽养殖过程建立 HACCP 体系的企业几乎是空白。

GAP 体系起源于欧洲，是 1997 年欧洲零售商农产品工作组（EUREP）在零售商的倡导下提出的。2001 年 EUREP 秘书处首次将 EUREPGAP 标准对外公开发布。EUREPGAP 标准主要针对初级农产品生产的种植业和养殖业，分别制定和执行各自的操作规范，鼓励减少农用化学品和药品的使用，关注动物福利，环境保护，工人的健康、安全和福利，保证初级农产品生产安全的一套规范体系。GAP 已经成为现代农业管理发展的方向，FAO 已发布良好农业规范制定和实施指南，但各国良好农业规范相关内容并不一致；EUREPGAP 标准（欧盟标准）符合 FAO 要求，且较为完善和成熟。

跟踪追溯技术起源于欧洲，自 20 世纪 90 年代"疯牛病"暴发以来，发达国家开始着手建立一套行之有效的质量安全控制系统。欧盟在 2000 年的《食品安全白皮书》明确了建立"从农田到餐桌"食品安全控制计划，把可追溯体系作为控制食品安全的主要技术手段，成为最早应用农产品质量可追溯系统的地区。随后，欧盟、美国、日本、巴西等国家纷纷建立食品质量可追溯系统，内容涵盖所有农产品。我国各地区、各部门开展了一系列食品可追溯试点示范工作，在畜禽追溯领域也研发了许多比较成熟的可追溯系统，如"安全猪肉全程可追溯系统""牛肉质量安全可追溯网络化系统""肉鸡安全生产质量监控可追溯系统"等。这些可追溯系统涵盖电子秤、条码技术、射频识别（RFID）卡、激光蚀刻技术与无线分频技术等，与硬件连接紧密；有的具有短信查询平台、触摸屏查询，较为完善。欧盟、日本、美国等发达国家和地区，对动物及其产品强制进行标识和信息跟踪，并把畜产品实现可追溯性作为产品进入市场销售的必要条件。我国肉鸡质量追溯系统建设以大中型企业为主，实现了信息化系统管理，在建设肉鸡质量追溯信息系统的过程中，增强了对生产流程的管控。由此可见，实现肉鸡全产业链的质量跟踪与可追溯，不仅是质量安全监管的重要手段，更可以大大促进肉鸡产业链管理水平，提升企业的综合竞争力。

集约化、工业化肉鸡养殖模式发展所带来的鸡舍面积大、环境控制难的问题一直困扰着肉鸡养殖企业。随着远程控制技术、传感技术及电脑控制技术的发展与普及，国外公司利用三种技术集成运用于鸡舍环境控制，逐渐形成了鸡舍环境远程控制技术。鸡舍环境远程控制技术基于远程控制和报警系统，实现生产的安全性和环境的良好控制。通过传感器与电脑连接，自动控制鸡舍内温度、湿度、风速、风向、光照、气体成分等环境因子，有效地改善鸡舍内的温热环境和空气质量，提高肉鸡生产性能，减少环境应激造成的损失。目前国内大型肉鸡养殖企业也在运用这项技术对鸡舍环境进行自动控制。

我国的肉鸡生产过程控制是伴随着健康养殖概念发展起来的。健康养殖着眼于养殖生产过程的整体性（整个养殖行业）、系统性（养殖系统的所有组成部分）和生态性（环境的可持续发展），关注动物健康、环境健康、人类健康和产业链健康，确保生产系统内外物质和能量流动的良性循环、养殖对象的正常生长，以及产出的产品优质、安全。健康养殖的概念涵盖了肉鸡生产过程控制的全部内容。目前研究中最关注的部分还是鸡舍环境控制、饲养方式对肉鸡生产的影响。系统控制研究领域中应用了跟踪追溯技术、鸡舍环境远程控制技术、危害分析关键控制点体系（HACCP）技术、良好农业规范（GAP）等应用广泛的技术。

我国肉鸡质量追溯系统建设以大中型企业为主，实现了信息化系统管理，在建设肉鸡质量追溯信息系统的过程中，增强了对生产流程的管控。由此可见，实现肉鸡全产业链的质量跟踪与可追溯，不仅是质量安全监管的重要手段，更可以大大促进肉鸡产业链管理水平，提升企业的综合竞争力。

（二）养殖福利发展现状分析

从动物福利的概念提出至今，已经历了200多年的发展。随着科学的发展和人们保护动物认知程度的提高，动物福利已经被人们所接受和认可，欧美等发达国家已经具备比较系统、全面的动物福利法律体系，并且在不断完善和提高，相关国际组织也正在积极参与，有的还将动物福利写入法典之中，在饲养、经营动物及生产、经营动物产品中考虑动物福利问题已成必然趋势。动物福利法最早起源于英国，1822年查理德·马丁提出的"反对虐待及不恰当地对待牛的行为"法案即《马丁法案》，最终在英国获得通过。这是动物福利迎来的第一线曙光，成为动物保护运动史上的一座里程碑。以此为契机，各国先后在动物福利领域展开了立法探索。自1980年以来，欧盟、美国、加拿大和澳大利亚等国家都相继推行了动物福利的立法，世界贸易组织的规则中也有明确的动物福利条款。在欧洲，主要有欧洲委员会和欧盟两个组织主管动物福利立法。在已通过的公约中，包括由欧洲委员会通过的覆盖所有家养动物的立法（1976）和欧盟通过的相类似的规范（98/58/CE，1998）；这些规范适用于所有的家畜和家禽。

动物福利学也已经从动物行为学或畜牧兽医学中分离出来，成为独立的学科。评价动物福利的方法已不是只凭感觉或直觉，而是建立在科学方法的基础上。1986年英国剑桥大学兽医学院设立了动物福利学教授席位，1990年爱丁堡大学开设应用动物行为学和动物福利的硕士课程。1991年学术期刊《动物福利》创刊，以及1995年英国为执业兽医师首次开设动物福利学、伦理学和法学等研究生课程，具有重要的里程碑意义。动物福利的科学研究应用多学科方法，阐明其中的基本原理和机制，力图从动物的角度评价他们的福利问题。动物福利学在为改善许多动物的生活质量中将起到越来越大的作用，但本身却不能解决有关人和动物关系的许多伦理学上的两难困境。因此，相应的生命伦理学的研究也在不断地发展。2009 年 5 月 18—22 日，第八届欧洲家禽福利研究会在意大利举行。会议从环境、营养、繁殖、疾病、屠宰及运输等方面，全面探讨了家禽福利问题及其对家禽业发展的影响。

国际动物福利领域对肉鸡福利的关注和研究分布于育种、环境、营养、繁殖、疾病、屠宰及运输等各个方面（表 6-6）。在生产中常用肉鸡行为指标、生理指标、生产力指标、受伤、死亡、胴体特征等作为直观的肉鸡福利指标。目前，肉鸡福利研究通过运用行为学、生理学、免疫学、心理学等学科的研究方法，以及现代育种繁殖技术、养殖设施环境控制技术、动物疾病防治技术、营养与饲料配制技术、工业化生产管理技术等技术全面探讨和改善肉鸡福利问题。

表 6-6 影响肉鸡福利的因素

	影响肉鸡福利的因素
养殖过程	不恰当的饲养方式和高密度饲养
	过高或过低的温度、湿度
	不良的通风
	有害气体浓度
	不恰当的光照时间和强度
	噪声
饲料	大宗原料的农药和废弃物污染问题
	原料重金属超标
	霉菌及霉菌毒素污染
	药物、微量元素等超量添加
疾病	疾病伤害
	预防与治疗用药不合理
运输	抓鸡过程中造成的应激和伤害
	笼具和车辆不专业
	运输过程管理不善
屠宰	待宰时间过长
	挂鸡、电麻、放血过程不规范

我国对动物福利的认识时间较短，意识不强，人民对动物福利的观念淡薄。随着经济的发展，人民群众意识的增加，动物福利的概念逐渐从宠物动物传递到生产动物范围，动物福利研究也逐渐多了起来。国内最初涉及动物福利的研究只是对国外动物福利理念、行动及专业养殖技术的介绍或翻译。在此基础上而后对畜禽福利进行了大量的研究，尤其集中于家禽环境富集材料、福利设备和氨气减排等方面。目前研究范

围也逐渐扩大，环境的高温高湿、饲养密度、饲养方式、光照制度、氨气浓度等对肉鸡福利的影响研究工作逐渐开展起来。到了"十一五"健康养殖项目首次列入国家科技计划，动物福利研究才越来越多地获得国家经费的支持。至此，结合中国畜牧生产实际的福利养殖技术研究向前跨越了一大步，从事动物福利研究的人数也不断增加，一些专业院校也纷纷开设动物福利课程。

第二节　肉鸡生产与环境控制存在问题

一、饲养管理存在问题

（一）养殖模式存在主要问题

尽管当前肉鸡养殖已实现现代化、规模化、标准化，但地面厚垫料平养、网上平养、笼养等主流养殖模式仍有自身的局限，存在一定的问题。

1. 地面厚垫料平养

国际上规模化肉鸡地面平养必须使用垫料，垫料的选择与处理成为厚垫料平养最大的制约因素。首先要考虑垫料的吸水性，以保持鸡舍地面干燥，枯松针、花生壳、木松刨花、稻壳、玉米芯、黏土等都具有不同的吸水性。实际生产中还要考虑垫料的来源和成本，如果垫料可以因地制宜随时利用，运输方便、价格便宜，则可大大节省成本。同时，由于垫料在使用过程中会变得潮湿甚至发霉，所以垫料的处理也成为一个技术瓶颈，适宜的添加、增加更换频率、添加微生物菌群等会减少垫料的使用成本。

垫料湿度会直接影响到舍内的空气湿度，进而影响鸡的生长发育、饲料转化，以及疾病控制等。垫料水分含量高会引起肠炎、黄曲霉病、脚垫发炎和腿病，几种细菌感染症如白痢、大肠杆菌病等也与垫料水分含量高有关。同时，由高水分垫料导致的肠炎，造成肉鸡腹泻，会进一步增加垫料水分含量。当垫料湿度过低时，会因空气过于干燥而使肉鸡的生理机能异常，导致羽毛生长异常，影响肉鸡生长、营养失调及多种疾病的发生。可见，过干或高湿垫料引发的问题将直接或间接地影响到肉鸡的成活率、饲料消耗、体重和饲料转化率。

2. 网上平养

①增加了设备投资。尽管节省了每个批次的垫料费用，但是需要购置网床设备，一次性设备投资较大。②增加了饲养管理成本，由于网上饲养往往要兼顾韧性和牢固程度，需要投料、饮水等日常操作采用自动化，彻底冲洗消毒鸡舍较为困难。③网上饲养对材料的选择提出很高的要求，如果选材过硬，会使肉鸡腿疾和胸部囊肿病的发生率增高；如果选材过软，会影响肉鸡的正常行走，同样造成负面影响。④网架的搭设需要很高的要求，要保证结实耐用，同时要求没有毛刺和漏孔，以防肉鸡损伤。总之，网上平养最大的问题是饲养成本和腿部疾病，适合于规模化标准化水准高、饲养管理技术较高的肉鸡场。

3. 笼养

主要问题是设备投资多，对饲料营养要求高，胸囊肿发生率高，商品合格率相对较低。对笼底材料和结构有较高的要求，近年来由于使用了涂塑或弹性塑料网底而降低了胸囊肿发生率，有利于笼养方式的推广。有研究表明，肉鸡运动量加大会促进肌纤维的发育，使肌纤维直径变得粗大，从而改善鸡肉肉质。同时，运动有助于降低肉鸡应激的易感性。由此得出结论，笼养限制了肉鸡的运动，导致鸡肉品质下降。2008年，澳洲动物保护主义者在悉尼一家肯德基前，把自己关在笼子里，打出了"Chicks Agree：Boycott KFC"的标语，号召人们爱护鸡，抵制肯德基，这也在一定程度上体现了笼养肉鸡遇到的舆论阻力。

（二）肉鸡养殖环境控制存在主要问题

我国肉鸡养殖经过几十年尤其是近十年的快速发展，已经取得了很大的成就，但同发达国家相比，在环境控制方面还有很大的差距。

1. 肉鸡舍设计不合理

目前我国北方商品肉仔鸡80％以上饲养在塑料大棚、农家院落或简易鸡舍，冬不保暖，夏不防暑，空间较小，通气性很差，舍内环境污浊。在这种环境下养鸡，成活率和产品质量无法保障，肉鸡生产性能不能得到充分的发挥。

2. 生物安全意识淡薄

集约化养殖必须有良好的人员管理和集群管理制度，但目前对于国内小规模大群体的养殖方式，防疫意识淡薄，污水、鸡粪和死鸡等废弃物无统一的无害化处理标准，活鸡交易市场管理混乱，使大环境的污染较为严重，容易造成疫病的传播。

3. 肉鸡舍环境控制技术粗放

尤其是现代高产性能的鸡种，对环境变化的适应性很差，如鸡舍的温度变化等超过一定幅度，其高生产性能就不能表现出来。对不同的环境参数进行综合调控，难度就更大。主要原因是长期以来缺少对我国肉鸡环境的基础研究与相关环境数据库的建立。具体表现如下方面：①我国的养鸡设备和通风系统设计，在解决舍内鸡群附近的新鲜空气需求方面考虑较少，需要进一步深入研究解决。②鸡舍光照主要采用长日照方法，虽然这种光照制度的应用可以维持鸡较高的生产性能，但是节能控制方面考虑不足。在光照均匀性方面，同一栋鸡舍，在光照较暗的地方如在安装湿帘的位置、鸡笼的下层，鸡群生产性能不如其他光照充足的地方好。因此，鸡舍的光照均匀性设计和管理有待进一步研究和加强。③空气湿度的控制主要集中在冬季如何排除水汽和除湿上，对于春秋气候干燥季节的湿度控制目前重视不够。有迹象表明，春秋季节鸡舍湿度较小，粉尘浓度普遍升高，从而导致春秋季节是传染病控制的难点。④湿帘安装位置不同对通风的影响不同，在开发环境空气质量优化技术时，没有把湿帘的位置安排情况考虑进去。⑤冬季通风的均匀度方面也是急需解决的问题。⑥在饮水方面，我国主要关注水源状况如水的卫生学指标和供水量上。其他因素如水温、水分子簇结构、水活性因子等对鸡体内代谢、饲料转化、鸡体健康及生产性能等影响的研究还比较少；通过磁化水、电解水等对鸡的应用和消毒方面的案例研究表明，今后饮水调控可能是鸡舍环境控制的潜力所在。⑦肉鸡的药残问题是影响肉品质量的重要因素，应加强禁用药物的管理与使用。⑧噪声控制技术，鸡舍的生产噪声或外界传入的噪声要求控制在85dB以下。对产生噪声较大的车间，应控制噪声源，选用低噪声设备或采取隔声减噪控制措施。

随着国际肉鸡养殖环境控制走向集约化、智能化，对电力等能源的依赖越来越大。一方面随着能源价格的上涨，养殖成本增大，养殖业利润越来越小。养殖企业如果突然断电，就会造成较大损失，虽然自备应急发电设施可以解决这一问题，但同时也会增加设备购置成本。同时对化石能源的依赖，也会增加温室气体的排放。另一方面随着集约化和智能化的发展，设备购置、维护的成本越高，对员工素质的要求也越高。这在一定程度上限制了肉鸡养殖环境控制智能化的进程。此外，集约化的养殖土地利用率虽高，但饲养密度过高不符合动物福利的发展方向。高密度的养殖必然对疫病的防治有极其严格的要求。肉鸡养殖环境控制技术已向智能化方向发展，如舍内温度、空气质量与通风之间的联动控制，但是具体参数还需有丰富养殖经验者设置，且智能化控制系统的可靠性还需提高，所以鸡舍还是需要有经验人员巡视以便随时对参数进行修正。基本的通风、降温技术也需改进。如通风、喷雾降温等通过蒸发降温的技术，只有在空气湿度不是很大的地区，使用效果才能充分体现，但同时会增加鸡舍空气湿度，容易将地面垫料等弄湿，浪费水。同时鸡舍能源利用率的降低、温室气体减排要求的提高，对设备的节能技术就有更高要求。

二、养殖设备设施存在问题

1. 现有设施设备的技术含量有待加强

畜禽舍空气质量（有害气体、粉尘、微生物等）与减排一直是鸡舍内环境质量的主要衡量标准。消除或者削弱肉鸡舍内氨气和粉尘的设备一直处于研制和改进中，但是效果不佳。鸡舍内的有毒气体有硫化氢、一氧化碳、氨气等。硫化氢无色易挥发，具有腐败臭鸡蛋的味道，主要来自微生物在厌氧条件下分解粪便、饲料残渣、垫料中的含硫有机物。硫化氢的毒性很强，鸡舍内硫化氢浓度不应超过$10mg/m^3$，浓度较高时鸡表现为中枢神经系统症状和窒息症状。肉仔鸡在较低浓度硫化氢的长期影响下，会出现体质变弱、生产性能下降等。鸡舍内一氧化碳浓度要求不超过$0.8mg/m^3$。当舍内空气一氧化碳含量达$0.1\%\sim0.2\%$时，即可引起中毒，中毒死亡的鸡血液为鲜红色或樱桃红色，黏膜可见散在的出血点。这些气体中氨气的危害最大。如果氨气的浓度超标，将会引起鸡发生角膜炎、结膜炎、角膜溃疡、失眠等，而且还会破坏呼吸道绒毛、降低抗病能力。此外，氨气还会使鸡生长迟缓、鸡群发育不均匀、产蛋率下降等。长时间处在$20mg/kg$的氨气环境中，鸡只会流泪、厌食和体重减轻；当浓度增至$1\,000mg/kg$

时，3d 内即见流泪、怕光，8d 内角膜变白、表面出现溃疡，引发胸气囊炎和严重的球虫病等。由于厌食的结果，即使低浓度氨气也会导致鸡生长发育不良，性成熟推迟，产蛋量减少和死亡率增多（王米，2006）。目前，大多数的鸡舍还是以物理和化学的方式进行鸡舍空气的净化，应用设施设备效果欠佳，价格也不便宜，因此，如何研制出效果好、价格又适中的新型仪器设备是国际养殖业面临的主要问题。

我国肉鸡养殖设施设备发展的主要问题是生产设备的标准化难以统一，原因可分为以下几点：①不同地区不同规模的鸡场所需设备不同。中国南北方气候地形差异较大，所需设备也有所差异，社会经济条件也不同，所以很难统一，但还是应因地制宜地形成规模化标准化设计，提高自动化水平。②大多数畜牧设备厂家都按自己的水平进行设计。关于养鸡设备生产的科研方面，目前还缺少相关科技项目的支持，不能有效集聚科研院校的研究力量，相关养殖设备生产企业只能根据自身优势和特点以仿制开发个别设备为主。至今仍未能从养殖模式定型研究入手，形成标准化、成套化、系列化的养殖设备产业。③我国还没有将机械化和标准化养殖紧密地结合在一起。目前养殖与机械化的联系不多，大多设备生产厂家没有专门化的养殖技术人员，因此在设计设施设备方面不能从实际情况着手解决问题，导致设计和生产中存在诸多问题。

总结以上问题，究其根本是现有的设施设备的技术含量欠缺，不能满足实际生产的需要，不能解决存在的问题。国外的设施设备及技术水平在实用性和创新方面要高于国内，这在一些设备的细节中就可以发现。想要做出适合实际生产、有所发展的设备，首先要站在养殖人员的角度进行思考，再综合其他方面，细心加责任心再加创新，一个个的难题自然会迎刃而解。

2. 缺少设施设备专业化人才

我国肉鸡设施设备存在的问题还体现在缺少专业化的技术人才。养殖设施设备是机械化与养殖技术的结合，因此要求从业人员具有这两方面的知识，但是目前看来专业人员都很难满足要求。其次畜禽设施设备技术投入低。与发达国家相比，我们的集约化规模化和环境控制程度低，且工程工艺落后，各方投入都不高，导致技术水平上不去。虽然国家已经根据有关政策和农业结构调整的需要，加大对畜禽设施设备的投入，落实支持畜牧业发展的专项资金，对龙头企业进行技改贷款，给予财政贴息，但是还没能从根本上解决问题。

在新型养殖装备技术不断开发和应用过程中，带动了新一轮养殖模式与装备技术的改革发展。欧盟于 2012 年 1 月 1 日全面禁止传统笼养方式。养殖方式的改变必然会影响设施设备技术的发展，因此国际上正在寻求在不影响动物福利的基础上而达到最好效果的设施设备技术。

三、废弃物处理与节能减排发展存在问题

鸡粪预处理后还田是实现资源化利用和生态补偿的良好方式，但是种植业土壤消

纳能力具有局限性。过多施用有机肥，必然造成水体污染及富营养化等问题。尤其是现代肉鸡养殖业，为了降低生产成本和增加养殖效益，大规模化和区域化发展趋势凸显，致使鸡粪无害化处理量增加而周围土地的消纳能力受限，须采取远距离运输、委托其他企业进行预处理和农场主施用粪肥，这势必大大增加了运输成本。此外，鸡粪有机肥的营养水平与某些作物营养需要不相适应，农作物生产的季节性与明显的区位性，也在一定程度上限制了鸡粪有机肥的使用。

肉鸡废弃物堆肥处理技术虽然工艺条件相对简单，但堆肥过程耗时长，需要较大的厂房面积，此外填充料价格较高，影响了生产效率和效益。废弃物沼气处理利用技术工艺条件中，要求适宜的发酵温度，地域区位和季节性气温影响较大，维持恒定的发酵温度和处理后续的沼液、沼渣需要较高的成本；其次是沼气的产率和纯化技术有待提高；再次是沼气贮存困难，必须尽快使用。在热化学转换技术方面，鸡粪的直接燃烧技术设备较简单且已经成熟，主要问题是碱金属在高温下易结渣；粪便低温热解技术主要是制取活性炭产品，多数只是作为其他处理的预处理，中温热解液化技术大多处于机制的研究阶段；粪便超临界液化技术适用于粪便的高含水率的特性，但设备投资大，且技术不成熟，两步法液化也存在同样的问题；气化技术，其设备工艺相对比较简单并在其他生物质上应用广泛，因而具有更好的前景。但粪便的气化研究大多停留在初步研究阶段，需要进一步对设备及运行条件进行优化研究，缺少对温室气体及其他污染物的深入分析，且粪便灰分含量较高，需要对最后焦渣的处理利用进行研究。

依据我国有机肥行业标准（NY 525—2002），2011 年国家肉鸡产业体系岗位专家检测分析了我国不同区域肉鸡产业有机肥产品的质量指标。除了卫生指标和总养分指标外，其他指标合格率为 $60\%\sim80\%$，全部产品所有指标均合格的比例仅为 30%；40% 产品灰分含量达到了 $49\%\sim68\%$，有机质含量仅为 $11\%\sim18\%$；种子发芽率和发芽指数平均值为 73% 和 47%，个别有机肥产品种子发芽指数为 0。此外，各项指标的变异系数较大。由此说明，肉鸡产业有机肥产品质量良莠不齐。调研发现，个别企业由于肉鸡养殖规模较大，鸡粪及垫料废弃物数量巨大，有机肥料厂容量有限，因而采用静态堆肥发酵技术和直接烘干方式。在静态堆肥发酵过程中，堆体由于高温存在自燃现象，同时由于厌氧发酵产生大量有害物质，显著降低了有机肥产品的质量，造成种子发芽率和发芽指数较低。

鸡粪直接循环燃烧和发酵生产沼气发电工程是肉鸡养殖废弃物资源化利用的最好方式，但投资大，适合于大型规模化的肉鸡一条龙企业。但国内大型发电工程实际营运处于亏本状态，国家给予电价补助才略有盈利。国内也建设了一批小型沼气池，主要用于养殖场和周围农户的供热取暖和照明等。存在的主要问题是，夏季取暖需求较小时沼气产量大，冬季取暖需求量大时往往产气量不足；同时也产生了多量的沼渣沼液，容易造成二次污染，处理成本较高。

鸡粪堆肥工艺设备及有机肥质量的标准化体系建设有待进一步加强，如研究建立堆肥腐熟度评价指标及其快速、简便、有效的检测方法等，这有利于推进有机粪肥质量的监督、检验、管理和优质优价有机肥产品的市场化推广应用。

产气率低和运行不稳定是目前沼气处理的主要问题，其次在沼气利用方面，也存在余热回收效率和发电效率低等问题，急需提升沼气工程技术及相关设备设计，以及制造、沼气工程系统各环节的质量控制技术等。

四、生产过程控制与养殖福利存在问题

肉鸡生产过程控制技术体系的建立需要投入大量的资金和设备，有大量新技术和新设备投入使用。养殖企业管理人员和一线员工需要学习和掌握新的信息和技术。因此，大型肉鸡生产和加工企业具有资金和人员的优势，比较容易建立生产控制技术体系；而对中小企业来说，建设压力较大。

HACCP 体系和 GAP 体系的实施面临一系列的问题。首先是企业贯彻 HACCP 和 GAP 的成本问题。如何在不增加现有成本的前提下，实施科学养殖、健康生产，是当前解决问题的核心所在。此外，相关政策的出台、基础研究的开展，以及从业人员素质的提高，都是在畜禽健康养殖环节实施 HACCP 和 GAP 体系必不可少的条件。

国内可追溯系统与国外同等技术相比，缺乏相应的标准体系；缺乏政府管理部门的监管及产品质量第三方的认证，是直接由屠宰加工环节到销售环节，没有冷链储运环节的非全程追溯；缺乏畜禽产品质量安全预警功能，并且消费者对畜禽产品的评价及投诉不能及时反馈给管理部门与生产者。

截至目前，不同的国家、组织、企业制定了多种多样的福利标准，Broom 列出了良好和不良福利水平的主要特征：良好的福利水平是各种正常行为的表达，强烈爱好行为的表现，预示愉悦的生理指标，无伤害，免疫功能正常，生产和繁殖正常；不良福利水平如生命周期缩短，生产和繁殖能力下降，身体损伤，疾病和免疫抑制，表现出应付环境的生理和行为反应，行为异常，恶习显现，正常行为受到抑制，正常生理过程和组织发育受阻，睡眠不实和痛感损伤（顾宪红，2004）。世界动物卫生组织也提出了生物机能标准、情感标准和自然生活标准。但是这些标准的评价指标很不一致。肉鸡福利受育种、环境、营养、繁殖、疾病、屠宰、运输等肉鸡生产各阶段的影响，影响因素多，影响条件复杂，要制定出易执行、能度量、系统化的、以科学数据支撑而非理论推断的，且可以在全球范围内共同遵循的动物福利标准是非常困难的。目前的科学手段和方法还不能完成这一任务，还有一段很长的路要走，还需要进行大量的科学研究，需要全球的科学家提供大量的科学数据，使得动物福利的标准与措施的制定真正建立在坚实的科学基础之上。

我国对动物福利的认识时间较短，意识不强，但随着集约化畜牧业生产方式和工业化生产方式负面影响的突显，越来越多的人已经意识到违背自然规律、盲目追求利润的做法已经影响到了畜牧业的可持续发展。我国农畜产品走向国际市场是必然选

择，但在对外贸易中动物福利已成为一道壁垒。我们需要面对的现实问题是：目前我国的畜牧业相对比较落后，饲养密度仍然比较大，动物的生活条件比较差。在运输环节上，尚不具备在运输工具上安装空调、饮水装置、喷淋装置及通风装置等的能力，运输密度也达不到欧盟的要求；在屠宰环节上，仅有很少的屠宰场能达到欧盟的要求。所以无论在动物的饲养、运输还是屠宰过程中，很多方面都不能按照动物福利国际标准去做。因此随着我国畜牧业从数量型向质量型的转变，我们应树立动物福利的理念，循序渐进地从各个方面、各个角度去创造条件改善动物福利。

在福利养殖技术研究方面，我国还处于起步阶段。目前开展的研究还只是零星和分散的工作，肉鸡福利的影响因素和改善技术的研究工作还不系统。福利指标不完善，福利标准不系统，影响了肉鸡福利技术的开发、推广和应用。重视动物福利问题，既是自然科学发展的必然趋势，也是社会科学发展的必然结果。社会经济基础是家禽福利状况改善的物质保障。同时，如果不能妥善解决家禽福利问题，则将会对中国禽类产品出口、与国际家禽养殖业接轨带来影响，进而影响社会经济的发展。与西方发达国家相比，中国今后在改善家禽福利状况上无疑还有很长的路要走。

第三节 生产与环境控制技术发展趋势

一、饲养管理技术发展趋势

（一）养殖模式技术经验与趋势分析

1. 养殖模式技术经验

（1）各种养殖模式优点总结。多年来，我国肉鸡养殖企业多方尝试，在厚垫料平养、网上平养、笼养等养殖模式上取得了许多成功经验。

厚垫料平养优点：①由于垫料与粪便结合发酵产生热量，可增加室温，对肉用仔鸡抵抗寒冷有益。②垫料中微生物的活动可产生维生素 B_{12}，这是肉用仔鸡不可缺少的营养物质之一。肉用仔鸡活动时扒翻垫料，可从垫料中摄取维生素 B_{12}。③厚垫料饲养方式对鸡舍建筑设备要求不高，可以节约投资，降低成本，适合专业户采用。④鸡群在松软的垫料上活动，腿部疾病和胸部囊肿发生率低，肉用仔鸡上市合格率高。

网上平养优点：肉鸡与粪便不接触，降低了球虫病、白痢和大肠杆菌病的发病机会；饲养密度比垫料平养法稍高；节省了垫料，粪便可以每日清除；鸡粪受污染程度低，可提高鸡粪的利用价值；易于控制鸡舍温度、湿度，便于通风换气，鸡体周围的环境条件均匀一致；取材容易，造价便宜，特别适合缺乏垫料的地区采用；便于实行机械化作业，节省劳动力。

从宏观角度看，肉鸡笼养有如下优点：①节约土地资源。土地资源紧张是肉鸡业发展的刚性制约因素之一，笼养方式单位面积内存栏量是地面厚垫料饲养方式的2～4倍，提高了土地利用率。②节约能源。饲养密度的增加，可以充分利用鸡群自身产热维持鸡舍温度。同时，环境控制所需的能源等利用效率显著提高。③降低劳动强度。该模式便于提升机械化、自动化水平，实现人管设备、设备养鸡、鸡养人，饲养管理人员只需管理设备的正常运行、挑选病死鸡等，劳动效率显著提高。肉鸡笼养数据见表 6-7。

表 6-7 肉鸡立体笼养优点

立体笼养优点	数 据
便于饲养管理，节省人力、物力	人均饲养量由散养 1 500 只增加到 2 500 只，可免去垫料、上水、上料、打扫卫生等诸多不便
便于防疫卫生，减少疾病发生，提高成活率，尤其是对预防通过粪便传染的疾病，如球虫病、鸡白痢、大肠杆菌病等大为有利	药费由原来的 0.56 元/只下降到 0.25 元/只，成活重由 91%上升到 97.8%
减少饲料浪费，降低料重比	料重比由 2.2∶1 降至 1.98∶1
生长速度快，生长周期短，外形美观，残次率低	生长周期由 49d 降到 42d，残次率由原来的 1%降到 0.1%
提高鸡舍饲养密度，增加房舍利用率	同样鸡舍，由原来的 6 500 只增加到 12 000 只
效益比较：同等饲养条件下，单只利润是平养的 1.7 倍	

引自吴巍，1996。

（2）打破行业、地域限制勇于突破。我国肉鸡养殖模式经历了 30 余年的发展，取得了许多宝贵经验。①打破行业限制，多方改进养殖模式和相应的技术。比如，塑料薄膜由于其保温功能，最早被用于种植业，取得了很好的效果，很多农户直接借用这项技术，在当时历史条件下起到了一定积极作用。光照控制技术也是从工业生产中借用过来的，用来自动调节肉鸡光照，使肉鸡发挥最佳生长性能。②积极学习引进技术，笼养应用于蛋（种）鸡保证了鸡蛋的完整和清洁，而国际上应用于肉鸡减少疫病横向传播后，我国也立即引进，并已取得明显成效。比如吉林德大有限责任公司采用层叠式笼养，一栋鸡舍的最大存栏量可达 7 万羽，达到了集约化饲养的高峰，减少了设备折旧率，大大节省了成本。③敢于自我突破，进行新型养殖的尝试。如黄羽肉鸡在我国南方山区采用阶梯式笼养，因为其常年气温偏高，而且人工成本较低，所以部分公司采用此种模式。舍外采用人工卷帘调节温度和加强通风，舍内采用风机湿帘用于夏天降温，配备自动喷雾消毒设备，取得了良好的饲养效果。而河北等地地下鸡舍的出现，更是提供了新的养殖模式变革蓝本。这种方式既能保持冬暖夏凉，又节约了土地，所以在有些塌陷区和窑洞地区很有借鉴意义。

（3）养殖模式本身出现许多新的革新与探索。平养育雏、笼养育成模式：庄志伟等（2006）探索了平养育雏、笼养育成模式（表 6-8 和表 6-9），结果表明：高密度平养集中育雏比全程平养饲养密度增加 50%，育成叠层笼养比全程平养后期饲养密度提高 10%，节约土地 20%；笼养不用垫料，降低成本 0.15 元/只；环境控制好，少用药而降低成本 0.20 元/只；叠层笼养相对减小通风量,节省电费和燃料费 0.20 元/只；

成活率可提高 1.2%；料重比由2.10∶1 降低到2.00∶1，提高经济效益 0.80 元/只，取得了巨大的经济效益；解决了平养鸡后期环境相对较差的问题，值得进一步研究与推广。

表 6-8　笼养和平养育雏效果

饲养方式	批次（次）	饲养量（只）	成活率（%）	体重（g）	料重比	腿病率（%）
笼养	16	1 767 800	97.86	675±15.2	1.46∶1	2.52
平养	16	1 682 800	97.92	658±16.3	1.45∶1	1.4

表 6-9　笼养和平养育成效果

饲养方式	批次（次）	饲养量（只）	成活率（%）	体重（g）	料重比	利润（元/只）
笼养	18	4 167 800	96.37	2550	1.987∶1	1.77
平养	18	3 783 700	95.18	2427	2.103∶1	0.97

山东省农业科学院家禽研究所创造性地把网上平养、阶梯式笼养和发酵养殖技术相结合，建立新型发酵养殖技术。主要要点是在网上平养、阶梯式笼养的自动清粪槽沟内添加发酵垫料，定期机械翻动，促进鸡粪的有氧发酵（图 6-15）。①该模式能够有效降低有害气体释放。垫料中添加益生菌，通过有氧发酵实现鸡粪成分的转化，可减少有害气体排放，改善鸡舍环境质量。②可以减少鸡粪二次污染。本技术实现了鸡粪鸡舍内发酵，可避免鸡粪外运、储存过程中的二次污染和生物安全隐患。③该模式可以增收节支。经过对发酵垫料成分检测，一个肉鸡饲养周期（8周左右），发酵垫料的营养成分就可达到甚至超过有机肥标准，再经过简单堆积发酵可以作为有机肥上市销售。④该模式使生物安全环境得到改善。该模式综合发酵床养殖和网上平养、阶梯式笼养的优点，实现了鸡群与发酵垫料的隔离，可降低鸡粪、垫料污染对鸡群造成的不利影响，提高生物安全水平。⑤该模式能够降低劳动强度。在整个饲养期运用机械翻动垫料，肉鸡出栏后清除垫料，

图 6-15　新型发酵养殖模式

（逯岩摄，2012）

而不用饲养期间清粪,降低了饲养员的劳动强度,提高了劳动效率。

2. 养殖模式趋势分析

1976 年以前,我国鸡的养殖维持在小户散养状态,而且多数以产蛋为目的,尚没有专门的肉鸡概念和相关生产。从 20 世纪 80 年代开始,随着市场经济的发展和人民生活水平的提高,我国逐步引进了国际上较为先进的肉鸡生产方式和生产技术,肉鸡行业异军突起,成为农业产业化经营水平最高、发展最为迅速的行业之一。

第一阶段:启蒙阶段

肉鸡养殖模式从最先的户外散养逐步改进到地面厚垫料平养,多为户外塑料大棚,可以通过放下和卷起侧面塑料调节温度和加强空气流通。到 20 世纪 90 年代,此种技术已经逐步走向成熟,一家一户大棚,大概饲养量可达 1 万只左右。此阶段由于全国肉鸡养殖整体数量较少,较少出现大规模疫病流行,养殖户只需要掌握基础的养殖技术便可获得可观的利润。

第二阶段:发展阶段

进入 20 世纪 90 年代,随着大型公司的崛起,一个饲料公司、一个种鸡场带动周围一批肉鸡养殖场的现象逐步出现,肉鸡饲养成局域化分布,一方面统购统销自发组成完整的产业链,另一方面由于密集发展增加了疫病流行风险。尤其 1997 年香港禽流感的暴发,加剧了人们的恐惧心理。体现在肉鸡养殖方式上,首先是大型鸡场开始进行固定化投资,采用砖瓦或彩钢板封闭建筑,其次是采用网上饲养或笼养以尽量避免鸡群内部的横向传播。密闭鸡舍也逐步出现,结合横向纵向通风设备和温湿度控制设备,网上饲养和立体笼养走向了新的阶段,大大增加了单位土地养殖数量,减少了用工成本。

第三阶段:整合阶段

进入 21 世纪以后,各种工业设备和通信设备逐渐被肉鸡养殖所应用。随着国家人才战略的实施和国家化交流合作,肉鸡养殖竞争空前加大。一部分科技水平较低、产能水平较差的肉鸡养殖户或小型公司逐渐被淘汰。大型公司多数采用产供销一体化,育种、饲养、屠宰、加工各个产业链全由内部进行,达到利润最大化。此阶段各种新型养殖模式逐步出现。比如连栋笼养鸡舍,设计同封闭式鸡舍,内部采用层叠式笼养,多栋鸡舍彼此相连组成连栋鸡舍。相邻鸡舍间共用侧墙,减少鸡舍散热,节约能源,还可节约建筑成本与土地资源;但对通风系统、光照系统等鸡舍环境控制的要求高,必须确保电力供应。

经过综合分析,下一阶段养殖模式必须适应新的变革。

随着机械化程度的提高,肉鸡养殖已经从劳动密集型转向资本和技术密集型,信息技术的迅猛发展已经带动肉鸡养殖模式的重大变革。从国际趋势看,依托设备技术改造改善养殖模式从而降低养殖成本的空间越来越小,这一点从大众消费对品种要求的多样化已经可以看出。而肉品质、风味物质和动物福利将成为研发和转型重点,甚至已经有研究表明,只有满足肉鸡的天性和动物福利,其才能表现出最佳的肉品质风味，从而达到动物福利、公司利润和消费者需求的共赢。

（二）养殖环境控制发展趋势及经验

针对肉鸡养殖环境控制问题，今后我国要加强规模化和标准化，建立行之有效的环境控制标准，研发自动化、系统化的环境控制实施设备。①实现环境控制自动化，保证鸡舍空气环境质量。控制自动化是保证肉鸡舍空气质量的重要措施。鸡舍环境控制就是通过各种方式把鸡舍内的有害气体（如氨气、硫化氢、一氧化碳和粉尘）和多余湿气等排出鸡舍外，把鸡舍外的新鲜空气引进来，使鸡舍内的空气质量达到适合鸡群生长所需的环境标准。②在未来肉鸡养殖行业中，要继续加强信息技术、网络技术等在环境控制方面的应用研究，将人工智能、计算机自动化监控和传统养鸡业相结合，使鸡舍环境控制技术朝着智能化、网络化、分布式、多样化和综合性应用的方向发展，使得整个养殖环境与现代高新技术紧密结合。同时，借鉴国外的先进技术和经验，努力开发新技术，解决我国鸡舍环境控制中存在的问题，如许多鸡场施工质量太差，在布局、排污等方面均不合理，必须进行彻底的改造，将具有先进水平的技术与成果应用于产业化示范，这样才能使我国的肉鸡养殖业建立起安全、高效、优质、健康的生产现代化技术体系。

加强肉鸡环境控制领域的基础研究及现代信息的应用研究开发。目前缺少针对我国特色鸡种的环境生物学基础研究，因此一方面急需加强现代引进种的环境适应性及在我国环境条件下的自身产热、产湿等基础参数的研究测试，加强畜禽环境参数的基础数据库的研究建立；另一方面，迫切需要加强对我国特色鸡种的环境参数研究测试，尤其是对鸡的环境生理、环境行为及环境健康等方面的研究，建立鸡的全程环境识别与环境模型，利用图像技术等尽量减少人员干扰，实现养鸡环境的精准化、高效化。

福利化新型养殖模式的推广：现行的养殖技术模式，是欧美发达国家于20世纪70年代形成的适于工业化生产管理的模式，动物一般是定位饲养，由设备进行自动化管理。由于现代畜禽育种技术的快速发展，畜禽新品种的生产性能较高，抗病能力则不断降低，各种疫病时有发生。近年来，对动物福利的关注越来越强，欧盟国家及美国等还通过相关法律措施进行保障，致使福利化新型养殖模式不断涌现。在新型养殖装备技术方面不断开发和应用，带动了新一轮养殖模式与装备技术的改革创新。这些新的养殖工艺与装备更加符合动物的行为需求，有利于动物健康水平和生产性能的提高，值得我国现代养鸡模式研究开发者借鉴。

环保、节能技术的应用与推广：随着世界能源价格的不断升高和环境污染形势的进一步恶化，规模化养鸡业禽舍环境控制的节能、环保和低二氧化碳排放量问题，日益受到养鸡企业和相关研究人员的关注。规模化养鸡的节能型环境控制技术研究与应用，主要集中在以下三个方面：①提高鸡舍通风系统设备的效率，降低通风环境的运行能耗。②优化鸡舍冬季通风与保温的关系，减少热量损失；通过实施清洁生产等措施，如及时将鸡粪利用舍内空气的余热进行干燥，并运送到舍外，减少舍内的有害气体浓度和水汽量，降低冬季的必要通风换气量，实现节能运行。③充分利用新能源，如德国政府鼓励采用畜禽粪便生产沼气进行发电和并网，政府高价补助性收购畜禽粪便生产沼气发电的上网价格约为 0.16 欧元/(kW·h)，而养殖场自身用电的价格仅 0.08 欧元/(kW·h)。

随着规模化养鸡的快速发展，养鸡业的集约化、工业化程度不断提高，鸡舍小气候环境对鸡的健康和生产性能的影响越来越大。因此，规模化养鸡的环境控制技术要不断跟上现代养鸡生产的需要，适时调整养鸡环境控制的目标和策略，不断研究开发与应用新型的鸡舍环境控制技术与装备，为现代养鸡业的健康安全生产做好保驾护航和技术支撑作用。

鸡舍环境控制始终朝着智能化方向发展，程度也不断提高。美国等发达国家正在开发家禽管理专家系统，在多年积累的丰富专业知识和实践经验基础上开发出满足各种需求的、功能强大的智能控制软件，即专家系统。鸡舍控制系统可以根据专家系统的储备知识，自动决策和选择控制参数，以适合鸡群的生长。将农业专家系统应用于鸡舍的环境控制技术是今后的发展趋势。

肉鸡环境控制技术向集约化、智能化发展的同时，发达国家在注重肉鸡福利的基础上开发出了可替代系统。2012 年，欧盟国家全面禁止肉鸡笼养，目前已经研究开发了几种笼养肉鸡的替代模式（可替代鸡舍系统），并且已经在荷兰、德国等欧盟国家的规模化养鸡场中开始推广应用，已占据市场份额的 10%。这些模式大多以栖架或多层网架替代笼子，鸡只可以在鸡舍内较自由地活动，舍内自动喂料、自动供水、自动环境控制。栖架饲养模式一般还会在鸡舍外两侧设有小规模的室内运动场，在天气较好的情况下，鸡只可以自由进出运动场进行活动。

近年来，肉鸡的有机生产体系快速兴起，养殖环境控制也随之改变以适应这一发展趋势。比如增加了鸡只的自由活动场地，加热器也只在冬季才使用，通风采取自然通风与风扇通风相结合，因此降低了石油和电力等能源消耗的成本。以荷兰的有机生产体系发展经验来看，在有机饲养系统中，肉鸡鸡舍内氨气和粉尘浓度与传统的集约化鸡舍相比都有不同程度的降低。有机养殖同时也带来了土壤的酸化、土壤与水体的富营养化等问题。因此，我们在发展有机肉鸡生产时应注意粪污的处理，避免这些问题，以控制养殖场周围的环境。

二、养殖设施设备技术发展趋势

1. 自动化、标准化、成套化，走适合本地区发展的道路

我国肉鸡养殖设备的未来发展，要逐步减少小规模养殖，规范设施设备，选择适合本地区的饲养模式，建立自动饮水、自动喂料、自动环境控制、自动清粪的系统，使之走向自动化、标准化、成套化。鸡舍的整套核心技术在于控制系统，控制系统是科学技术发展的产物，主要包括喂料系统、通风系统、加热系统等。控制系统将鸡舍

各方面的信息进行整合分析，然后发出指令，使各个系统及时进行调整运行。控制系统还可以根据工作人员输入的相关生产参数和生产程序的编写进行作业，通过自动化实现理想的鸡舍环境。由于是电脑控制，既节省了人工劳动力，又实现了精确的自动养殖。当然，这样的大规模自动化不一定适合所有的养殖企业和农户，但是这一定是未来发展的趋势所在。

2. 结合国家惠农政策，加大对农业设施设备的投入

要在实际生产中总结实际养殖中的经验，在设计设备时考虑周全，避免在应用中出现过去的通病弊端。养殖设施设备要一次性加大投入，基础建设的优劣很大程度上决定了以后饲养的难易和好坏。近年来国家对农业的投资和关注的力度是很大的，在2012年国家出台的惠农政策中指出："加大农业投入和补贴力度。持续加大财政用于"三农"的支出，持续加大国家固定资产投资对农业农村的投入，持续加大农业科技投入，确保增量和比例均有提高。发挥政府在农业科技投入中的主导作用，保证财政农业科技投入增幅明显高于财政经常性收入增幅，逐步提高农业研发投入占农业增加值的比重，建立投入稳定增长的长效机制。按照增加总量、扩大范围、完善机制的要求，继续加大农业补贴强度，新增补贴向主产区、种养大户、农民专业合作社倾斜。""兵欲善其事，必先利其器"，因此各企业和养殖户要在国家政策合理范围内尽最大努力把设施设备摆在重要位置。

3. 多种设备革新促进养殖模式发展

（1）自动喂料系统。能够大大减少劳动力，防止饲料的二次污染，减少饲料浪费。自动喂料系统（图6-16）一般在室外有贮料塔，塔体一般由高质量的镀锌钢板制成，其上部为圆柱形，下部为圆锥形，可根据用户要求配置气动方式填料或绞龙加料装置。贮料塔设计在鸡舍一端或侧面，以配合笼养、平养自动喂料系统。贮料塔结合大型饲料运输车可节省人工和饲料包装费用，减少饲料污染环节。舍内喂料机分为绞龙式喂料机和行车式喂料机。绞龙式喂料机运行平稳，能迅速将饲料送至每个料盘中并保证充足的饲料；自动电控箱配备感应器，大大提高了输料准确性；料盘底部容易开合，清洗方便。行车式喂料机根据料箱的配置不同可分为顶料箱式和跨笼料箱式；根据动力配置不同可

图6-16　链式料槽机
（青岛大牧人机械有限公司提供）

分为牵引式和自走式。顶料箱行车式喂料机设有料桶，当驱动部件工作时，将饲料推送出料箱，沿滑管均匀流放至食槽。跨笼料箱行车式喂料机根据鸡笼形式有不同的配置，当驱动部件运转带动跨笼箱沿鸡笼移动时，饲料便沿锥面下滑落放食槽中。

（2）自动饮水系统。能够保证水源清洁，节省水资源。典型的有吊塔式饮水器，又称自流式饮水器，它的优点是不妨碍鸡的活动，性能可靠，主要用于平养鸡舍。乳头饮水器（图 6-17）近年来已被大多数标准化肉鸡场采用，其可以根据鸡的啄食自动开合，减少水滴的流失，从而避免鸡舍湿度增加。很大程度上解决了交叉感染和减少用水量与污水排放量等问题。

图 6-17 乳头式饮水设备
（青岛大牧人机械有限公司提供）

（3）自动刮粪系统（图 6-18）。能够及时改善鸡舍内空气环境，节省人工。主要包括地面刮粪和传动带清粪。地面刮粪系统主要应用于网上平养，刮粪机两边设有卡槽防止脱轨，连接有自动控制时间或人工控制开关，根据鸡舍长短控制刮粪机的运行和停止。这一工具节省了人工钻入网下的劳动量，也避免了每批出鸡时重新拆网装网。传送带清粪主要应用于层叠式笼养。可以在每层笼下设置传送带输送粪便，粪便统一被输送到鸡舍的一端，然后被直接运送至鸡粪处理场，提高了自动化水平。

图 6-18 牵引式刮板清粪机
（萨仁娜摄，2013）

（4）通风设备（风机、风口）、降温设备（水帘、风机）、供暖设备（暖风机等）、加湿器、照明等环境控制设备。这些设备的使用为肉鸡生长提供了最佳的适宜环境。其中暖风炉在鸡舍操作间一端安装，启动后，空气经热风炉的预热区预热后进入离心风机，再由离心机鼓入炉心高温区，在炉心循环使气温迅速升高，然后由出风口进入鸡舍，使舍温迅速提高，并保证了舍内空气的新鲜清洁。光照控制器根据肉鸡的光照需要，自动设定照明工具的开关，可以根据日龄设定一次开关或者多次开关，设计有手动与自动状态，供阴天或应急状态自由转换。国际上部分现代化鸡场采用计算机中央控制模块，通过数字化控制通风、加热等鸡舍环境控制设备，将舍内的环境温度、湿度、有害气体浓度控制在设定范围内。另外，要通过计算确定鸡舍内的最小通风量。通风量过大则会加大鸡舍保温的成本；如果通风量过小，鸡舍的空气质量就会变差，因此要通过各种指标计算出最佳通风量，保证鸡群的健康及良好的生产性能，同时避免资源的过度浪费。

目前应用于设施畜牧业的工程和材料技术有骨架承重系列、透光调温系列和饲料配制系列等；在设施畜牧业中要求每一个畜禽舍或养殖场都是一个生态单元，应采取模拟自然生态系统的模拟技术；采用电脑控制，自动调节温度、湿度和空气质量，实行自动送料、饮水、产品分检和运输等自动控制技术。从根本上看，我国畜产品缺乏内在的竞争力。因此，养殖设施设备的发展应该与出口创汇基地建设工作紧密结合。通过借鉴国外先进的技术，再加上国内养殖过程中的经验，我国的肉鸡养殖设施设备技术将会提高养鸡业整体科技水平。

表 6-10　标准化肉鸡舍最小通风量计算表

（北京东博畜牧设备有限公司）

日龄	每分钟	每小时	每昼夜	日龄	每分钟	每小时	每昼夜
1	6.20	372.00	8 928.00	25	168.35	10 100.00	242 400.00
2	8.55	511.50	12 276.00	26	179.65	10 779.00	258 696.00
3	11.15	669.50	16 070.50	27	191.25	11 475.00	275 400.00
4	14.10	846.50	20 311.00	28	203.05	12 183.00	292 392.00
5	17.35	1 041.5	24 998.50	29	215.15	12 909.00	309 816.00
6	20.95	1 255.5	30 132.00	30	227.25	13 635.00	327 240.00
7	24.80	1 488.00	35 712.00	31	239.50	14 370.00	34 480.00
8	29.00	1 739.00	41 738.50	32	252.05	15 123.00	362 952.00
9	33.50	2009.00	48 211.00	33	264.75	15 885.00	381 240.00
10	38.30	2 297.50	55 130.50	34	277.45	16 647.00	399 528.00
11	45.55	2 733.00	65 592.00	35	286.30	17 178.00	412 272.00
12	51.75	3 105.00	74 520.00	36	303.35	18 201.00	436 824.00
13	58.30	3 498.00	83 952.00	37	316.20	18 972.00	455 328.00
14	65.40	3 924.00	94 176.00	38	329.40	19 764.00	474 336.00
15	72.85	4 371.00	144 904.00	39	342.40	20 544.00	493 056.00
16	80.75	4 845.00	116 280.00	40	355.25	21 315.00	511 560.00
17	89.10	5 346.00	128 304.00	41	368.3	22 098.00	530 352.00
18	79.80	5 868.00	140 832.00	42	381.15	22 869.00	5 488 551.00
19	106.80	6 408.00	153 792.00	43	394.00	23 640.00	567 360.00
20	116.25	6 975.00	167 400.00	44	406.72	24 403.00	585 676.00
21	126.00	7 560.00	181 440.00	45	419.27	25 156.00	603 749.00
22	136.00	8 160.00	195 840.00	46	43 200	25 920.00	622 080.00
23	146.65	8 795.00	211 080.00	47	444.23	26 653.00	639 691.00
24	157.30	9 438.00	226 512.00	48	456.48	27 389.00	657 336.00

注：①冬季饲养每 10 000 只肉鸡（全自动化商品肉鸡笼养模式）各日龄所需要的新鲜空气最低需要量（m³）。②在保证舍温的同时，要不断调整通风换气量。③冬春季节或育雏期鸡舍内要保持最小通风量。④计算方法：按相对应的日龄计算。（例如：30 000 只 20 日龄的鸡，风机额定排风量按 4 500m²/h，但风机有效利用率一般按 80% 进行计算：6 975×3.0＝20 925/36 000＝0.58 台，设定时控为每间隔 4min 需开 6min 或间隔 4.2min 开 5.8min。）

世界畜禽建筑与设施设备的发展，更多地从动物行为习性和动物福利角度考虑畜舍的建筑空间和饲养设备。从环境系统角度，综合考虑舍内通风、降温与加温等的环境控制技术将得到发展与推广应用。现在美国有些地方开始提倡小规模生产，即大棚舍移动养鸡。这种可持续的发展对设施设备的要求不高，全自动的喂料和饮水系统，及优化环境丰富度配置，如栖架、爪垫等。这样的设施设备更符合动物福利，但是其中也存在很多问题。在以集约化规模化为主的趋势下，配套设备质量和技术标准的提高，以及鸡舍工艺的多样化才是重点。

目前国际上提倡平养和散养，研究热点主要集中在产中垫料鸡粪优化处理技术和产后废弃物优化处理技术、对舍内相对湿度和氨气浓度进行实时检测与调控、改善最小通风量时舍内空气分布均匀性等。无论养殖方式如何，规模化、自动化、标准化、福利化的养殖设施设备都是将来的发展方向。美国、澳大利亚、荷兰等国家的养殖设施设备技术经验丰富，在经验基础上不断改进后，这些国家将继续引领前沿，成为行业的导向。

三、废弃物处理技术发展趋势

尽管鸡粪肥料化还田有部分局限性，但是当前国内外肉鸡废弃物处理的主流趋势还是通过堆肥进行无害化处理，生产有机粪肥用于种植业，以实现资源化利用；其次是发展鸡粪燃烧发电和沼气发电工程，以实现能源化利用；再次是通过环保饲料应用和养殖过程控制，以实现养殖废弃物的减量化排放。

我国当前肉鸡养殖废弃物处理方式以好氧堆肥发酵技术生产有机肥为主要发展趋势。多数省市出台了相应的激励政策，加大了鸡粪有机肥生产应用的财政补贴制度和产品质量监管力度，促使了优质优价鸡粪有机肥的生产与推广形成良性循环。不少中小型肉鸡养殖企业采用太阳能供热塑料大棚定期机械翻料好氧堆肥处理鸡粪模式。利用太阳能供热的塑料大棚发酵成套设备和自动机械翻料的发酵槽，发酵过程中加入腐熟剂提高发酵温度充分发酵达到彻底腐熟，发酵周期短，腐解充分，处理设备占地面积小，管理方便，生产成本低，预期效益较好。从有机粪肥产品结构分析，目前有机粪肥主要向有机-无机复合肥、生物有机肥、复合微生物肥料方向发展。技术研发重点是：高效嗜热菌技术，提高鸡粪发酵效率并缩短堆肥时间；酶制剂技术，提高氮、磷等物质和能量转化效率；堆肥过程中保氮除臭技术；设备设施国产化技术等，旨在节本增效和节能增收。

在鸡粪沼气处理利用方面，德国沼气工艺多采用全混合产储气一体式反应器模式和热电联产工程，推广应用低压吸附提纯沼气技术，沼气可直接并入天然气管网供气，既节省工程建设用地，又节省建材和投资。

鸡粪直接燃烧技术已处于大型工业化的示范阶段，研究主要集中在鸡粪与煤或其他生物质的混合燃烧、污染物排放特性，以及抑制碱金属在高温下结渣等问题。

澳大利亚大力发展家禽粪便养殖蚯蚓的生态处理利用模式，蚯蚓回收制取动物蛋白质饲料，而蚯蚓粪是高效的生物有机肥。该方法具有方法简单，粪便利用降解效果好，二次污染风险小等优点。

日本积极发展复合回收型处理系统和生物脱臭法。复合回收型处理系统是将地域内生活垃圾等可生产生物气体的废弃物与畜禽排泄复合处理，产生的生物气体用于发电或供暖等用。该工艺的优点在于，采用干式发酵，残渣为固体状态，不会产生废水，适用于地域内一切有机废弃物的处理，降低废弃物处理的建设费和运行维持费用。在生物脱臭法中，臭气成分吸附在脱臭材料（滤材）中，随后被材料中的微生物分解为无臭气体排放。脱臭材料中主要生长的微生物有：氨氧化细菌、亚硝酸氧化细菌、反硝化菌和硫氧化菌等。生物脱臭法投资费用及运行费用较低，同时具有良好的脱臭效果。

欧盟是世界上环境保护领域的领先者，在当今世界上处于领先地位。在养殖业废弃物处理与节能减排方面，欧盟多年来取得的管理经验值得借鉴。

1. 农业生态环境保护税收政策

在瑞典，凡使用农药、化肥等可能造成环境污染的农业生产投入品，都必须征税或收费。一方面为治理环境和保护资源筹措资金；另一方面由于多使用农药、化肥将导致生产成本上升，农民为降低生产成本，就会尽量减少农药和化肥的使用，从而更多地使用粪肥，这样既减少了因农药化肥过量投入造成的农业面源污染，又有效地解决了养殖废弃物的出路问题，形成了种植、养殖业的良性循环。

2. 区域规划和养殖量控制

荷兰环境部、农业部等 4 个部门联合制订了畜禽养殖国家环境政策计划，要求从养殖结构调整、总量控制、粪便排放处理三个方面控制畜禽养殖业对环境的污染，并且通过筹措资金和设立新的税种两个方面来保证该计划的顺利实施。目前，荷兰的大中型农场分散在全国 13.7 万个家庭，产生的畜禽粪便基本由农场进行消化。英国的畜牧业远离大城市，与农业生产紧密结合。经过处理后，畜禽粪便全部作为肥料，既避免了环境污染，又提高了土壤肥力。

3. 污水通过公共民用管网排放和处理

丹麦规定如果可以处理超标的污染负荷，允许水处理服务公司将稀释后的养殖废水排放到公共民用管网，但需要商业排水许可证，并且需要按照废水排放量和污染程度支付废水排放费用。

4. 废弃物能源化利用的激励政策

德国于 1990 年颁布实施了《电力并网法》，特别是 2000 年出台了鼓励沼气发电上网的《可再生能源优先法》，为广大农场主建设沼气工程并通过发电上网增加收入创造了极好的法律环境。2004 年，德国国会对《可再生能源优先法》进行了修订，使小型农场沼气发电上网更具吸引力。除了上网电价实行优惠政策外，装机容量低于70 kW 的沼气工程还可获得 15 000 欧元的补助金及低息贷款。许多农场主纷纷建造沼气工程，"发电赢利"成为沼气工程发展的主要动力。奥地利在 2002 年制定了《绿色电力法》，鼓励建设消化畜禽粪便的沼气工程，在上网电价上实施优惠政策。西班牙 2004 年批准实施了《可再生能源》的购电法，对直接将沼气能电卖到市场的经营者，另给予参考价的 40% 作为奖励；对将电卖给电网公司的经营者，每年设定的电价相当于参考电价的 90%，20 年后降到 80%。

近年来，我国也不断加强了养殖场污染防治的标准化体系建设。除了修订实施了清洁生产促进法（2012）外，还发布实施了畜禽养殖业污染治理工程技术规范（2009）、农业固体废物污染控制技术导则（2011）、畜禽粪便贮存设施设计要求（2011）、畜禽粪便还田技术规范（2011）、畜禽粪便监测技术规范（2011）、畜禽粪便农田利用环境评价准则（2011）、沼渣、沼液施用技术规范（2011）、有机-无机复混肥料（2012）和畜禽养殖污水贮存设施设计要求（2012）等国家和行业标准，正在研究制定"畜禽养殖业污染防治条例"和"畜禽养殖业水污染物排放国家标准"等。由此逐步建立健全了我国肉鸡废弃物处理和节能减排的法律约束机制、行政监督和检测依据。

上海市等地方政府依据国家相关法律法规和标准，根据实际情况，纷纷制定了更为严格的地方性"畜禽养殖管理办法"，对大中型畜禽养殖场、小型畜禽养殖场和散养畜禽的农户实行分类管理。从养殖结构调整、总量控制、粪便排放处理三个方面控制畜禽养殖业对环境的污染，并实施排污申报、排污许可证和排污收费制度等。

四、生产过程控制与养殖福利技术发展趋势

随着我国社会发展、科技进步，畜牧业的不断发展，人们的生活水平得到了很大的提高，食品的安全性也越来越引起人们的重视。提供足够的、营养的、安全的食品也成为畜牧工作者工作的重中之重。加强肉鸡生产过程标准化和福利发展的舆论宣传力度和技术培训，提高公众认知力，提高从业人员素质和肉鸡养殖水平，实现肉鸡生产过程标准化与福利化是肉鸡产业发展趋势。在规模化养殖场推广基于 HACCP 体系、GAP 体系、可追溯技术等生产过程控制技术，提高规模化肉鸡养殖场的福利水平，确保肉鸡养殖过程标准化、安全化和无害化，才能最终实现畜肉鸡产品的安全。

针对目前影响肉鸡业的主要问题——疾病传染和药物残留，从食品安全角度出发，应将肉鸡屠宰加工 HACCP 向产业上游前推进，即把 HACCP 引入肉鸡饲养环节。利用 HACCP 原理，对从雏鸡接收到出栏整个饲养过程进行危害分析，确定显著危害，制订预防措施，确定关键控制点，建立监控措施，建立纠偏措施，建立验证和记录保持程序，构建肉鸡饲养 HACCP 模式。利用 HACCP 的超前运作模式，从源头控制肉鸡的安全，从而确保活鸡阶段供应链的安全。

GAP 体系中与畜禽生产有关的良好规范，包括畜禽生产需要合理管理和配备相应规格的畜舍，牲畜饲养选址适当，以避免对环境和畜禽健康的不利影响；经常监测

牲畜的状况并相应调整放养率、喂养方式和供水；设计、建造、挑选、使用环保型饲养设备和畜禽粪便处理设施；通过畜牧业和农业相结合，实现养分的有效循环，避免废物残留、养分流失和温室气体释放等问题；坚持安全条例，遵守为畜禽设置的装置、设备和机械确定的安全操作标准；与保障畜禽健康有关的良好规范包括尽量保持牲畜、畜舍和饲养设施清洁，减少疾病感染风险；确保工作人员在处理牲畜方面得到兽医指导以避免疾病发生；与兽医协商及时处理病畜和受伤的牲畜；按照规定和说明购买、储存和使用得到批准的兽医物品，并严格执行相应的停药期；及时接种疫苗，定期检查、识别和治疗疾病，及时利用兽医服务来保持畜禽健康。

肉鸡饲养环境条件及生产管理方式与肉鸡的健康和福利息息相关，应从关注肉鸡福利出发，规范肉鸡养殖的管理，明确福利标准，推行标准化生产。通过改善肉鸡饲养环境条件与管理手段，提高肉鸡的健康与福利水平，最终保障畜产品品质。具体可以采用以下几个措施：提高规模化肉鸡养殖场的设施装备水平，如舍内温湿度监测、空气质量监测系统化、自动化等，从而有效地控制、改善肉鸡的饲养环境，使温度、湿度和通风调节到与肉鸡日龄与环境相适应的程度，减少对肉鸡的应激和伤害；避免拥挤或饲养过量，定期更换垫料，以提供给肉鸡足够的、舒适的运动场所，满足其天性；提供合理的营养，饲喂营养均衡的日粮，保证饮水质量；缩短运输及待宰时间，减少肉鸡恐惧感。

我国家禽养殖福利，特别是基本生存福利水平低下。除了动物福利法制体系不健全和对动物福利保护认识不足这两方面的原因外，另一个重要原因则与我国家禽业现有的生产方式有关：家禽业准入门槛很低或基本没有门槛，分散粗放的生产方式大量存在，从业人员素质低，饲养管理水平差，饲养设施简陋，短期生产行为严重，先进的生产技术和理念难以推广和普及。因此，要想全面提高中国家禽饲养环节中的基本生存福利水平，必须改变这种分散粗放的落后生产方式，大力提高中国家禽业规模化、专业化、产业化生产水平。

经多年科学研究和生产实践发现，满足动物所需的各种条件，提高动物的福利水平，有利于提高畜禽产品的品质。肉鸡饲养业是畜牧业中发展最快的产业，而在肉鸡的实际生产中，随着集约化程度的提高，肉鸡的健康与福利问题也越来越严重，积极应对并实施家禽福利，改善中国家禽福利状况，对打破国际贸易壁垒，推动中国畜牧业的稳定发展，具有重要的现实和长远意义。

第四节 战略思考及政策建议

一、肉鸡养殖发展战略

(一) 肉鸡养殖模式发展战略

结合我国当前肉鸡养殖模式现状，统筹环境保护、资源利用、劳动力就业三大因素，因地制宜发展以经济效益为指挥棒的标准化、规模化、现代化的新型养殖模式。

（1）以科学发展观为指导，借鉴发达国家肉鸡养殖环境控制发展经验，结合我国发展现状，积极引进国外环境控制的先进技术，加强环境控制技术的自主研发与推广，走可持续发展之路。

（2）建立中国特色的健康养鸡工程工艺模式，我国肉鸡饲养模式多元化，散养和笼养、小型专业户和大型养殖场并存。应结合国情、不同经济社会条件的实际及各地的气候特点，因地制宜地设计能源节约型的肉鸡舍结构，并形成标准化设计。进一步优化和配套设施模式，促进我国设施养殖产业升级，形成健康养殖重要支撑技术体系。

（3）加强科学研究，设计福利化养殖设施设备，在全面总结我国福利化健康养殖工艺技术的基础上，结合整体布局进行养殖业的发展规划，根据我国几大优势区域和当地的条件进行适宜的福利化养殖设施设备的标准化研究，针对福利化养殖工程开发出成套化的设施设备与环境调控技术，使设施装备硬件技术充分合理化，形成我国养殖业集约化规模化健康持续发展的重要硬件支撑和保障。

（4）推广应用标准化、规模化、自动化养殖技术体系，继续推广鸡舍环境调控、自动饮水、机械喂料、自动清粪等先进技术及设备的应用，提档升级规模养禽。

（5）结合国外先进国家对养殖业废弃物的管理经验和最新科技研究成果，以肉鸡养殖废弃物减量化排放、无害化处理和资源化利用为基本原则，从实际出发、统筹规划、合理布局，在全国范围内初步建立起肉鸡养殖废弃物全过程控制体系；同时创新研究源头控制、过程管理、后端处置的高新技术与集成开发，实施产业化嫁接与示范推广，基本实现肉鸡养殖废弃物的有效处置和综合管理，促进资源节约、环境友好型肉鸡养殖业的可持续发展。

（6）开展肉鸡生产过程标准化与福利发展研究，形成完善的肉鸡生产过程与福利国家标准，尤其注重在广泛征求意见的基础上形成饲料、药物、防疫和饲养管理四个方面的肉鸡养殖国家标准。

（二）肉鸡养殖发展目标

在充分了解我国肉鸡养殖环境控制发展现状的基础上，建立起一套肉鸡养殖环境控制、废弃物处理技术、自动化程度高的设施设备等的标准化技术。提高广大养殖户和肉鸡养殖企业鸡舍环境控制的管理水平，减少、控制疫病的发生，以降低抗生素等药物的用量，充分发挥各品种肉鸡的生产性能，促进我国肉鸡养殖业的健康发展。

（1）改进饲养模式技术，比常规饲养模式节省饲料 3%～5%，节省用水 10%。

（2）改善粪污处理方法，改进通风方式，最大化减少粪污和废气对环境的污染。

（3）结合当地实际，适度提高现代水平，保障劳动力就业。

（4）统筹兼顾养殖模式、环境控制、废弃物处理等技术的应用，结合生产性能、肉品质、屠体性状等多种指标达到经济效益最大化。

（5）对肉鸡养殖的设施设备进行进一步的优化和配套，向高效、节能、环保的标准化发展，争取达到国际先进水平，努力成为促进我国肉鸡产业升级的重要技术支撑体系。

（6）推进肉鸡养殖废弃物无害化处理和综合利用示范，提高肉鸡产业鸡粪有机肥合格率30%～40%，建设肉鸡粪能源化利用示范工程8～10家，建成病死鸡无害化处理中心50～80个。

（7）加大肉鸡生产过程和福利相关研究的支持力度，结合国内外肉鸡生产过程标准化与福利发展研究的最新成果，通过5～10年形成完善的肉鸡生产过程与福利国家标准。加大肉鸡生产过程标准化和福利技术推广和技术培训力度，提高公众对动物福利的认知力。建立适合中国国情的动物福利法规。

（8）在未来5～10年内，根据中国不同地区的气候特点设计制造出适合肉鸡鸡舍通风的设备，使鸡群生产性能达到最佳。在未来的10～15年内，逐步实现全国鸡舍的规模化及自动化。

（三）肉鸡养殖发展重点

（1）根据各地气候、地形、原料、劳动力、交通、人才等多种因素，发展适宜规模的肉鸡养殖模式。

（2）改进提高设施设备的质量是健康饲养的前提，因此通过设备的可调控参数和阈值创建一个舒适的环境参数势在必行。

（3）加强养殖户对鸡舍环境控制的重视，加强环境控制新技术的研发与推广。与养殖环境控制设备生产商合作，改进、升级环境控制设备，进行新设备的研发。全面提高肉鸡养殖环境控制自动化、智能化程度。

（4）标准化、自动化、规模化工程工艺水平的提高，标准化、自动化、规模化养鸡工程工艺与配套的养殖设备是我国现代化养鸡生产健康持续发展的重要硬件条件支撑和保障，也是提升我国肉鸡产业的重要前提基础。但是根据我国的国情和技术水平，肉鸡养殖设施设备标准化、自动化和规模化方面还存在一定的缺陷和问题，例如通风系统和设备的效率低、冬季通风和保温的关系难以达到平衡等。这些问题都需要进一步改善和改进。

（5）以集团化肉鸡养殖大企业为中心，国家在发电并网和电价上给以扶持政策，推进肉鸡粪能源化利用示范工程建设；在经济发达省份和肉鸡养殖发达省市优先支持和发展建设病死鸡无害化处理中心，积极支持和鼓励公司＋农户模式肉鸡养殖企业承担废弃物处理的社会责任，并出台相关财政补贴政策；国家层面尽早出台畜禽养殖业污染防治条例，建立健全肉鸡养殖污染防治的法律法规和废弃物处理的生态补偿机制。

（6）加强肉鸡生产现代生产技术研究，实现肉鸡生产过程养殖设施环境控制、疾病防治、营养与饲料配制和工业化生产管理科学化、标准化及规范化。以科学技术和良好生产实践的进步和支撑，实现肉鸡生产过程标准化和福利化。保证肉鸡生产过程标准化、免疫程序科学化，肉鸡受到应激最小化和享受福利待遇最大化。

二、我国肉鸡养殖发展措施建议

（1）加强科学研究和调研力度，切实量化比较研究各种养殖模式的效果，各种环境控制技术应用的效果、成本，结合环保指标、能耗指标、社会效益和经济效益进行加权对比。

（2）加强畜牧高科技研发人才的培养。人才是行业发展的后备力量，是行业可持续发展的保证。培养既懂机械工程又懂畜牧知识的复合型人才，以适应行业发展的需要。新型养殖模式需要涉及多个学科领域的专业人才，要切实培养一批一专多能的肉鸡养殖人才，以应对新的形势变化。

（3）因地制宜发展适宜自身的肉鸡健康养殖模式和生产，坚决反对一哄而上、不分析投入产出、不切合当地实际的盲目行为。

（4）适度引导散养鸡真正走向生态放养，一方面为研究动物福利迎合国际趋势打下基础，一方面又要多方改进避免走向简单啃食牧草破坏生态的老路。

（5）在国家政策的支持和引导下，采取惠农政策，向可持续发展迈进。

各相关部门联合制定鸡舍内环境控制标准，并采取有效措施促进标准的普及。标准化养殖逐渐成为未来养殖业的发展方向，对此农业部非常重视，并做出了相应的政策支持：农业部发布的《2012 年扶持"菜篮子"产品生产项目实施指导意见》提出，重点扶持建设一批有一定规模、生产技术基础好，并在增加产品产量和提高产品质量有示范带动作用的生产基地，畜牧业主要支持畜种包括生猪、蛋鸡、肉鸡、肉牛和肉羊，其中肉鸡要求为出栏 5 万～100 万只的标准化养殖场。因地制宜出台高效设施农业、标准化规模养禽场改造、生态健康养殖场创建等奖补政策，以及规模化养殖场用地许可、环境评价等政策规定。采取以奖代补方式，组织项目实施，对达标验收的养殖场给予奖励。同时将涉及家禽养殖的笼具、喂料机、集蛋机、拌料机、粪便脱水机纳入农机具补贴范围。有了国家政策的支持，相信我国的肉鸡设施设备及其技术一定会更上一个台阶，稳步向前可持续发展。

（6）创新发展，加强环境控制、实施设备、废弃物处理技术的研究。

远程监控设备是一大创新，目前我国在远程通信及报警、电子饲喂、视频监控方面已达到国际水平。现在鸡舍工艺多样化，要根据不同禽种的特点对禽舍进行标准化设计改造，选择性配备机械喂料、集蛋、清污、除尘、温度、湿度及光照调节等设施设备，集成采用养殖内环境控制技术，实行工厂化设施化舒适化养殖，为家禽生产性能的充分发挥提供适宜的生活环境，同时还要加强设施设备精准化、高效化的研究，向国际彰显我国的实力。

开展肉鸡养殖废弃物减量化排放、无害化处理和资源化利用，推进肉鸡产业可持续发展是一项长期性的工作，是养殖业与环境友好和谐发展的根本途径，也是建设标准化规模化肉鸡养殖业的必然要求。按照国家节能减排的总体要求，立足大农业循环，进一步创新体制机制，加强科技攻关，通过加强部门联动，强化主体责任，加大污染防治监督管理，完善管理服务体系，全面推进现代肉鸡养殖业沿着资源节约、环境友好方向发展。

（7）加强肉鸡生产过程标准化和福利发展的舆论宣传力度和技术培训，提高公众认知力，提高从业人员素质和肉鸡养殖水平。

参考文献

白云峰，陆昌华，李秉柏．2006．肉鸡安全生产质量监控可追溯系统的实现［J］．江苏农业学报，22（3）：281-284．

陈梅雪，杨敏，贺泓．2005．日本畜禽产业排泄物处理与循环利用的现状与技术［J］．环境污染治理技术与设备，6（3）：5-11．

陈奇榕，吴越，林梅．2008．福建圣农集团生物质产业发展的实践与启示［J］．福建农业科技（3）：82-83．

陈长喜，张宏福，飞颉经纬，等．2010．肉鸡安全生产全过程跟踪与可追溯平台的设计［J］．农业工程学报，26（9）：263-269．

迟汉东，霍清合，巩新民．2009．完善设备设施配套提高肉种鸡生产水平［J］．中国家禽，31（16）：41-42．

褚建新．2011．几种饲养方式利弊分析［J］．农村养殖技术（10）：17-18．

董红敏，陶秀萍．1999．美国关于动物废弃物排放及处理的有关法律及规定［J］．农业工程学报（15）：188-192．

冯勰．2004．危害分析及关键点控制（HACCP）体系在无公害养鸡中的推广与应用［D］．绵阳：四川农业大学．

顾宪红．2011．动物福利和畜禽健康养殖概述［J］．家畜生态学报，32（6）：1-5．

胡定寰．2003．美国肉鸡产业一位化经营模式［J］．中同家禽，25（5）：37-39．

黄叶飞，董红敏，朱志平，等．2008．畜禽粪便热化学转换技术的研究进展［J］．中国农业科技导报，10（4）：22-27．

贾保中，张玉，何江．2010．未来的畜牧生产与动物福利的发展方向［J］．畜牧与饲料科学，31（3）：148-149．

姜永彬．2010．福利饲养技术对肉仔鸡生产性能和福利状态的影响［D］．泰安：山东农业大学．

金波．2009．优质肉鸡生产HACCP管理体系的建立与应用研究［D］．南京：南京农业大学．

李保明．2002．设施养殖工程技术发展的现状与趋势［J］．中国家禽，24（14）：5-8．

李建鑫，耿艳红，张呈军．2003．畜禽日光温室设计及其环境调控［J］．维普资讯（11）：32．

李卫华，于丽萍，黄保续．2004．国际动物福利现状及分析［J］．中国家禽，26（17）：46-48．

李新，王桂朝．2012．专注于标准化生产技术的研发与集成［R］．中国家禽，34（3）：34-42．

李新．2012．2011年度肉鸡研究国际前沿跟踪与剖析［J］．中国家禽，10（34）：7-12．

李延江．2012．肉鸡3层立体养殖舍内全自动环境控制系统的研究［J］．养殖技术顾问（4）：249-250．

李兆莲，赵万兵 . 2010. 养鸡业的环境控制技术［J］. 科学种养（12）：36-37.

刘刚，罗宇峰 . 2010. 规模化养鸡场禽舍环境控制技术研究［J］. 畜牧与饲料科学，31（4）：59-60.

刘宏达，史永坤 . 1999. 肉鸡的网上饲养与地面平养比较研究［J］. 中国饲料（6）：25-28.

逯岩 . 2012. 肉鸡标准化养殖技术图册［M］. 北京：中国农业科学技术出版社 .

牛连信 . 2010. 发酵床饲养肉鸡的优势及存在问题［J］. 当代畜牧（4）：4-5.

牛智有，齐德生，张妮娅 . 2008. 畜禽健康养殖过程中 HACCP 体系的建立［J］. 畜牧与饲料科学，29（6）：31-35.

牛智有，齐德生 . 2009. 应用 HACCP 体系控制畜禽养殖过程中的安全危害［J］. 现代畜牧兽医（2）：26-30.

申丽，马诣均，李小琴，等 . 2012. 我国现代养鸡设备生产应用现状与发展趋势［J］. 中国家禽，8（34）：4-6.

施传信，夏新成，侯中领 . 2011. 健康养殖与绿色畜产品生产的关键环节控制［J］. 饲料博览（7）：26-29.

时建忠 . 2008. 动物福利若干问题的思考［J］. 中国家禽，30（8）：1-3.

孙楼 . 2005. 不同饲养方式对肉鸡生产的影响［D］. 北京：中国农业大学 .

魏凤仙，胡骁飞，李绍钰，等 . 2011. 肉鸡舍内有害气体控制技术研究进展［J］. 中国畜牧兽医，38（11）：231-233.

文杰 . 2010. 我国肉鸡产业研发水平与世界先进国家的主要差距及对策建议［C］. 第十四届全国家禽科学学术讨论会 .

巫占仕，兰祖尚，闵昌博 . 2009. 肉鸡笼养和平养效果比较试验［J］. 畜牧兽医杂志，28（3）：11-12.

吴巍 . 1996. 笼养肉鸡优点多效益高［J］. 当代畜牧（4）：44.

辛建国 . 2011. 肉仔鸡的生长规律与温湿度控制［J］. 饲养技术（6）：37-38.

姚宝昌 . 2002. 不同饲养方式对高温季节肉鸡增重效果的研究［J］. 中国家禽，24（13）：45.

叶飞 . 2005. 绵阳市肉鸡生产现状与发展对策［D］. 雅安：四川农业大学 .

张双玲，施云平，陈洪林 . 2012. 不同饲养方式对肉鸡生产性能的影响［J］. 畜禽业（260）：8-9.

张增玉，顾宪红，赵恒寿，等 . 2006. 现代肉鸡生产中的福利问题［J］. 家畜生态学报，27（2）：5-12.

赵金石 . 2011. 我国肉鸡质量追溯系统应用现状分析［J］. 中国畜牧杂志，47（8）：45-48.

赵润，张克强，杨鹏，等 . 2011. 我国畜禽废弃物管理的生态补偿研究［J］. 江苏农业科学，39（4）：423-428.

赵润，张克强，朱文碧，等 . 2011. 欧盟畜禽养殖废弃物先进管理经验对中国的启发［J］. 世学农业（5）：39-44.

周琼 . 2009. 台湾畜牧业污染的防治策略与借鉴［J］. 中国农学通报，25（6）：17-20.

庄志伟，刘正速，綦振清，等 . 2006. 平养育雏、笼养育成—现代肉鸡饲养新模式［J］. 中国家禽，28（11）：32-33.

邹剑敏．2010．家禽福利的研究进展 [J]．中国畜牧兽医，37（10）：232-237.

AMANULLAH M M，S. SEKAR P. MUTHUKRISHNAN. 2010. Prospects and Potential of Poultry Manure [J]. Asian Journal of Plant Sciences，9（4）：172-182.

ANDEWS L D，L K STAMPS，et al. 1993. Effects of Different Floor Types and Levels of Washing of Waterers on Broilers Performance and Bacteria Count of Drinking Water [J]. Poultry Science，72：1224-1229.

ANDEWS L D，SEAY G C HARRIS，et al. 1974. Flooring Materials for Caged Broiler and Their Effect Upon Performance [J]. Poultry Science，53：1141-1146.

ANDREWS L D. 1972. Cage Rearing of Broilers [J]. Poultry Science，51：1194-1197.

ANDREWS L D，T L GOODWIN. 1973. Performance of Broilers in Cages [J]. Poultry Science，52：723-728.

ANJUM M S，A S CHAUDHRY. 2010. Using Enzymes and Organic Acids in Broiler Diets [J]. Journal of Poultry Science，47：97-105.

APPLEBY M C. 1995. Perch Length in Cages for Medium Hybrid Laying Hens [J].British Poultry Science，36：23-31.

ARNOULD C，D BIZERAY，et al. 2004. Effects of The Addition of Sand and String to Pens on Use of Space，Activity，Tarsal Angulations and Bone Composition of Broiler Chickens [J]. Anim. Welf，13：87-94.

BLAKE J P. 2004. Methods and Technologies for Handling Mortality Losses[J]. World's Poultry Science Journal，60：489-499.

BOLAN N S，A A SZOGI，T CHUASAVATHI，et al. 2010. Uses and Management of Poultry Litter [J]. World's Poultry Science Journal，66（4）：673-698.

CASTELLINI C，MUGNAI，et al. 2002. Effect of Organic Production System on Broiler Carcass and Meat Quality [J]. Meat science，60：219-225.

CHENG W H，M S CHOU，S C TUNG. 2011. Gaseous Ammonia Emission from Poultry Facilities in Taiwan [J]. Environmental Engineering Science，28（4）：283-289.

COOPER J J，M J ALBENTOSA. 2003. Behavioural Prioritiesof Laying Hens [J]. Avian and Poultry Biology Reviews，14：127-149.

FANATICO A C，PILLAI P B，CAVITT L C，et al. 2005. Evaluation of Slower-Growing Broiler Genotypes Grown With and Without Outdoor Access：Growth Performance and Carcass Yield [J]. Poultry Science，84：1321-1327.

FAULKNER W B，B W SHAW. 2008. Review of Ammonia Emission Factors for United States Animal Agriculture [J]. Atmospheric Environment，42：6567-6574.

GATESA R S，K D CASEY，E F WHEELER. 2008. U. S. Broiler Housing Ammonia E-missions Inventory [J]. Atmospheric Environment，42：3342-3350.

HANE M，B HUBER-EICHER，E FROHLICH. 2000. Survey of Laying Hen Husbandry in Switzerland [J]. World's Poultry Science Journal, 6: 21-31.

HARPER L A, T K FLESCH, J D WILSON. 2010. Ammonia Emissions from Broiler Production in The San Joaquin Valley [J]. Poultry Science, 89: 1802-1814.

HENUK Y, J G DINGLE. 2003. Poultry Manure: Source of Fertilizer, Fuel and Feed [J]. World's Poultry Science Journal, 59: 350-360.

KAVOLELIS B. 2006. Impact of Animal Housing Systems on Ammonia Emission Rates [J]. Polish Journal of Environmental Studies, 15 (5): 739-745.

KELLEHER B P, J J LEAHY, A M HENIHAN, et al. 2002. Advance in Poultry Litter Disposal Techonogy-A Review [J]. Bioresource Technology, 83: 27-36.

KEPPLER C, D W FOLSCH. 2001. Locomotive Behaviour of Hens and Cocks-Implication for Housing Systems [J]. Archiv Tierzucht, 43: 184-188.

KOELKEBECK K W, CAIN J R. 1984. Performance, Behavior, Plasma Corticosteroid One, and Economic Returns of Laying Hens in Several Management Alter Natives [J]. Poultry Science, 63: 2123- 2131.

LAHAV O, T MOR, A J HEBER, et al. 2008. A New Approach for Minimizing Ammonia Emissions from Poultry Houses [J]. Water Air and Soil Pollution, 191: 183-197.

MADELIN T M, WATHES C M. 1989. Air Hygeien in A Broiler House: Comparison of Deep Litter with Raised Netting Floors [J]. British. Poultry Science, 30 (1): 23-27.

MAKRIS K C, D SARKAR, J SALAZAR, et al. 2010. Alternative Amendment for Soluble Phosphorus Removal from Poultry Litter [J]. Environment Science Pollutent Research, 17: 195-202.

MCCANN L, C ABODALLA, M JENNER, et al. 2005. Improved Manure Management and Utilization: A Systems Approach [J]. Renewable Agriculture and Food Systems, 20 (3): 127-135.

MENCH J A. 2002. Broiler Breeders: Feed Restriction and Welfare [J]. World's Poultry Science Journal, 1: 23-29.

MILOSEVIC N, L PERIC, B SUPIC. 2003. Raising Chickens on A Free Range System. 1. Evaluation of Carcass Quality. Biotechnology in Animal Husbandry. 7th Internationalsymposium: Modern Trends in Live-Stock Production [J]. Belgrade, Serbia and Montenegro, 9 (5-6): 317-323.

NAHM K H. 2004. Additive to Phosphorus Excretion and Phosphors Solubility in Poultry and Swine Manure [J]. Australian Journal of Experimental Agriculture, 44: 717-728.

POWERS W J, C R ANGEL, T J. 2005. Applegate Air Emissions in Poultry Production: Current Challenges and Future Directions[J].Journal of Applied Poultry Research, 14: 613-621.

ROUMELIOTIS T S, B J VAN HEYST. 2008. Summary of Ammonia and Particulate Matter Emission Factors for Poultry Operations [J]. Journal of Applied Poultry Research, 17: 305-314.

SANCHEZ M, J L GONZALEZ, M A DIEZ GUTIERREZ, et al. 2008. Treatment of Animal Carcasses in Poultry Farms Using Sealed Ditches [J]. Bioresource Technology, 99: 7369-7376.

SANDER J E, M C WARBINGTON. 2002. Selected Methods of Animal Carcass Disposal [J]. Journal of The American Veterinary Medical Association, 220 (7): 1003-1005.

SEKAR S, S KARTHIKEYAN, P IYAPPAN. 2010. Trends in Patenting and Commercial Utilization of Poultry Farm Excreta [J]. World's Poultry Science Journal, 66: 533-572.

SEKAR S, S KARTHIKEYAN, et al. 2010. Trends in Patenting and Commercial Utilisation of Poultry Farm Excreta [J]. World's Poultry Science Journal, 66: 533-572.

SHIELDS S J, J P GAND, J A MENCH. 2004. Dust Bathing by Broiler Chickens: A Comparison of Preference for Four Different Substrates [J]. Appl. Anim. Behav. Sci, 87: 69-82.

SHIELDS S J, J P GARNER, et al. 2005. Effect of Sand and Wood-Shavings Bedding on The Behavior of Broiler Chickens [J]. Poultry Science, 84: 1816-1824.

SKOULOU V, A ZABANIOTOU. 2007. Investigation of Agricultural and Animal Wastes in Greece and Their Allocation to Potential Application for Energy Production [J]. Renewable and Sustainable Energy Reviews, 11: 1698-1719.

TURNELL J R, R D FAULKNER, G N HINCH. 2007. Recent Advances in Australian Broiler Litter Utilization [J]. World's Poultry Science Journal, 63: 223-231.

VESTRGAARDM, THERKILDSEN M, HENCKEL P, et al. 2000. Influence of Feeding Intensity, Grazing and Finishing Feeding on Meat and Eating Quality of Young Bulls and The Rlationship between Muscle Fibre Characteristics, Fiber Fragmentation and Meat Tenderness [J]. Meat Science, 54: 187-195.

WATHES C M, M R HOLDEN, R W SNEATH, et al. 1998. Concentrations and Emission Rates of Aerial Ammonia, Nitrous Oxide, Methane, Carbon Dioxide and End Toxin in UK Broiler and Layer Houses [J]. British Poultry Science, 38: 14-28.

WILLIS W L, C MURRAY, et al. 2002. Campylobacter Islation Trends of Cage Versus Floor Broiler Chichens: A One-Year Study [J]. Poultry Science, 81: 629-631.

第七章 中国肉鸡加工业发展战略研究

第一节 肉鸡加工产业发展现状

一、国际肉鸡加工产业发展现状

(一)历史回顾

国际上,肉鸡加工业是随着肉鸡养殖量的增加和肉鸡加工的逐步机械化而发展起来的。一直到第二次世界大战前,美国东部和中部地区一直是其肉鸡养殖和加工中心,以新鲜整鸡或鸡肉就近供应东北部人口稠密的城市工业区(吕名,2007)。第二次世界大战后,美国肉鸡生产开始大规模向东南部转移,鸡肉也主要以冰鲜形式销售为主。20世纪60年代,美国东部和南部地区形成了肉鸡专门化生产区——"肉鸡带",完全取代了中东部大西洋各州和"玉米带"肉鸡生产的地位,肉鸡加工业的区域分布也随着肉鸡生产由原始的中心向周边扩散,围绕"肉鸡带"的形成而展开。20世纪70年代,肉鸡生产在南部集中的程度进一步提高,在美国"肉鸡带"形成和向南部扩展过程中,美国肉鸡加工业中的龙头企业如泰森等也发展壮大起来(无名氏,2007)。

美国育成的 Arbor Acres(AA)品牌白羽肉鸡,首先输出传播到欧洲一些国家,并带动了这些国家肉鸡养殖业的发展。同时,美国肉鸡加工业的龙头企业对外投资、扩张、合作建厂,也带动了欧洲肉鸡加工业的发展。荷兰就是一个典型的例子。荷兰不仅肉鸡养殖业发达,而且肉鸡加工业也后来居上。荷兰重点发展了肉鸡加工机械和生产线,诞生了施托克(Stork)和梅恩(Meyn)等著名肉鸡加工机械和设备公司,其肉鸡产品和加工生产线出口到了世界各地,甚至美国。

美国和荷兰发达的肉鸡产业,在20世纪50年代后引领了欧洲其他国家、南美洲国家(如巴西、阿根廷)(SACRANIE 等,2007),以及亚洲国家(如泰国、中国、印度等)肉鸡加工业朝着规模化、机械自动化、标准化、集约化的方向发展。

(二)现状与特点

经过数十年的发展,目前的国际肉鸡加工业已经成为高度发展的成熟行业,其特点为:以加工为中心带动全产业链运作、产业集中度高、产品深加工率高、机械自动化程度高。

1. 产业集中度高

目前，美国、巴西两个国家在世界肉鸡业中占据主导地位，它们主要控制着生鲜鸡肉的生产和出口；而泰国控制着肉鸡熟食的出口。自20世纪80年代美国肉鸡业进入垄断阶段以来，为了不断降低成本，增加利润，肉鸡综合企业进一步将经营扩展到种植业和加工业，并建立起连锁零售和直销网络。美国肉鸡产、加、销一体化的发展使美国的肉鸡生产为少数大企业所垄断，生产规模相当惊人。1972年，美国最大的20家联营公司屠宰肉鸡量为全国的40%。1983年，同样是前20家最大的联营公司的109座屠宰场，处理全美73%的肉鸡，其中前8家处理量达50%。1998年，美国的肉鸡生产可以说是由46大肉鸡企业组织完成的，10个大公司的产量占总产量的67%，经过首次整合后的4家公司的集中度为49%。2007年，巴西十大肉鸡企业中，最大的肉鸡企业出口量占总出口量的26%，前10家肉鸡企业的产量占总产量的50%。巴西鸡肉产品类型中，即烹产品（ready to cook products）占最大的份额。近几年，美国和巴西肉鸡企业正寻求新的发展机遇，加快合并、重组进程，导致企业数量减少，规模进一步扩大（SACRANIE等，2007）。Watt Poultry USA 2012肉鸡企业排行榜显示，2011年美国肉鸡行业发生着剧变，过去的5家知名公司已消失，要么宣布破产，要么在2011年被其他公司收购。以鸡肉即烹产品为例，产量增长的公司有18家，下降的公司11家，排名无变化的公司很少。Tyson Food Inc. 和 Pilgrim's Pride Corp. 继续保持第一和第二的排名。表7-1为2011年美国鸡肉即烹产品产量排行榜，可看出美国肉鸡加工业的产业集中度状况（THORNTON，2012）。

表 7-1 2011 年美国鸡肉即烹产品产量排行榜

排名	公司	2011 年（万磅*）	产业集中度（%）
1	Tyson Food Inc.	16 586	22.06
2	Pilgrim's Pride Corp.	13 082	17.40
3	Sanderson Farms Inc.	5 395	7.18
4	Perdue Farms Inc.	5 354	7.12
5	Wayne Farms LLC.	3 736	4.97
6	Mountaire Farms Inc.	3 612	4.80
7	Koch Food Inc.	3 515	4.68
8	Peco Food Inc.	2 188	2.91
9	House of Raeford Farms Inc.	2 140	2.85
10	Foster Farms Inc.	2 037	2.71
11~38	其他 28 家	17 529	23.32

注：2011 年鸡肉即烹产品周均产量。资料来源：*Watt Poultry USA*。

* 磅为英美制质量单位，1 磅≈0.45kg。

2. 产品深加工率高

2011年，美国前38位肉鸡企业共有屠宰厂158家，有深加工厂60家，肉鸡经过初加工的占90%，经过深加工的达40%以上；宰杀后初加工主要为生鲜肉制品，其中整鸡的销售小于10%，带骨分割鸡肉的销售占40%～45%，去骨分割鸡肉的销售占45%～50%。深加工处理后的熟食制品，代表产品有炸鸡块、鸡肉饼、鸡肉热狗、鸡肉香肠，以及全炉烤鸡等，Tyson Food Inc. 还研究推出了电视（TV）套餐和个人休闲套餐，既满足了简洁方便的需要，又有可观的经济效益。鸡肉加工深度化，大大提高了附加值，同时也有效地缓解了因饲料价格波动给肉鸡生产带来的影响。如美国1kg全鸡的平均售价为1.4～2.0美元，而1kg深加工制品的平均售价为7.6美元。在鸡肉热狗和鸡肉香肠的售价中，饲料成本仅占10%，而初加工后整鸡的售价中，饲料成本约占70%（张晶，2012）。

3. 机械自动化程度高

荷兰肉鸡加工业的成功主要体现在使屠宰过程实现自动化。荷兰早在20世纪70年代就制造出自动清膛机，其施托克（Stork）和梅恩（Meyn）两家公司早已成为肉鸡加工设备的先导性生产厂，控制了世界肉鸡加工设备市场的70%左右。如泰国进口的大多数成套肉鸡加工设备产自荷兰。

随着工业化和机械化的进一步发展，加工设备的自动化程度越来越高，分工也越来越细致，诸如去内脏、分割、去骨、称重等环节均采用了自动设备。这些设备的出现大大提高了过去人工操作的加工效率，增加了企业的利润。但之后较长的一段时间，由于受制于技术发展，以及各部分设备自身系统的复杂性等因素，各个环节的加工设备在互相配合的环节上衔接得并不十分顺畅，出现了称之为"自动化孤岛"（isolated islands of automation）的问题，使得肉鸡加工自动化仅在局部提高了生产效率，而不能实现真正的全程自动化。欧美肉鸡产业一般将能够实现自动掏膛的肉鸡加工生产线定义为"全自动"，而如果不具备这一能力，便只是"半自动"的程度。20世纪80年代之后，通过引入自动化转化装置，以及适当采用人工传输，肉鸡产业逐渐解决了"自动化孤岛"的问题，实现了不同流水线之间传输速度的同步化。同时，各种计算机在线监测设备也被逐步引入，例如通过3D成像技术，设备能够将信息反馈至传感器，自动调整切割位置以便更好地去除肉鸡胴体上的骨头；或者通过X射线/近红外技术来更精确地监测碎骨残留等。目前，欧美国家的肉鸡加工基本已实现全程一条龙的高度自动化。对于自动化设备的投资也从原先的安装高速屠宰生产线逐渐转移到增加分割、剔骨等精细设备上来。近年来，荷兰施托克（Stork）公司致力于向市场提供优质的产品和整体解决方案，如ACM-NT切割流水线、AMF-BX或FHF-XB胸肉去骨系统等（孙卉，2012）。

（三）经验借鉴

国际上发达国家肉鸡加工业起步早，历程长，积累了丰富和宝贵的可供借鉴的经验。概括起来主要是科技引领、企业主导、协会保障。

1. 科技引领

国际上，一些国家肉鸡加工业之所以发达且得以可持续发展，是因为离不开先进科技的引领和支撑。与肉鸡加工有关的科学研究主要集中于一些设有农学院的大学，分布在家禽科学系、动物科学系或食品科学系，这些大学围绕肉鸡加工有自己的学科特色，每个研究小组或团队也都有自己明确的研究方向，并且紧密结合本国的肉鸡生产或加工产业优势而选题。如美国得克萨斯 A&M 大学（Texas A&M University）侧重于肉鸡屠宰加工和鸡肉低温重组制品、车间致病微生物控制的基础和应用研究，阿肯色大学（University of Arkansas）则以鸡肉调理制品和副产物综合利用为主要研究对象，内布拉斯加大学（University of Nebraska）集中在机械脱骨肉，北卡罗来纳州立大学（North Carolina State University）致力于鸡肉制品加工与质量控制等方面；另外，有的研究小组围绕鸡肉品质或异质肉的形成机制开展工作，有的则以鸡肉安全或肉鸡加工福利为主。大学中鸡肉加工科学研究之所以活跃，始于政府、中介组织、慈善基金会等公益性研究经费的充足投入，大学的使命和发展需求，以及源源不断的具有创新思维的年轻学生。以美国为代表的肉鸡加工发达国家，公众长期形成的"基于科学"的社会素质植根于并影响着社会生活的方方面面，包括加工技术的开发、标准的制定、企业管理的创新等。

一些肉鸡加工业发达国家积累的雄厚的现代肉鸡加工科学基础，极大地带动了其鸡肉加工技术特别是高新技术的研究和开发，这主要是因为发达国家大学的社会活动除前面论述的进行肉鸡加工科学研究外，还非常重视应用技术研究、开发和推广。此外，大学外的公益性或企业研究所/研究中心则是担当着主要的技术研发任务。

在美国和荷兰，大学和研究机构对企业提出的技术需求和现实问题非常关注，同时企业也愿意与大学结合，加大投入，有针对性地进行新产品研发和技术装备的开发与市场推广。科学研究的价值只有最终转化为技术和工程装备才能得以实现。这些国家的大学和研究机构的研究经费 70.0% 来自协会和企业，这种合作保证了持续和充足的资金，达到了校企共赢，加快了技术创新和成果转化的速度和效率，是其肉鸡加工业保持强大核心竞争力的源泉。如英国最早在大学建立了肉品科学学科，但鸡肉加工业上的诸多新技术的发明与应用装备（如电击晕、脱毛机、自动掏内脏机、机械脱骨机、蒸汽烫毛）却发生在美国及荷兰等国家。国外肉鸡加工企业均拥有强大的研发机构或研发团队，他们搜集肉鸡加工相关进展信息，参加会议和博览会进行交流，积极开展技术研发、工程设计、项目合作、教育培训、市场预测等工作，形成了高效的研发组织和机制。

2. 企业主导

美国和荷兰等发达国家的肉鸡加工技术与装备的研发以"企业主导型"为特征，即企业在应用研究、技术开发、技术改造、技术引进、成果转让及研发经费配置使用和负担中居于主导地位，研发的主力军主要分布在企业，政府承担的研发成本应成为对企业的有效补充，并为企业研发创造良好的外部环境。发达国家肉鸡加工企业依托本国肉鸡产业和相关产业的基础，以及企业外部环境，以"企业主导型"研发发展机制支撑肉鸡加工业可持续发展，找准定位，突出优势，形成特色，创造了世界同行公认的成功模式。

（1）肉鸡屠宰加工自动化模式。荷兰的养鸡技术和肉鸡屠宰加工业都处于世界领先地位。荷兰家禽中心（DPC）成员梅恩食品加工技术公司（Meyn Food Processing Technology BV）是世界著名的肉鸡屠宰加工自动化机械制造商（图 7-1）。该公司 50 多年来不断创新技术，一直走在设备设计和制造的最前沿，主导产业科技发展，形成了荷兰肉鸡屠宰加工自动化模式。公司在世界上创造了很多技术第一，如 20 世纪 70 年代的自动掏膛机（automatic eviscerator），80 年代的自动二次挂鸡机（automatic rehangers），90 年代著名的鸡内脏清理机（automatic eviscerator），以及近期开发的二氧化碳击晕系统（CO_2 stunning system）、射流浸烫机（jet stream scalder）、足垫检测系统（footpad inspection system）、快速去骨机（rapid HQ deboner）等（孙卉，2012），公司产品遍布全球 90 多个国家和地区，致力于提供肉鸡加工的全套解决方案，包括待宰、脱毛、掏膛、冷却、称重、分级、剔骨、包装和入库各环节所需的先进技术和设备，也可提供成套生产线或单台设备，能够真正满足肉鸡业的需求，加工能力每小时 500～10 000 只，适用于不同体重的肉鸡，不仅产量高，损失小，而且质量安全性高，效率高，同时节省人工，设备维护成本低。这些方案集聚智能、创新、定制和可靠性于一体，囊括了所有业内相关知识、设备、系统和服务，可帮助客户改善产品性能来应对市场和社会所带来的挑战。2012 年，在荷兰总部新建了大型研发中心，内含展示和培训部门，强化技术设备开发，同时注重现场展示公司产品并对国内外客户进行培训。

荷兰通过肉鸡屠宰加工自动化模式，形成了荷兰梅恩、施托克（Stork）、林科（Linco）等几家大型肉鸡加工品牌，包揽了全国肉鸡屠宰量的 90% 以上，促进了本国肉鸡屠宰的规模化，极大地提高了其肉鸡屠宰加工自动化设备在国际市场上的竞争力。我国主要大型肉鸡企业肉鸡屠宰设备大部分从荷兰引进。荷兰养殖肉鸡数量远低于中国，但其鸡肉及制品出口量却居世界前列，与其加工自动化模式的带动密切有关。

（2）鸡肉深加工技术集成模式。美国、德国等发达国家在鸡肉制品精深加工技术和设备方面的总体水平处于领先地位，形成了具有鲜明特色和优势的肉鸡深加工技术集成模式。这些国家在世界影响比较大的鸡肉深加工公司包括美国卓缤技术公司（John Bean Technologies Corporation，JBT，兼并原 FMC 公司）（JBT CORPORATION，2012）、德国基伊埃集团食品公司（GEA Group Food Solutions GmbH，兼并原 CFS 公司）不断提出、完善和运用新的加工技术，根据新的基础理论成果设计出更好的加工设备，结合所加工鸡肉制品的种类和花色，开发了系列化、自动化的生产设备或生产线。目前，美国和德国在鸡肉精深加工设备上的研发正向多品种、自动化的方向发展。美国和德国鸡肉制品深加工的主要成套设备包括腌制、滚揉、绞碎乳

图 7-1   肉鸡屠宰加工自动化设备
（荷兰梅恩食品加工技术公司提供）

化、成型、上浆裹涂、油炸、冲击式气流烘烤、螺旋速冻、包装等（JBT CORPO-RATION，2012），这些设备可单体使用，也可配套成生产线，性能可靠、经久耐用、卫生安全、高效准确。多年来，美国、德国鸡肉制品加工设备出口量居世界前列。

3. 协会保障

在发达国家发展进程中，肉鸡加工各相关环节还成立了不少行业协会，对促进、规范和保障其肉鸡加工业的发展起到了不可或缺的作用，如加强行业自律、提供信息平台、多向沟通协调、扶持企业发展（如推广适用的先进技术、推销产品、宣传企业形象）等。这些行业协会一般是非营利性民间组织，而不是政府的附属机构，受到政府的免税支持，对政府的管理影响很大，包括协助立法和决策、提供咨询、争取行业权利、制定和推行行业技术法规或标准、扩大信息交流等。

发达国家行业协会有许多成功的经验和做法，对我国具有一定的启示：注重行业协会的独立性和自主性，注重行业协会的经济属性，注重行业协会的桥梁纽带功能，注重行业协会的服务功能，注重行业协会的自律功能。

二、我国肉鸡加工产业发展现状

从发展历史可以看出，我国肉鸡加工产业经过 30 多年的持续发展，虽然经历了很多挫折，但在产业规模、结构、效益等方面，还是取得了令世界同行瞩目的成就。我国肉鸡加工业规模不断扩大，成熟度（集中度、集约化、现代化）水平逐渐提高，企业经济效益得到改善，产业结构日趋合理。

　　我国肉鸡加工产业正以初级产品加工为主逐步向产品深加工转变，涌现出一批经营规模较大的肉鸡加工企业。根据中国肉类协会发布的 2011 年中国肉类食品行业强势企业公告（基于 2010 年企业申报数据），肉制品产量前 10 位企业中肉鸡企业有 4 位，分别是河南食业集团（第 5 位）、北京华都集团有限责任公司（第 6 位）、河南大用（集团）实业有限公司（第 7 位）、山西粟海集团有限公司（第 8 位）。按禽类加工屠宰总量、销售额、利税总额、出口创汇分别排名前 10 位的企业见表 7-2。

表 7-2　禽类加工企业按不同指标排名情况

企业名称	屠宰总量	销售额	利税总额	出口创汇
山东六和集团有限公司*	1	1	1	9
河南大用（集团）实业有限公司	2	2	2	6
南京桂花鸭（集团）有限公司*	3	—	—	8
山东凤祥（集团）有限责任公司	4	6	3	2
北京华都集团有限责任公司	5	5	—	4
福建省圣农实业有限公司	6	7	6	—
青岛九联集团股份有限公司	7	4	8	3
山西粟海集团有限公司	8	10	7	—
河南华英农业发展股份有限公司*	9	—	—	10
河南永达食业集团	10	8	—	5
诸城外贸有限责任公司	—	3	5	1
山东春雪食品有限公司	—	9	—	7
煌上煌集团有限公司 *	—	—	4	—
山东仙坛股份有限公司	—	—	9	—
福建森宝食品集团股份有限公司	—	—	10	—

　　注："—"表示排名不在前 10 位。"＊"表示该企业包括除肉鸡外的其他禽类。

　　肉鸡产业是中国农牧业中集团化、产业化程度较高的产业之一，发展到现在，出现了一批集种鸡繁育、饲料生产、肉鸡饲养、屠宰加工、冷冻冷藏、物流配送、批发零售等环节为一体的一条龙生产经营的肉鸡生产加工集团化企业（表 7-2）。但与国外相比，我国的集团化、产业化程度还不够。美国最大的肉鸡生产企业年屠宰肉鸡超过 20 亿只，而我国最大的肉鸡生产企业年屠宰肉鸡仅超过 2 亿只；美国前十位肉鸡生产企业生产了全国 75.0% 的鸡肉，而我国前十位累计约 15.0%，差距还非常明显。

　　在产业效益方面，总体来看饲养 1 万只肉鸡，可产生 GDP6.95 万元，创造产值 63 万元，带动就业 25 人，间接带动就业 700 人。2010 年，按全国出栏肉鸡 107.5 亿只计算，整个肉鸡产业链总 GDP 约为 747.1 亿元，总产值 6 772.5 亿元，为 2 687.5 万人提供了就业机会，为农民创造纯收入 344.0 亿元。据最新预测，目前整个肉鸡产业链为 4 000 万农民提供了生计，相当于农民总数的 5%，为农民创造收入 600 多亿。另外，肉鸡产业是粮食转化的重要途径，是保障粮食安全的重要手段，也有利于农业结构调整。肉鸡食用的饲料以玉米、大豆为主，每年消耗饲料粮 2 200 多万 t，其中消耗玉米 1 500 万 t、大豆 700 多万 t，带动种植业农民就业 1 600 万人。

近年来，为了促进肉鸡业的发展，地方层面上，地方政府相继出台了很多政策，如补助政策、用地政策、信贷政策、贴息政策、工商政策、运输政策、环保政策、用电政策、木材政策、服务政策等诸多政策。国家层面上，出台了一系列扶持政策，包括减免检验检疫费、政府贴息贷款、建立产业发展基金和出口绿色基金等；同时加大对国际交流与交涉的力度，为禽肉产品巩固和扩大国际市场保驾护航。2008 年，农业部和财政部联合启动了现代肉鸡产业技术体系建设。2010 年，农业部为了深入贯彻中央经济工作会议的精神，提出了关于加快推进畜禽标准化规模养殖的意见。实践证明，没有政府强有力的扶持，肉鸡行业不可能健康发展。当前行业遇到的许多问题，也只能在政府的协助下，才能得到彻底解决。

第二节　肉鸡加工产业存在问题

一、国际肉鸡加工产业存在问题

目前，世界肉鸡加工业发展主要有动物福利、质量安全、资源与环境三个方面的问题。

（一）动物福利问题

近年来，各国消费者越来越重视动物福利（刘云国，2010）。英国肉鸡产业区别于海外竞争者的一个重要方式就是相对注重动物福利。动物福利问题正在继绿色壁垒、环境壁垒后成为肉鸡业国际贸易的一道新的壁垒。为了出口肉鸡产品，必须与国际接轨，采取一系列政策以提高肉鸡产品品质，这包括确保肉鸡能够在舒适的环境下生长、运输和进行屠宰加工。有研究表明，不注意动物福利，鸡的自身免疫能力会大大降低，进而引起肉鸡疫病；而处于应邀状态的肉鸡会大量分泌肾上腺激素，影响鸡肉的质量，并有可能产生对人身体有害的物质。不久前，美国一家很有影响力的名为"善待动物协会（People for the Ethical Treatment of Animals）"的民间组织发动了一场声势浩大的全球性抗议、抵制运动，指责肯德基、麦当劳等快餐公司为了降低成本，所用的鸡全部被养在拥挤不堪的笼子里，并且由于饲养员疏于清扫，使得肉鸡整日与鸡粪为伴，污秽不堪，没有享受到它们应该享受的最基本的福利。面对强大的压力，两公司不得不做出承诺，要求供货的养殖场采取措施，改善动物的养殖环境，不得采用强迫进食等虐待动物的措施，否则将停止进货。

(二) 质量安全问题

在国外，提起鸡肉质量安全问题，通常都是指微生物污染问题。但在我国，公众似乎更关心化学物污染问题。微生物污染问题包括沙门氏菌、单增李斯特杆菌、金黄色葡萄球菌、弯曲杆菌等。沙门氏菌的特点是能在鸡肉制品或加工环境中存活很长时间。控制好鸡肉源头，做好环境消毒，防止交叉污染是控制沙门氏菌的关键。单增李斯特杆菌主要定居在各种环境中，如在鸡肉加工中，通常潜伏在下水道、地板和冷冻设备中。虽然单增李斯特杆菌的最适生长温度为 30～37℃，但它可在 1～45℃的环境中生长，特别是它具有特别耐受冷的能力，在冷的环境中它的生长通常会超越竞争者而成为主要菌种；同时，它的生长繁殖也不引起食品的腐败；它的感染剂量低，感染后会引发患者脑膜炎，死亡率高达 20％以上，主要感染免疫力低下人群。做好环境清洁消毒和环境监控可以减少单增李斯特杆菌中毒的概率。金黄色葡萄球菌是导致毒素型细菌性食物中毒案例最多的病原菌。金黄色葡萄球菌并不耐热，但其肠毒素却非常耐热，通过烹煮过程并不能使其失去毒性。在经过加热、加盐等加工过程杀灭或抑制了其他种类的细菌后，在没有竞争的条件下，金黄色葡萄球菌就会大量繁殖并产生毒素。肉鸡加工者是金黄色葡萄球菌食物中毒的主要传播源，因此，加工肉鸡员工的洗手消毒和适当的贮藏温度是控制金黄色葡萄球菌食物中毒的关键。弯曲杆菌在美国被认为是引起食品感染中毒事件最多的细菌。弯曲杆菌对热敏感，通常的烹煮能将弯曲杆菌杀死。防止加热杀菌后二次污染是防止弯曲杆菌中毒的关键。2000 年以来在世界范围内频繁发生禽流感问题也大大影响了鸡肉的消费和国际贸易。

2011 年，德国超市半数以上鸡肉抗生素残留物超标。这一事件一经曝光，便引起广泛关注。在德国，鸡肉产品中含有对抗生素具有耐药性的细菌已较常见。德国联邦风险评估研究所 2009 年曾开展相关检测，结果发生在 629 份鸡肉样本中，22.3％的样本疑似含有耐甲氧西林金黄色葡萄球菌（MRSA），又称 "超级细菌"。MRSA 等细菌可能在肉鸡宰杀时污染到肉上，这些耐药细菌的产生与禽畜饲养者大量使用抗生素有关。因此，专家建议饲养者改善禽畜的生存环境，在饲养时慎用抗生素并在屠宰时注意正确方法，尽量避免动物身上的细菌进入肉内。消费者则应注意在食用肉类前对其充分加热并注意厨房卫生，防止肉中细菌污染其他食品。另外，世界各国仍然存在由农兽药残留引起的鸡肉质量安全问题，又称 "绿色壁垒"问题。肉鸡胴体加氯消毒抗菌处理在美国应用已超过 27 年。加氯消毒处理是为了消灭鸡肉的病原体，并有助于保护消费者。但 2010 年 1 月 1 日，俄罗斯联邦消费者权益保护和公益监督局发布的《关于禽肉生产与流通的决议》正式生效，该决议将禽类加工溶液中的氯含量的最大值从每立方米 200mg 降至 50mg。俄联邦对此解释称，在高浓度情况下，氯在食品中沉积并形成对人体有害的合成物质；因此，宣布禁止进口美国鸡肉，主要原因是美国制造商使用的冷冻技术生产的鸡肉未能达到俄罗斯对氯含量的检测标准。

（三）资源与环境问题

世界肉鸡加工业还存在较多能耗高、排放高，甚至污染大的加工企业。因此，强调发展低碳肉鸡加工，将会促进企业的技术升级和创新，降低能耗，减少温室气体排放，从而获得更大的发展空间和更高的回报。这需要企业提高员工低碳肉鸡加工意识，注重肉鸡加工领域的技术创新。低碳肉鸡加工的重点应放在水资源和能源的优化管理利用，以及技术革新上（孙大文，2010）。

水在肉鸡加工中一直占据着重要的地位，贯穿着整个加工过程，包括清洗、消毒、减菌、加热和冷却都离不开水。水还用于加工过程中传送原料，以及清洗生产设备。总之，肉鸡加工是一个高水耗过程。肉鸡加工企业如果过度用水，就会产生大量废水，从而加重了企业的经济负担，降低利润。开发低碳肉鸡加工工艺，企业首先要采取措施有效地减少用水量和污水的产生，这些措施包括源头消减方案，即减少用水量，以及处理方案，即减少废水排放和废水的污染程度。

能源在肉鸡加工中同样占据着重要的地位。热加工如蒸煮、油炸、烧烤、烟熏是肉鸡加工中常用的方法，都需要消耗大量的能源；冷加工与贮存如冷却、冷冻、解冻等同样需要消耗能源。由于鸡肉及其制品的多样性，耗能工艺也是各式各样。肉鸡加工每年都会产生巨大的浪费。过程优化、操作技术革新及合理安排工作计划等方法，可以减少浪费和能耗。

肉鸡宰杀后会产生大量的副产物如羽毛、内脏、消化道及内容物、血液、头、爪、皮、骨等。除一些肉鸡加工发达强国如美国、荷兰、泰国（一般没有食用的习惯）等综合利用比较成功，主要进行粉碎干燥制成粗饲料外，其他肉鸡生产大国如巴西、阿根廷、印度等，综合利用程度相对较低，有的甚至随污水排放，不仅增大了污水处理难度，也污染了环境。整体上，肉鸡副产物作为一种资源，对其进行更高附加值的综合利用仍不普遍。

二、我国肉鸡加工产业存在问题

（一）深加工水平不足，产品质量不高

世界肉鸡加工业的发展大致经历了三个阶段：整鸡加工—分割鸡加工—鸡肉深加工。在畜牧业和食品工业发达的国家，如美国，早在1990年分割鸡和深加工鸡肉产品就分别占销售总量的45.9％和30.7％，鸡肉的深加工产品种类繁多、琳琅满目；现在已进入了鸡肉深加工的最高层次——熟食鸡加工阶段，鸡肉的加工率在70％以上。而我国目前仍处于从分割鸡加工向鸡肉深加工的过渡时期，分割鸡有150多个品种，占整个肉鸡产品的60％左右，深加工鸡肉产品却只占到总量的15％左右。与发达国家70％以上及世界50％的平均水平相比，加工程度还很低，而且加工的品种也

少，熟食品种则更少（孙卉，2012）。

目前，我国的深加工鸡肉产品不仅数量少，而且主要以高温传统制品为主。虽然高温传统鸡肉制品灭菌效果较好、常温下货架期较长，但是由于经过高温处理，产品风味等食用品质都有所下降，营养成分也受到一定的破坏；同时，传统制品多数以手工作坊式生产，具有很强的区域性，受加工过程不规范、产品标准不统一、产品包装落后等因素的影响，常出现产品氧化严重、出品率低、产品一致性差、安全难以保障等质量问题。近年来，我国鸡肉调理制品发展较快，但因操作过程污染程度较高，导致货架期短，其中，冷冻调理制品还常因冷冻、解冻而易造成汁液损失、颜色劣变、口感差等问题，这都严重制约鸡肉调理制品的发展。

（二）加工新技术应用滞后，劳动密集度强

我国肉品加工领域自"九五"以来已获得多种科技立项支持，通过自我研发与引进、消化、吸收，在产品加工及质量安全控制方面虽然取得了系列技术成果，引领了行业科技发展，但这些技术成果以单项的居多，不仅集成程度低，更未很好地实现工程化。

在肉鸡屠宰方面，我国缺乏宰前管理、屠宰、分割、包装、贮运和检测等系统的工程化技术，国外加工新技术引进应用得也少。如在浸烫脱毛工序，国内大部分企业采用热水浸烫脱毛；而发达国家的大型企业通常采用蒸汽烫毛、逆流式热水或者热水喷射式浸烫方式，可很大程度上降低由于浸烫水带来的交叉污染。

我国低温肉制品起步较晚，从20世纪80年代中期开始引进国外的先进技术和设备，进行低温肉制品的生产。除了产品配方差异外，我国在腌制、滚揉、斩拌、乳化、热处理等工程化技术及集成方面还有待大幅提高。传统肉制品的工艺标准化和现代化改造已成为我国肉品工业发展不容回避的问题，其中关键工艺和装备与欧洲国家还存在很大差距。腌腊制品加工过程中的快速成熟技术、发酵肉制品加工过程中的发酵剂工业化生产技术、发酵过程中的控温控湿技术也仍未实现技术工程化及集成。

肉品质量控制技术方面严重滞后于国际同类水平和国际贸易要求。近年来，随着经济的发展，对一些先进的保鲜技术和管理方法也进行了许多探索，但目前还缺乏系统性，也不够深入。肉品微生物预测技术在我国刚刚起步，目前只建立了部分腐败和致病微生物的模型，还不能达到应用水平。

由于肉鸡属于小个体畜禽，新技术应用的滞后也使得工人劳动强度加大，劳动密集度增强，同时也导致微生物污染控制难、汁液损失大、易褐变褪色、货架期短等质量安全问题。

（三）全产业链尚未真正形成，风险成本仍然较大

肉鸡加工产业涉及肉鸡饲养、加工、贮存、运输、销售等多个环节。虽然已出

现一些集种鸡繁育、饲料生产、肉鸡饲养、屠宰加工、冷冻冷藏、物流配送、批发零售等环节为一体的一条龙生产经营大型龙头企业，但这样的企业数量还是很少。这些龙头企业即使有肉鸡饲养环节，但企业自身养殖的肉鸡数量远远不能满足企业屠宰加工的产能需求，大部分肉鸡原料仍靠外界收购。

在肉鸡加工原料——肉鸡饲养方面，由于饲养周期短、密度大、发病率高、疫病种类多，在饲养过程中大量使用抗生素、抗病毒等药物的现象普遍，药物残留事件屡屡发生，使得优质的加工企业并不一定生产出安全可靠的鸡肉产品，出口鸡肉产品因药物残留问题遭到退货要求时有发生，肉鸡加工企业风险成本增大。2011 年我国鸡肉产量 1 320.0 万 t，仅次于美国，但我国鸡肉及制品出口仅约 42.3 万 t，大多出口到日本、马来西亚等国家和我国的港、澳地区，欧盟市场仅有少量市场份额，且以熟肉制品为主。其主要原因是我国鸡肉产品存在质量安全问题。

由于鸡肉生产加工方式较为落后，生产过程中微生物防控体系薄弱，所以鸡肉产品存在货架期短的缺陷；另一方面，目前大多数鸡肉产品的销售环节与加工企业脱离，鸡肉产品贮存、流通、销售很难做到无缝对接，加之各环节条件不，也造成鸡肉产品安全难以得到保证，这使得鸡肉加工企业的风险成本加大。

（四）研发机构缺乏，科技投入少

我国肉品科技起步于 20 世纪 90 年代，已取得了很大的发展，但真正针对鸡肉加工的科技工作还很少，还存在科研投入不足、技术成果相对较少、成果转化率低等问题。一方面，从国家总体科研投入来看，政府和企业研发（R&D）投入不足、投入方向不合理，科研成果与生产之间的衔接不紧；另一方面，从肉鸡加工本身来看，国家对鸡肉加工的科研机构设置缺乏、队伍建设不足，投入少，直到"十一五"后期，在农业部设立的现代农业产业技术体系中设置了鸡肉加工岗位，才有了一支专门针对肉鸡加工的科研梯队和相应的科研投入。

第三节　加工产业发展趋势

一、国际肉鸡加工产业发展趋势

未来 20 年，国际肉鸡加工业发展趋势表现在加强动物福利和环境保护，保证鸡肉消费的质量和安全性，提高加工效率和资源综合利用程度，以及注重品牌和资本运营管理等方面。

（一）加强动物福利和环境保护

欧美消费者很关心动物福利，希望动物在从饲养到屠宰的整个过程中都能符合科学的动物福利标准。对于消费者尤其重要的是，能够有足够的证据表明在生产的各个阶段若能保证动物福利，肉品质量和安全将得到提高。屠宰前处理和致晕措施非常重要。鸡出栏时，要采取正确的抓鸡方法，运输途中要注意运输距离、方式、运输密度、温度等，宰前禁食和休息方式要恰当，环境要适宜，卸筐挂鸡操作要轻拿轻放等，采取人道屠宰，包括通过蓝色照明通道、正确的致昏和沥血方式等。这些都是未来肉鸡屠宰加工时必须考虑的动物福利因素（CIEMENTs 2012）。对肉鸡加工业而言，加强环境保护就是减少加工过程中一切对环境不利的因素，比如降低传统加工工艺中耗能、耗水环节，以及粪便、污物、下脚料等处理不当对环境的污染，减少温室气体和污水污物排放。荷兰马瑞奥施托克肉禽加工公司（Marel Stork Poultry Processing Limited Company）最近发明的气流蒸烫系统（Aeroscalder，图 7-2）采用程序可控的含有一定水分的热空气流（Moisturized hot air）代替过去的水浸烫方式烫煮脱毛，这项技术实施后，用水减少了 75%，能量减少了 50%（Georgia Tech Research Institute，2012）。在鸡肉深加工方面，发达国家逐渐在鸡肉制品熟加工中采用"无水蒸煮、无油煎炸、无烟烧烤"的"三无"热处理技术，可以节水、节油、防止空气污染。

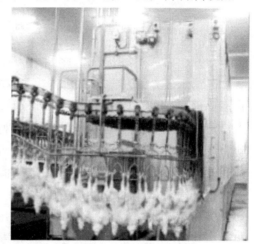

图 7-2 气流蒸烫系统（aeroscalder）
（荷兰马瑞奥施托克肉禽加工公司提供）

（二）保证鸡肉消费的质量和安全性

许多动物福利措施或技术的应用，同时也能保证宰后鸡肉的质量，如放血充分，避免腿部和胸部等部位瘀血，减少骨折，防止类 PSE 鸡肉发生对颜色、保水性等特性的不利影响等。上述气流蒸烫系统（aeroscalder）可以大大减少致病微生物交叉感染，也可使鸡胴体或鸡肉外观更美观。

除此之外，肉鸡加工产业正发生着技术变革，如荷兰马瑞奥施托克肉禽加工公司新发明应用的鸡胴体风冷系统（in-line air chilling system）和自动 X 线检骨系统（sensor X-bone detection system）是保证鸡肉消费的质量和安全性的典型案例（GEORGIA TECH RESEARCH INSTITUTE，2012）。风冷系统可使胴体在不至于鸡翅冻结及表面过干、水分损失最低的情况下达到正确的中心温度，而且风冷过程中会完成成熟使得鸡肉嫩度更好。自动 X 线检骨系统可自动从鸡肉中发现骨头或其他外来杂物，这些污染物可通过高分辨率色彩显示出来并除去，对超过 2mm 骨的检出率达到 99%，假阳性率低于 3%。应用信息技术（IT）可控制或评价肉鸡加工各环节的质量，比如由鸡胴体的不同解剖部位可判断皮肤损伤、断翅或瘀血等次品。物联网信息技术也可以实现鸡肉的跟踪和可追溯，保证鸡肉的质量和安全性。

有机鸡肉（organic chicken）、散养鸡鸡肉（free-range chicken）、非笼养鸡鸡肉（cage-free chicken）也是未来高端鸡肉发展的方向。美国阿肯色州大学食品安全协会研究员已经发明一种利用葡萄和绿茶提取物消除辐射对鸡肉产生的部分负面影响的方法，这将使得辐射肉为消费者所广泛接受。研究员们指出，辐射过的鸡肉或是肉质特别紧密或是很红，少量的葡萄籽提取物和绿茶提取物能有助于软化组织，减少变色。

（三）提高加工效率和资源综合利用程度

随着劳动力成本的提高，以及人力操作带来的劳动福利差、污染高、效率低等问题，肉鸡加工过程中通过机械化、自动化甚至智能化代替手工已是大势所趋。美国乔治亚理工学院（Georgia Institute of Technology）研究团队研制成功能够替代人力将价值高的鸡脯肉进行精确切割并从鸡身上分离开来以完成剔骨的机器人，可在劳动力成本方面节省数以百万计美元，而且可以大大提高鸡肉得率。这台装备有机器臂和外科手术刀的机器由一个三维成像系统引导，该成像系统可在几秒内瞬间判断每只鸡的大小，以及它的皮、肉和骨头的位置，能够像人用刀一样快速高效地把鸡肉从鸡身上切下来，切割精确度可达几毫米（McWHIRTER 2013）。丹麦霍斯利工业公司（Haarslev Industries A/S）是专门从事肉鸡屠宰副产物综合利用及废弃物无害化处理的公司，目标是减少因副产物或废弃物排放而可能引起对环境的污染，并提高资源综合利用程度。将屠宰加工肉鸡产生的鸡肠和内脏收集起来，可作为养鱼、养貂的饲料；在熟食品加工过程中，若不经加工处理，大量的油脂随着设备、工具、地面清洗途径进入排水管道，白白地流走不仅非常可惜，而且还污染了周围环境。为了回收这些油脂，霍斯利工业公司设法在企业内每一个车间的排水口将生活排水与生产排水分流，在生产排水口处建造了多级梯次隔油池，将截留下来的油脂交给有环保资质的油脂处理公司专门处理；屠宰企业每年产生大量鸡毛，过去这些鸡毛中除了少量成色好的被廉价处理掉外，其余大部分随污水排出，既造成浪费又污染环境。如今，霍斯利工业公司遵循循环经济的发展理念，通过建设羽毛加工厂，可生产成品羽毛蛋白粉，作为饲料营养添加剂重复利用，每年鸡毛综合利用就获利颇丰。肉鸡宰杀过程中肠道中产生的大量鸡粪，如果处理不当就会污染环境，甚至造成人兽共患疾病传播。把鸡粪全部收集起来，经过发酵，作为优质肥料返回农田之中，可实现农牧业生产的良性循环，也可实现增值（王岩军、毛秋岩，2013）。

（四）注重品牌和资本运营管理

运营管理是企业三大主要职能（财务、运营、营销）之一，企业通过运营管理把投入转换成产出。因此，运营管理在企业竞争过程中有着举足轻重且不可替代的地位。出色的运营管理是企业生存以至取胜的关键要素之一。随着经济全球化的深化、市场需求的变化，以及科学技术的发展，运营管理除了要考虑基于价格、质量、时间的竞争之外，还要考虑基于服务、柔性和环保的竞争。尤其是在以人为本、全面发展、协调发展、可持续发展等问题日益受到关注的今天，这些因素将显得更加重要。这种竞争战略的调整，将会体现在运营管理的战略理念、方法的各层面及集成管理等趋势方面。在运营系统的设计与管理总框架下，企业内部的生产与运营管理将扩展到企业所在的供应链上去。近年来，国际肉鸡加工企业通过品牌和资本运营管理，包括重组、兼并、收购、上市、国际化、多元化等竞争优化方式，正发生着巨大的变化。截至 2012 年 9 月，荷兰马瑞奥施托克肉禽加工公司（Marel Stork Poultry Processing Limited Company）拥有马瑞奥、施托克肉禽加工、汤森深加工三个品牌（Marel，Stork Poultry Processing and Townsend Further Processing）；2012 年 5 月，美国"股神"沃伦-巴菲特（Warren Buffett）麾下伯克希尔哈撒韦公司（BARK）旗下农产品子公司（CTB Inc.）收购荷兰梅恩股份公司（Meyn Holding Limited Company），目的是将业务拓展至肉鸡加工等领域。2007 年，丹麦林科食品系统公司（LINCO Food Systems A/S）与德国八达公司（BAADER）合并。

二、我国肉鸡加工产业发展趋势

（一）发展养殖加工一条龙规模化经营模式，生产优质健康产品

肉鸡饲养是饲料—养殖—屠宰—肉制品加工产业链中最薄弱的一环，单独的养殖风险很大，从全球的发展趋势看，必须要有相关的产业链作为依托。与发达国家相比，当前我国肉鸡产业较为分散，行业集中度比较低，抗风险能力也比较弱。由于国际资本和国内游资不断涉足我国肉鸡产业的上、下游产业链，这样一来必将加剧行业内的规模经营和行业间的纵向整合。

规模化、自动化和信息化是世界肉鸡产业发展的潮流。欧、美等肉鸡产业发达地区，已经实现了从孵化到屠宰、包装全过程的高度自动化和信息化。我国肉鸡业经过多年的发展，技术和规模已达到一定水平，但劳动生产效率只有发达国家的 10%。因此，未来的肉鸡加工产业趋势必将是规模化、高度自动化和信息化的大型肉鸡养殖加工一条龙企业逐渐取代设备简陋的养殖场和单一加工企业，肉鸡产业链整体效率将大幅度提高。

同时，随着经济的发展和人们生活水平的提高，食品质量安全问题日益受到全社会的关注。建立和完善鸡群健康生物安全体系，在生产加工中建立起产品质量安全追溯体系，提供健康、绿色、无公害产品也成为国内肉鸡加工产业发展趋势。

（二）塑造名牌产品，发展深加工制品，适应市场需求

在鸡肉加工方面，一方面要发扬传统制品优势，打造名牌特色产品；另一方面要进一步发展深加工，适应不同市场的需求。

我国具有历史悠久的饮食文化传统，具有独特的鸡肉加工产品，如道口烧鸡、德州扒鸡、常熟叫化鸡、江东盐焗鸡、长沙油淋鸡、云南风鸡等，产品丰富多样，名扬四海，长兴不衰，甚至在国际上也有一定的影响。对于这些产品，我们应该努力使传统技术与现代工艺相结合，实现中西合璧，保留传统风味特色，实行现代化加工，推行标准化包装，并积极与世界各国在更加广阔的国际领域开展合作与竞争，使美味、可口、色香味俱佳的中国传统风味鸡肉制品继续发扬光大。

另外，长期以来，中国人消费鸡肉的传统方式大多数是购买鲜活鸡回家自己烹调，但随着人民生活水平的提高、生活节奏的加快，调理制品市场需求加大，因此要进一步发展鸡肉生鲜调理制品和一些半成品。在日本、美国等发达国家的居民家里，家庭厨房主要用来进行简单加工（如微波加热保温）和保鲜贮存食品（如冰箱），人们大多直接享用现成的鸡肉制品。

此外，要充分利用新技术、新工艺和新设备，发展精深加工产品，开发多品种、多风味小包装产品。如将酶工程技术应用于鸡肉的嫩化，可使鸡肉更易于消化吸收；将肌肉蛋白凝胶技术应用于糜类鸡肉制品的开发，可改善产品质构，解决鸡肉黏结性、切片性和咀嚼性较差的缺陷；运用 CO_2 超临界萃取、气相-质谱联用（GC/MS）等技术，对鸡肉的自然风味成分进行提取、分析，以解决快大型肉鸡肉风味不如土鸡肉的问题；利用气调包装、辐照技术、栅栏技术、冷链管理等现代贮运保鲜技术，延长产品的货架期；将超微粉碎、真空冷冻粉碎等技术应用于鸡骨资源的综合利用，开发出营养价值高、钙磷比例合理的功能性补钙食品，提高产品的附加值。

（三）加大科技投入，加快成果推广

我国政府研发经费投向大学与研究机构偏少，投向产业界偏多。实际上大部分企业科技投入主要用于购买技术装备，提升企业形象，以获取更多的外部资金支持，仅少数大型企业利用科研投入进行新产品研发、提高生产效率和产品档次，增加企业效益。目前，一个比较普遍的现象是，即使部分企业投入较高的成本购置或引进先进的技术装备，这些设备也并没有得到很好的应用。

我国在应用技术研究和试验发展研究方面取得了一定的成果，但科技成果转化率不高。一种情况是一部分新技术和高技术虽已研发出来，但技术成果缺乏成熟性、稳定性和安全性，降低了产品的市场竞争力；另一情况是科技成果商品化进程缓慢，相关科研单位研发出来的研究成果不能及时投入使用。此外，科技成果相互模仿、低水平重复建设问题突出；大量的中小企业技术落后，没有独立的研发能力，对引进的国外先进设备消化吸收和自主创新不够。因此，要加快肉鸡加工企业现代化发展，就必须要加大在科技层面的经费投入，加快科研成果转化，一方面解决生产加工中出现的技术难题，另一方面，推进肉鸡加工企业现代化发展的进程。

第四节　加工与物流技术发展趋势

一、国际肉鸡加工技术发展趋势

（一）现状与问题分析

1. 现状分析

（1）应用基础研究广泛而深入。目前，发达国家科学家正对鸡肉品质控制的基础理论进行广泛、深入的研究。①研究鸡肉中 AMP 激活蛋白激酶（AMPK）的活性和分布对糖酵解途径中关键酶活性及糖酵解速度和进程的影响，揭示了这些影响与肌细胞中乳酸积累的关系，为阐明 AMPK 与肉鸡宰后糖酵解及肉品质量形成的关系提供了依据。②研究各种动物福利条件（如运输、宰前管理等）对宰后鸡肉生物化学特性及品质的影响，为肉鸡加工业采用动物福利相关技术提供理论依据。③研究不同加工条件和包装方式对鸡肉食用品质、安全特性、蛋白质功能特性和货架期等的影响，主要的处理方式有微波处理、γ 射线、高压处理、离子辐射、真空包装、气调包装、辐射结合气调包装等。④研究主要致病菌（沙门氏菌、单增李斯特菌和弯曲菌等）和物理化学污染物（兽药、激素、重金属、多聚芳香烃等）在鸡肉加工过程中的污染分布、迁移变化规律和风险评估等（徐幸莲等，2010）。

（2）加工技术及设备先进。发达国家肉鸡屠宰技术及设备的自动化程度仍在提升之中。采取自动化方式在鸡舍装鸡和加工厂卸鸡，与过去单个抓鸡、挂鸡相比可以减少 2/3 的劳动强度，也可减少对鸡体的损伤，以及因应激造成的肌肉痉挛而对肉质的影响。发达国家应用科学合理的宰前管理和动物福利技术有效改善鸡肉品质，减少胴体损伤。致晕、电刺激方面，发达国家已经采用物理、化学等手段改善宰后鸡肉品质，如宰后采用高电流（125mA）低频（50Hz）刺激以加速肌肉嫩化，提高鸡肉品质。浸烫脱毛方面，发达国家大型肉鸡企业通常采用逆流式热水或者热水喷射式浸烫方式进行脱羽和消毒，减少了浸烫水带来的交叉污染。剔骨分割方面，部分发达国家已经采用了自动脱骨机，减少了人工分割带来的分割不均匀、规格不统一等问题的发生。预冷技术方面，发达国家在水冷方面把冷却槽中的冷却水用氯气灭菌，再伴随着换水，只要用 $20\mu L/L$ 的氯化水就可以达到充分消毒灭菌的作用。欧盟、加拿大等发达国家通常采用冷风冷却，在降低了冷却水交叉污染的同时也减小了对环境的压力。屠宰设备方面，欧盟发达国家把自动化、智能化、信息化的设备已经应用到了肉鸡屠宰加工中，击昏、烫毛、掏脏（如机器人智能化系统）、冲淋、污染物检测（如鸡胴体表面污染物检测机器视觉系统）等关键环节已很大程度上实现了自动化和智能化，既节省了劳力和成本，又减少了因人为操作而造成的污染，保障了产品质量和安全。鸡肉深加工主要体现在高新技术和关键设备的应用方面，如真空快速滚揉腌制系统、真空斩拌程序化控制及过程虚拟系统、单体快速冻结系统等。发达国家鸡肉产品开发正在向品种多样化方向发展，产品花样不断翻新，如对鸡肉夹心调理制品的开发，涉及夹心模具、夹心配料、表面裹涂材料及配方、充填、油炸、冷却等系列关键环节。此类产品目前在国内还是空白。同时注重核心技术的开发，如鸡肉深加工制品风味控制逐步由萃取性香辛料精油或微胶囊化香精取代复合香辛料粉。

（3）安全控制水平高。发达国家已经普遍建立起以 HACCP 为基础的全程质量控制体系，对防止产品污染起到了很大作用；已建立溯源体系，并用同位素示踪技术进行确证，实现了全程质量安全追溯。在微生物预测方面，已开发了一系列软件，如澳大利亚开发的 FSP（food spoilage predictor）模型、加拿大开发的微生物动态专家系统等；美国农业部将上述几种模型数据库进行整合，开发了 Combase 微生物数据库（预测性微生物学信息数据库），该数据库信息容量大，具有很高的应用价值。在鸡肉贮运过程中已广泛使用冷链技术，同时采用不同的包装方式，保证了鸡肉在贮运过程中的质构、色泽、风味等品质和安全性。此外，运用 T. T. T.（time-temperature-tolerance）理论，并采用传感技术和计算机处理技术研究预测冰鲜鸡肉的货架期；逐步把辐照、超高压、高频电场、微波等非热杀菌技术和活性包装技术应用到冰鲜鸡肉的安全保鲜中，并研究开发天然香辛料的保鲜防腐功能。

（4）副产物综合利用程度深。美国、日本等国家对肉鸡副产物的开发利用十分活跃。尤其是鲜骨，在日本被认为是高级营养补品，在美国等国家被称为 21 世纪功能性食品。很多国家已经利用鸡骨架制成了骨糊肉、骨味素等新型食品。发达国家对肉鸡副产物的利用形式多样，如鸡血，早期主要用于饲料、制药等行业，现在随着对血液研究的深入，对它的利用已经拓展到了新的领域，如提取鸡血液中抗癌活性物质制成微胶囊制剂。比利时、荷兰等国将鸡血掺入红肠制品中，日本用鸡血液加工生产血香肠、血饼干、血罐头等休闲保健食品，法国则利用鸡血液制成新的食品微量元素添加剂。

2. 问题分析

（1）动物福利技术。许多发达国家对进口动物产品提出了动物福利要求，同时世贸组织也明确规定了动物福利条款，要求各成员必须遵守相关准则。欧盟对动物福利的要求相对更为严格，有专门的法律法规进行约束，美国和澳大利亚虽有相关法规，但监管力度不够，而巴西在此方面还比较缺乏（宰前运输和静养环节）。动物福利技术尚待深入研究：运输和静养时间对动物福利和品质之间的关系尚待深入研究。宰前击昏可使动物在屠宰过程中感觉不到疼痛，减少动物的宰前应激，提高动物福利。高压低频电击晕可以满足动物福利的要求，但胴体损伤严重，低压高频电击晕虽能减少胴体损伤，但不能满足动物福利的要求。气体击晕虽能满足动物福利和减轻胴体损伤的要求，但由于其一次性投入较大、击晕气体损耗大，难以被广泛应用。这些问题都需要进一步研究与完善。

（2）减菌技术。减菌技术利用化学除菌、热除菌、辐照除菌、天然抗菌剂除菌、复合除菌等除菌方式，减少肉鸡屠宰分割过程中微生物污染，保证肉鸡的质量和安全。该领域的应用研究取得了重要的成果，但依然有很多亟待解决的问题：化学处理措施可能会对操作人员人身安全造成影响，热处理和化学处理可能会对鸡肉产品色泽、风味等外观特性造成不利影响，辐照处理加速冷却肉的脂肪氧化，后续加工工序对减菌措施的影响等。

（3）微生物预测技术。微生物预测技术目前仍处于发展的初级阶段，存在很多不太完善的地方，远未达到商业化应用水平。例如，培养基实验系统下建立的数学模型不能完全预测实际食品中微生物的生长状况，实际预测中食品初始菌数的快速确定难度较大，菌间相互作用对微生物预报的影响研究不足，各个环节温度的动态变化为微生物预报增加了难度，经验型模型占据微生物预报模型的主导地位，缺乏对理论型微生物模型的研究与开发。

（4）非热加工技术。非热加工作为新兴食品加工技术，能够保护食品的色、香、味、功能性及营养成分，保证产品原有的新鲜度、确保产品的质量。包括超高压、高压脉冲电场、高压二氧化碳、电离辐射、脉冲磁场等方法，主要应用于食品的杀菌与钝酶。然而，该技术还有很多需要研究之处。今后需要针对商品化的产品的安全性、功能性和营养品质进行更加定向的和系统化的研究，需要对各种食品体系中高压对于生物活性组分影响的相关动力学数据进行深入研究，需要更多关于该加工过程与毒素或过敏原相互作用的信息。在脉冲电场（PEF）处理过程中，电极材料与食品之间的相互作用需要仔细验证，安全方面的系统工作必须执行以确保政府批准。

3. 发展趋势

发达国家肉鸡屠宰及鸡肉加工集成了多种技术的自动化和智能化。目前，发达国家对鸡肉无损检测技术的研究与应用不断推进。利用可视/近红外光谱技术（VIS/NIR）、在线光谱成像检测系统、短波近红外（SW-NIR）光谱、紫外可见光谱、计算机显像系统等单项或成套技术的集成来预测/检测鸡肉保水性（WHC）、肉色、感官特性，以及脂肪和β-胡萝卜素等营养素含量。不同领域的高新技术得以交叉研究与应用。利用生物芯片技术、多重 PCR 技术、激光诱导击穿光谱技术、多位点可变数量串联重复序列分析技术、微生物预测模型、PCR 指纹图谱、随机扩增多态性 DNA 标记-聚合酶链式反应（RAPD-PCR）等技术和体系快速检测或预测鸡肉及其制品中的致病菌、兽药、激素等有毒有害物质，并研发相应的商品试剂盒。为实现高效绿色加工，建立了有害物质的快速检测、预测体系及相关试剂盒的研发，广泛深入地研究超高压和电子辐射等冷杀菌技术。这些技术的研发与应用将为肉鸡屠宰加工的自动化和智能化提供有力支撑。

（二）国内肉鸡加工技术发展趋势

1. 现状与问题分析

（1）现状分析。目前，国内规模以上的肉鸡屠宰企业基本实现了流水线操作，电击晕、浸烫脱毛、螺旋冷却等工艺已分别由相应的机械设备自动完成。致晕技术方面，目前国内肉鸡宰前击晕方式以水浴电击为主，但电击晕参数（电压 10～110V，频率 50～900Hz，时间 7～20s）差别较大。多数企业电击晕方式既没有达到低压高频电击晕减少胴体损伤的目的，也没有达到高压低频电击晕满足动物福利的要求。虽有部分企业采用了高频电击晕，胴体损伤有所减轻，但仍对企业产品质量影响较大。总体来看，目前国内肉鸡宰前击晕缺乏规范，胴体损伤严重，很大程度上影响分割产品质量（来自国家肉鸡产业技术体系调研结果）。浸烫脱毛方面，大部分企业采用热水浸烫脱毛。剔骨分割方面，规模企业基本是流水线辅助人工剔骨、分割。肉鸡宰后胴体预冷技术方面，企业主要采用国际通行的两段式或三段式螺旋冷却，冷却效果良好。屠宰设备方面，大规模肉鸡企业以国内自主研发的屠宰设备为主，部分关键设备依靠进口，没有统一的设备标准。新技术及新设备应用少，深加工水平低（徐幸莲等，2010）。

在鸡肉的综合抑菌保鲜方面，国内大型企业主要采用栅栏技术和 HACCP 体系进行控制。利用温度调控、有机酸喷淋、活性包装控制冰鲜产品的初始微生物污染，在贮藏阶段主要采用低温控制以延长鸡肉产品的货架期；普遍实施了 HACCP 体系管理，有效防止产品污染。在安全检测方面，国内企业主要针对化学污染和微生物污染。化学污染主要以兽药残留为监控对象，其他污染（如重金属残留）不做检测。多数企业已从源头抓起，重视原料肉鸡的兽药防控。微生物污染主要采用国标方法对细菌总数和大肠菌群进行重点检测。在肉鸡副产物综合利用方面，大型企业对鸡血、内脏、鸡骨架和鸡毛的利用程度较好。内脏直接上市或加工成调理产品；鸡骨架经过再加工成调理产品或鸡骨素等，或者用作灌肠类产品的辅料；鸡毛经过发酵降解成蛋白粉，用作饲料添加剂。

（2）问题分析。我国肉鸡屠宰加工过程中挂鸡、刺杀放血、净膛、去头爪、分割、包装等环节依然需要大量的人工参与操作，先进的屠宰加工理念仍未形成。企业还没有充分认识到宰前管理对鸡肉品质的重要性，在实际操作中对动物福利没有具体实施和要求。热水浸烫脱毛的浸烫水容易造成交叉污染。剔骨分割依靠人工为主，分割产品易出现分割不均匀、规格不统一、次品率高等问题。预冷技术方面采用水冷，容易造成交叉污染。调理产品品质参差不齐，如肉糜类产品（鸡肉肠）黏结性差，出油、出水率高；在蒸煮、油炸过程中质量损失大，产品嫩度和保水性较差，货架期短；在贮藏过程中，随着时间的延长，易褪色。鸡肉滚揉后重叠在一起的肉的颜色呈消费者不易接受的粉红色。加工过程自动化程度低，需要大量人工参与；产品规格一致性差，并缺乏相应的标准；大多数企业重视控制原料中的腐败和致病微生物，而忽视了对加工过程中可能生成的有害物质的控制和检测。传统鸡肉制品的发展规模一直受限，这可能由于对传统鸡肉产品加工机制缺乏系统研究，工艺化改造缺乏依据，对酱、卤、风干、熏烤等关键技术的掌控程度不够，不能做到产品标准统一，容易出现产品氧化严重、出品率低、一致性差、安全难以保障等问题。因受加工、贮运和保鲜技术等限制，目前我国冰鲜产品在加工、贮运过程中易出现分割肉出水、类 PSE (pale soft and exudative) 异质肉发生率高、产品受微生物等污染严重、易腐败变质、色泽劣变、解冻汁液损失严重等问题，导致货架期变短。这些已成为制约我国冰鲜鸡肉发展的主要障碍。在全程质量追溯方面，各企业的实现程度不尽一致。规模养殖追溯较易，而散养追溯较难；追溯深度为内部追溯，没有实现全程追溯；追溯内容主要是基本信息，对安全信息记录却较少，且溯源停留在查看养殖、屠宰档案的基础阶段，溯源确证技术还处于初步研究阶段。不同生产、加工环节不能实现信息传递和对接的自动化、网络化，整个生产链没有建立追溯的信息查询平台，不能做到信息共享，与真正意义上的全程质量追溯体系有很大差距。企业中的检测主要采用国标方法，速度慢、周期长，样品积压严重。对致病菌的检测，多数企业没有相应的设备和技术；即使有能力检测的企业，检测内容也主要集中在国标要求的沙门氏菌和金黄色葡萄球菌；对鸡肉及产品易受污染的其他致病菌如空肠弯曲菌、单增李斯特菌、大肠杆菌 O157 等不做检测。中小型企业对副产物的利用程度较低，深度、高效利用较少，有时对有些副产物（如鸡血）不作任何处理直接排放，不仅造成浪费，还污染环境。目前，我国对肉鸡副产物利用程度和方式比较单一，多是将其作为烹饪辅料或加工为骨胶、饲料、肥料等传统低附加值工业原料，骨肽、保健功能食品、活性物质提取等高档、高附加值产品的开发水平仍然比较落后（徐幸莲等，2010）。

2. 发展趋势

近年来，随着国内肉鸡产业的快速发展，肉鸡加工产业出现的产品质量问题越来越突出，国内针对鸡肉品质形成理论与控制技术开展了大量研究工作，特别是国家肉鸡产业技术体系成立后，在鸡肉成熟理论、异质鸡肉形成机制、鸡肉颜色变化与调控理论、鸡肉蛋白的凝胶形成与产品质构控制理论、鸡肉的保水机制、鸡肉冻结与解冻变化等方面都进行了探讨。但相关研究还不够深入，仍未形成完善的理论体系，还不能有效指导生产实践，加工企业异常鸡肉现象仍经常发生，鸡肉产品出水、出油等问题仍未得到有效控制，生鲜鸡肉汁液损失和冻鸡肉的解冻损失仍十分严重。因此，加强鸡肉品质控制的应用基础理论研究，指导研发科学的屠宰技术、肉品加工与贮运技术，改善鸡肉产品的品质，降低企业损失，将是未来一定时期的重要科技任务之一（徐幸莲等，2010）。

我国在肉鸡屠宰加工设备研发方面进步较快，肉鸡屠宰加工业设备国产化率较高，但与国外先进水平相比，我国肉鸡屠宰加工装备仍较为落后，自动化程度不高，关键设备仍依赖进口。为适应肉鸡产业高速发展的需求，我国需要进一步加强机械装备的科技研发力度，努力开发具有自主知识产权、自动化和智能化程度较高的屠宰加工设备，摆脱关键设备主要靠国外进口的不利局面，整体提高行业的国际竞争力。

针对我国目前鸡肉产品受污染严重、产品质量普遍较差、货架期短、潜在安全问题突出等现状，需要加强嫩化技术、保水技术、护色技术、抗氧化技术、减菌技术、栅栏综合保鲜技术、微生物预测与产品货架期预报技术、包装技术、安全检测技术等鸡肉产品质量与安全控制关键技术的研究与开发，形成系列应用技术体系，应用于肉鸡加工产业实践中，实现从屠宰、加工、贮运到销售的全程质量控制，延长货架期，保证产品的安全品质。

针对我国全程质量追溯体系起点低、基础薄弱的现状，应加强追溯体系基础研究和配套设备的研发，在标识技术、编码技术、信息传递对接技术、操作平台构建、快速查询、验证技术等领域进行重点科技投入，确保其为构建追溯体系服务，真正实现肉鸡从养殖到餐桌的全程质量追溯。

针对传统鸡肉制品工艺落后、产品品质和安全问题较多的现状，需要深入探讨我国传统鸡肉制品加工技术内涵，探索传统特色风味与品质形成机制，对传统工艺进行标准化技术研究，结合现代化工艺技术理论，开发科学的自动控制工艺技术（自动控温控湿技术、快速腌制技术、内源酶调控技术等）和标准化包装技术，构建完善的传统鸡肉制品质量安全控制体系和标准体系，努力使传统鸡肉产品在保持传统风味和特色的基础上，实行现代化加工，通过技术示范和推广，整体提升我国传统鸡肉制品的工业化加工水平。

针对目前肉鸡副产物利用程度低，污染、浪费严重的问题，应积极利用生物技术、膜分离技术、超声波辅助萃取、超高压等相关技术的研究成果和工程化设备，解决肉鸡副产物易污染、保鲜技术不完善、精深加工技术落后、设备简陋的问题，开发优质、高档、高附加值产品，建立肉鸡副产物"零排放综合利用"的环境友好型加工和安全控制技术，提高肉鸡产业经济效益。

近年来，我国肉鸡加工产业科技水平取得一定成绩，但与世界发达国家相比，整体水平仍然较落后，在应用基础理论研究、屠宰与深加工技术开发、副产物综合利用、质量安全控制体系构建等方面还有不小的差距。因此，必须加强科技研发工作，努力支撑我国肉鸡产业的可持续发展，提高鸡肉深加工率和鸡肉资源综合利用水平。

二、物流技术发展趋势

（一）国际肉鸡产品物流技术发展趋势

1. 现状

（1）采用高效的配货方式。物流配送中心不断改进产品分拣、装车、出货作业流程：配送车辆到厂之前做好订单处理，集中人力提前做好货物分拣工作；分拣产品时，根据单车货物量决定货架分配并标示；按序装货发车；分拣和发货分人完成，双层把关。这样，物流效率大幅提升。

（2）实现全程冷链管理。产品加工、贮存、装车、运输到市场销售的各个环节有具体严格的规定，做到全程冷链无缝衔接。如在厂房设计建设时，把产品加工车间、速冻库和储藏冷库紧密布局，之间有自动传送设备和封闭式传送通道，各项操作按严格流程进行，保证产品在各个环节迅速、安全流转。产品须在指定出库门出库，运输车辆要定期检查保养，确保车辆温度符合标准要求（喜崇彬，2012）。

（3）引入视频监控。从肉鸡原料入厂、加工到产品存储、装卸货全过程引入电子视频监控系统，并实现与政府监管部门的联网，为完善的物流保障体系提供技术保证。

（4）通过全球定位系统（GPS）监管运输过程。运输车辆大都安装 GPS，对物流配送过程中车辆行驶路线、车厢内温度、异常停车等情况实时监管，以达到产品安全保障的要求（王铀，2011）。

2. 发展趋势

物流技术是一种科学化和系统化的储藏、运输、销售技术体系，涉及现代信息网络技术、现代仓储管理技术、现代输送技术、现代管理控制技术，以及新型的运营策略等。物流的畅通能极大提高整个肉鸡产业链的运营效率，降低成本，提高附加值。国际肉鸡产品物流技术呈以下发展趋势（王强等，2008）。

（1）自动化。肉鸡产业链的集成离不开物流系统的自动化。自动化的核心是机电一体化，目的在于扩大企业物流作业能力，减少物流作业的差错和提高劳动生产率。企业物流系统自动化可使物料合理、经济、有序地流动，并使物流、信息流、商流在计算机集成控制下实现智能化和快捷化。自动化物流系统中的设备一般有工业机器人、自动导向小车、有轨小车、悬挂式机械手。存储设备一般有中央立体仓库、中央工具库、托盘交换站、公用托盘架和工具暂存架等。

（2）信息化。肉鸡企业物流具有信息量大、信息形式多样、信息内容复杂和信息动态变化的特点。企业中物流伴随着信息流，而信息流又控制着物流。以信息技术为手段，可以将独立的物流环节有效地整合在一起。信息技术逐渐成为物流技术的核心，随着信息技术、网络技术和电子商务技术的发展，企业物流信息化是必然趋势，信息化是物流系统的基础。物流信息化表现为：物流信息商品化，物流信息收集数据库化和代码化，物流信息处理电子化和计算机化，物流信息传递网络化、标准化和实时化，物流信息存储数字化。

（3）柔性化。为了适应多品种、小批量产品的需要，各种物流设备应具有相应的柔性，能方便适应品种和规格的改变。

（4）绿色化。日益严峻的环境问题和日趋严格的环保法规，已成为企业物流发展的新威胁。企业为了可持续发展，必须建立并完善绿色物流体系，通过绿色物流来追求高于竞争对手的相对竞争优势。一般认为，产品从投入到售出，加工时间仅占10%，几乎90%的时间为储运、装卸、分装、二次加工、信息处理等物流过程。绿色物流强调低投入、大物流的方式，在物流资源获得充分利用的同时，努力减少对环境的影响和消除对环境的危害。绿色物流不仅是企业物流成本的降低，更重要的是绿色化和由此带来的节能、高效、低污染。

（5）敏捷化。肉鸡企业市场竞争日益加剧，在上市时间（T）、质量（Q）、成本（C）和服务（S）等产品竞争四大关键因素中，质量已不再是市场竞争的最大优势。只有快速响应市场需求，提供满足用户个性需求的产品，才能在竞争中取胜，敏捷物流由此产生。肉鸡产品敏捷物流是在供应链一体化基础上，为满足目标顾客的准时化需求，综合运用各种敏捷化管理手段和技术，对肉鸡产品、服务和信息从起始点到目标地点，进行快速、高效、成本与效率比最优的物流活动过程。敏捷物流强调反应和运作以敏捷为目标，而敏捷目标是速度、满意度、合作双赢、供应链一体化集成的统一。敏捷物流可降低物料的流动成本，提高物流效率。

（二）国内肉鸡产品物流技术发展趋势

1. 现状与问题分析

近十年，我国加大了农产品（包括肉品）冷链物流技术和设备的研究力度，包括"农产品现代物流技术研究开发与示范""食品安全关键技术研究""农产品贮藏保鲜关键技术研究与示范"等国家"十五"攻关计划或重大专项，"农产品现代物流技术研究开发与应用""食品质量安全控制关键技术研究与示范"、专题"食品冷链流通质量安全控制与溯源技术研究及产业化示范"等国家"十一五"科技支撑计划重点项目或课题，"食品绿色供应链关键技术与产品"、国家"十一五"、"863"计划重点项目课题，这些研究相继取得了丰硕的成果，如低温保鲜、气调保鲜、生物保鲜技术、快速检测技术、溯源技术等；建立了国家农产品现代物流工程技术研究中心，以提升优化生鲜农产品超市配送型和批发市场集散型两大流通模式的工程技术需求为导向，主要开展冷链物流、物流信息和物流安全等技术设备的系统化、配套化和工程化研究开发，提供农产品物流行业技术支撑、成果转化和技术服务平台。但是至目前，以上成果转化而使用的技术和设备却较少，应用中的技术和设备还是较落后。调查发现，许多冷藏或冻藏企业还应用着老一套的制冷工艺和技术；冷链物流中信息技术和设施起着重要的作用，但我国信息技术和设施的发展都很缓慢，不能对处于冷链物流各环节中的食品进行实时的时间、温度、湿度控制，因而也不能保证食品的质量和鲜度。以肉鸡加工冷链物流为例，主要技术问题为：

（1）生鲜鸡肉及产品冷链物流设施装备薄弱。目前，我国冷藏保温汽车的品种虽然已达到 100 种以上，但冷藏保温汽车数量较少。资料显示：在美国，每万人配备冷藏车的数量为 9 辆，而中国每万人配备冷藏车的数量为 2 辆，并且大部分保温车辆为改装车型，且冷冻机质量也达不到要求，与发达国家相比，还存在很大的差距。人均冷库容积少，平均不到美国的 1/10（美国 $1\sim2m^2$/人），当生产不足或淡季时，冷库常处于闲置耗能状态。很多冷藏库大多只具有储藏功能，不具备物流配送功能。因此，中国目前的冷链设施不足，装备陈旧，无法为易腐生鲜鸡肉及制品流通系统地提供低温保障。

（2）冷链运输贮存环节温控技术差。资料显示，我国总体来看，冷链运输率不足 10%。成本始终是冷链运输的门槛。在高成本运输的情况下，有些物流公司在冷链温度上做手脚，使鸡肉及制品达不到温度要求，甚至是将有些需要冷冻的鸡肉及制品放在 $0\sim4℃$ 冷藏室里运输，导致在运输过程中出现质量问题。调查表明，我国冷冻或冷藏鸡肉及制品仅 1/5 符合温控标准。

（3）冷链物流信息化技术水平低。目前，中国鸡肉及制品在流通过程中的信息技术落后，缺乏完整的冷链信息管理系统，物流自动化、智能化的水平低，效率低。在这些情况下，冷链物流过程中的各个环节都会出现意外的信息堵塞，造成在运输途中突发性的风险加大，而冷链物流过程中的应急能力相对较弱，严重影响了我国冷链物流的发展。

2. 发展趋势

生鲜鸡肉及产品冷链物流技术是建设生鲜农产品冷链物流体系的保障，包括屠宰或深加工技术、包装技术、运输技术、信息化技术等（张桂花，2012）。

（1）节能环保的各种新型冷链物流技术。重点加强各种高性能冷却、冷冻设备，自动化分拣、清洗和加工包装设备，冷链物流监控追溯系统，温控设施，以及经济适用的预冷设施、移动式冷却装置、节能环保的冷链运输工具、先进的陈列销售设备等冷链物流装备的研发与推广。

（2）包装技术。科学合理的包装是生鲜鸡肉及产品在储运过程中保鲜的重要手段，从冷库贮藏的静态保鲜到鸡肉物流的空间转移，包装都是为保护内容物所必需的。应加大技术研发投入力度，发展和深化控温、调气、保湿、调压、辐射、外源物质介入等保鲜技术。

（3）运输技术。要加快冷链运输设备的研发和智能化控制。各类型设备生产商应该加快本类型冷链运输设备的定型工作。我国冷链运输装备技术水平在车辆结构和制冷机组等相关设备的可靠性、车体隔热或气密性、新材料或新冷源应用、气调保鲜等方面，均与世界水平有较大差距，应加强与先进国家技术合作。

（4）信息技术。冷链物流要依靠先进的信息技术作支撑才能实施全程温度控制管理。通过信息技术建立电子虚拟的鸡肉及产品冷链物流供应链管理系统，对其进行跟踪、对冷藏车的使用进行动态监控，同时将全国的需求信息和遍布各地区的连锁经营网络联结起来，确保物流信息快速可靠的传递。国外实践证明，高新技术和先进管理手段有力地推动了各国冷链物流的快速发展。因此，企业应加大力度研究开发自动搬运技术、自动控制技术、红外线识别、传感技术、无线射频识别技术、定位跟踪、供应链与物流信息系统、条码技术、全球定位系统（GPS）技术，电子数据交换（EDI）技术等高新技术。

第五节　战略思考及政策建议

一、战略思考

（一）战略地位

1. 肉鸡加工业拉动肉鸡全产业链产业升级和可持续发展

（1）龙头带动和产业导向作用。随着整个肉鸡行业规模化程度进一步提高，产业集中度向以肉鸡加工为轴心的大中型企业或集团靠拢。已有企业纷纷追加资本，进行扩大或扩张；新生企业也不断涌现。因肉鸡加工及市场开拓而增加的利润丰厚，使得肉鸡加工与市场开拓成为肉鸡产业链条中异常活跃的环节，对肉鸡养殖业提出了导向性的标准化、集约化等生产方式改变的要求，也保证了肉鸡养殖业可持续健康地发展。肉鸡加工业的龙头带动作用因此而显著增强，这也符合国家肉鸡产业结构升级调整的战略。

（2）鸡肉产品结构调整与市场开拓、消费引导作用。鸡肉及制品出口同比平稳增长，但出口企业主要集中在备案的少数企业（山东居多），出口市场除传统市场如日本外，新兴市场如中欧、西亚市场不断开拓，但仍以熟肉制品为主。大多加工企业主打国内市场，包括集团消费、餐饮消费及零售消费，尤其大中型企业着力加大品牌宣传力度，通过不断创新，推向市场的产品种类（如冰鲜鸡、快餐分割鸡肉、调理鸡肉制品）明显增多，有效地引导了消费。

（3）先进加工模式的示范作用。同其他肉鸡产业发达国家不同，中国的鸡肉产出相对多样化，除来自白羽肉鸡外，还有相当部分来自黄羽肉鸡、淘汰蛋鸡、散养鸡等，白羽肉鸡的先行发展与先进的加工模式很好地推动了黄羽肉鸡、淘汰蛋鸡、散养鸡的加工步伐，促进了我国鸡肉加工产业的整体升级，满足了中国特色的多样化市场需求，有利于中国肉鸡产业的可持续平稳发展。

2. 肉鸡加工业提高附加值，对养殖业发挥"反哺"和"蓄水池"作用

（1）打造肉鸡全产业链的核心地位。肉鸡加工业上游联结第一产业养殖业，下游联结第三产业流通、销售等服务业，是整个肉鸡全产业链有效运转及实现价值的核心。初、深加工和综合利用使得资源得到充分开发，附加值大大提升。根据发达国家经验，加工业增加值一般是养殖业增加值的2～3倍，这意味着通过肉鸡加工业可以再造1～2个肉鸡养殖业。因此，随着我国肉鸡加工业的快速发展，到2020年，肉鸡加工业产值和增加值将会超过肉鸡养殖业，在整个产业链中处于更加重要的核心地位。

（2）对养殖业发挥"反哺"和"蓄水池"作用。肉鸡加工业及通过新产品开发和市场运作而获得的丰厚资本积累，将会对我国肉鸡养殖业发挥巨大的"反哺"作用。在美国，肉鸡养殖业始终未得到政府补贴，但依然发展得最好，究其原因是美国先进的产业化组织模式能够使得产业链下游创造的利润对上游养殖业给予足够的补充和"反哺"。

肉鸡通过加工可包装成半成品或成品，其保存期大大延长，适于贮藏、流通、销售，不受季节和地域限制，因此，国家或地方宏观上可以有效调剂供需平衡，稳定物价，对养殖业可以很好地发挥战略性"蓄水池"作用，防止其大起大落。如生猪价格常常由于种种因素而剧烈波动，以致大大影响我国居民消费价格指数（CPI）变化，导致经济运行不稳。解决上述矛盾的有效对策是大力发展肉鸡加工业，建设战略性重要肉鸡制品储备库。当生猪价格预警上涨时，可将鸡肉储备及时投放市场或部分代替猪肉深加工，从而对我国CPI起到很好的调节作用。

3. 肉鸡加工业可促进国民健康，保护环境

（1）保障鸡肉及其制品消费安全。消费者健康水平提高是我国未来建设小康社会公众福利的基本要求，而鸡肉及其制品安全则是消费者健康的基础。由于鸡肉及其制品贸易全球化，及其生产、加工过程中新技术、新成果的应用，原有的问题还没有解决，新的问题又不断出现。长期以来，我国肉类供应体系主要解决供给量不足问题，对安全的关注度不够。目前，由于肉类供应链正变得越来越复杂，风险很容易被放大，使得肉类食品成为我国居民食物中毒的重要来源之一，造成巨大的直接经济损失。安全问题也直接制约着我国鸡肉及其制品出口，影响其国际竞争力的提高。政府通过加快肉鸡加工业发展，鼓励龙头企业的壮大，可使企业有能力对肉鸡原料进行入厂严格检验，标准化深加工，这样就可大大减少不安全鸡肉及其制品的流通和消费。

（2）提高国民营养与健康水平。动物源食品消费比重的增加是一个国家居民生活水平提高的重要标志。与植物源食品蛋白相比，动物源食品蛋白品质更优。科学研究证明，提高鸡肉在肉类消费中的比例可有效降低肥胖的发生，同猪肉和牛羊肉等红肉类相比，鸡肉（白肉）具有"一高三低"的营养优势，即蛋白质含量高、脂肪低、热能低和胆固醇低，鸡肉中的不饱和脂肪酸占脂肪酸总量的 24.7%，更有益于国民健康。对肉鸡进行深加工，可确保鸡肉及其制品的保健、方便、安全甚至营养、美味，引导、促进并提供消费者多样化的食品需求。

（3）保护环境。从肉鸡养殖方面看，同样生产 1kg 肉，肉鸡比生猪可节省 37%的饲料，是所有集约化饲养体系中最"节粮"的动物；通过换算，生产 1kg 牛肉产生二氧化碳当量的温室气体为 14.8kg，生产 1kg 猪肉为 3.8kg，生产 1kg 鸡肉只有 1.1kg。从肉鸡加工方面看，生产同样数量的肉及其制品，鸡肉与猪、牛、羊及其他禽肉比，所耗的能量最少，副产物综合利用程度最高，污水污物处理程度最好，对环境是友好的。因此，整个肉鸡产业相比而言是环保节能的。

4. 肉鸡加工业可有助于我国"三农"问题的解决

（1）带动农民就业和增收。在我国城镇化过程中，农民的就业和增收是个重大的民生问题，也是当前我国经济社会发展中突出的矛盾。大力发展肉鸡加工业，不仅可拉动内需、推动经济增长，更可促进就业和带动农民增收。肉鸡加工业联系畜牧业、现代工业、服务业，产业关联度高、拉动力强，同时也是劳动密集型和资金、技术密集型相统一的产业，可广泛吸纳不同层次劳动力就业，从而实现以工业促就业，以工业增值支持农业增产、农村增效和农民增收。

随着肉鸡加工业的发展，规模以上企业直接就业人数逐年增加，2010 年达到约 16.2 万人，加上规模以下企业直接吸纳就业人数 11.3 万人，共计 27.5 万人。肉鸡加工业还可带动农民约 2 600 余万人就业。

（2）有利于农业产业结构调整和新农村建设。农业产业结构调整是建设社会主义新农村的关键。在发达国家，农业产业结构调整体现在农业份额下降、农业现代化、农业劳动力持续非农化，以及农业产业结构升级。而肉鸡加工业的科技创新和龙头企

业带动是推动我国农业产业结构调整和演进升级的根本力量。

发展肉鸡加工业，以市场需求为导向，以产业化为契机，可改善我国肉鸡深加工比重低、安全事件层出不穷的局面，丰富城乡市场，提高人民生活水平，促进社会主义新农村建设。

（二）战略目标

1. 保障鸡肉及其制品消费需求

通过我国肉鸡加工业可持续发展，保障鸡肉及其制品供给，满足消费者未来对鸡肉及其制品质量安全、营养健康、美味方便、多样化，以及对环境保护、资源节约等公共利益的诉求。鸡肉及其制品质量安全水平显著提高，2020 年，规模以上企业鸡肉及其制品国家监督抽查合格率分别达到 99％以上。

2. 提升肉鸡加工业核心竞争力

致力于肉鸡加工业现代化，强化"政产学研用"的结合，通过科技引领与支撑、企业主导、政府和社会组织保障等措施，围绕肉鸡福利，鸡肉安全与健康、环境友好、资源节约与增值、信息与自动化等加工与质量安全控制关键技术开展研究，促进肉鸡加工业科技创新与升级；开发相应高新技术和装备，注重鸡肉及其制品质量、结构与效益，完善产品质量安全控制和保障体系，提升肉鸡加工业核心竞争力。

3. 提高肉鸡加工业规模化、集约化和标准化程度

支持肉鸡加工企业联合、扩张、重组、融合和兼并，着力发展规模化加工、集约化经营和标准化管理，加快向新型工业化道路转型，为扩大鸡肉及其制品内需市场和参与国际竞争奠定基础，缩小肉鸡加工业整体发展水平与世界肉鸡加工业强国的差距。

2020 年，肉鸡工业化屠宰率从 2010 年的 72％提高到 100％；全国肉鸡屠宰及深加工产业集中度（CR4）由 2010 年的 25％达到 50％；规模以上加工企业 ISO 9000 系列认证率由 2010 年的 72％达到 100.0％，HACCP 认证率由 2010 年的 25％达到60％；规模以上加工企业的污水污物处理设施和鸡肉无害化处理设施均达到100.0％，ISO14001 认证率由 2010 年的 50％达到 80％；检疫检验严格按照技术规程进行，从进厂检疫直到销售的全过程建立起严密有效的卫生质量控制体系；提高鸡肉深加工率由 2010 年的 6.2％达 20％；大城市"冷链"流通比率由 2010 年的 50％达到80％，中等城市由 2010 年的 30％达到 50％；2020 年县级以上城市鸡肉及其制品销售进入连锁超市等现代零售业态的比例由 2010 年的 15％达到 35％，大城市由 2010 年的 40％达到 70％。[资料来源：以上数据根据日本居民收入（同我国居民当前收入）不同阶段的消费经验并结合我国当前实际推算。]

4. 完善科技创新与推广体系

建立国家、省、地级市、企业等多层次重点实验室、工程技术中心、产业技术创新战略联盟或协同创新中心，形成多类型（基础、应用基础、技术、推广）的综合科技创新和转化平台。2020 年，肉鸡加工业科技创新与推广体系初步完善，科技成果

转化率显著提高，产业科技进步贡献率由 50%（2010 年）提高到 70% 左右。肉鸡加工与质量安全控制重大关键技术取得突破，科技支撑作用显著增强。[资料来源：参考《国家中长期科学和技术发展规划纲要（2006—2020 年）》，适当调整。]

（三）战略重点

1. 加强与肉鸡加工有关的基础科学研究

（1）肉鸡宰后鸡肉品质形成机制及加工过程中的变化规律。研究肉鸡宰后生物化学规律，弄清异常鸡肉形成的机制及与动物福利、屠宰加工条件的关系，阐明冷却鸡肉成熟的机制；研究低温鸡肉制品加工过程中乳化的机制及凝胶形成的规律；研究鸡肉部分替代猪肉、不同部位鸡肉、鸡肉中添加非肉物质等条件下的制品特性；研究传统鸡肉制品风味形成机制。

（2）肉鸡及鸡肉制品加工过程中有害因子的形成、消长、控制的理论基础。研究鸡肉加工过程中化学有害物（如农药残留、药物残留、内源激素、苯并芘、丙烯酰胺、亚硝胺等）生成、衍化、迁移、残留的规律；研究鸡肉加工过程中重要腐败微生物（如假单胞菌）和致病微生物（禽流感病毒、沙门氏菌、大肠杆菌、弯曲杆菌等）发生、流行、传播、污染、消长及其有害代谢物生成、残留、控制的规律。

（3）鸡肉及其制品消费与人类营养、健康的关系研究。研究鸡肉及其制品与其他肉制品消费的比较营养价值，与其他食品消费的协同营养价值；研究鸡肉及其制品消费对人类免疫系统及其形成的影响；研究鸡肉及其制品摄食的生理调节作用；研究鸡肉及其制品摄食与现代疾病的关系。

2. 加强与肉鸡加工有关的重大关键工程技术研究

（1）鸡肉加工过程中新兴加工技术的开发与应用。研究信息化技术（如智能化分级、在线无损检测等）、非热加工技术（如超高压、辐照、高密度 CO_2、超声波等）、节能环保新技术（如真空冷却、气流冲击干燥、新型油炸等）在鸡肉加工过程中的应用效果，开发相关软件与设备。

（2）肉鸡及鸡肉制品加工过程中生物工程技术的开发研究与示范。研究鸡肉发酵高效发酵剂制备关键技术，开发发酵关键设备；研究用于鸡肉保鲜的生物防腐剂生物工程制造技术；研究鸡肉制品品质和功能改善的酶工程技术，开发新型或功能性鸡肉制品；研究通过生物工程规模化培养鸡肉肌细胞以制造"人造鸡肉"的技术。

（3）肉鸡及鸡肉制品加工质量安全控制及跟踪溯源工程技术研究。研究鸡肉及其制品有害因子表征和快速检测技术；研究鸡肉全程冷链物流安全控制技术；研究鸡肉质量鉴别与全程跟踪溯源（物联网）安全控制关键技术，并在肉鸡产业链中应用推广。

（4）肉鸡及鸡肉制品加工重大关键技术、装备研究与产业化。冷却或冰鲜鸡肉加工关键技术及装备研究与产业化。研究宰前肉鸡福利管理技术（运输、断食、休息等）、宰杀技术和宰后技术等对主要鸡胴体及鸡肉品质的影响，优化冷却工艺；研究与开发肉鸡屠宰加工新型或自动化、高效节能技术与设备；研究肉鸡胴体在线检测与分级技术，开发相应系统和设备；研究冷却或冰鲜鸡肉保鲜加工新技术及设备；建立肉鸡加工生产线及产业化示范基地。

（5）鸡肉制品加工关键技术及重大装备研究与产业化。研究西式低温肉制品腌制、滚揉、烟熏等加工与保鲜新工艺，开发相关关键设备，解决其保水性不高、质地差、货架期短等问题；研究中式传统鸡肉制品油炸、烘烤、蒸煮等新工艺参数，加强快速成熟工艺研究，开发自动化或智能化设备；研究与开发亚硝胺、多环芳烃和杂环胺等有害物质控制技术；研究调理鸡肉制品关键技术的集成及相应设备的研制与组装。

（6）肉鸡及鸡肉制品加工质量安全控制标准体系研究与示范。在广泛调查和研究基础上，借鉴发达国家标准建设经验，建立适于我国肉鸡加工企业的HACCP安全控制体系和PACCP品质控制体系；建立和优化肉鸡胴体细化的分级标准；系统研究我国的肉鸡及其制品加工质量安全标准体系，基于《食品安全法》重新制/修订新一轮标准体系，建立基于科学的标准指标并增加标准的国际采标率。

（四）战略措施

1. 加快肉类产业结构调整，提升肉鸡加工业战略地位

当前，我国正处于"十二五"战略规划与实施阶段。诸多发达国家已把肉类产业由红肉（猪、牛、羊肉）产业为重心转向白肉（鸡肉和其他禽肉）产业，如美国和巴西鸡肉产量占肉类总产量的比例（2009年）为39.3%和44.5%，已稳居该国肉类生产的第一位，其他如泰国、阿根廷及荷兰等欧盟国家也大力发展肉鸡产业；同时这些国家的肉鸡加工业水平也比较先进。我国应该与时俱进，加快肉鸡产业发展步伐，以适应世界现代农业结构调和发展的方向。

2. 积极扶持肉鸡加工业，充分发挥龙头带动作用

当务之急是尽快建立和完善促进肉鸡产业特别是加工业发展的相关机制，如质量安全监管机制，规范肉鸡生产、加工、流通过程的质量安全管理，提高肉鸡质量安全水平；价格调控机制和肉鸡产业应急机制，逐步形成肉鸡价格监测和预警系统，以应对市场异常波动和其他突发事件。尽快出台肉鸡加工业扶持政策，对带动作用大、能显著提高农民收益的产业化龙头企业，在专项资金、贷款贴息、基地用地、税收减免、用水用电方面加大扶持力度。充分利用公共媒体平台，加大舆论宣传，积极引导消费。通过公共宣传，加大国内市场的开发力度，促进鸡肉消费。

3. 鼓励企业加大研发投入，加快技术改造，提高加工机械化自动化程度

"农字号"企业相对为弱势产业，应该得到国家全面的补贴或各项优惠政策，少取多予，给企业留有足够的利润空间以鼓励加工企业加大研发投入，引进高素质人才。同样，国家也应开放针对中小企业的金融贷款优惠政策，尤其应大大降低金融企业的利润率，让利于肉鸡加工企业。只有这样，企业才能加快技术改造，进一步提高加工机械化自动化程度，从而应对当前出现的劳动力短缺，以及劳动力素质

不高等一系列经济、技术问题对这一脆弱产业的冲击。

二、政策建议

(一) 增加与加工相关的科技投入，搭建平台，推动"政产学研用"结合

各级政府必须加大对肉鸡加工科学与技术、质量安全控制技术等基础、应用及推广研究的公共投入，保障肉鸡加工业实用和先进技术的开发与示范；继续完善现有的国家现代肉鸡产业技术体系和产业技术创新战略联盟，发挥国家级、省部级等各级各类科技平台的作用，推动"政产学研用"结合，促进肉鸡产业技术创新与升级；同时引导肉鸡加工龙头企业加大技术研发投入，逐步推动其成为肉鸡加工业科技创新主体，从而大大提高科技进步贡献率。

(二) 建立和完善肉鸡加工相关标准与法规体系，加强监管与监督

参考 WTO/TBT 规定，借鉴肉鸡产业发达国家肉鸡加工与质量安全控制标准体系和法规体系的特点和经验，结合我国肉鸡产业具体实际情况，重新系统构建或完善我国肉鸡加工与质量安全控制标准体系及法规体系。通过加大肉鸡加工相关标准和法规的执法和违犯处罚力度，大大提高违法成本，以减少肉鸡加工领域食品安全事件。借鉴欧洲和美国"垂直和统一监管"的成功经验，进一步改革和完善我国目前多部门、分段监管食品安全的体制。建议到 2020 年能够加大监管机构合并力度，改变政出多门、管理效率低下的状况，形成权威统一、权责分明、权力制衡、运转高效的监管机制。从总的趋势看，肉鸡及鸡肉加工制品的安全监管在行政管理体制上越来越垂直，主要趋势是兼并、统一、集中。

建议国家尽快出台禁止活鸡跨省运输和交易、强化就近屠宰的法规；完善肉鸡产业链跟踪溯源法规；建议到 2020 年制定与国际接轨的肉鸡福利相关法规，完善鸡肉及其制品中有害微生物限量标准；建议强化肉鸡源头和全程管制，动态完善鸡肉及其制品风险分析和召回制度，完善第三方检验和社会监督制度，建立肉鸡产业突发事件战略预警和应急管理机制；建议支持肉鸡加工行业协会、合作社、认证机构等各种中介组织的发展。

(三) 支持肉鸡加工龙头企业发展，提高产业集中度和行业影响力

各级政府和公益机构注重采取积极的财政、金融、税收、科技等服务或扶持措施，培育肉鸡加工产业化龙头企业，促进向全产业链延伸和开拓，提高产业集中度、产品深加工程度及集约化效率，发挥龙头企业的辐射带动作用和行业影响力，引导行业和相关产业可持续发展，带动"三农"问题的解决；同时，鼓励龙头企业积极应对国际挑战，参与国际竞争，以"优质安全、物美价廉"的产品形象赢得国际市场认可。

建议国家到 2020 年，进一步取消或减免肉鸡加工企业的税收，通过支持肉鸡加

工企业发展，带动养殖业可持续发展。鼓励肉鸡加工企业扩大生产规模、建设鸡肉战略储备库、建立快速配送体系。

参考文献

刘云国.2010. 养殖畜禽动物福利解读［M］. 北京：金盾出版社.

吕名.2007. 美国肉鸡产业化主要特点［J］. 山西农业（畜牧兽医）（2）：53-54.

孙大文.2010. 建立低碳食品体系，促进中国低碳经济发展［J］.食品科学，31（18）：1-4.

孙卉.2012. 中国禽肉加工的自动化问题——中国禽肉加工产业系列专题（三）［J］. 国际家禽（1-2）：13-18.

孙卉.2012. 重视发展深加工，努力提高附加值——中国禽肉加工产业系列专题（四）［J］. 国际家禽（3-4）：14-17.

王强，段玉权，詹斌，等.2008. 发达国家冷链物流的主要做法与经验［J］. 中国禽业导刊，25（14）：20-22.

王岩军，毛秋岩.2013. 青岛正大李瑞寒：危"鸡"中的商机［N］. 青岛日报，8-02(06).

王铀.2011. 采用物联网技术实现药品食品全程冷链监控［J］. 物流技术与应用（2）：70-72.

无名氏.2007. 美国肉鸡业发展轨迹［J］. 中国禽业导刊（20）：7.

喜崇彬.2012. 华都肉鸡的全程冷链建设［J］. 物流技术与应用（7）：70-72.

徐幸莲，王虎虎.2010. 我国肉鸡加工业科技现状及发展趋势分析［J］. 食品科学，31（7）：1-5.

张桂花.2012. 基于先进制造的企业现代物流技术发展研究［J］. 合作经济与科技（2）：44-45.

张晶.2012. 美国肉鸡业价值链对我国的启示［J］. 江苏农业科学，40（2）：353-355.

Clements M. 2012. 英国肉鸡生产商继续提高产量与质量［J］. 国际家禽（1-2）：25-27.

GEORGIAEORGIA TECHECH RESEARCH INSTITUTE. 2012. A Cut Above：Innovative Robot Uses 3-D Imaging and Sensor-based Cutting Technology to Debone Poultry ［EB/OL］. http：//www. gtri. gatech. edu/casestudy/robot-3d-imaging-sensor-based-debone-poultry/.

McWHIRTER C. 2012. 美工程师发明可给鸡肉剔骨的机器人［EB/OL］. http：//discovery. 163. com/12/0614/09/83UTOCUB000125LI. html.

JBT CORPORATION. 2012. JBT Corporation Announces Contract Award for Cooking and Freezing Technologies［EB/OL］. http：//www. thestreet. com/story/13063-297/1/jbt-corporation-awarded-6million-order-for-cooking-and-freezing-technology. html.

SACRANIE A，范梅华.2007. 美国，巴西：中国肉鸡产业状况及发展趋势［J］. 中国禽业导刊，24（14）：7-9.

THORNTON G. 2012. 经济危机重组 2012 年肉鸡企业排名［J］. 国际家禽（5-6）：18.

第八章　中国肉鸡产业政策研究

第一节　产业政策演变

改革开放以前，包括在 20 世纪 80 年代末以前我国主要解决粮食问题，养殖业还处于次要的地位。1988 年开始在全国实施"菜篮子工程"，将肉、蛋、奶列入菜篮子产品，成为农业发展的重要议题。当时的"菜篮子工程"提出畜牧业要在稳定肉猪生产的同时，重点发展家禽和牛、羊、兔等节粮型畜禽。全国各地城市对"菜篮子工程"十分重视，各地制定了一系列促进副食品生产的优惠政策，在各大城市郊区建成了许多大规模畜禽养殖场与屠宰加工厂。"菜篮子工程"的实施，直接促进了工厂化肉鸡生产的快速发展，使规模化肉鸡饲养有了较快发展。此后，国家和地方关于肉鸡产业发展的直接或间接相关政策主要是在 2000 年之后陆续出台，归纳起来主要有以下趋势和特点。

（一）党和国家对畜牧业重视程度的不断提高为肉鸡产业的发展提供了越来越有益的宏观政策环境

2004—2013 年连续十年的中央一号文件，除 2011 年的是专门就加快水利发展做出的决定以外，其余九年的一号文件都有对畜牧业发展的要求，而且随着认识的深化和畜牧业在国民经济中贡献度的增加，党和国家对畜牧业发展的政策支持力度越来越大。2004 年中央一号文件把畜牧业作为粮食增值的一条重要措施，提出要充分利用主产区丰富的饲料资源，积极发展农区畜牧业，通过小额贷款、贴息补助、提供保险服务等形式，支持农民和企业购买优良畜禽、繁育良种，通过发展养殖业带动粮食增值。2005 年和 2006 年的中央一号文件明确要求把发展畜牧业作为推进农业和农村经济结构调整的重大举措来抓。2005 年中央一号文件提出要积极发展节粮型畜牧业，提高规模化、集约化饲养水平。通过小额贷款、财政贴息等方式，引导有条件的地方发展养殖小区。2006 年中央一号文件提出，要大力发展畜牧业，扩大畜禽良种补贴规模，推广健康养殖方式，安排专项投入支持标准化畜禽养殖建设试点。2007 年中央一号文件从健全发展现代农业的产业体系高度要求发展健康养殖业，转变养殖观念，调整养殖规模，做大做强畜牧业。在这一年，国务院还专门发出了《国务院关于促进畜牧业持续健康发展的意见》（以下简称"意见"）。《意见》围绕着如何实现传统畜牧业向现代畜牧业转变，做大做强畜牧产业，提出了促进我国畜牧业发展的指导思想、基本原则、总体目标，以及加快推进畜牧业增长方式转变、建立健全畜牧业发展保障体系、加大对畜产品生产流通环节的监管力度、进一步完善扶持畜牧业发展的政策措施、加强对畜牧业工作的组织领导等重大举措。2008年中央一号文件把发展畜牧业作为切实保障主要农产品基本供给的措施，提出要加快转变畜禽养殖方式，对规模养殖实行"以奖代补"，落实规模养殖用地政策，继续实行对畜禽养殖的各项补贴政策。2009年中央一号文件进一步强调加快发展畜牧业规模化、标准化健康养殖，要求增加畜禽标准化规模养殖场（小区）项目投资，加大信贷支持力度，落实养殖场用地等政策。2010年中央一号文件从促进农业发展方式转变方面对畜牧业的发展提出了要求，即加快畜牧养殖规模化；推进畜禽养殖加工一体化；支持畜禽良种繁育体系建设。2012年中央一号文件从加快推进农业科技创新持续增加农产品供给保障能力方面，再一次强调要大力发展设施农业，继续开展畜禽水产示范场创建，新增农业补贴向种养大户等倾斜，并要求切实改善基层农技推广工作条件，按种养规模和服务绩效安排推广工作经费。2013年中央一号文件更是从建立重要农产品供给保障体制出发，提出加大新一轮"菜篮子工程"实施力度，扩大园艺作物标准园和畜禽水产品标准化养殖示范场创建规模；推进种养业良种工程等。特别是文件中提出的落实"四化同步"的战略部署，按照保供增收惠民生、改革创新添活力的工作目标，加大农村改革力度、政策扶持力度、科技驱动力度，围绕现代农业建设，充分发挥农村基本经营制度的优越性，着力构建集约化、专业化、组织化、社会化相结合的新型农业经营体系，进一步解放和发展农村社会生产力，巩固和发展农村大好形势的总体要求和政策，为畜牧业包括肉鸡产业的发展增加了更大的活力和提供了更广阔的空间。

（二）为加快肉鸡产业的发展，国家和各级地方政府大力实施了一系列鼓励性扶持政策

根据党中央、国务院关于大力发展畜牧业的要求，国家相关部门和各级地方政府为加快肉鸡产业发展，纷纷出台了一系列行之有效的鼓励政策，例如国家层面出台实施的畜禽良种工程、支持畜禽标准化规模养殖，以及各地方政府根据国家要求出台实施的落实用地政策、提供信贷支持、积极防范风险、加强技术服务等。我国肉鸡产业能在不长的时间内取得长足的发展，很大程度上得益于国家和各级地方政府所采取的上述鼓励性扶持政策。

1. 实施畜禽良种工程

从2006年开始，农业部开始实施畜禽良种工程建设。畜禽良种工程建设突出了全局性、公益性、关键性。①以畜禽遗传资源保护场为重点，完善畜禽遗传保护体系建设；②以畜禽性能测定站为重点，完善种畜禽质量检测体系建设；③以育种能力基础设施建设为重点，支持畜牧业科研、教学单位与种业企业联合，加速品种培育和畜产品的更新换代，提高畜禽品种的自我供应能力；④以畜禽原种场建设为重点，培育

一批大型无特定病原畜禽原种场，引导和扶持综合实力强、发展后劲足、运转机制活的企业，使其逐步发展成为有竞争实力的种畜禽育种公司或集团。中央财政和各级地方政府每年都安排专项资金用于畜禽良种工程建设。这一工程的实施，有力推动了优势畜禽产品区域布局和结构调整，提高了畜禽业综合生产能力：良种供应能力大幅提高，一批优良地方遗传资源得到保护和利用，推进了种畜禽质量监督和监测工作，有效带动了农民增收。

2. 支持畜禽标准化规模养殖

2010 年，农业部下发《关于加快推进畜禽标准化规模养殖的意见》，明确了推进畜禽标准化规模养殖的思路和途径。同时，在全国生猪、奶牛、蛋鸡、肉鸡、肉牛和肉羊优势区域启动畜禽养殖标准化示范创建活动，以"畜禽良种化、养殖设施化、生产规范化、防疫制度化和粪污无害化"为核心，当年创建了 1 555 个畜禽标准化示范场，通过示范场的辐射带动作用，提升畜禽养殖的标准化水平，推动畜禽标准化规模化养殖的发展。为了加大对标准化生产的扶持，国家除了继续加大对生猪和奶牛标准化建设外，启动实施畜禽标准化养殖扶持项目，投入 5 亿元资金对 1 470 个肉鸡、蛋鸡、肉牛和肉羊养殖场进行标准化改造。之后，国家每年都投入专项资金用于扶持畜禽标准化规模养殖。多年来，各级地方政府也都根据养殖规模和出栏数量，对实行标准化规模养殖的养殖场（户）给予奖励和补助。在中央和地方扶持政策的推动和市场的带动下，畜禽标准化规模养殖取得突飞猛进的发展。

3. 落实用地政策

地方政府鼓励利用荒山、荒地发展肉鸡养殖，对符合国土资源部、农业部 2010 年联合发布的《关于完善设施农用地管理有关问题的通知》要求的建设用地，按农用地办理相关手续。

4. 提供信贷支持

地方政府对肉鸡养殖户降低贷款门槛，给予一定时间或一定比例的贴息，并对种鸡场、饲料加工厂给予信贷支持。对流动资金不足的，实行农户、公司、信用社三方签订贷款协议的方式解决，或由公司对农户进行饲料赊销。

5. 积极防范风险

由地方政府政府补贴一定的保险费，鼓励养殖户参加保险，或由政府、公司和养殖户按一定比例出资建立肉鸡养殖风险专项基金，专门用于养殖户因养殖亏损和遭受自然灾害而造成损失的赔偿。

6. 加强技术服务

由地方政府畜牧部门和公司共同选派技术人员服务到户，推行跟踪服务和承诺服务。

（三）面对肉鸡产业发展中遇到的疫情等重大困难，国家和各级地方政府积极出台保护性扶持政策

进入 21 世纪以来，我国家禽业遇到了几次大的疫情，每次疫情都给家禽业带来

很大冲击。为了保护家禽业的健康发展，保护肉鸡养殖企业（户）的利益和积极性，在每次疫情出现之后，国家和各级地方政府都迅速出台了相关扶持政策。2004年年初，针对禽流感疫情影响，国务院办公厅发出了《关于扶持家禽业发展若干措施的通知》。2005年秋天，针对我国高致病性禽流感的影响，国务院办公厅发出了《关于扶持家禽业发展的若干意见》。2004年和2005年国务院办公厅的文件发出后，财政部和国家税务总局都随之联合发出了关于家禽行业有关税收优惠政策的通知。针对2013年春天部分地区发生人感染禽流感的情况，国务院常务会议迅速研究提出了稳定家禽业发展的相关措施。在每次疫情出现后，各级地方政府也都根据国务院的要求，积极出台保护性扶持政策，以稳定家禽业的发展。多年来，国家和地方政府对家禽业的保护性扶持政策综合起来有以下几点。

1. 对疫区扑杀、受威胁区强制免疫给予财政补贴

对按规定扑杀禽只造成的养殖者损失和强制免疫所需疫苗费用，国家给予一定补偿和补助，所需资金由中央财政和地方财政共同负担。

2. 增加疫苗生产能力

针对疫苗供应紧张的情况，国家紧急安排应急扩大禽流感疫苗的生产，并要求有关部门及时结算和拨付疫苗资金，加强疫苗质量监管，统一调拨，确保重点；疫苗生产企业要按照生产规范和质量标准，抓紧生产，确保质量。国家根据疫苗供求变化情况，适时调控疫苗生产，满足防治工作需要。

3. 加强流动资金贷款支持

对重点家禽养殖、加工企业已经发放但尚未到期的流动资金贷款，适当延长还款期限，国家财政按现行半年期流动资金贷款利率的一半给予六个月贴息。贴息所需资金由中央财政和地方财政共同负担。在疫情发生期间，对已到期并发生流动资金贷款拖欠的受损企业，银行免收贷款罚息。

4. 免征所得税，增值税即征即退，兑现出口退税

规定时间内，对禽类加工企业（含冷库）应交纳的增值税实行即征即退。对家禽养殖、加工企业（含冷库）免征一定时间的企业所得税。经省级人民政府批准，对上述企业可适当减免城镇土地使用税、房屋税和车船使用税。在禽类加工产品出口后，及时足额退税。

5. 减免部分政府性基金和行政性收费

在规定时间内对家禽养殖、加工企业和养殖农户免征部分政府性基金，减免部分行政事业性收费，对出口的禽类及其产品免收出入境检验检疫费。

6. 切实保护种禽生产能力

对种禽场实施全面强制免疫，疫苗费用由国家给予补贴。按照种禽数量对种禽场给予种禽生产补贴。对种禽场采取严格的隔离保护措施，对重点种禽场半径1～3km防疫隔离带内的所有散养家禽，组织企业收购。对家禽品种资源场实行严格保护，将有关流动资金贷款、税收优惠、检疫费减免等扶持政策落实到种禽场。种禽场严格各项管理制度，加强疫情监测，防止疫情发生。

7. 确保养殖农户得到政策实惠

国家对家禽养殖、加工企业的优惠政策，要落实到农户。龙头企业在享受上述国家政策的同时，本着风险共担、利益均沾的原则，确保养殖户分享到政策实惠。鼓励企业在保本的情况下集中宰杀、加工、储存，帮助农户渡过难关。龙头企业履行与农户签订的合同和订单，切实保证农民的利益，因不可抗力造成合同和订单不能兑现的，给予农户合理补偿。

8. 维护家禽正常的市场流通秩序

2004 年和 2005 年农业部先后下发了《关于做好看农产品市场禽流感预防维护流通秩序的紧急通知》和《关于进一步加大检疫监督执法力度做好高致病性禽流感防控工作的通知》，要求各地按照国办《意见》要求，加大流通环节监督力度，特别是加强对市场活禽交易和加工的管理，改善市场环境，同时做好市场禽流感防控工作，稳定市场供应，维护禽类产品正常的流通秩序。

9. 妥善处理好养殖、加工企业职工的生活保障

对因疫情影响导致企业效益下降或停工停产的，可以采取灵活安排工作时间或放假等办法调整用工方式，共渡难关。地方各级政府和有关部门要主动关心职工的生活，对符合条件的职工和家属，按规定纳入城市居民最低生活保障；对生活困难的农民工及时给予救济。

多年来，国家和各级地方政府上述保护性扶持政策的出台，既有效地稳定了肉鸡等家禽业的生产，又使肉鸡等家禽业的发展在保障机制的建设和完善方面积累了有益的经验。

第二节　产业政策存在问题

（一）从宏观上讲，国家和地方政府对肉鸡产业发展的重视程度需进一步提高

肉鸡产业是我国畜牧业的重要组成部分。从 20 世纪 80 年代起步到 90 年代的大规模兴起，再到现代肉鸡业规模的不断发展壮大，经过 30 多年的持续发展，我国肉鸡产量已成为仅次于美国的第二大肉鸡生产国，鸡肉在我国也已经成为仅次于猪肉的第二大畜禽生产和消费品，肉鸡产业已成为我国农业和农村经济中的支柱产业，在解决农村劳动力就业、增加农业收入、保障重要农产品供给等方面发挥着重要的作用。多年来，虽然国家和地方政府对肉鸡产业发展的重视程度在不断提高，但仍然与肉鸡产业在畜牧业发展中的重要地位，与保障重要农产品供应、增加农民收入的需要不相适应。

（二）从生产领域看，国家和地方政府对肉鸡产业发展的政策扶持力度需进一步加大

多年来，国家和地方政府在扶持肉鸡产业方面出台了一系列相关政策，也收到了

比较理想的效果，但是扶持的力度仍然与肉鸡产业发展的需要，特别是加快肉鸡产业发展方式转变，提高肉鸡产业的规模化，标准化，以及提高肉鸡产品质量、推进肉鸡产品深加工等方面的需要不相适应。

（三）从保障方面看，国家和地方政府对肉鸡发展的保障机制需进一步完善

在肉鸡产业的发展过程中，国家和地方政府对因重大疫情和突发事件给肉鸡产业带来的冲击采取了相关的保护措施，这在一定程度上减轻了冲击的影响，也积累了保障机制建设的有益经验，但是这些保护措施大多是应急性的，还没有真正形成系统完善的保障肉鸡产业发展的长效机制。

第三节　产业政策发展趋势

（一）国家和地方政府对肉鸡产业发展的重视程度将逐步提高

经过 30 多年的努力，我国的肉鸡产业虽然取得了长足的发展，但仍然具有很大的发展潜力。特别是在未来受到城乡居民收入水平的提高，以及城镇化继续推进的拉动作用，城乡居民对肉类产品的需求仍将持续增长，而饲料资源短缺日趋明显的状况将给我国肉类产品的供给带来巨大压力，肉鸡产品将因其相对于其他肉类产品而言所具有的较高的饲料报酬率、较快的生长速度，在缓解我国肉类产品供需压力、改善我国城乡居民膳食结构等方面发挥越来越重要的作用。基于这一点，国家和地方政府对肉鸡产业发展的重视程度必然不断提高，政策的扶持力度也将随之加大。

（二）国家和地方政府对肉鸡的规模化、标准化养殖的政策扶持力度将越来越大

我国肉鸡生产的综合能力目前尚与国外存在很大差距，主要原因就在于规模小而散。肉鸡的规模化、标准化养殖有利于把先进的养殖技术集成到现代化的养殖场，有利于保障肉鸡产品的有效供给，有利于疫病的防治和监督，有利于肉鸡产品质量的提高，因而是肉鸡可持续发展的根本途径。基于这一点，国家和地方政府必然越来越重视肉鸡的规模化、标准化养殖，并不断加大这方面的政策扶持力度。

（三）国家和地方政府对肉鸡产业发展的保障机制将越来越完善

肉鸡养殖业是高风险产业，疫病和市场风险十分突出。如果缺乏完善的保障机制，必然无法防止肉鸡产业的剧烈波动，无法保证在突发疫情和市场风险的情况下肉鸡产品的正常供给。因此，要实现肉鸡产业的可持续发展，必须要有完善的保障机制。基于这一点，国家和地方政府必然越来越重视肉鸡产业发展的保障机制建设，并使之不断完善。

第四节　战略思考及政策建议

（一）国家和地方政府应从国计民生的高度给予肉鸡产业发展以应有的重视

应充分认识肉鸡产业发展对于转变农业发展方式，调整农业和农村经济结构，增加农民收入，保障重要农产品供给的重大意义。在国家层面上，应给予肉鸡产业与猪、牛、羊等产业同样的重视。作为地方政府，应从自己的实际情况出发，实事求是地确定当地肉鸡产业的发展规划和政策。

（二）进一步加大对肉鸡规模化、标准化养殖的扶持力度

国家和地方政府应继续推进肉鸡养殖的规模化和标准化建设步伐，从奖励补助、信贷政策等方面向养殖小区和养殖场倾斜，规范养殖小区建设和生产标准。突出抓好养殖小区的肉鸡良种、饲料供给、疾病防疫、养殖技术和环保设施等方面的建设。引导和支持小规模养殖户建立专业合作经济组织，提高肉鸡养殖组织化程度。积极吸引现代大企业进入肉鸡养殖业。

（三）鼓励和支持我国肉鸡种业发展

要站在战略高度，将肉鸡种业发展纳入社会经济发展计划，加大政策和公共支持力度，在用地、融资、税费等政策上给予倾斜与支持。鼓励企业自主开展国际上著名育种企业的收购和兼并。通过育种素材和技术的引进，提高我国肉鸡（特别是白羽肉鸡）育种的起点水平。重点扶持对我国肉鸡种业发展有重大影响的育种（资源）场，培育市场占有率高的肉鸡新品种（配套系）；同时，通过科技项目的实施，提高现代育种技术和疾病控制基础设施等方面的总体水平。保障种鸡质量监督、监测体系建设的资金投入；鼓励与引导各种社会力量通过兴办各级制种企业、良种推广服务站的形式，逐步形成肉种鸡生产经营多元投资机制与市场运行体系，加快优良肉鸡新品种的推广和科技成果转化。

（四）构筑严格的肉鸡产品质量标准体系

提供安全的肉鸡产品是肉鸡产业健康持续发展的必然要求。应按照全程监管的原则，突出制度建设和设施建设，变被动、随机、随意监管为主动化、制度化和法制化监管。在完善肉鸡产品和饲料产品质量安全卫生标准的基础上，建立饲料、饲料添加剂及兽药等投入品和肉鸡产品质量监测及监管体系，提高肉鸡产品质量安全水平。建立肉鸡业投入品的禁用、限用制度，教育和指导养殖户科学用料、用药。推行肉鸡产品质量可追溯制度，建立肉鸡信息档案，严把市场准入关。

（五）大力发展饲料工业，提高饲料转化效率

积极推进饲料工业的产业重组，扩大生产规模，进一步提升饲料工业的整体竞争

力。在继续发展猪、禽配合饲料的同时，加强其他畜种配合饲料的研制和生产，加快发展配合料和浓缩料加工工业，加强对国内不足的饲料添加剂的开发和生产。进一步提高饲料质量，修订完善饲料安全标准，加强饲料监测体系建设，改善饲料监测机构的基础设施条件。加强基础研究和高新技术研究，努力解决饲料工业发展中的突出技术问题。

（六）大力发展肉鸡加工业

大力发展肉鸡加工业，对于提高肉鸡产品附加值，提高肉鸡产业综合实力具有重要意义。应积极扶持和促进肉鸡产品加工龙头企业发展，带动肉鸡产品加工业全面进步。加强对肉鸡产品加工质量安全的监控，完善相关标准体系，提高加工产品质量。加快肉鸡产品加工关键技术的研究开发，推动肉鸡产品加工企业进行技术改造。积极开展肉鸡产品精深加工和废弃物综合利用。结合无规定动物疫病区建设，培育一批肉鸡产品加工出口基地和跨国经营的示范加工企业，促进肉鸡产品出口。

（七）建立风险防范机制

建立疾病预警预报系统和控制计划，根据禽流感和新城疫流行病学监测数据，确立禽流感和新城疫在中国的精确分布，动态监测病毒的存在和变化特征，从而可以预测禽流感和新城疫暴发，以及发生后的可能发展过程，实现对重大疫情的早期预警预报。应逐步构建以政府扑杀补助、政策性保险和生产发展基金相结合的风险防范机制，提高肉鸡业应对疾病风险和市场风险的能力。应大幅度提高政府对肉鸡疫病扑杀的补偿，实施肉鸡产业政策性保险，积极探索建立肉鸡发展风险基金的有效途径。

第九章 中国肉鸡产业可持续发展的战略选择

第一节 战略意义

肉鸡产业是我国畜牧业的重要组成部分，在解决农村劳动力就业、增加农民收入等方面发挥着重要的作用。

鸡肉在我国已经成为仅次于猪肉的第二大畜禽生产和消费品，在当前我国肉类产品供给紧平衡的状况下，肉鸡产业的发展为改善我国城乡居民膳食结构、提供动物蛋白等方面做出了巨大贡献。随着城乡居民收入水平的提高，以及城镇化的继续推进，城乡居民对肉类产品的需求仍将持续增长。面对饲料粮资源日趋短缺的状况，我国肉类产品的供给将面临巨大压力。相对于其他肉类产品而言，肉鸡产品具有较高的饲料报酬率、较快的生长速度，以及较低的销售价格。在畜禽产品供求关系日益紧张的大背景下，肉鸡产业在缓解我国肉类产品供需压力方面将发挥越来越重要的作用。

实现我国肉鸡产业的可持续发展，无论从生产角度还是消费角度，都具有重要的战略意义。

第二节 指导思想、基本原则与发展目标

一、指导思想

以中国特色社会主义理论为指导，深入贯彻落实科学发展观，按照"高产、优质、高效、生态、安全"的要求，以推进肉鸡产业发展方式（养殖方式、经营方式、组织方式、服务方式和调控方式）转变为核心，以科技创新、制度创新、体制和机制创新为动力，稳步增加数量，调整优化结构，加速提高质量，加快建立健全现代肉鸡产业体系（良种繁育体系、优质饲料兽药生产体系、健康高效养殖体系、安全防疫体系、现代物流加工体系），提高肉鸡产业综合生产能力，推动肉鸡产业可持续发展。

二、基本原则

1. 转变方式，科学发展

转变养殖观念，调整养殖模式，在坚持适度规模的基础上，大幅度提高标准化养

殖水平，努力实现管理模式统一、饲料喂养统一、环境控制统一、疫病防控统一的四统一标准，积极推行健康养殖方式，全面推进肉鸡产业的健康持续发展。

2. 优化布局，稳定发展

大力调整、优化产业结构和布局，突出支持主产区和优势区发展，稳定非主产区生产能力，加强良种培育、饲料生产和疫病防治体系建设，立足当前、着眼长远、突出区域、科学规划、统筹安排、分步实施，保障肉鸡产业持续稳定发展。

3. 强化质量，安全发展

加强肉鸡产业综合生产能力建设和各养殖环节质量控制，强化质量意识，转变发展方式，坚持数量质量并重发展，实现肉鸡生产发展与资源环境、社会需求及农民增收之间的动态平衡，促进肉鸡养殖向健康养殖的方向发展。

4. 创新科技，持续发展

依靠科技创新和技术进步，缓解肉鸡产业发展的资源约束，不断提高良种化水平、饲料资源利用水平、养殖管理技术水平和疫病防控水平，通过科技创新，推进养殖业增长方式转变，提升养殖业竞争能力，建立现代肉鸡产品产业供应链，实现肉鸡产业又好又快、可持续发展。

三、发展目标

（一）目标定位

在国内市场方面，继续保持第二大肉类消费品的地位，逐步提高鸡肉消费占肉类消费的比重，优化我国居民肉类消费结构，使鸡肉成为国民主要的优质蛋白质摄入来源，提高国民身体素质；在国际市场方面，逐步提高质量，使我国生产的鸡肉产品具有更强的国际竞争力，稳步提升我国肉鸡产业在国际市场的地位，稳定进口，并实现扩大出口。

（二）具体目标

未来5～10年，肉鸡产业的生产结构和区域布局进一步优化，综合生产能力显著增强，规模化、标准化、产业化程度进一步提高，肉鸡产业继续向资源节约型、技术密集型和环境友好型转变，肉鸡产品有效供给和质量安全得到保障（表9-1）。

1. 鸡肉产品有效供给得到保障

到2020年，肉鸡产量预计达到1 500万 t，肉鸡出口量达到25 万 t，质量安全水平进一步提升。

2. 肉鸡产业素质明显提高

到2020年，全国肉鸡规模养殖比重提高10%～15%。良种繁育体系进一步健全完善，良种化水平明显提高。畜组织化水平进一步提高，农民专业合作组织的经营规模和带动能力不断扩大和增强。

3. 科技支撑能力显著增强

到 2020 年，先进适用技术转化应用率大幅提高，科技创新与服务体系得到完善，科技进步贡献率提高到 56% 以上；在品种培育、饲草料资源开发利用、标准化养殖、废弃物综合处理利用、重大疫病防控、机械化生产等重大关键技术领域取得实质性进展。

表 9-1 发展目标

项目	2020 年发展目标	2025 年发展目标
产量（t）	1 500 万	1 600 万
出口（t）	25 万	27 万
肉鸡规模养殖比重	提高 10%	提高 15%
有机肥合格率	达到 30%	达到 40%
科技进步贡献率	达到 56% 以上	达到 58% 以上

第三节　战略重点

一、加强和完善肉鸡良种繁育体系建设

种业是现代畜牧业发展的根本，良种是肉鸡产业化发展的基础。按照"保种打基础、育种上水平、供种提质量、引种强监管"的要求，进一步加强对肉鸡遗传资源的保护力度，以龙头企业为实施主体，建立省级地方品种资源库，进一步加强地方品种保护和选育开发利用力度；完善肉鸡育种机制，增强自主育种和良种供给能力，逐步改变畜禽良种长期依赖进口的局面。组织实施肉鸡品种的遗传改良计划，加大肉鸡良种等工程建设力度，加快健全完善肉鸡良种繁育体系，积极培育具有国际竞争力的核心种业企业，建设现代肉鸡种业。加强基层肉鸡良种推广体系建设，稳定肉鸡品种改良技术推广队伍，建设新品种推广发布制度，加大新品种推广力度，加快品种结构调整，大力发展特色优新良种。

二、加快推进肉鸡标准化生产体系建设

标准化规模养殖是现代畜牧业的发展方向。按照"畜禽良种化、养殖设施化、生产规范化、防疫制度化、粪污处理无害化"的要求，加大政策支持引导力度，加强关键技术培训与指导，深入开展畜禽养殖标准化示范创建工作。进一步完善标准化规模养殖相关标准和规范，建立龙头企业和标准化肉鸡养殖示范基地生产有记录、信息可查询、流向可跟踪、责任可追究、质量有保障的产品可追溯体系。要特别重视肉鸡养殖污染的无害化处理，因地制宜推广生态种养结合模式，实现粪污资源化利用，建立健全肉鸡标准化生产体系，大力推进肉鸡标准化规范化规模化养殖。国内肉鸡业的发

展应该借鉴世界先进经验，依靠设备自动化养鸡，以标准化鸡舍为核心，在整个肉鸡产业中，实现"人管理设备，设备养鸡，鸡养人"的理念。因地制宜发展开发适销对路的优质肉鸡产品，同时提高标准化水平，规范养殖、生产和加工，开拓市场，在饲料生产、雏鸡孵化、种鸡饲养、肉鸡饲养、屠宰、价格、冷储、运输和销售等各个环节实现标准化、规范化，加强对鸡肉产品的安全监控，形成从田间到餐桌的链式质量跟踪管理模式，提高鸡肉产品的整体水平。

三、高度重视疫情和疫病防控体系建设

增强动物防疫意识，强化包括禽流感在内的动物防疫措施，消除禽流感等动物疫病发生与传播隐患。加强养殖场建立健全防疫制度，提高养殖场生物安全条件，规范养殖行为，提高养殖水平。完善防疫体系建设，加大执法力度，加强防治药物、疫苗、诊断试剂等产品的研发，制订科学的免疫程序，合理用药。清理整顿各种饲料添加剂厂、兽药厂，采取严格的市场准入制度。不断提高禽病诊断水平，建立快速、灵敏和简便的诊断方法，降低疾病发生率。加强县、乡两级动物疫病检测和化验基础设施建设，配备一些必要的化验仪器设备，充实技术力量，提高动物疫病检测诊断能力和水平。完善应急预案，建立应急队伍，加强培训和演练，提高应急处置能力。始终保持高度警惕，做好应对突发疫情的准备，一旦发生疫情，及时启动相应级别的应急预案，及时划定疫点和受威胁区，严禁相关产品流出疫区。倡导适度规模化、标准化饲养；实施区域化管理，建设无疫区和生物安全隔离区；强化宣传培训，提高防治技术水平。

四、强化肉鸡产业科技支撑体系建设

科技是产业发展的重要支撑。要把科技推广应用放在重要位置，积极推动管理创新、品牌创新、技术创新以及机制创新，促进和推动肉鸡产业可持续发展。全面推进现代肉鸡产业技术体系建设，引导各省（区、市）因地制宜建立健全地方现代肉鸡产业技术体系，加快形成农科教、产学研紧密结合的科技创新体系。健全技术推广服务机构，加快肉鸡产业先进适用技术的推广应用。围绕养殖过程的关键环节，实施选育和推广优质、高效品种、饲料资源产业化开发与安全高效利用、健康养殖过程控制、养殖废弃物减排与资源化利用、质量安全控制、疫病防控、养殖设施设备开发推广和应用，以及产品精深加工技术等重大科技项目的研发和推广，力争突破一系列重大技术瓶颈，为现代肉鸡产业发展提供强有力的科技支撑。

五、坚持走精深加工和品牌化之路

除传统的肉禽加工产品需进一步提高质量和扩大市场份额外，还要加大科技投入

和肉鸡加工产品研发力度，在有地方特色的鸡肉加工制品、冷藏鸡肉制品、高附加值鸡肉制品等方面加大开发力度，加强鸡肉产品的精深加工步伐，改进加工工艺，改善生产设施和质量检测条件，提高加工产品的卫生质量，进一步延伸产业链条，充分发挥产后加工增值效应，增强产品市场竞争力。在抓好肉鸡生产的基础上，依托龙头企业和养殖大户，积极发展肉鸡产品加工业，降低产业发展风险，促进肉鸡产业做大做强，为农民持续增收提供有力保障。同时，要树立品牌意识，实施品牌带动战略。发展品牌农业是建设现代农业的重要内容之一，是提升农产品市场竞争力、保障农民收入的必由之路。要在抓好标准化生产，建立和完善肉鸡技术标标准、认证和检验检测体系、保障农产品质量的同时，更加注重品牌的打造，积极引导肉鸡生产和加工企业不断创新，扶持鼓励开发优质特色肉鸡产品品牌，开辟绿色通道，提高其市场知名度，增强市场竞争力，促进流通，提高效益，带动和促进龙头企业的发展，带动科技示范农户和肉鸡生产基地建设，带动肉鸡产品加工业，带动千家万户农户走上致富路，为做强做大肉鸡产业奠定基础。

六、重视养殖过程中的动物福利

随着对动物要进行"人道养殖"的呼声不断高涨，有越来越多的发达国家要求动物产品出口方必须提供畜禽或水产品在饲养、运输、宰杀过程中没有受到虐待的证明才准许进口。因此，在动物保护和人道主义温情的背后，动物福利的贸易壁垒作用日益显现。一方面，要提高动物产品质量，就必须善待动物。动物长期处于应激状态，抵抗疾病的能力下降，容易暴发疫病。另一方面，动物福利对我国肉鸡产品出口的潜在影响不可小视。目前，虽然质量安全性问题在很大程度上制约了我国肉鸡产品的出口，但将来当我国提高肉鸡产品的质量安全性克服了发达国家设置的技术壁垒时，有可能会面对新的贸易壁垒——道德壁垒，即动物福利。某些西方国家可能会主要以这种方式限制我国肉鸡产品出口，所以我们不能低估动物福利对我国肉鸡产品出口的潜在影响。因此，要加快我国动物产品出口贸易的发展，就必须重视动物福利问题，与国际接轨。通过实施动物福利，改善出口动物的福利状况，适应西方国家的通行规则，是我国克服发达国家动物福利贸易壁垒的主要途径。当前要不断改善我国畜禽的饲养方式和生存环境，善待畜禽，保证畜禽基本的生存福利，使动物福利和动物卫生观念贯穿在整个养殖过程中，提高动物自身的免疫力和抗病力，从而减少动物发病，更好地保护和利用动物。

第四节 重大工程

一、国家肉鸡遗传改良计划

目前我国白羽肉鸡的育种基本处于空白状态，肉鸡种源全部依赖进口，长期的引种严重影响了国内白羽快大型肉鸡产业经济效益的最大化，大量国外培育鸡的引进必然将严重危及国内已有的脆弱的白羽肉鸡育种基础，同时也对国内家禽生物安全带来了前所未有的巨大挑战；而黄羽肉鸡育种虽然有一定基础，但存在参与育种的企业数量过多、个体规模偏小，育种的技术相对落后等问题，育种分散，育种设施落后等问题，严重影响育种工作的长期稳定发展。

针对目前我国肉鸡遗传改良方面存在的问题，为推进我国肉鸡育种工作健康规范开展，提高肉鸡生产性能，培育出具备自主知识产权、品质优良、竞争力强的肉鸡品种（配套系），制定和实施国家肉鸡遗传改良计划十分必要。

（一）基本思路

以企业为主体，集合遗传育种等相关学科专家协作攻关，由国家肉鸡产业技术体系和育种企业联合开展现代肉鸡育种，全面提高肉鸡生产性能和育种水平，培植国家肉鸡育种的核心企业，培育出具有自主知识产权、世界先进生产水平的肉鸡配套系，为肉鸡产业长期稳定发展提供保障。

（二）总体目标

组建国家肉鸡育种协作组，培植国家级肉鸡育种核心企业，集成我国育种技术、企业和其他社会资源，在育种人才、育种技术和育种条件上全面提高。在黄羽肉鸡育种上，通过 5～10 年时间，积累一批育种遗传素材，培育一批新的品种（配套系），使我国黄羽肉鸡育种科学规范，技术先进，生产水平达到国际领先；在白羽肉鸡育种上，通过 15 年左右的协同攻关，有步骤地实施国家白羽快大型肉鸡育种战略，建立起良种繁育体系，培育出具备自主知识产权、品质优良、竞争力强的肉鸡品种（配套系），结束白羽肉种鸡完全依赖国外进口的局面。

（三）主要任务

（1）开展我国地方资源的性能测定和遗传评估，初步确定各个品种、资源的育种和利用方向。

（2）确定适合白羽和黄羽肉鸡的育种方向，制订长期的育种规划。

（3）制定国家肉鸡核心育种场遴选标准、国家肉鸡育种和性能测定等技术规程，规范育种群测定方法，完善育种技术档案，确定国家肉鸡育种核心企业。

（4）充分调动肉鸡产业技术平台的各类资源，建立育种专家与企业紧密结合的肉鸡育种技术体系，推动育种技术的大力提升，促进育种成果在肉鸡产业中的广泛应用。

（5）收集和培育一批肉鸡育种需要的遗传素材。根据市场需求，选育目标性状突出的快长型和优质型黄羽肉鸡配套系，以及适合于我国国情并具有国际竞争优势的白羽肉鸡品种（配套系），全面提高我国肉鸡生产水平。

（6）国家肉鸡育种核心企业与专家结合开展新品种培育，逐步做到肉鸡育种以市场为导向，企业自主育种、自主投入的市场育种目标。

二、肉鸡饲料安全与高效利用技术研究与产业化计划

鸡肉安全性决定肉鸡养殖业能否可持续健康发展，肉鸡饲料安全是决定鸡肉安全的重要因素之一。我国饲料资源匮乏，且目前饲料利用效率较低，原因主要是饲料原料的营养数据信息尤其是生物学效价数据缺乏或不齐全、不准确，肉鸡饲养标准陈旧，安全高效饲料添加剂研发技术和应用技术落后等。

针对目前我国肉鸡饲料安全与利用效率方面存在的问题，为推进我国肉鸡养殖业和饲料工业健康发展，提高肉鸡生产性能和饲料资源利用效率，制订和实施国家肉鸡饲料安全与高效利用技术研究与产业化计划十分必要。

（一）基本思路

由国家肉鸡产业技术体系营养与饲料研究室牵头，联合地方产业技术创新团队岗位专家和大型饲料企业，开展我国肉鸡常用饲料原料营养素检测和养分生物学效价评定，研究制修订我国肉鸡饲养标准，开发新型安全高效饲料添加剂及其应用技术，全面提高我国肉鸡生产性能、饲料转化效率和饲料安全水平，为我国肉鸡产业可持续发展提供技术保障。

（二）总体目标

组建国家饲料安全与高效利用技术研究与产业化协作组，集成我国肉鸡营养与饲料研究机构和饲料生产企业等社会资源，通过 5～10 年时间，建立10～15 种肉鸡常用饲料原料的 20～25 种养分及其生物学效价数据库，修订颁布我国新的肉鸡饲养标准，开发出具有自主知识产权的安全高效新型饲料添加剂5～10 种并实现产业化。

（三）主要任务

（1）开展我国肉鸡饲料资源的调查，重点对 10～15 种常用饲料原料进行养分检测分析并建立数据信息库。

（2）重点评价10～15 种常用饲料原料中20～25 种养分的肉鸡生物学效价并建立数据库。

（3）研究我国快大型肉鸡和地方黄羽肉鸡的营养需要，确定主要品种肉鸡的营养需要参数各 30～40 个，修订我国肉鸡饲养标准并颁布实施新标准。

（4）开发 5～10 种具有自主知识产权的新型安全高效饲料添加剂，并研究新型饲料添加剂的应用技术，减少或取消饲料中抗生素使用，增强肉鸡免疫抗病力，全面提高我国肉鸡饲料安全水平。

（5）集成安全高效的配合饲料生产技术，通过大型饲料企业或一条龙肉鸡养殖企业产业化示范推广，全面提高我国肉鸡饲料转化利用效率，减排降污，促进我国肉鸡养殖业可持续发展。

三、肉种鸡蛋传疫病净化计划

肉鸡的疫病控制，尤其以病毒性免疫抑制病如鸡传染性法氏囊病、禽白血病、禽网状内皮组织增殖病、鸡传染性贫血病等的防控尤为困难，特别是近年来的禽白血病和禽网状内皮组织增殖病等病毒性免疫抑制病已在各国种鸡群及生产鸡群中蔓延开来，给肉鸡疫病防控带来了巨大的困难，已经对我国的养禽业造成了巨大的经济损失，严重威胁肉鸡业的健康发展。究其根本原因，肉种鸡蛋传疫病扮演了极其重要的角色，肉种鸡蛋传疫病包括蛋传垂直传播的疫病、种蛋孵化期间感染的疫病，以及肉鸡使用了经其他胚源或细胞来源的疫苗等生物制品而感染的疫病。肉种鸡蛋传疫病大多是禽免疫抑制性疾病，没有有效的疫苗和治疗措施，是肉鸡疫病控制的重中之重。

针对肉种鸡蛋传疫病这一重大难题，为有效开展我国肉鸡疫病控制工作，推进我国肉鸡养殖业的健康发展，制订和开展肉种鸡蛋传疫病净化措施迫在眉睫。

（一）基本思路

以肉种鸡企业和疫病控制研究机构为主体，联合攻关，由国家肉鸡产业技术体系疫病控制研究室和育种企业联合开展现代肉种鸡蛋传疫病净化工作，全面提高肉鸡无疫病育种水平，建立一整套肉种鸡蛋传疫病净化体系和方案，为肉鸡产业长期稳定发展提供保障。

（二）总体目标

首先国家肉鸡产业技术体系疫病控制研究室和祖代育种企业联合开展现代肉种鸡蛋传疫病净化工作，重点是禽白血病和禽网状内皮组织增殖病，在孵化期间加强环境消毒，在育雏期间必须加强饲养管理、做好生物安全防护；祖代种群在8周龄和开产前后（18～22周龄）必须进行检测，采集肛拭子样品检查抗原；在25周龄时，检查是否有病毒血症，同时检测蛋清、雏鸡胎粪中的抗原，无论哪种方式监测到的阳性种鸡、种蛋和种雏，均应全部淘汰。通过3～5年的时间，建立完全净化祖代种禽场，形成一整套肉种鸡蛋传疫病净化体系和方案（重点是禽白血病和禽网状内皮组织增殖病），再经过3～5年的时间，实现所有祖代种禽场的肉种鸡蛋传疫病的净化，并向父母代种禽场推广和示范。大大提高我国肉鸡疫病控制水平。

（三）主要任务

（1）国家肉鸡产业技术体系疫病控制研究室和祖代育种企业联合攻关，确定以禽白血病和禽网状内皮组织增殖病为重点的鸡蛋传疫病净化技术和方案。

（2）祖代育种企业建立一整套肉种鸡蛋传疫病（以禽白血病和禽网状内皮组织增殖病为重点）净化方案和具体措施。

（3）祖代育种企业建立一整套肉种鸡所用生物制品的检测和使用方案，制订完善的免疫接种方案。

（4）建立无蛋传疫病的完全净化祖代种禽场。

四、肉鸡健康养殖推进计划

我国肉鸡产业经过多年的发展，集约化、规模化、机械化程度越来越高，从数量上充分满足了消费者对鸡肉产品的需求；然而，集约化养殖生产带来的肉鸡养殖健康问题（如抗生素滥用和过量使用、产生耐药细菌、病原菌滋生、畜产品安全、环境污染等）越来越严重，成为制约我国肉鸡产业持续健康发展的瓶颈。

针对目前我国肉鸡养殖过程中存在的问题，实施肉鸡健康养殖重大工程，从肉鸡生产过程中的个体的健康（无疾病）、畜产品质量安全（无残留）及环境友好（无环境污染）等三个方面，开展关键技术的研究和示范推广，通过改善养殖环境、减少应激、减少兽药使用量、降低疾病发生率，达到提高肉鸡自身健康水平的目的，对于构建资源节约、环境友好、可持续发展的新型肉鸡产业，实现我国肉鸡养殖标准化、产业化、规模化的快速发展具有重要意义。

（一）基本思路

（1）以维护肉鸡自身健康与免疫力为核心，集合肉鸡育种、营养和饲料、饲养环境和工艺、卫生控制、检测技术等专家协同攻关，由国家肉鸡产业技术体系和有代表性的大型养殖企业联合，开展肉鸡健康养殖重大工程的实施和推广示范。

（2）以高新技术带动常规技术的升级改造，加强肉鸡健康养殖技术的集成和配套，发展我国肉鸡标准化、规模化养殖，提高肉鸡产品品质和畜产品安全。

（3）用现代养殖设备装备肉鸡舍，用现代科学技术改造肉鸡生产，用现代管理方式管理养殖过程，最终使肉鸡养殖企业的综合生产能力和市场竞争能力明显增强，形成符合我国特点的标准化肉鸡产业。

（二）总体目标

从"养重于防、防重于治"的肉鸡健康理念出发，以营养、饲养工艺优化、养殖场污染防治等关键点技术研究开发为突破口，形成肉鸡健康养殖技术体系，在大型养殖企业进行示范推广应用，充分体现技术的集成。通过5～10年时间，将传统的散混养殖方式转变为现代的规模化、标准化、集约化方式，规范健康的肉鸡养殖技术体系，积极发展资源节约型和环境友好型肉鸡养殖业，实现与生态环境的和谐发展。

（三）主要任务

（1）根据我国不同区域肉鸡养殖的特点，全面对比当前饲养模式的经济效益、环保效益、社会效益等，因地制宜找出发展重点，开展白羽肉鸡健康养殖模式构建与优质肉鸡养殖模式构建。

（2）从全国范围内，发展标准化饲养模式，逐步完善成熟相关配套设备和技术。开展肉鸡规模化养殖场设计、饲料营养、环境控制、工艺设施、废弃物处理等综合技术模式研究与示范。

（3）研究制订肉鸡健康养殖技术标准。

（4）利用肉鸡产业技术体系的平台，建立不同领域专家与企业相结合的技术推广服务体系，促进肉鸡健康养殖技术在企业的集成和推广应用。

五、国家肉鸡加工与质量安全控制计划

尽管我国肉鸡加工企业多、总体规模较大，但肉鸡深加工程度较低、质量安全控制技术水平不高，研究与开发平台、设施及队伍还不健全，严重影响了肉鸡加工与质量安全控制对肉鸡全产业链可持续发展的带动作用。在现有的加工环节，关键装备主要依赖进口，严重影响了肉鸡加工产业经济效益的最大化和产品国际市场竞争力；同时，大量国外加工技术与装备的引进必然将严重影响国内发展相对较晚的肉鸡加工与安全控制应用基础研究。

针对目前我国肉鸡加工与质量安全控制方面存在的问题，为推进我国肉鸡加工产业健康科学开展，提高肉鸡深加工程度和质量安全控制技术水平，研发出具备自主知识产权、优质安全、竞争力强的加工产品和关键装备，制定和实施国家肉鸡加工与质量安全控制计划十分必要。

（一）基本思路

以加工企业为主导，联合肉鸡加工与质量安全控制方面相关学科专家协同攻关，由国家肉鸡产业技术体系综合研究室、综合试验站及加工企业联合开展肉鸡加工与质量安全控制技术研究，全面提高肉鸡深加工和装备技术水平，打造国家肉鸡加工的骨干企业，使之具备自主创新能力和竞争力，为肉鸡产业全面可持续发展提供保障。

（二）总体目标

组建国家肉鸡加工与质量安全控制协同攻关组，培育国家级肉鸡加工骨干企业，集成我国肉鸡加工技术、企业和其他相关资源，在加工人才队伍、技术水平和平台条件上全面提高。在肉鸡深加工方面，通过十年左右时间，研发一批加工技术与关键装备，使我国肉鸡深加工技术先进，关键装备国产化，结束肉鸡加工装备完全依赖国外

进口的局面；在质量安全控制方面，通过十年左右的协同攻关，有步骤地实施国家肉鸡质量安全控制战略，建立起质量安全控制体系，开发出具备优质安全、竞争力强的肉鸡加工制品，大大开拓产品国内外市场。

（三）主要任务

评估我国肉鸡加工与质量安全控制技术的现状，分析存在的问题，筛选肉鸡加工与质量安全控制技术方向。

（1）确定肉鸡加工与质量安全控制技术方向，制定长期的肉鸡加工与安全控制规划。

（2）研究适用于我国的肉鸡加工与质量安全控制技术，开发相应关键装备，确定国家肉鸡加工骨干企业。

（3）利用国家肉鸡产业技术体系的平台，建立专家与企业结合的肉鸡加工与质量安全控制技术体系，促进研发成果在加工企业的推广应用。

（4）国家肉鸡加工骨干企业与专家结合开展加工新技术与新装备研究与开发，逐步形成市场导向、科技支撑、企业主导、政府与协会保障的肉鸡加工与质量安全控制体系。

第五节　政策建议

实现畜产品供求平衡是一项复杂的系统工程，既涉及畜产品的进出口政策，又涉及国内畜产品的供给政策；既涉及畜牧业生产政策，又涉及畜产品流通体制及其政策。因此，在国际间贸易越来越开放、竞争越来越激烈的情况下，必须多措并举，共同推动我国肉鸡产业的可持续发展。

一、加快肉鸡业发展方式转变

（1）要将肉鸡产业上升到国家战略性产业的高度，尽快制订全国肉鸡业发展规划，对肉鸡业实行倾斜政策，加大财政和金融支持力度，如对肉鸡规模化养殖提供贷款贴息、对肉鸡深加工企业实行税收优惠、对畜禽粪便有机肥的加工和使用补贴等政策的支持都将推动肉鸡产业快速发展。

（2）要倡导健康养殖模式，注重动物福利，将禽舍为核心的标准化、规模化改造作为加快肉鸡产业发展方式转变的重中之重，加大财政对肉鸡业标准化规模养殖支持力度；肉鸡养殖户和企业要充分借鉴世界先进经验，加大养殖设施设备投入，树立"人管设备，设备养禽，肉鸡养人"的理念，尽快实现肉鸡业发展方式的转变。

（3）要坚持以预防为主的疫病防控策略，依靠科学，依靠设施防疫；养殖场选址要远离城市、远离高速公路；启动肉鸡业药残监控计划，大力提高动物福利和禽产品质量安全水平；加强排污、粪便、垫料处理和病死鸡的无害化处理配套设施建设。

二、鼓励和支持我国肉鸡种业发展

（1）要站在战略高度，将肉鸡种业发展纳入社会经济发展计划，加大政策和公共支持力度，在用地、融资、税费等政策上给予倾斜与支持。

（2）要鼓励企业自主开展国际上著名育种企业的收购和兼并，通过育种素材和技术的引进，提高我国肉鸡（特别是白羽肉鸡）育种的起点水平。

（3）要重点扶持对我国肉鸡种业发展有重大影响的育种（资源）场，培育市场占有率高的肉鸡新品种（配套系）；同时，通过科技项目的实施，提高现代育种技术和疾病控制基础设施等方面的总体水平。

（4）要保障种鸡质量监督、监测体系建设的资金投入；鼓励与引导各种社会力量通过兴办各级制种企业、良种推广服务站的形式，逐步形成肉种鸡生产经营多元投资机制与市场运行体系，加快优良肉鸡新品种的推广和科技成果转化。

三、加强畜产品质量和动物疫情信息监管

（1）加强畜牧兽医法律法规建设。修改完善疫病和畜产品质量安全法规，进一步明确各级政府、各部门和各主体在信息监测、传送和发布方面的责任，形成政府、企业、养殖户和社会等各方面力量上下协同、相互监督的机制。

（2）建立疫情和畜产品质量全程信息监管体系。切实转变信息报告和监管方式，尽快由自我报告、随意报告、被动监管、环节监管，向可核查报告、制度化报告、主动监管和全程监管转变。

（3）实施疫情和畜产品质量监管网络信息化工程。在逐级上报的基础上，运用现代信息技术，建立健全畜禽户口档案、生产日志、用药记录、防疫记录、检疫档案。在基层乡镇动物防控所建立畜禽信息管理网络，并且直接连接至国家数据库，建立远程动态监测系统，最终实现动物疫情和畜禽产品质量安全信息的远程监管。此外，肉鸡生产、加工企业应尽快建立完善肉鸡产品可追溯体系，实现肉鸡产品从养殖到餐桌全程的链式质量跟踪管理。

四、建立健全肉鸡产业监测预警系统

（1）要立足生产实际，逐步建立准确高效的生产和市场信息监测调度系统，健全监测工作各项管理制度，强化形势分析研判，完善信息发布服务，引导养殖户合理安排生产，防范市场风险，有效应对我国肉鸡生产和价格大起大落的情况。

（2）要建立国际国内肉鸡产品供求预警系统，密切跟踪国内外肉鸡产业市场信息

及产业发展动态变化，全面分析产业现状和存在问题，在综合分析影响肉鸡产业市场供需和价格变动基本规律的基础上，及时对肉鸡生产、消费、加工、贸易和产品价格做出合理预测和预警。

（3）要通过肉鸡产品供需形势监测预警，更加主动和灵活地调节肉鸡产品供求平衡。具体来讲，就是要依据监测预警结果，通过必要的政策手段实施生产干预，积极应对市场周期性波动，更好地稳定肉鸡生产和市场供应，保障农民的合理收益。

五、加强禽流感疫苗和诊断试剂研发

（1）加强禽流感疫苗和诊断试剂的研发工作。组建禽流感疫苗和诊断试剂研发协作小组，整合资源，加大禽流感疫苗研发力度。创新禽流感疫苗及诊断试剂研制的新方法、新工艺和新途径，尽可能不用同种动物组织生产同种疫苗。加强多价疫苗及能抵抗多种亚型禽流感病毒攻击的核酸疫苗的研究，加快研发长效的、能对多种亚型产生交叉保护的、可减少对鸡胚和佐剂依赖的新型疫苗。

（2）做好禽流感疫苗储备。制定禽流感疫苗生产标准和规范，除了储备一般的亚型外，其他亚型也要做好储备，保存好用于制造各种亚型灭活疫苗的种子毒株，建设禽流感抗原应急储备库。

（3）创新政府采购和质量监管方式。政府对禽流感疫苗的招标采购不能将价格作为主要指标，重点要优先考虑疫苗质量。积极探索对散养户和小型养殖户实行政府采购，对大型养殖场实行市场自主采购的方式。

六、形成重大流行病联合应急机制

（1）尽快完善我国重大流行病应急管理机制。在国务院成立国家重大流行病应急管理领导小组，成员由卫生计生委、农业部、科技部、国家质检总局、食品药品监管总局、林业局等相关部门组成，统一领导全国重大流行病应急处置工作。完善重大流行病预防和控制法律法规，进一步明确各部门职责，做好各种重大流行病应急预案。

（2）加强禽流感预防与防控。强化人医、兽医、野生动物疫病监测和海关之间的沟通、交流与合作，共同参与禽流感的预防和控制工作。完善禽流感应急方案，尽快建立各部门和各主体广泛参与的禽流感信息通报、监测预警体系，依法、科学、协同、有序应对禽流感。

（3）加强应急管理部门与产业部门的协同合作。应急管理部门在制订和实施禽流感防控措施时（隔离、宰杀、掩埋），一定要有产业部门参与，要积极听取产业部门和产业各主体的意见，要严格按照科学适度的原则，尽可能减少对畜禽产业及社会的影响。

图书在版编目（CIP）数据

中国现代农业产业可持续发展战略研究．肉鸡分册/
国家肉鸡产业技术体系编著．—北京：中国农业出版社，
2016.8
　ISBN 978-7-109-20599-4

　Ⅰ.①中…　Ⅱ.①国…　Ⅲ.①现代农业－农业可持续
发展－发展战略－研究－中国②肉鸡－饲养管理　Ⅳ.
①F323②S831.9

　中国版本图书馆 CIP 数据核字（2015）第 137845 号

中国农业出版社出版
（北京市朝阳区麦子店街 18 号楼）
（邮政编码 100125）
策划编辑　宋会兵
责任编辑　周锦玉

中国农业出版社印刷厂印刷　新华书店北京发行所发行
2016 年 8 月第 1 版　　2016 年 8 月北京第 1 次印刷

开本：787mm×1092mm 1/16　印张：21.75
字数：418 千字
定价：115.00 元
（凡本版图书出现印刷、装订错误，请向出版社发行部调换）